Prinzipien der Galvanotechnik

Von

Jean Billiter
a. o. Professor an der Universität Wien

Mit 86 Textabbildungen

WIEN
VERLAG VON JULIUS SPRINGER
1934

ISBN-13: 978-3-7091-5265-2 e-ISBN-13: 978-3-7091-5413-7
DOI: 10.1007/978-3-7091-5413-7

Softcover reprint of the hardcover 1st edition 1934

Inhaltsverzeichnis.

Grundtatsachen.

Alle Metalle gehen in geeigneten Lösungsmitteln, die einen mehr, die andern minder leicht in Lösung und bilden in denselben plus-geladene Ionen, die man etwa als chemische Verbindungen eines Metall-Atoms mit einem ⊕ auffassen kann. Die Affinität der verschiedenen Metalle zum ⊕ ist verschieden groß, sie stellt eine für jedes Metall charakteristische, unter bestimmten Bedingungen konstante Größe dar, und zwar ist sie für die reaktionsfähigeren, die unedlen Metalle (Alkalimetalle, Erdalkalimetalle, Zn, Fe usw.) viel größer als für die reaktionsträgen, die edlen Metalle (Au, Ag, Pt usw.).

Ein lösliches Salz geht in reinem Wasser erst leicht, dann, im Maße, als sein Gehalt in der entstehenden Lösung zunimmt, immer träger in Lösung. Ähnlich wird die Tendenz eines Metalles, Ionen zu bilden, von der Konzentration beeinflußt, welche seine Ionen in der Lösung schon besitzen.

Um die Lösungstension der verschiedenen Metalle miteinander vergleichen zu können, muß man sie unter vergleichbaren Bedingungen ermitteln: bei gleicher Temperatur, in Lösungen mit gleichem Gehalt des jeweils maßgebenden Ions. Als Vergleichskonzentration hat man die 1-molare gewählt (1-n), auf Ionen angewendet, also eine Konzentration, bei welcher ein

$$\frac{\text{Atomgewicht des Ions in g}}{\text{im Liter}}$$

enthalten ist.

Einzelspannungen Metall/Lösung kann man freilich nicht messen, sondern nur Spannungsdifferenzen, welche zwischen zwei Elektroden auftreten, die man zu einem galvanischen Element vereint. Um die Potentiale der einzelnen Metalle zu ermitteln, mißt man die Potentialdifferenzen, welche sie gegen eine Vergleichselektrode von konstantem Potential annehmen. Das Potential, welches eine Wasserstoffelektrode (Wasserstoff von Atmosphärendruck) in einer an Wasserstoffionen 1-n. Lösung (Säure) aufweist, wird dabei willkürlich als Nullpunkt gewählt. Metalle, die unedler sind als Wasserstoff (also Wasser zersetzen), bilden den negativen Pol in Verbindung mit der Wasserstoffelektrode, ihre Potentiale werden mit — bezeichnet, edlere Metalle werden zum Plus-Pol. Die Anordnung der Metalle nach ihren Potentialen bildet die elektrochemische Spannungsreihe.

Nernst'sche Formel.

Es ist nun in vielen Fällen gar nicht möglich, Salzlösungen der zu untersuchenden Metalle herzustellen, in denen ihre Ionenkonzentration 1-n. ist. Dies ist aber zur Ermittlung ihres Potentials auch nicht notwendig, wenn man ihre Ionenkonzentration in einer bestimmten Lösung kennt. Denn das Gesetz, nach welchem sich die Spannung mit Änderung der Ionenkonzentration ändert, ist bekannt, es findet seinen Ausdruck in der von Nernst aufgestellten Formel:

$$e_1 - e_2 = \frac{0,0002\,T}{n} \log \frac{c_1}{c_2},$$

e bezeichnen darin Volts, T die absolute Temperatur (Grade Celsius plus 273), n die Wertigkeit des betreffenden Metallions, c_1 und c_2 die jeweiligen betreffenden Ionenkonzentrationen.

Darnach wird die Potentialänderung $e_1 - e_2$ bei Erniedrigung der Ionenkonzentration auf ein Zehntel, also bei entsprechender Verdünnung des Elektrolyten bei 18°:

— 0,058 Volt für jedes einwertige Metall
— 0,029 „ „ „ zweiwertige „
— 0,0193 „ „ „ dreiwertige „

Im Bereiche höherer Ionenkonzentrationen zählen die Spannungsunterschiede bei Änderungen der Ionenkonzentration also nur nach Zentivolts; denn eine viel stärkere Vermehrung der Ionenkonzentration als auf das Zehnfache kommt wegen der beschränkten Löslichkeit der Salze und infolge der unvollständigen Dissoziation der Salze in konzentrierten Lösungen kaum in Frage.

Anders wenn man die Ionenkonzentration verringert! Schon durch weitgehende Verdünnung kann man die Ionenkonzentration leicht um mehrere Zehnerpotenzen erniedrigen, die Spannungsdifferenzen zählen dann nach Zehntelvolts. Noch viel stärker als durch Verdünnung läßt sich die Ionenkonzentration durch Bildung komplexer Ionen zurückdrängen. Durch Bildung von Komplexionen, z. B. bei Zusatz von oxalsauren Ammon, von Doppelzyaniden durch Zusatz von Alkalizyaniden, kann man die Konzentration der freien Metallionen auf Größenordnungen von $1 . 10^{-10}$-n. bis $1 . 10^{-30}$-n. verringern und also Konzentrationen von einer Geringfügigkeit herstellen, welche fast jenseits unseres Vorstellungsvermögens liegen. Bei so weitgehender Verringerung der Ionenkonzentration erhält man aber Potentialdifferenzen, welche 1 Volt übersteigen.

Spannungsreihe.

Ermittelt man die Potentiale der einzelnen Metalle durch Kombination mit einer Elektrode von konstanter Spannung und Bestimmung der elektromotorischen Kraft (E. M. K.) der betreffenden Kette und ordnet man sie, von negativeren zu positiveren Werten fortschreitend, in eine Reihe, so gelangt man zu folgender

Spannungsreihe der Metalle.

		Ionenkonz. zirka	e	Ionenart	Normal-Potential[1]
Wasserzersetzende (unedle) Metalle	$Mg/1,0\text{-n.}\ MgSO_4$	0,13-n.	— 1,72 Volt	Mg··	
	$Mn/1,0\text{-n.}\ MnSO_4$		— 1,089 „	Mn··	— 1,1 Vol
	$Zn/1,0\text{-n.}\ ZnSO_4$	0,11-n.	— 0,796 „	Zn··	— 0,76 „
	Cr			Cr··	— 0,56 „
	Cr			Cr···	— 0,51 „
	$Fe/1,0\text{-n.}\ FeSO_4$	0,12-n.	— 0,46 „	Fe··	— 0,44 „
	$Cd/1,0\text{-n.}\ CdSO_4$	0,11-n.	— 0,426 „	Cd··	— 0,40 „
	In			In···	— 0,35 „
	$Tl/0,11\text{-n}\ Tl_2SO_4$	0,065-n.	— 0,396 „	Tl·	— 0,336 „
	$Co/1,0\text{-n.}\ CoSO_4$	0,11-n.	— 0,32 „	CO··	(— 0,26) „
	$Ni/1,0\text{-n.}\ NiSO_4$	0,11-n.	— 0,26 „	Ni··	— 0,250 „
	$Sn/1,0\text{-n.}\ SnSO_4$		— 0,190 „	Sn··	— 0,14 „
	$Pb/1,0\text{-n.}\ Pb(NO_3)_2$ ..	0,22-n.	— 0,148 „	Pb··	— 0,13 „
	Fe			Fe···	— 0,04 „
	$H_2/2,0\text{-n.}\ H_2SO_4$	1,0-n.	0,000 „	H·	0,000 „
	Sn			Sn····	(+ 0,05) „
	Sb			Sb···	+ 0,2 „
	$Bi/0,65\text{-n.}\ Bi_2(SiF_6)_3$ ..		0,295 „	Bi···	+ 0,23 „
	As			As···	(+ 0,3) „
	$Cu/1,0\text{-n.}\ CuSO_4$	0,11-n.	0,307 „	Cu··	+ 0,345 „
	Cu			Cu·	+ 0,522 „
	2 Hg/Hg··			Hg··	+ 0,793 „
Edelmetalle	$Ag/0,5\text{-n.}\ AgNO_3$	0,30-n.	0,775 „	Ag·	+ 0,808 „
	Pd			Pd··	(+ 0,82) „
	Hg			Hg··	+ 0,86 „
	Au			Au···	+ 1,38 „
	Au			Au·	(+ 1,5) „

Die Größe der in dieser Übersicht in der zweiten Spalte angeführten Ionenkonzentration läßt sich leider nicht überall mit voller Sicherheit feststellen. Dementsprechend sind die angegebenen Spannungen auch nur als Näherungswerte anzusehen, da sie nicht der Spannung in 1-n. Ionenkonzentration entsprechen, sie würden dazu erst der angeführten Korrektur nach der Nernstschen Formel bedürfen. Für einige Metalle ist das Resultat dieser Korrektur in der letzten Spalte angegeben: doch

[1] Nach Abegg, Auerbach, Luther und Drucker, Abh. d. Bunsen-Ges. Nr. 5 (1911), 8 (1915) und 10 (1929), W. Knapp, Halle a. S., Verlag Chemie, welche wohl die Werte widergeben, welche zur Zeit als die sichersten anzusehen sind und die hier durch einige andere in der Literatur veröffentlichte Werte ergänzt worden sind.

sind auch diese Werte unsicher, weil die Berechnungsgrundlage nicht hypothesenfrei ist.

Die relative Stellung der Metalle ist dieselbe, wenn man beliebige einfache Lösungen ihrer Salze, mögen es nun Sulfate, Nitrate, Chloride, Perchlorate oder dgl. sein, bei der Messung verwendet, soferne dieselben nur gleiche Metalljonenkonzentration aufweisen. Vereinigt man ein in dieser Reihe stehendes Metall mit einem in der Reihe tiefer stehendes zu einem die betreffenden Lösungen enthaltenden galvanischen Element, so bildet das höher stehende den negativen Pol und die Spannung, die E. M. K. des Elementes entspricht der Differenz der in der Spannungsreihe aufgeführten Potentialwerte beider Elemente. Entnimmt man dem galvanischen Element Strom, so geht das negativere beider Elemente in Lösung, das tiefer stehende wird umgekehrt aus der Lösung seines Salzes auf die positive Elektrode niedergeschlagen. Das geläufigste Beispiel hiefür bildet das Daniell-Element: $Zn/ZnSO_4/CuSO_4/Cu$, das eine E. M. K. von zirka 1 Volt aufweist und in dem Zink in Lösung geht, während sich Kupfer auf die Kupferelektrode niederschlägt. Der stromliefernde Vorgang besteht darin, daß das Zink, dank seiner höheren Affinität zum $\oplus$ sich mit 2 $\oplus$ zu $Zn^{\cdot\cdot}$ verbindet, die dabei freiwerdende Minus-Elektrizität wird durch den Verbindungsdraht zur Kupferplatte geleitet und dient dort zur Neutralisation bzw. zur Entladung der minder elektroaffinen $Cu^{\cdot\cdot}$-Ionen zu ungeladenem Cu-Metall:

$$Cu^{\cdot\cdot} + 2\ominus \rightarrow Cu + 2\oplus\ominus$$

das sich auf der Kupferelektrode in fester Form absetzt.

Schon frühzeitig machte man die Beobachtung, daß sich das Kupfer auf der Elektrode dabei derart absetzt, daß es, nachträglich von derselben abgelöst, das Relief derselben genau im Negativ wiedergibt. Diese Beobachtung war es, die Jacoby im Jahre 1838 zur Erfindung der Galvanoplastik führte.

Elektrolyse, Kathodenfilm.

Den Vorgang, der sich auf der Kupferelektrode eines Daniell-Elementes abspielt, kann man selbstverständlich auch ohne Verwendung einer gegenübergestellten Zinkelektrode, welche der Kupferplatte eine negative Ladung erteilt, dadurch herbeiführen, daß man ihr diese von einer anderen z. B. einer äußeren Stromquelle zuführt.

Die elektrolytische Abscheidung eines Metalles setzt ein, wenn man einer Metallelektrode in der Lösung eines ihrer Salze von außen ein etwas negativeres Potential aufzwingt, als ihrem Eigenpotential entspricht.

Nach dem Faradayschen Gesetz werden dann — gleiche Stromausbeute vorausgesetzt — äquivalente Mengen der einzelnen Elemente abgeschieden, deren einige in folgender Tabelle aufgeführt sind:

Elektrochemische Äquivalente.

Element	Atomgewicht	Spezifisches Gewicht	Elektrochemisches Äquivalent g/Ampèrestunde		
			theoretisch	praktisch	bei % Stromausbeute
Sb·····	121,77	6,7	0,909		
As···	74,96	5,7	0,932	0,84	90%
Pb··	207,22	11,4	3,865	3,86	
Cd··	112,41	8,6	2,097	2	95%
Cr······	52,01	6,5	0,323	0,04	13%
Fe··	55,84	7,8	1,042	0,7—1	70—95%
Au···	197,2	19,5	2,453	2,2	90%
Au·	197,2	19,5	7,357	4,75—7	65—95%
Co··	58,94	8,5	1,100	0,99	90%
Cu··	63,75	8,9	1,186	1,18	
Cu·	63,75	8,9	2,372	1,66	70%
Ni··	58,69	8,8	1,095	0,92—1,0	84—94%
Pt····	195,23	21,4	1,821	0,13	7,5%
Rh···	102,91	12,1	1,28	1	78%
Ag·	107,88	10,5	4,025	4	
Zn··	65,38	7,0	1,2196	1,2—0,75	98—70%
Sn····	118,7	7,3	1,107	0,95	86%
Sn··	118,7	7,3	1,214	2	90%

Die Dicke der Metallschicht, welche durch 1 Amp. in einer Stunde auf 1 qdm Kathodenfläche niedergeschlagen wird, berechnet sich im Falle der Abscheidung dichten Elektrolytmetalls zu:

Niederschlagsstärke pro Stunde bei 1 Amp/qdm kathodischer Stromdichte.

Metall	Niederschlagsstärke in mm	Stromausbeute
Ag	0,039	98%
Cu (aus Cu··) ...	0,013	zirka 98%
Cu (aus Cu·)	0,017	65—70%
Ni	0,0123	94%
Co	0,013	
Zn	0,0165	95%
Cd	0,023	95%
Cr	0,0006	13%
Pb	0,034	zirka 99%
Sn (aus Sn····) ..	0,013	86%
Sn (aus Sn··) ...	0,0274	90%
Rh	0,008	78%

Über die Art und Weise, in welcher die Entladung der Kationen und die Metallabscheidung vor sich geht, können wir nur Vermutungen aufstellen.

Man kann sich z. B. denken:

I., daß ⊖ aus der Kathode austreten, sobald diese ein Potential annimmt, das negativer ist, als das Eigenpotential des Metalls und mit ⊕ verbundene Kationen zu freien Atomen entladen.

Einen Beweis für die Richtigkeit oder die Notwendigkeit dieser Annahme gibt es nicht.

Man kann sich aber auch vorstellen:

II., daß sich elektrostatisch an die Kathode gezogene Kationen an jenen Stellen des Kathodenmetalls anlagern, an welchen ⊖ disponibel und soweit beweglich oder verschiebbar sind, daß sie in Verbindung mit dem Kation und als fortbildender Baustein an ein Kristallgitter treten können.

Entladung und Eintritt in das Kristallgitter würde dann gleichzeitig erfolgen, würde geradezu einen und denselben Vorgang darstellen.

Die Haftintensität des an die Kathode geschlagenen Metalls käme im Falle II der Eigenkohäsion des Metalls gleich, wenn die Anlagerung ohne Deformation erfolgt. Sie bliebe bei etwaiger Deformation, bei Zwischenlagerungen (von Verunreinigungen, adsorbierten Gasen od. dgl.) hingegen kleiner wie diese.

Beide Entladungsvorgänge erscheinen möglich, der letztere dürfte bei Metallabscheidungen der häufigere sein.[1]

Es ist plausibel, daß die kathodische Metallabscheidung nach Vorgang II zu wohlausgebildeten Kristallen führt (Cu, Ag, Pb, Zm, Cd, Sn aus ihren einfachen Salzlösungen, aber auch Fe, Co, Ni). Der Entladungsvorgang I könnte hingegen bei stark erschwerten elektrolytischen Abscheidungen, die zu „strukturloser" Metallabscheidung führt, z. B. bei der Elektrolyse komplexer Kupferzyanidlösungen, bei der Wasserstoff-, der Sauerstoffentladung u. dgl., vor sich gehen.[2]

---

[1] Nach E. Müller, Z. physik. Chem. CLIX, 68 (1932), muß man sich ein Dielektrikum zwischen Plusjonen und dem negativen Grundmetall geschoben denken, um die Bildung und Aussendung von Ionen durch ein Metall verstehen zu können. Dasselbe wäre dann wohl auch für die Ionenentladung nach dem Entladungsvorgang I notwendig.

[2] Manche, z. B. N. Thon, Compt. rend. CXCVII, 1312 (1933), sind der Ansicht, daß Entladungsvorgang II nur dann vorliegt, wenn die Metallabscheidung hemmungslos vor sich geht, wenn also die I-E-Kurve (s. weiter unten) sofort steil aufsteigt, in allen anderen Fällen nach dem Entladungsvorgang I. Es sind aber Hemmungen, z. B. bei der Nickelabscheidung, bekannt, die gewiß aus anderer Quelle stammen und welche die unmittelbare Abscheidung wohlausgebildeter, wenn auch kleiner Kristalle nicht immer verhindern, sondern nur das Wachsen derselben, so daß die Hemmung in der Notwendigkeit gipfeln dürfte, immer wieder neue Keime zu bilden. Manche, z. B. Kohlschütter, nehmen wieder an, daß Entladungsvorgang I zunächst zur Abscheidung kolloidalen Metalls führt, eine Annahme, die aber experimentell noch nicht begründet erscheint.

Vor ihrer Entladung bzw. ihrer Einordnung in das Gitter befinden sich die Kationen an der Grenzfläche Kathode/Lösung. Nach derselben bilden sie einen Bestandteil des Kathodenmetalls, dessen Grenzfläche dabei vorrückt, während das Kation aus der die Kathode unmittelbar benetzenden Flüssigkeitsschicht, aus dem „Kathodenfilm", verschwindet.

Ist das Kation, wie es die Regel bildet, hydratisiert, so dürfte eine Trennung von den angelagerten Wassermolekülen, die möglicherweise schon bei der Polarisation eingeleitet wird, beim Übertritt des Kations aus der flüssigen in die feste Phase vollzogen werden, zugleich verarmt der „Kathodenfilm" an dieser Kationenart und diese Verarmung schreitet fort, bis endlich ein Gleichgewichtszustand erreicht wird, wenn dem „Kathodenfilm" fortlaufend ebensoviele Kationen gleicher Art zuwandern, als in der gleichen Zeit daraus entladen und abgeschieden werden.

Diese Verhältnisse, die Zusammensetzung, die Dicke des „Kathodenfilms" üben auf die Abscheidungsform des Metalles bestimmenden Einfluß aus. Unsere mangelhaften Kenntnisse über so viele Einzelheiten der Elektrolyse beruhen zur Hauptsache darauf, daß wir noch nicht genügend über die Zusammensetzung des Kathodenfilms unterrichtet sind.

Die bei Beginn der Elektrolyse einsetzende Verarmung des Kathodenfilms bleibt also bei ihrer Fortsetzung fortbestehen.

Infolge dieser Verarmung wird das Potential der Kathode negativer, es tritt eine Polarisation, und zwar eine „Konzentrationspolarisation" auf, die gemäß der Nernstschen Formel für jede Zehnerpotenz, um welche die Ionenkonzentration im Kathodenfilm abnimmt, $\frac{1}{n} \cdot 0{,}058$ Volt beträgt, wenn n. wieder die Wertigkeit des maßgebenden Ions bezeichnet. Das Kathodenpotential gibt uns also ein Maß für den Grad der im Kathodenfilm eingetretenen Verarmung — leider das einzige, welches wir dafür besitzen — ohne uns etwas über die Konzentration und den möglichen Einfluß anderer Ionen oder Beimengungen auszusagen.

Infolge dieser anhaltenden Konzentrationserniedrigung des zur Abscheidung gelangenden Ions ist das Potentialgefälle im Kathodenfilm ein schnelleres, als im übrigen Elektrolyten, die zur Abscheidung gelangenden Ionen werden ihn schneller durchsetzen, als den übrigen Raum und dies mag seinerseits von größerem Einfluß sein und ganz besonders bei Anwesenheit anscheinend unbeteiligter „Leitsalze", weil sie diesen Unterschied vergrößern: Ihre Kationen übernehmen im Bade einen Teil der Stromleitung, nicht aber im Kathodenfilm, da sie dort nicht zur Abscheidung gelangen.

Für völlig umkehrbare Elektrodenvorgänge (s. S. 14) läßt sich die Dicke des Kathodenfilms auf Grund von Potential- und Konzentrationsbestimmungen berechnen. R. Brunner ermittelte sie[1] bei mäßiger Rührgeschwindigkeit zu 0,02 bis 0,03 mm. Weigert fand Werte,[2] die damit zwar nicht genau, doch immerhin in der Größenordnung übereinstimmen. Es wäre sehr wichtig, diese Untersuchungen fortzusetzen und zu erweitern. Zu ermitteln wäre dabei auch der Konzentrations- und Potentialabfall im Kathodenfilm selbst. Die von Brunner und Weigert gefundenen Werte dürften der Dicke der Flüssigkeitsschicht entsprechen, welche der Kathode anliegt, ohne den Bewegungen der übrigen Flüssigkeit folgen zu können, nicht der Dicke des Films, in welchem der eigentliche Potentialabfall erfolgt, letztere dürfte von ganz andrer Größenordnung sein, etwa nur ein Mehrfaches der molekularen Dimensionen messen.

Die Beziehung der Stromdichte zum Elektrodenpotential ist ebenso wie die eng verwandte Beziehung des Elektrodenpotentials zur Ionenkonzentration — bei Ausschluß anderer Einflüsse — eine logarithmische. Die Verarmung des Kathodenfilms ist ja unter gleichbleibenden Umständen der Stromdichte proportional.

Die graphische Darstellung der Veränderung des Elektrodenpotentials mit steigender Stromdichte,[3] die I-E-Kurve (welche gewöhnlich derart aufgenommen wird, daß man auf der Abszissenachse die Potentiale aufträgt, welche die Elektrode bei den auf der Ordinate aufgetragenen Stromdichten annimmt), zeigt demnach recht anschaulich und in übersichtlicher Form an, ob die Zunahme der Stromdichte mit steigender kathodischer Polarisation ungehemmt vor sich geht oder nicht.

Im ersteren Fall steigt sie, ihrer logarithmischen Form entsprechend, sehr bald mit steigendem (negativerem) Kathodenpotential steil an, im zweiten Fall ist ihr Aufstieg ein langsamerer, unregelmäßigerer. Gäbe es keine derartigen Hemmungen, so müßte der Verlauf der I-E-Kurve bei allen Metallen ein ähnlicher sein. Wie Abb. 1 aber vor Augen führt, sind nicht nur von Metall zu Metall, sondern auch beim gleichen Metall Verschiedenheiten vorhanden, wenn man zu anderen Lösungen übergeht, die Temperatur ändert, die Lösung verdünnt usw.

Die Aufnahme der I-E-Kurve ist in jedem Einzelfalle außerordentlich nützlich, weil sie vor Augen führt, welche Art des Verlaufes die betreffende Elektrolyse nimmt.

---

[1] Z. physik. Chem. XLVII, 56 (1904).

[2] Z. physik. Chem. LX, 520 (1907).

[3] Um von der jeweiligen Elektrodengröße unabhängig zu sein, wählt man als Maß der Strombelastung die Stromdichte $= \frac{\text{Ampèrezahl}}{\text{Elektrodenfläche}}$, spricht von kathodischer und von anodischer „Stromdichte“.

Man wird erwarten dürfen, daß alle Veränderungen, welche die Verarmung des Kathodenfilms beschleunigen, einen flacheren Verlauf der I-E-Kurve, mit anderen Worten, gesteigerte kathodische Polarisation veranlassen werden und vice versa.

Jede Erschwerung der Diffusion, jede Verlangsamung der Ionenzuwanderung durch Überführung (z. B. durch Erhöhung der Viskosität des Lösungsmittels, also des Reibungswiderstandes, den die Ionen zu

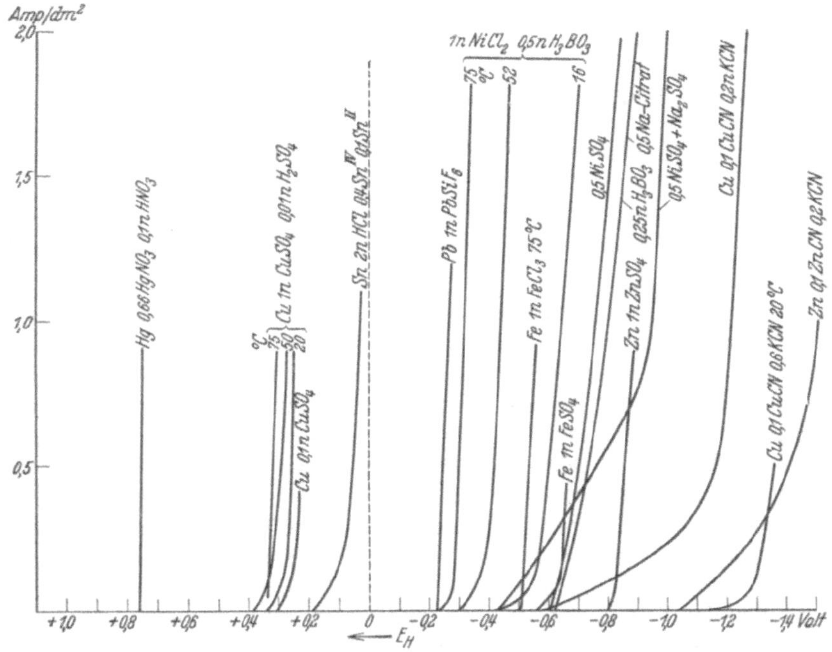

Abb. 1.

überwinden haben), eine Erniedrigung der Temperatur u. dgl. mehr erhöhen die Verarmung des Kathodenfilms, also die Polarisation. Übergangswiderstände, welche sich während der Elektrolyse an der Kathode ausbilden, verlangsamen den Aufstieg der I-E-Kurve. Eine Erschwerung des Kristallwachstums, welche vermehrte Neubildung von Kristallkeimen zur Folge hat, dürfte — wie vorgreifend erwähnt werden mag — im gleichen Sinne wirken (siehe S. 6, Fußnote 3).

Umgekehrt wird eine lebhafte Durchmischung der Lösung durch rasche gegenseitige Bewegung Kathode/Lösung oder durch lebhaftes Rühren im Elektrolyten die Dicke des Kathodenfilms verringern, den Weg verkürzen, welchen die herandringenden Ionen zurückzulegen haben und damit einer Verarmung entgegenwirken. Im gleichen Sinne, aber ohne die Dicke des Films wesentlich zu ändern, kann eine Temperaturerhöhung durch Erhöhung der Beweglichkeit der Ionen und des Diffusionskoeffizienten Einfluß ausüben.

Der Grad, in welchem alle diese Faktoren wirken, ist aber auch eine Funktion der ursprünglich vorhandenen Ionenkonzentration. Dies leuchtet sofort ein, wenn man sich vor Augen hält, daß die Beziehung des Elektrodenpotentials zur Ionenkonzentration an der Elektrode eine logarithmische ist, bzw. daß jeder Verringerung der letzteren auf ein Zehntel des ursprünglichen Betrages, ein Negativerwerden der Elektrode um $\frac{1}{n}$ 0,058 Volt folgt. Nun ändert die Abscheidung von 0,099 Mol. die Konzentration in einer 1-n. Lösung um weniger als 10%, sie erniedrigt aber die Konzentration einer 0,1-n. Lösung auf ein Hundertstel!

In verdünnten Lösungen werden also die Polarisationen bei gleicher Stromdichte erheblich größer, solange der Elektrodenprozeß unverändert derselbe bleibt.

Letzterer Vorbehalt, der in allen Fällen zu beachten ist, erlangt besondere Wichtigkeit im Gebiete kleiner Konzentrationen. Schon die viel schnelleren Änderungen des Kathodenpotentials, welche die prozentisch viel größeren Verarmungen hervorrufen, öffnet der Elektrolyse Möglichkeiten, einen anderen Weg zu gehen. Werden gar die Verarmungen so groß, daß der Elektrode nicht genug Ionen der zu entladenden Art nachgeliefert werden können, so wird ein Grenzzustand erreicht. Sind keine beim herrschenden Kathodenpotential entladbaren Fremdkationen anwesend, so steigt von dieser Grenze ab die Stromdichte mit steigender Kathodenpolarisation nicht mehr weiter an, es ist die maximale, in der betreffenden Lösung bei der betreffenden Temperatur usw. herstellbare Stromdichte erreicht, welche für die Durchführung dieses Prozesses möglich ist. Ein Beispiel dafür bildet z. B. die Elektrolyse von Silbernitratlösungen. Die Stromdichte steigt mit dem Kathodenpotential erst schneller, dann langsam, endlich praktisch gar nicht mehr an. Erst wenn die neben $Ag^{\cdot}$ als alleinigen Kationen in der Lösung noch vorhandenen $H^{\cdot}$-Ionen zur Entladung gelangen, was bei Potentialen eintritt, die um zirka 0,6 Volt negativer sind, steigt die Stromdichte wieder schnell an. (Abb. 2.)

Sind hingegen Ionenarten in der Lösung vorhanden, welche bei einander nahegelegenen Kathodenpotentialen entladen werden können, so verläuft die I-E-Kurve nach Abb. 3; es setzt neben der ungestört weiter vor sich gehenden Entladung des edleren auch die Entladung des oder der nächst unedleren, in der Lösung vorhandenen Kationen ein. Steigert man die Stromdichte noch weiter, so nimmt prozentisch der

Anteil des unedleren Bestandteils mit steigender Stromdichte zu und wird der Haupt-, wenn nicht praktisch der einzige Elektrodenvorgang. Ein Beispiel dafür liefert die Elektrolyse gemischter Metallsalzlösungen einander nahestehender Metalle, z. B. Co und Ni, oder auch Fe und Ni u. dgl. mehr, bei welcher man kathodisch Metallgemische bzw. Legierungen wechselnder Zusammensetzung gewinnen kann, oder auch die Elektrolyse unedlerer Metalle, z. B. Ni oder Zn in saurer Lösung, bei welcher bei niedrigsten Stromdichten das edlere Element: Wasserstoff, bei hohen Stromdichten das unedlere Element Ni, Fe, Zn usw. praktisch mit nahezu quantitativer Stromausbeute gewonnen werden kann. Die Abb. 3 läßt erkennen, daß die Stromausbeute für das unedlere

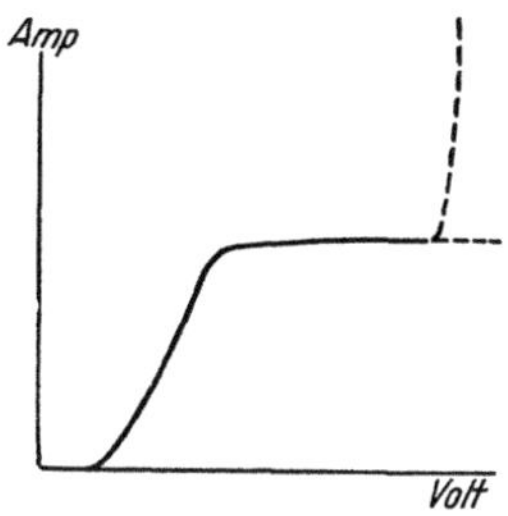

Abb. 2.

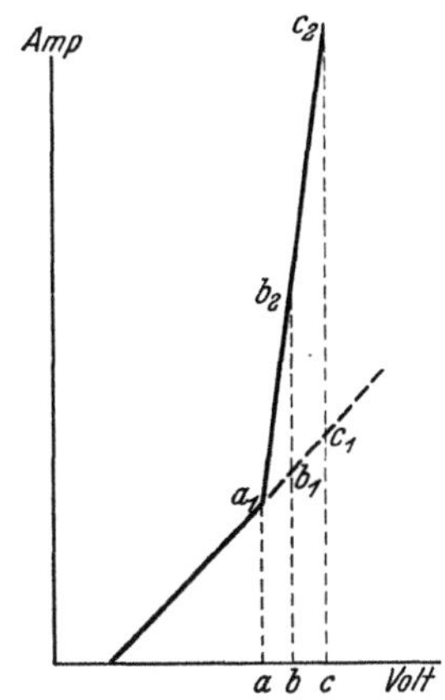

Abb. 3.

Element mit steigender Stromdichte rasch zunimmt; denn die für die Abscheidung jeder der beiden Ionenarten jeweils verfügbare Stromintensität entspricht dem Längenverhältnis der Teilordinaten:

$$\text{bis } a \text{ Volt } a\,a_1 : \lim 0$$
$$\text{bei } b \quad „ \quad b\,b_1 : b_1\,b_2$$
$$„ \quad c \quad „ \quad c\,c_1 : c_1 c_2 \text{ usf.}$$

und dieses Verhältnis verschiebt sich, wie man sieht, mit steigender Stromdichte zugunsten der unedleren Ionenart, die erst bei stärkerer kathodischer Polarisation (über a Volt) zur Abscheidung zu gelangen beginnt.

Reinheitsgrad der abgeschiedenen Metalle. Mitabscheidung von H_2.

Unter Einhaltung der erforderlichen Kautelen (nicht zu hohe Stromdichten usw.) setzt uns die Verschiedenheit der Eigenpotentiale der Metalle in den Stand, das edelste der jeweils in Lösung befindlichen

Metallionen aus gemischten Metallsalzlösungen allein zur Abscheidung zu bringen.[1]

In absolut reinem Zustande kann man ein Metall auf diesem Wege freilich niemals isolieren — das läßt die Nernstsche Formel voraussehen: von jedem in der Lösung enthaltenen Metall muß gleichzeitig soviel neben dem edleren mitabgeschieden werden, daß sich der Gleichgewichtszustand beim betreffenden Kathodenpotential Metall/Lösung auch für dieses Metall einstellt. Immer muß also mehr, als nichts von ihm mit abgeschieden werden. Indes sind die Lösungstensionen der meisten Metalle so sehr voneinander verschieden, daß in nicht zu ungünstigen Fällen schon die Mitabscheidung unwägbarer Spuren des unedleren Metalls dazu hinreichen, den Gleichgewichtszustand Metall/Lösung beim betreffenden Kathodenpotential für dasselbe herzustellen. Und tatsächlich läßt sich die Metalltrennung auf elektrolytischem Wege in günstigen Fällen (z. B. bei der Kupferraffination, der Silber-, Gold-, Blei-, Zinnraffination) vollständiger und schärfer als auf jedem anderen gangbaren Wege durchführen.

Aber selbst bei vollständiger Abwesenheit jedes Fremdmetalls in der Lösung gelingt es niemals, ein Metall ganz allein für sich aus wäßriger Lösung abzuscheiden, ohne daß zugleich auch $H^{\cdot}$-Ionen mitabgeschieden würden: gemäß ihrer jeweiligen Gleichgewichtsrelation $H_2/H^{\cdot}$ beim betreffenden Kathodenpotential, wenn sie kein Hydrid oder keine feste Lösung mit dem Metall eingehen, in noch höherem Betrage, wenn letzteres der Fall ist. Denn nach dem Dissoziationsgleichgewicht des Wassers:

$$c_{H^{\cdot}} \times c_{OH'} = 0{,}6 \times 10^{-14} \text{ (bei } 18^0\text{; } 1{,}17 \text{ bei } 25^0\text{)}$$

sind stets bestimmte Mengen von $H^{\cdot}$-Kationen in jeder wäßrigen Lösung enthalten, ihnen entspricht bei jedem Kathodenpotential ein bestimmter Wasserstoffdruck an der Kathode. Letzterer wird ceteris paribus um so größer sein, je negativer das Kathodenpotential und je höher die $H^{\cdot}$-Konzentration im Kathodenfilm ist. Es wird also mit unedleren Metallen mehr Wasserstoff mit abgeschieden werden, aus sauren Lösungen mehr als aus alkalischen.

Tatsächlich hat man in allen elektrolytisch abgeschiedenen Metallen, die unedler sind, wie Silber, Wasserstoff analytisch und mitunter in großen Quantitäten nachweisen können.

Fassen wir den, für die Mitabscheidung von Wasserstoff, verhältnismäßig ungünstigen Fall der Kupferabscheidung aus 1-n. schwefelsaurer Kupfersulfatlösung ins Auge, welche bei Kathodenpotentialen von rund + 0,3 Volt vor sich geht, so wird H_2 an der Kathode mit den

[1] Metalltrennung nach Freudenberg, Z. physik. Chem. XII, 97; s. auch Revay, Z. Elektrochem. IV, 313.

$H^{\cdot}$ im Kathodenfilm im Gleichgewicht stehen, wenn der Wasserstoff an der Kathode einen Druck von:

$$\log \frac{1}{0{,}3/0{,}058} \text{ Atm.}$$

d. i. rund $1{,}10^{-5}$ Atmosphären, aufweist, wenn also mit jedem Äquivalent Cu, rund $1 . 10^{-5}$ Äquivalente Wasserstoff mitabgeschieden werden, oder rund $3 . 10^{-7}$ Gew.-% vom Kupfergewicht.

Auf experimentellem Wege hat Billiter[1] bei der Elektrolyse ganz reiner 1-n. schwefelsaurer, 1-n. $CuSO_4$-Lösungen $1 . 10^{-6}$ g Wasserstoff, im Gramm elektrolytisch bei 50⁰ mit 1 bis 8 Amp/qdm abgeschiedenen Kupfers durch Wägung und Verbrennung des äußerst sorgfältig in reinem Stickstoffstrome getrockneten Niederschlages nachweisen können. Die Übereinstimmung des Experimentes mit der Berechnung muß als befriedigend angesehen werden, wenn man die Schwierigkeit seiner Ausführung und den Umstand in Betracht zieht, daß Kupfer auch Wasserstoff löst.[2]

Man könnte meinen, daß derartige Wasserstoffeinschlüsse derart geringfügig sind, daß man sie vollkommen außer acht lassen kann. Dies ist aber durchaus nicht der Fall. Diese Wasserstoffbestimmungen im Kupfer wurden gerade zur Aufklärung von Besonderheiten (s. Abschnitt Praxis der Verkupferung im speziellen Teil) vorgenommen, welche, wie es sich erwies, tatsächlich dem Wasserstoffgehalte zur Last zu legen sind.

Unedlere Metalle enthalten mehr Wasserstoff: Elektrolytnickel nach Hessenbruch[3] 79 Vol.-%, nach Guichard, Clausmann, Billon und Lanthony[4] bis 660 Vol.-% (0,76 ccm pro 1 g Ni), Zinn[5] 5 bis 12 Vol.-%, Elektrolyteisen enthält nach Hughes[6] etwa 180 Vol.-%, nach Guichard, Clausmann, Billon und Lanthony[7] 780 bis 6000 Vol.-% (1 bis 8 ccm H_2 pro 1 g Fe), Zink nach v. Schwarz[8] 0,055

[1] Unveröffentlichte Untersuchungen nach Versuchen von W. Fink und Frau L. Brück. In der Literatur findet man wesentliche höhere Zahlenangaben, so gibt Köster, Z. Metallkde. XX, 189 (1928), 0,00026% an; Hessenbruch fand (nach Smithells, Impurities in metals, New-York 1931, S. 107) gar 39 Vol.-% neben 11% SO_2, 50% CO. Letztere Angaben beweisen schon, daß die Elektrolyse nicht in ganz reinen, sondern in Lösungen durchgeführt wurde, welche vermutlich Sulfitablauge enthielten, die man bekanntlich oft zusetzt, um bei der Raffination glattere Niederschläge zu erhalten. Die Analysenergebnisse sind aber nur dann maßgebend, wenn man ganz reine Lösungen verwendet. Spuren von organischen Kolloiden erhöhen den H_2-Gehalt des Kupfers beträchtlich. Man findet dann aber fast immer auch C im Kupfer.

[2] Nach Neumann und Streintz, Wien. Mh. Chem. XII, 642 (1891), das 4,8fache seines Volumens.

[3] Z. Metallkde. XXI, 46 (1929).

[4] Compt. rend. CXC, 1417 (1930).

[5] Rev. Metallurgie 1926; Smithells, l. c., S. 105.

[6] Modern Electroplating.

[7] Compt. rend. CXCII, 623.

[8] Z. Elektrochem. XXIX, 198 (1923).

Gew.-%, entsprechend 2000 Vol.-%, Chrom schließt nach Guichard und Mitarbeitern[1] 300 bis 400 ccm Wasserstoff pro 1 g Cr ein, was bis zu 260.000 Vol.-% entspricht.

Der Wasserstoff kann nicht nur einige physikalische Eigenschaften der Elektrolytmetalle verändern, sondern auch Besonderheiten im chemischen Verhalten hervorrufen. Er diffundiert (wie man annimmt, im atomaren Zustand[2]) — für molekularen H_2 ist Fe bei Raumtemperatur undurchlässig) — durch das Überzugs- zum Unterlagsmetall und macht dasselbe oft spröd. Er ruft Dichteänderungen und Spannungen im Niederschlag hervor, welche Formänderungen, zuweilen auch die Ablösung veranlassen.

Durch Erhitzung läßt sich der Wasserstoff zwar in der Regel nachträglich, wenigstens zum größten Teile, wieder austreiben, aus einigen Metallen entweicht er schon bei Raumtemperatur von selbst im Lauf der Zeit. Nicht immer ist es aber möglich, den Wasserstoff aus dem Metall zu verjagen, ohne daß dauernde Veränderungen zurückbleiben (s. speziellen Teil).

Umkehrbare und nicht umkehrbare Systeme. Überspannung des Wasserstoffs.

Bildet die Elektrolyse die einfache Umkehrung des Vorganges, der sich im entsprechenden galvanischen Element abspielt, so muß sie unmittelbar nach Überschreitung der Potentialdifferenz des Ruhestandes einsetzen. Die „Zersetzungsspannung" kommt dann der E. M. K. des betreffenden Systems gleich und es ist bei fortgesetzter Elektrolyse mit niedersten Stromdichten in erster Annäherung nur die Mehrspannung aufzuwenden, welche zur Überwindung der „Konzentrationspolarisation" erforderlich ist, die als Folge der Konzentrationsänderungen an den Elektroden auftritt. Bei Herstellung höherer Stromdichten ist neben der Zersetzungsspannung auch Spannung zur Überwindung des Ohmschen Widerstandes der Elektrolytschicht im Zwischenraum zwischen den Elektroden aufzuwenden.

Führt man die Elektrolyse einfacher Salzlösungen eines Metalls unter Verwendung von Anoden aus dem gleichen Metall durch, so ist die Zersetzungsspannung null, der gesamte Spannungsaufwand dient der Überwindung der Konzentrationspolarisation und des Ohmschen Widerstandes des Elektrolyten, wenn man es mit einem umkehrbaren Vorgange zu tun hat.

Die Verschiedenheit des Anstieges der I-E-Kurven (Abb. 1) zeigt an, daß in vielen Fällen noch andere Widerstände zu überwinden sind und daß die Elektrolyse dann keinen umkehrbaren Vorgang darstellt. Diese Widerstände haben bei verschiedenen Stromdichten verschiedene Größe,

[1] Compt. rend. CXCVI, 1660 (1933).
[2] Fuller, Faraday Soc. XXXVI, 113 (1919).

gewöhnlich nehmen sie mit steigender Stromdichte zu. Bei einem und demselben Metall findet man, je nach der Natur des Elektrolyten, in welchem man die Elektrolyse vornimmt, wechselndes Verhalten.

So kommt das Verhalten des Kupfers in schwach schwefelsaurer Kupfersulfatlösung dem einer vollkommen umkehrbaren Elektrode so nahe, daß die Abweichungen bei niederen Stromdichten unerheblich sind. Auch in reiner $KCu(CN)_2$-Lösung verläuft die Kupferabscheidung — freilich nur bei ganz kleinen Stromdichten — nahezu reversibel[1], in stark schwefelsaurer Kupfersulfatlösung sind die Abweichungen bei höheren Stromdichten nennenswert und erst recht, schon bei mäßigen Stromdichten, in hochkomplexen $K_3Cu(CN)_4$-Lösungen.

Den Hemmungen, welche die kathodische Abscheidung erschweren, gesellen sich oft auch Hemmungen beim Inlösunggehen der Anoden zu, beim Kupfer z. B. in Zyanidlösungen, in viel höherem Maße noch bei Metallen wie Nickel und Chrom, aus Gründen, die im speziellen Teil zu erörtern sein werden.

Hemmungen bei der kathodischen Abscheidung sind durchaus nicht immer unerwünscht, im Gegenteil, sie üben oft nicht nur sehr günstigen Einfluß auf die Beschaffenheit des Metalls aus, sie ermöglichen es vielfach überhaupt erst, Elektrolysen durchzuführen, die sonst unausführbar wären.

So wäre es vor allem nicht möglich, Metalle, die unedler sind wie Wasserstoff, die also in der Spannungsreihe (S. 3) über diesem aufgeführt sind, mit guten Stromausbeuten bei der Elektrolyse abzuscheiden, träten bei der elektrolytischen Abscheidung von Gasen — im vorliegenden Falle des Wasserstoffs — nicht Widerstände von solcher Größe auf, daß zu ihrer Überwindung soviel Mehrspannung, sogenannte „Überspannungen" aufzuwenden sind, daß das Kathodenpotential, bei welchem Wasserstoff in Gasform auftritt, negativer wird als das Abscheidungspotential des, an sich, unedleren Metalls.

Über die Natur der Hemmungen, welche der Wasserstoffentwicklung entgegenstehen und eine Überspannung hervorrufen, sind wir noch nicht genau unterrichtet, diese Überspannungen sind von ganz anderer Größenordnung als die „Metall-Überspannungen" (s. S. 18); sie nehmen durchwegs mit steigender Stromdichte zu, sinken mit steigender Temperatur und sind vor allem nicht nur von der Natur des Kathodenmetalls abhängig, sondern bis zu gewissem Grade auch von dessen Oberflächenbeschaffenheit[2]. An platiniertem, also an schwammigem Platin ist die

---

[1] Hoeing, Z. Elektrochem. XXII, 286 (1916).

[2] Die Abscheidung des Wasserstoffs kann in allen jenen Fällen, in welchen es bei der Entladung nicht in das Kristallgitter eintritt, wohl nur auf dem Wege I (s. S. 6) erfolgen, während das zur Abscheidung gelangende Metallkation in den meisten Fällen auf dem Wege II entladen werden dürfte.

Hierin dürfte eine Erklärungsmöglichkeit für den Auftritt der Über-

Überspannung des Wasserstoffs bei niederen Stromdichten aber so klein, daß man mit diesem Metall umkehrbare Wasserstoffelektroden herstellen kann; an anderen Metallen und selbst an Platin in kompakter glatter Form ist sie, und namentlich bei höheren Stromdichten, recht erheblich, sie kann daselbst bis auf etwa 1,3 Volt ansteigen, wie man folgender Tabelle entnimmt.

Überspannung des Wasserstoffs (in Volt).[1]

An	Bei kleinen Stromdichten		Bei 5 Amp/qdm		Bei 10 Amp/qdm		
	Schwammig	Glatt	Z. T.	80°	12°	Z. T.	80°
Pt	0,0	0,08			platiniert: 0,07	0,06	0,045
Co			0,3	(80°)		0,42	0,36
Cu	0,135	0,415			0,79		
Fe		0,175	0,35	0,18		0,39	0,22
Cr		0,182					
Cd		0,48 (0,392)			1,22		
Sn		0,401 (0,24)			1,15		
Pb		0,78					
Zn		0,7 (0,48)	1,18	1,11	1,18	1,23	1,11
Hg		0,8 (0,57)			1,3		
Ni	0,14	0,29	0,47	0,39	0,74	0,51	0,43
Graphit	0,335						
Ag	0,097	0,495					
Au	0,0165					0,6	
Zn						1,19	
Zn mit 0,01% Gelatine						1,235	
Zn mit 0,1% Gelatine						1,28	

Da diese Überspannung die Abscheidungsmöglichkeit so unedler Metalle, wie Zink, Cadmium usw., bedingt und da sie an rauhem Metall und gar an Metallschwamm kleiner wird, ist es für eine störungsfreie Gewinnung unedlerer Metalle wichtig, sie hoch zu halten, also das Ausfallen des Metalls in Schwammform zu verhindern.

---

spannung bei kathodischer Gasabscheidung liegen, der von der Forschung noch nicht genügend Rechnung getragen worden ist.

Außer den Hemmungen der $H^{\cdot}$-Entladung sind auch die der Entwicklung von Gasblasen zu berücksichtigen.

[1] Nach Angaben Foerster, Elektrochemie, 4. Aufl.; Thiel und Hammerschmidt, Z. anorg. u. allg. Chem. CXXXII, 15 (1923); Pfleiderer, Handbuch Engelhardt, II. Bd., 1. Teil; Marshall, Faraday Soc. XXI, 297 (1925); Westrip, J. chem. Soc. Lond. CXXV, I, 1112 (1924) usw. zusammengestellt.

I. Allgemeiner Teil.

Die Bildungsweise elektrolytischer Niederschläge.

Man ist in Wahrheit heute noch weit davon entfernt, den Mechanismus der kathodischen Abscheidung eines Metalles aus seinen Salzlösungen verfolgen und beschreiben zu können, was uns die bisherigen Untersuchungen an die Hand geben, sind nichts als recht ungefähre Anhaltspunkte.

In der Lösung liegt das Metall in Form hydratisierter Ionen vor, zuweilen zur Hauptsache als Bestandteil von Komplexionen, welche auch Anionen sein können. Die kathodisch abgeschiedenen Metalle weisen, wie die mikroskopischen und die mit X-Strahlen durchgeführten Untersuchungen mit Sicherheit ergaben, kristallinen Charakter auf (Scherrer und Debye).

Ehe es als Atom seinen endgültigen Platz in einem Kristallgitter findet, muß das Ion verschiedene Zwischenzustände durchlaufen, deren Art, ja deren Reihenfolge uns heute noch nicht hinreichend bekannt sind.

Man nahm früher an, daß die Ionen an der Kathode zunächst entladen werden, so daß zuerst ungeladene Atome aus ihnen entstehen. Den Übergang dieser Atome in die Form kristallisierten Metalles sah man als einen Vorgang an, welcher etwa mit einer Kristallabscheidung aus übersättigten Lösungen eine gewisse Ähnlichkeit hätte.[1]

Neuere Untersuchungen machen es wahrscheinlicher, daß die unter der Wirkung des Potentialabfalles in Kathodennähe geführten Kationen dort zunächst eine kondensatorähnliche Doppelschicht bilden, bis die mit Verstärkung der Doppelschicht zunehmende Polarisation eine Grenze erreicht, bei welcher sprungweise Abscheidung festen Metalls unter gleichzeitiger Ionenentladung vor sich geht (s. S. 6).[2]

Nach dieser heute bevorzugten, S. 6 erörterten Auffassung erfolgt die Entladung der Ionen im Momente ihrer Einordnung in die Kristallgitterebene.

---

[1] cf. hierzu z. B. O. Lehmann, Z. Krystallogr. 1889, 274; Hughes, Sci. and. Ind. Rec. Lond. 1922; Kohlschütter, Z. Elektrochem. 1927, S. 274; Aten und Boerlage, Rec. Trav. chim. Pays-Bas XXXIX, 720 (1920).

[2] cf. z. B. Frölich und Clark, Z. Elektrochem. XXXI, 649 (1925); Erdey-Gruz und Volmer, Z. physik. Chem. CLVII, 165, 182 (1931).

Volmer und seine Mitarbeiter haben in ihren Untersuchungen viele Momente aufgedeckt, welche für die Richtigkeit dieser Auffassung sprechen: Bei der Abscheidung eines Kristallkeimes[1] treten Hemmnisse auf, die eine Art Polarisation verursachen. Zu ihrer Überwindung ist vermehrte Spannung, die „Metallüberspannung", aufzuwenden. Diese der Metallabscheidung vorhergehende Polarisation ist, wie Volmer fand, beim Quecksilber, das in flüssiger Form zur Abscheidung gelangt, hundert- bis tausendmal kleiner als bei Metallen, welche Kristallite bilden. Auch beim Quecksilber ist die „Metallüberspannung" nicht null, auch hier erfolgt, allem Anscheine nach, die Abscheidung erst nach Herstellung einer gewissen Übersättigung, deren Eintritt sich durch die Polarisationsspannung zu erkennen gibt, aber ihr Ausmaß ist von einer anderen Größenordnung als bei Bildung eines Kristallites.[2] Dieser Unterschied wäre kaum zu verstehen, wenn in beiden Fällen zunächst aus Ionen ungeladene Atome gebildet würden, die erst nach ihrer Entladung zu Kristallen, bzw. beim Übergang in die flüssige bzw. feste Phase zusammentreten würden. Er bildet aber eine Stütze für die Richtigkeit der Auffassung, daß Entladung und Kristallitbildung gleichzeitig erfolgt.

Darnach ist die Abscheidung eines Metalles auf eine Kathode, an deren Oberfläche keine wohlausgebildeten artgleichen Kristalle bloßliegen, als ein Kristallisationsvorgang anzusehen,[3] der wie jeder solche zunächst in der Bildung von Kernen besteht, bei welcher größere Hemmungen zu überwinden sind und an den sich als zweiter Vorgang das Wachstum der Kerne schließt, bei welchem geringere Hemmungen entgegenstehen.[4]

Über den Mechanismus und die Art der Kristallkeimbildung geben uns die bisherigen Untersuchungen keinen Aufschluß, sie mußten sich zunächst damit begnügen, das Kristallwachstum zu ihrem Gegenstande zu machen.

a) Beobachtungen über den Verlauf des Kristallwachstums.

Bei der Verfolgung des Wachstums von Kristallen im Mikroskop und durch mikrokinematographische Aufnahmen beobachteten Volmer

[1] Dieser Ausdruck, der allgemein gebraucht wird, ist heute noch ebensowenig scharf definierbar als der ihm entsprechende Ausdruck Kristallzentrum. Wie groß man sich einen Kristallkeim oder Kristallite vorzustellen hat, ist eine noch offene Frage.

[2] Nach Scherrer (Göttinger Nachr. 1918, S. 99) steigt die Metallüberspannung in der Reihe: Hg, Au, Cu, Zn, Fe, Co, Ni, Pt, Pd von Metall zu Metall, während die H_2-Überspannung in gleicher Reihenfolge sinkt. Auch Frölich und Clark geben an, daß die Metallüberspannung bei kleiner H_2-Überspannung am größten ist.

[3] Als erster hat dies Smee schon 1842 vertreten.

[4] Die Grundlagen zu dieser Vorstellung wurden wohl zuerst von Smee 1842 gelegt, an ihrer Entwicklung sind ganz besonders Tamann, dann Bancroft, Huntington, Hogaboom, Blum und Rawdon, Graham u. a. beteiligt gewesen.

und Erdey-Gruz[1], daß die Anlagerungen neuer Metalle an Kristalle nicht gleichmäßig und kontinuierlich, sondern schichtweise erfolgen. Die Schichtbildung begann an Ecken und Kanten, niemals an Flächenmitten. Die höhere Ladungsdichte an Kanten und besonders an Ecken, die entsprechend größere elektrostatische Anziehung an diesen Stellen bildet hierfür wohl die Erklärung. Sobald sich aber eine Neuanlagerung von mikroskopisch sichtbarer Dicke an Ecken oder Kanten gebildet hatte, setzte die Neubildung an diesen Stellen scheinbar aus und es begann eine Bedeckung der angrenzenden Kristallfläche, die sich in merklich konstanter Höhe über die Fläche vorschob, vielleicht erschwert die lokale Ionenverarmung die weitere Abscheidung an den Ecken und Kanten und erleichtert sie an der von unverbrauchter Lösung bedeckten Fläche.

Mit steigender Überspannung findet diese scheinbar periodische Stufenbildung häufiger statt, die Oberfläche erlangt zunehmende Rauhigkeit, die Zahl der aktiven Stellen nimmt dadurch zu, das gab einen beobachtbaren, gleichsam autokatalytischen Anstieg der Stromstärke an den aktiven Stellen, während die Stromintensität sonst wohl der Überspannung proportional war.

Einen gewissen Einblick in die Bildungsart elektrolytischer Metallniederschläge gewinnt man auch durch Zählung und Messung der Kristallite, die durch sehr kleine Strommengen abgeschieden werden.

Solche Zählungen sind wohl zuerst von Rosa Vinal und Mc. Daniel (1912), dann von Aten und Boerlage[2] (1920) ausgeführt und zur Aufstellung von Formeln verwertet worden, die aber noch zu wenig Bestätigung gefunden haben, um hier wiedergegeben zu werden.

K. Arndt hat dann ähnliche Versuche wieder aufgenommen, er hat z. B. Kupfer mit sehr geringen Strommengen auf versilberte Kathoden von 4×4 cm durch wenige Minuten mit Stromdichten von 0,05 bis 0,5 Amp. pro Quadratdezimeter zwischen parallelen Anoden niedergeschlagen und die Kristallzahl pro Flächeneinheit ($30 \times 30\,\mu$) bei 500facher Vergrößerung gezählt.[3] Die Zahl der durch die gleiche Strommenge abgeschiedenen Kristalle wuchs erheblich mit zunehmender Stromdichte, wie folgende Versuchsreihe zeigt:

(Elektrolyt: 125 g $CuSO_4 5H_2O$, 50 g H_2SO_4, 50 g Alkohol.)

Strommenge Milliamp.-Minuten	Stromdichte Amp/qdm	Elektrolysedauer Minuten	Zahl der Kristalle pro $30 \times 30\,\mu$
40	0,05	10	17
40	0,1	5	25
40	0,5	1	140

[1] l. c. S. 176ff.; ferner Volmer, Z. physik. Chem. CII, 267 (1922).
[2] Aten und Boerlage, Rec. Trav. chim. Pays-Bas XXXIX, 720 (1920).
[3] Techn. Elektrochemie, Stuttgart 1929, S. 370.

Bei kleinerer Stromdichte maßen die Kristalle etwa 1,5, bei der höheren Stromdichte etwa 0,5 μ.

Führte man die Elektrolyse in zwei Abschnitten durch, so fand man: nach den ersten 5 Minuten:

Strommenge Milliamp.-Minuten	Stromdichte Amp/qdm	Elektrolysedauer Minuten	Zahl der Kristalle pro 30 × 30
20	0,05	5	8

nach den zweiten 5 Minuten:

20	0,05	5	7

Dies mag darauf zurückzuführen sein, daß während der Stromunterbrechung kleinere Kristalle aufgelöst und allenfalls auf größere niedergeschlagen werden. Wie nämlich kleine Tropfen eine etwas höhere Dampftension als größere besitzen, weisen kleinere Kristalle oder Pulverteilchen größere Löslichkeit und auch größere Lösungstension auf.

Kristalle stellen ja Gebilde vor, in welchen die Atome durch Anziehungskräfte fest in ein Ganzes eingefügt sind. Es ist ein größerer Energieaufwand dazu erforderlich, ein Atom von der Kristalloberfläche zu entfernen, als dazu, ein vereinzeltes Atom zu bewegen. Der Unterschied muß für größere Kristallgebilde größer sein, als für kleine. Umgekehrt wird die Anlagerung an größere Kristalle durch größere Anziehungskräfte befördert, als an kleineren. Die geringste Unterstützung findet die Bildung von Kristallkeimen, als welche wir uns wohl die kleinsten, als Kristallindividuen möglichen Gebilde vorzustellen haben.

Von der Lösungstension ist bei größeren Kristallen demnach nur ein Teil disponibel, ein Teil wird zur Überwindung der, im Wesen, zentral gerichteten Anziehungskräfte verbraucht. Zwischen zwei Elektroden aus ein und demselben Metall, das auf einer Seite grobkristallin ist, auf der anderen Seite aber in feinster Verteilung vorliegt, kann man denn auch Potentialdifferenzen bis zu 0,03 Volt messen. Das Metall in feinerer Verteilung bildet dabei den negativen Pol. Die kleineren Kristalle sind also unedler und gehen in Lösung, während die größeren Kristalle auf Kosten der kleineren anwachsen.

Dieser Vorgang wird um so deutlicher in Erscheinung treten können, je mehr Zeit dazu verfügbar ist, er wird bei sehr schneller Abscheidung, also bei höheren Stromdichten in den Hintergrund treten, bei höherer Temperatur durch Steigerung der Ionenbeweglichkeit hinwiederum befördert werden (wobei beim Kupfer auch die bei höherer Temperatur begünstigte Cuproionenbildung [s. S. 127] ihrerseits fördernd wirken mag).

In der Tat konnte Arndt auch bei seinen Kristallzählungen eine schnelle Abnahme der Kristallzahl unter dem Einfluß einer Temperaturerhöhung beobachten:

Temperatur	Strommenge	Stromdichte	Elektrolyse-dauer	Zahl der Kristalle
0° C.	40 Milliamp.-Min.	0,1 Amp/qdm	5 Min.	83
35° C.	40 „ „	0,1 „	5 „	5

Bei gleicher Temperatur und Stromdichte erhöhte Verdünnung des Elektrolyten auf 1/10 wieder die Kristallzahl:

35° C.	40 Milliamp.-Min.	0,1 Amp/qdm	5 Min.	75

Die, wie später noch ausgeführt werden wird, durch die Erfahrung gegebene Regel, daß steigende Stromdichte, Abkühlen und Verdünnen des Elektrolyten die Feinkörnigkeit des Niederschlages erhöhen, während erhöhte Temperatur und niedrigere Stromdichte grobkörnigere Abscheidungen ergeben, kommt bei dieser Kristallzählung recht anschaulich zum Ausdruck.

Arndt benützte im Cyanidbad eine versilberte Kathode. Derartige Silberüberzüge sind so feinkörnig, daß eine Struktur derselben im Schliffbilde unter dem Mikroskop nicht erkennbar ist. So dürfte das Gefüge der Kathode auch auf die Niederschlagsform ohne Einfluß geblieben sein; die Kristalle waren über die Fläche wohl regellos verteilt.

b) Einfluß der Struktur des Kathodenmetalles.

Wie Billiter feststellte[1], wird das Bild ein etwas anderes, wenn die Kathode aus einem Metall von erkennbarem Gefüge besteht. Schlägt

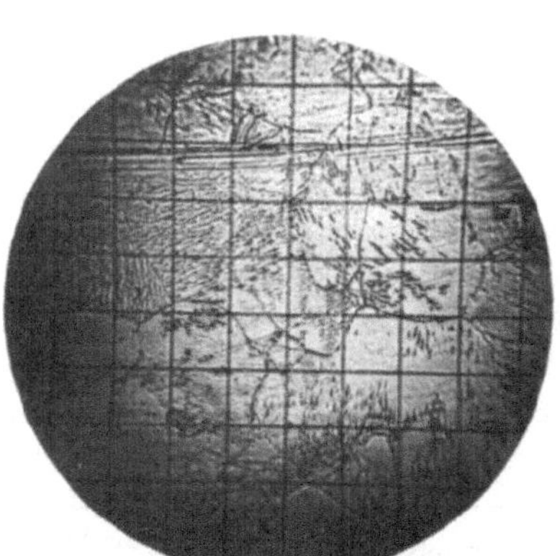

Abb. 4. 750 fach[2], 18°, Zeit 10 Sekunden.

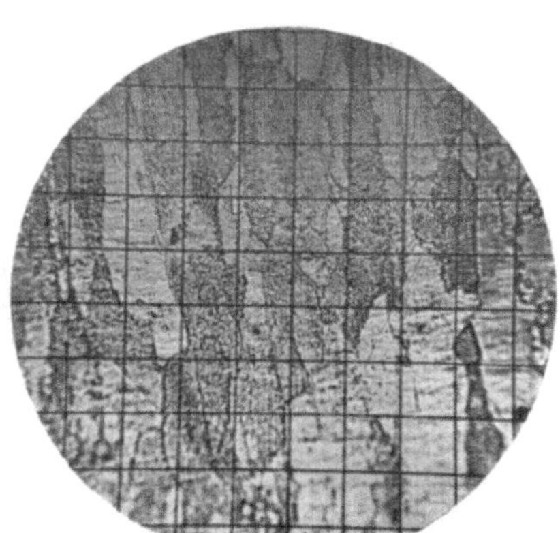

Abb. 5. 750 fach, 18°, Zeit 1 Minute.

[1] Nicht veröffentlichte Untersuchungen nach Versuchen von W. Fink.

[2] Die Vergrößerung ist hier, wie bei allen folgenden Abbildungen ohne Rücksicht auf die bei der Drucklegung vorgenommene Verkleinerung (dieselbe betrug $^2/_3$—$^3/_4$) angegeben.

man wieder Kupfer aus einer Lösung derselben Zusammensetzung (Oettelsche Lösung), aber auf blank poliertes Platinblech nieder und beobachtet die Niederschlagsbildung nach kürzeren Zeitintervallen, so sieht man, daß die Kristalle durchaus nicht regellos über die ganze Fläche verteilt sind, sondern, daß sie zunächst an den Stellen auftreten, wo Platinkristalle aneinandergrenzen (s. Abb. 4). Diese erstabgeschiedenen Kristallite nehmen (bei Stromdichte 0,0735 Amp/qdm) in den ersten 15 bis 20 Sekunden ungefähr (aber durchaus nicht streng) proportional mit der Zeit zu. Von da ab bis zu einer Minute (Abb. 5) nimmt die Zahl noch weiter, aber lang-

Abb. 6. 750 fach, 18°, Zeit 5 Minuten.

Abb. 7. 750 fach, 18°, Zeit 20 Minuten.

samer zu, die Keime bleiben klein, beginnen sich aber schon auch auf einzelnen Kristallflächen abzuscheiden. Bei Fortsetzung der Elektrolyse (bis zu 5 Minuten, s. Abb. 6) nimmt die Zahl der Kristalle kaum mehr zu; die Kristalle werden größer, endlich entstehen neben diesen immer weiter angewachsenen ursprünglichen Kristallen neue kleine, auf minder begünstigten Stellen der Kathode, nämlich auf den von den Kristallrändern entfernteren Flächenteilen und bedecken nach und nach die ganze Fläche (Abb. 9).

Pro Flächeneinheit (Quadrat von 0,00135 mm Seitenlänge) wurde gezählt:

Strommenge Milliamp.-Minuten	Zeitdauer der Elektrolyse	Zahl der Kristalle Durchschnitt
0,383	5 Sekunden	10,9
0,767	10 „	18,0
1,15	15 „	24
46	10 Minuten	26,3
94,6	25 „	11,0

Durch Zusammenwachsen kleiner Kristallgruppen nimmt, wie man der letzten Zahlenzeile entnimmt, die Kristallzahl sogar gelegentlich ab, während die Elektrolyse fortschreitet (s. auch Abb. 7). Jeder Kristall stellt dann ein Konglomerat kleinerer Kristallite vor (Abb. 8). Die Flächenbedeckung geht bloß schrittweise vor sich: die Kristallgruppen wachsen, breiten sich dabei auch seitlich aus, bis sie schließlich aneinanderstoßen und die zwischen ihnen bis dahin blank gebliebenen Flächenteile der Kathode überwachsen (Abb. 9).

Bei Steigerung der Stromdichte ändern sich die Erscheinungen nur gradweise: die Kristallite werden kleiner und zahlreicher, sie setzen

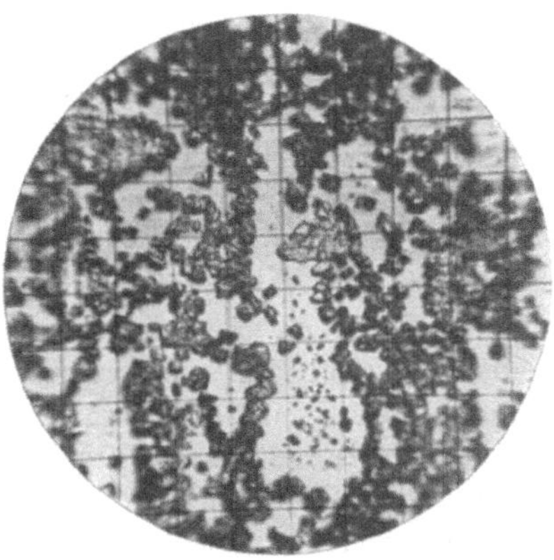

Abb. 8. 750 fach, 18⁰, Zeit 25 Minuten.

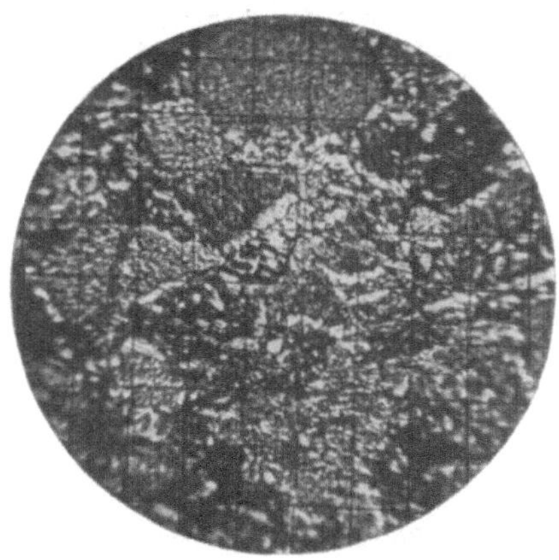

Abb. 9. 750 fach, 18⁰, Zeit 40 Minuten.

sich aber wieder zuerst vorzugsweise auf die Kristallgrenzen und auf Kratzer, bzw. Risse des Kathodenmetalls (s. Abb. 7), heben dieselben hervor, dabei tritt aber bei zunehmender Stromdichte vermehrte Tendenz zum Absetzen auf die Kristallflächen auf, so daß die Bedeckung des Kathodenmetalls etwas gleichmäßiger vor sich geht.

Während man bei sehr niederen Stromdichten (0,0735 Amp/qdm) Kristallreihen und -gruppen im Mikroskope deutlich erkennen und zählen kann, noch ehe eine Verkupferung der Platinkathode makroskopisch sichtbar geworden ist, bleiben bei hohen Stromdichten die Kristallite so klein, daß sie im Mikroskop (1470fache Vergrößerung) schwer oder gar nicht einzeln erkennbar sind, selbst wenn die Fläche makroskopisch schon deutlich mit Kupfer beschlagen ist. Bei 0,9 Amp/qdm Stromdichte konnten noch kleine Kupferkeime ziemlich deutlich erkannt werden, als die Fläche nahezu ganz mit Kupfer bedeckt war, bei 1,75 Amp/qdm Sromdichte erschien die Oberfläche mit Kristallen bedeckt, die mit Ausnahme einiger weniger, größerer, im Mikroskop kaum mehr einzeln erkannt werden konnten.

Die angegebenen Stromdichtezahlen bedeuten Amp: Kathodenfläche, die effektiven Stromdichten sind in Wirklichkeit andere, weil bei niederen Stromdichten nur ein Teil der Oberfläche mit Metall beschlagen wird, ihre Größe ist (und gar nach kurzer Elektrolyse, wo die schon niedergeschlagenen Kristalle Kathode bilden) nicht zu ermitteln; doch dürften die „effektiven" Stromdichten langsamer zunehmen als die angegebenen „Durchschnitts"-Stromdichten.

Unterbrechungen des Stromdurchganges haben eine ungleichmäßigere Verteilung der Kristalle über die Kathodenfläche zur Folge, besonders wenn die Unterbrechungen von längerer Dauer sind, die Kristalle werden gröber (s. Abb. 10), das Wachstum der Kristalle wird befördert, die Bildung neuer Kristallite erschwert. Im gleichen Sinn, aber noch deutlicher wirkt eine anodische Polarisation, welche zwischen zwei Elektrolyseperioden eingeschaltet wird: sie befördert die Auflösung der kleinsten Kristallite und befördert dadurch bei Wiederaufnahme der Metallabscheidung das Wachstum der größeren Kristalle.

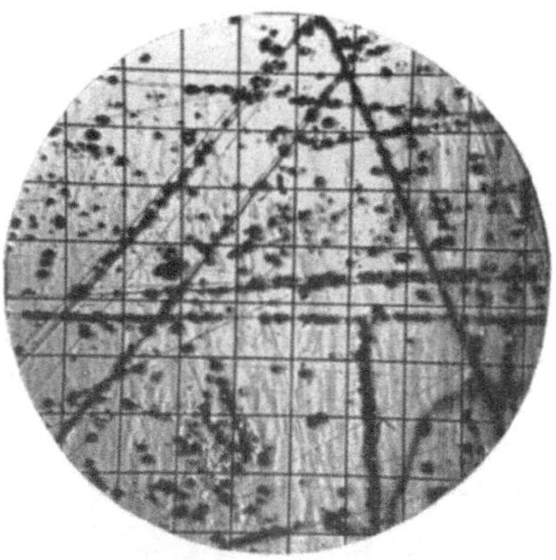

Abb. 10. 750fach, 18°, 2 × $7^1/_2$ Minuten, dazwischen Unterbrechung von 15 Minuten (vgl. Abb. 7).

Hingegen wirkt eine Bewegung des Elektrolyten dahin, die Verteilung der Kristalle über die Fläche gleichförmiger zu gestalten und die Größe der Kristallite zu verkleinern, während eine Temperaturerhöhung im Gegenteil wieder eine Vergröberung des Korns zur Folge hat; doch ist der Einfluß der Stromdichte der stärkere.

Ganz anders ist aber das Bild, wenn man Kupfer auf Platin, Eisen oder auf Stahl aus Zyanidlösungen niederschlägt. Die viel kleineren Kristallkeime erscheinen — wenn man sie bei 1600facher Vergrößerung im Mikroskop überhaupt einzeln erkennen kann — ziemlich regellos über die Fläche verteilt, die Kristallgrenzen bilden nicht mehr bevorzugte Stellen, auf denen die erste Metallabscheidung erfolgt, nur stärkere Kratzer und Risse werden anfangs noch etwas hervorgehoben.

Die ganze Kathodenfläche wird schon durch kleinere Kupfermengen vollständig bedeckt.

Bei der Abscheidung von Kupfer auf Nickel konnten richtende Kräfte nicht beobachtet werden, die Kupferkristallite waren fast immer zu klein, um im Mikroskope auch bei stärkster Vergrößerung einzeln aufgelöst werden zu können. Dem analog konnten bei kathodischer Abscheidung von Eisenmetallen aus Lösungen ihrer Sulfate auf Kupfer keine Kristallite einzeln erkannt werden.[1]

Es ist eine schon ziemlich alte Erfahrungstatsache, daß die Kristallstruktur eines metallischen Niederschlages auch von der Struktur der Kathode beeinflußt wird, auf welche man es kathodisch abscheidet.

In den Kupferraffinerien stellt man die Mutterbleche her, indem man Kupfer auf ein Kupferblech in dünner Schicht niederschlägt, um es dann von der Kathode abzuziehen. Um dieses Abziehen zu erleichtern, graphitiert man die Kathoden, oder fettet sie ein. Trotzdem lassen sie sich besonders bei Verwendung neuer, reiner Kathoden oft schwer von der Kathode ablösen, leichter wenn die Kathode schon länger in Verwendung gestanden ist und ihre Oberflächenstruktur minder deutliches Kristallgefüge aufweist.

Daß die Struktur des Kathodenmetalls sich im elektrolytischen Niederschlage fortsetzt, den man aus gleichartigem Metalle darauf abscheidet, hat wohl Huntington[2] als erster entdeckt. Seine Entdeckung kam aber in Vergessenheit und wurde erst wieder bekannt, als sie von Blum und Rawdon und von Graham wiederholt und eingehender beschrieben wurde.[3]

Dieses Fortwachsen der Kristalle des Grundmetalls im elektrolytischen Niederschlage kommt um so deutlicher zum Ausdruck, je reiner die Kristallstruktur des Grundmetalls bloßgelegt ist, am vollständigsten, wenn das Grundmetall schwach angeätzt worden ist. Unversehrte Kristalle widerstehen schwacher Ätzung besser als zertrümmerte oder schlecht ausgebildete. Letztere können daher durch vorsichtiges Anätzen beseitigt werden, ohne die besser ausgebildeten Kristalle zu verletzen. Ehe man sie als Kathoden im Galvanisierungsbade verwendet, werden die zu überziehenden Metalle sorgfältig gereinigt und bei dieser Reinigung erfahren sie meist eine Anätzung, welche für die Fortbildung von Kristallen, die an ihrer Oberfläche freiliegen, recht günstig ist.

Blum und Rawdon haben diese Erscheinung, offenbar um sie recht deutlich darzustellen, durch Wiedergabe beistehender Abb. 11 illustriert, welche zeigt, wie Elektrolytkupfer x die Struktur eines grobkörnigen gegossenen Kupfers w, das als Kathode diente, weiter fortsetzt, wenn man es darauf mit niedriger Stromdichte (0,8 Amp/qdm) im ruhenden Bade niederschlägt. Die beistehenden Abbildungen 12, 13 führen

[1] Die Fortsetzung und der Ausbau derartiger Versuche dürfte geeignet sein, manche Aufklärung über die Bildungsweise elektrolytischer Niederschläge zu bringen. Es wäre vielversprechend, sie weiter für Fällung von Ag aus $AgNO_3$ und Pb aus $PbNO_3$, sowie $PbClO_4$ usw. auf vorgeätztes Kupfer auszuführen.

[2] Trans. Faraday Soc. I, 324 (1915).

[3] Trans. Amer. electrochem. Soc. XLIV, 305 (1923); Graham, ib. XLIV, 427 (1923).

dieselbe Erscheinung in Bildern an Proben vor, welche unter Bedingungen hergestellt wurden, die den praktischen Verhältnissen entsprechen. Es dienten dabei normal vorgereinigte Kathoden aus geschmolzenem und

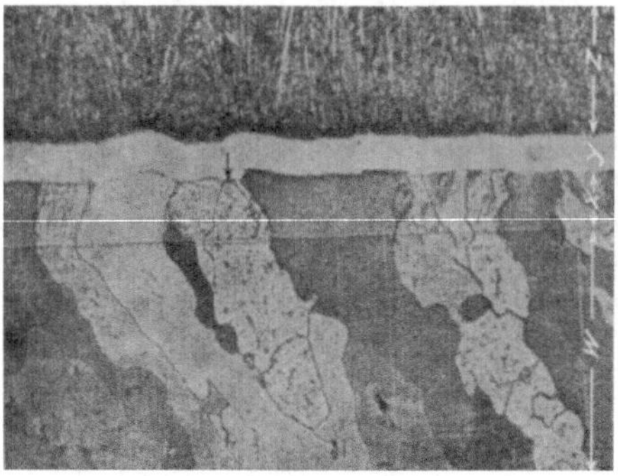

Abb. 11. 100fach.

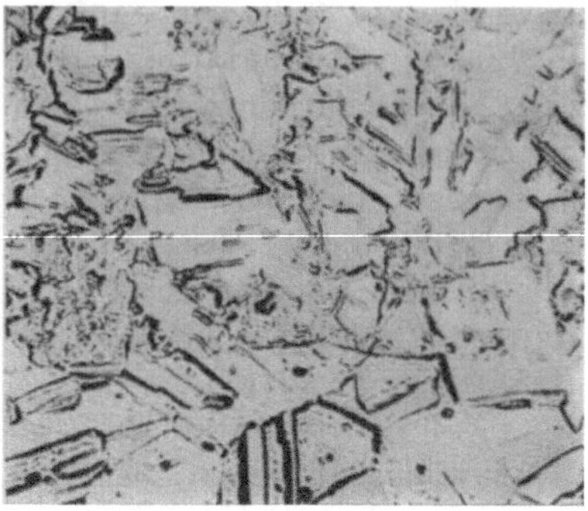

Abb. 12. 500fach.

gezogenem Kupfer, auf welche Kupfer mit 8 Amp/qdm Stromdichte bei lebhafterer Zirkulation niedergeschlagen wurde. Auch hier ist ein Fortwachsen der Kristalle der Grundfläche unverkennbar, trotz stärkerer Vergrößerung erscheinen die Kristalle aber kleiner. Abb. 14 zeigt die selbe Er-

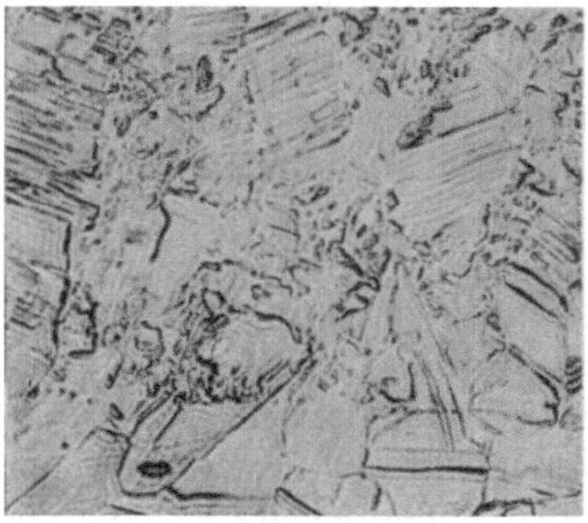

Abb. 13. 500fach.

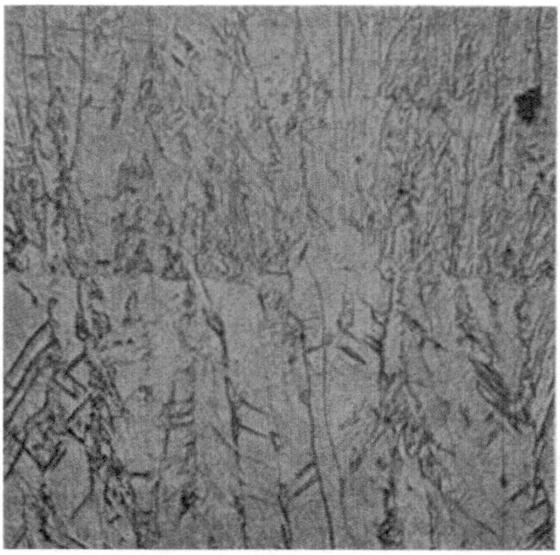

Abb. 14. 300fach.

scheinung an Ni, das Hothersall auf glatt abgeschmirgeltem Ni niedergeschlagen hat.[1] Diese Erscheinung, die praktisch von Wichtigkeit ist, weil sie einen innigen Zusammenhang des galvanischen Nieder-

[1] Hothersall, Trans. Amer. Electrochem. Soc. LXIV, 69 (1933).

schlages mit dem Grundmetall erwarten läßt, steht mit der Erwartung, daß ein Wachstum bestehender Kristalle leichter vor sich geht, als die Bildung neuer Kristallkeime in Einklang. Sie bildet nur eine andere Variante der analogen, durch Kristallzählung ausgeführten Beobachtung, daß schon vorhandene Kristalle bevorzugte Stellen für die weitere Metallabscheidung bilden, gleichgültig, ob sie während der Elektrolyse entstanden sind, oder ob sie im Kathodenmetall vorhanden sind. Bei der Kristallzählung beobachtet man die Verteilung auf der Kathodenoberfläche, im Schliffbild die Art des Wachstums senkrecht zur Kathode.

Hat man es aber mit artfremden Metallen zu tun, schlägt man z. B. Kupfer auf Nickelkathoden nieder, so wächst das Kupfer aus anfangs ganz ungeordneten kleinsten, im Mikroskop kaum mehr auflösbaren Kristalliten hervor, die nach und nach in faserförmige, im großen ganzen parallel gerichtete Kristalle übergehen. (s. Z, Abb. 11, ferner Abb. 15a, 15b.) An dem für Kupfer strukturlosen Kathodenmetall fehlt es eben an Kristallkernen, um das neu zur Abscheidung gelangende Kupfer an sich heranzuziehen. Ganz Analoges beobachtet man, wenn man Kupfer aus saurer Kupfersulfatlösung auf eine aus Zyanidlösung elektrolytisch hergestellte Kupferschicht niederschlägt, auch dieser, aus ein und demselben Metall bestehenden Kathodenoberfläche fehlt es an einer Struktur, welche befähigt wäre, dem neu zur Abscheidung gelangenden Metall eine Richtung zu geben.

Umgekehrt setzt sich die grobkristalline Struktur einer Kathode aus geschmolzenem Kupfer im Niederschlage niemals fort, wenn man Kupfer darauf aus der Lösung seines Doppelzyanids niederschlägt. Dieselbe Beobachtung macht man auch bei anderen Metallen, die man aus hochkomplexen Lösungen ihrer Doppelzyanide, Oxalate u. dgl. niederschlägt. Die Erklärung könnte darin liegen, daß hier praktisch keine freien Metallkationen im Kathodenfilm enthalten sind (s. S. 38, 43), welche gerichtet und angelagert werden könnten, sondern, daß das Metallkation aus dem komplexen Anion erst im Momente seiner Entladung entsteht.

Während nun die Metallniederschläge aus Lösungen, welche genug freie Metallionen im Kathodenfilm enthalten, auf grobkristallinen Kathoden des gleichen oder eines artverwandten Metalls in gröberer Struktur ausfallen, hat Kohlschütter gezeigt,[1] daß man zuweilen ein Metall aus Lösungen, aus denen es sich normalerweise in grober Form abscheidet, in feinerer Form gewinnen kann, wenn man die Kathode erst mit einer sehr feinkristallinen Schicht dieses Metalles überzieht.

So fällt Silber aus ammoniaklischer Silbernitratlösung in grober Form aus. Aus derselben Lösung erhält man aber feinkristallinen Nieder-

---

[1] Z. Elektrochem. XIX, 181 (1913).

Abb. 15a u. b. Kupfer auf Ni-Schicht, 200fach.[1]

schlag, wenn man ihn auf eine Kathode schlägt, welche in Silberdoppelzyanidlösung versilbert worden ist.

Verwandt sind Erscheinungen, welchen man begegnet, wenn man die Kathode vor ihrer Verwendung in eine Kolloidlösung oder in Zucker-

[1] Aufnahmen der Copperweld Steel Co.

lösung, Glyzerin o. dgl. eintaucht[1], während man umgekehrt durch Eintauchen in eine konzentrierte Metallsalzlösung eine höhere Metallionenkonzentration im ersten Stadium der Elektrolyse im Kathodenfilm herstellen kann.[2]

Verwandt sind auch Erscheinungen, welche Foerster[3] beschrieben hat und die sich sehr hübsch mit freiem Auge verfolgen lassen.

Scheidet man z. B. Zinn aus einem Elektrolyten, aus dem es auf fremdem oder strukturlosem Material glatte, ebene, dichte, anscheinend strukturlose Überzüge bildet, auf glattes spiegelndes Weißblech ab, so erscheint das niedergeschlagene Zinn in eisblumenartigen Gebilden, wie sie am Weißblech selbst hervortreten, wenn man dieses mit Säure anätzt. Die im Weißblech vor der Ätzung mit freiem Auge gar nicht sichtbare Kristallstruktur wirkt also richtend auf das zur Abscheidung gelangende Metall, welches sie in schöner, viel deutlicher hervortretender Form abzeichnet, wie Abb. 16[4] dies vor Augen führt. Sie stellt einen 0,08 mm starken Zinniederschlag vor, welcher aus einer Kresolsulfonsäurehältigen, schwefelsauren Zinnsulfatlösung mit 0,5 Amp/qdm Stromdichte hergestellt wurde. Die Kristallanordnung bleibt völlig bestehen, wenn man die Elektrolyse fortsetzt und den Niederschlag mit gleicher Stromdichte auf 0,56 mm Dicke verstärkt. Sie wird erst bei noch größerem Dickenwachstum allmählich undeutlicher.

Abb. 16.

Rauht man aber das Weißblech durch kräftiges Abschmirgeln an, ehe man es als Kathode verwendet, oder nimmt man Stanniol, also gewalztes Zinn als Kathode, so scheidet sich das Zinn, wie auf fremden Kathodenmetallen, z. B. Eisen, Graphit usw., in feinkristalliner dichter, guthaftender Form ab, ohne eine derartige eisblumenartige Struktur zu zeigen.

Auch auf Cadmiumkathoden von grobkristallinem Oberflächengefüge (wie man sie z. B. durch langsames Erstarrenlassen des geschmolzenen Metalls in Graphitformen erhalten kann), behält aus Sulfatlösungen abgeschiedenes Cadmium die ursprünglich vorliegende Kristallstruktur bei und gliedert sich ihr, wie Foerster gezeigt hat, an. (Abb. 17.)

---

[1] Vuilleumier, Trans. Amer. electrochem. Soc. L, 229 (1926).

[2] Thomas und Blum, Trans. Amer. electrochem. Soc. XLVIII, 69 (1925).

[3] Foerster (nach Versuchen von Fischer), Z. Elektrochem. XXXII, 525 1926).

[4] Nach Foerster und Fischer l. c.

Ähnliches fand er bei Zink und Cadmium. Ganz überraschend war es aber, daß er auch feststellen konnte,[1] daß Metalle, die befähigt sind, sich der Struktur der Unterlage aus dem gleichen Metall anzupassen, auch auf großen Kristallflächen fremder Metalle in deren Anordnung weiterwachsen können. In ausgezeichneter Weise war es Foerster möglich, Cadmium auf Zinn, oder Zinn auf Blei auch in dickerer Schicht in der Struktur der Unterlage weiterwachsen zu lassen, obgleich diese Metalle allein nach ganz verschiedenen Kristallsystemen kristallisieren; elektrolytisch abgeschiedenes Zinn in Kristallen, die dem tetragonalen System angehören, während Kadmium hexagonal, Blei regulär kristallisiert.

Auf Kupferblechen gröberer, bloßgelegter Kristallstruktur fügt sich elektrolytisch niedergeschlagenes Nickel der Anordnung der Unterlage.

Abb. 17.[2]

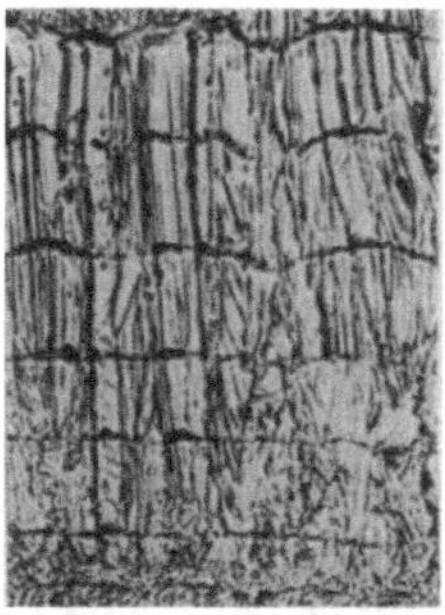

Abb. 18. 250fach.

So hat Wood[3] in jüngerer Zeit durch Untersuchungen mit X-Strahlen festgestellt, daß Nickel unter bestimmten Bedingungen auf Kupfer niedergeschlagen, die Kristallstruktur des letzteren annimmt, während Frölich und Clark beobachten konnten, daß Nickel auf Al mit anderer Feinstruktur ausfällt, als auf Pt oder Ni.

Trotzdem kann man im Schliffbilde unter dem Mikroskop fast ausnahmslos die Linie erkennen, an welcher das Kathodenmetall endet und sich der elektrolytische Niederschlag zu bilden begonnen hat. Selbst in Fällen, in denen man deutlich das Fortwachsen der Kristalle des Grundmetalls im Niederschlage verfolgen kann, ist eine solche Trennungslinie, wenigstens stellenweise, zu finden, und sie zieht sich sogar gelegentlich durch die weiterwachsenden Kristalle durch.

---

[1] Foerster und Klemm, Z. Elektrochem. XXXV, 409ff. (insbesonders 421ff.) (1929).

[2] Nach Foerster und Klemm l. c.

[3] Wood, Proc. Phys. Soc. XLIII, 138 (1931).

Unterbricht man die Elektrolyse, bringt man das Metall, ehe man es wieder in das Bad senkt, mit Luft in Berührung, so bildet sich gleichfalls zwischen dem zuerst und dem später weiter darauf niedergeschlagenen Metall eine mehr oder minder deutliche Trennungsschicht aus, welche aber durchaus nicht die Fortsetzung der Kristalle zu stören braucht. Abb. 18 illustriert dies an einem besonders augenfälligen Beispiel. Sie stellt das Schliffbild eines Kupferniederschlages dar, welcher periodisch hergestellt wurde. Zwischen jeder Periode der Elektrolyse wurde das Kupfer durch einige Zeit mit Luft in Berührung gebracht. Es bildete sich dabei, wie die nähere Untersuchung feststellte, eine dünne Oxydschicht. Trotz der so deutlich erkennbaren Trennungslinien ließ der innere Zusammenhang des Elektrolytmetalls nichts zu wünschen übrig, ein Zeichen dafür, daß die Brücken, welche sich durch die Oxydschicht schlagen, dazu vollkommen hinreichen, diesen Zusammenhang zu sichern. Bei der Ausführung von Zerreißversuchen findet die Trennung denn auch in der Regel nicht an solchen Linien, sondern innerhalb der einheitlich erscheinenden Kristalle statt. Nur bei nachfolgender Erhitzung wird der Zusammenhang des Metalls an solchen Linien gefährdet.

Diese Trennungslinien treten um so deutlicher auf, je höhere Stromdichten man ceteris paribus bei Aufnahme bzw. bei Wiederaufnahme der Elektrolyse wirken läßt. Je schneller man das Metall niederschlägt, um so mehr erschwert man die Einordnung in die vorhandene Struktur. Läßt man die Stromdichte stark schwanken, so kann man das Auftreten von Trennungslinien auch ohne Stromunterbrechung an den Stellen starker Schwankung beobachten.

Selbst wenn man gut geätzte Kathoden von so deutlicher Struktur verwendet, daß sie sich im Elektrolytmetall fortsetzt, schieben sich bei Aufnahme der Elektrolyse Schichten neuer Kristallite ein und es hängt oft nur von den weiter eingehaltenen Arbeitsbedingungen ab, ob die Richtunggebung durch das Kathodenmetall oder ob die Vorgänge der Neubildungen die Oberhand bewahren.

Die Haftintensität des niedergeschlagenen Metalls am Kathodenmetall wird dadurch im allgemeinen keineswegs verringert. Nur in besonderen Fällen tritt letzteres doch ein. Ein Beispiel hierfür bildet das Nickel, welches auf elektrolytisch niedergeschlagenen Nickelschichten nach einer Stromunterbrechung nicht fest haftet, doch haften Nickelniederschläge auch sonst nie gut auf Nickel, es wäre denn, daß man frische Oberflächenschichten unmittelbar vor der Elektrolyse durch Abschleifen, Abschmirgeln oder starkes Anätzen bloßlegt.

Diese Schicht von besonders feinkristalliner Struktur, die sich bei Beginn der Elektrolyse ausnahmslos bildet (und die selbst bei extrem gewählten Beispielen, z. B. auf Abb. 11 noch deutlich erkennbar ist), hat eine interessante Eigentümlichkeit elektrolytischer Niederschläge zur Folge: die Härte des erstgewonnenen Niederschlages ist dank seines besonders feinen Gefüges am größten und die so feine Struktur befähigt ihn, sich den kleinsten Formendetails der Kathodenfläche anzuschmiegen und sie getreulich wiederzugeben — zwei Einzelheiten, welche besonders bei der Galvanoplastik von Wichtigkeit sind.

Dort, wo die Bedingungen für das Wachstum einzelner bevorzugter Kristalle gegeben sind (z. B. bei der Elektrolyse saurer Kupfersulfatlösungen), bilden sich diese erst nach und nach im weiteren Verlauf der Elektrolyse. Bleiben die Versuchsbedingungen unverändert, so sieht man dann um so größere Kristalle auftreten, je weiter der Niederschlag in den Elektrolyten wächst, es wäre denn, daß dieses Kristallwachstum durch besondere Umstände verhindert würde.

Unterbricht man die Elektrolyse und nimmt sie nach einiger Zeit wieder auf, so tritt abermals zunächst Neubildung kleinster Kristallite auf, aus denen sich allmählich größere Kristalle ausbilden.[1]

c) Abscheidungsformen der Metalle

Die Kristallzählungen, die mikrokinematographischen Beobachtungen Volmers, die Prüfung der Schliffbilder, die makroskopische Verfolgung des Einflusses des Grundmetalls, die Foerster ausgeführt hat, wurden an erster Stelle vorgeführt, weil sie am deutlichsten veranschaulichen, wie sich die kristallinischen Metallniederschläge bilden, wie sie wachsen und auch wie sie sich zuweilen während des Wachstums verändern. Sie geben aber durchaus kein Bild der Mannigfaltigkeit der Formen wieder, in denen sich die einzelnen Metalle, ja ein und dasselbe Metall bei veränderten Versuchsbedingungen ausscheiden können.

So kann Kupfer, je nach den Versuchsbedingungen, in dichter, anscheinend strukturloser, in feinkörniger oder grobkörniger Form, mit glatter oder mit rauher Oberfläche gewonnen werden, oder auch in zerklüfteter, warziger, grober Form, als feines Pulver, das sich leicht von der Kathode fortwischen läßt, als Schwamm.

[1] Dadurch, daß man die Elektrolyse in Perioden durchführt, kann man also die Kristallgröße des Niederschlages beeinflussen. Durch Wiederauflösung der kleinsten Kristalle und durch Wachstum der größeren auf Kosten der kleineren während der Betriebspausen werden freilich die Verhältnisse oft weniger übersichtlich.

Liegen durchwegs nur kleinste Kristallite vor (wie etwa bei der Elektrolyse von Doppelzyaniden), so können sich während der Betriebspausen vorspringende Teile des Niederschlages wieder auflösen. Die Vornahme der Elektrolyse in Perioden führt dann zu einer Ebnung des Niederschlages.

Abarten dieser Arbeitsweise stellen die Elektrolyse mit pulsierenden Strömen vor, bei welcher man die Polarisation nicht auf Null, sondern nur eben unter die Grenze der Metallabscheidung sinken läßt, die Überlagerung von Gleich- durch Wechselstrom, bei welcher periodische Stromumkehr erfolgt u. dgl. m.

Silber bildet oft Dendriten, aber auch feinkristalline, lockere oder dichtere, helle oder dunkle Niederschläge, dann auch Überzüge von solcher Feinkörnigkeit, daß man deren Struktur im stärksten Mikroskop nicht erkennt, mit samtartiger, heller bis glänzender Oberfläche.

Abb. 19.

Abb. 20.

Abb. 21.

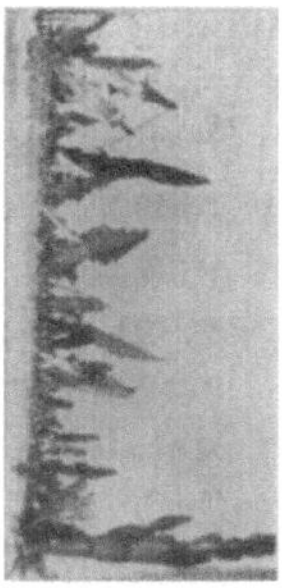

Abb. 22. Anode rechts.

Abb. 23 a. Zinnschwamm.

Abb. 23 b. Teil von Abb. 19. 9fach.

Gold fällt aus manchen Lösungen in unscheinbarer Form aus anderen, in der ihm eigenen charakteristischen Farbe.

Zinn ist befähigt, äußerst zarte, gerade oder bogenförmig abgesetzte, gefiederte Nadeln (Abb. 19, 20) oder schwertförmige Ansätze (Abb. 21) zu bilden, die zur Anode hin wachsen (Abb. 22), auch schwammförmig

(Abb. 23a, b[1]) auszufallen und kann doch auch seinerseits in dichter feinkörniger Form gewonnen werden.

Blei verhält sich ähnlich wie Zinn, wenn auch die Gebilde meist etwas gröber sind.

Zink hat die Neigung, Knollen oder Schwamm zu bilden, der ein Haufwerk kleiner Kristallnadeln vorstellt, Kadmium ähnelt ihm auch in dieser Beziehung mit dem Unterschiede, daß es größere Neigung zur Bildung von Kristallnadeln aufweist.

Andere Metalle, wie Eisen, Nickel, Kobalt, fallen durchwegs in glatterer, feinkristalliner, faseriger Form aus, gelegentlich mit spiegelnder Oberfläche, in anderen Fällen mit Randknospen.

Manche Metallniederschläge ziehen sich als anscheinend lückenloser Überzug sofort über die ganze Kathodenfläche, andere entstehen in Form von Inseln oder eines Netzwerkes, das sich erst allmählich oder gar nicht schließt.

Die Galvanotechnik strebt es an, die Bedingungen ausfindig zu machen, unter welchen sich die Metalle in dichter, glatter, feinkörniger Form gleichmäßig und aus wirtschaftlichen Gründen mit hohen Stromdichten abscheiden lassen. Unsere heutigen Kenntnisse setzen uns leider nicht in den Stand, die Abscheidungsform eines Metalls aus ihren sonst bekannten Eigenschaften abzuleiten, erst der Versuch belehrt uns über dieselbe, und was die Forschung bisher geleistet hat, ist nur, allgemeine Gesetzmäßigkeiten aufgespürt zu haben, welche bis zu gewissem Grade voraussehen lassen, in welcher Richtung die Abscheidungsform eines bestimmten Metalls durch bestimmte Änderungen der Arbeitsbedingungen beeinflußt werden kann.

Bei der Bewertung und Verwendung dieser, im folgenden näher beschriebenen, Gesetzmäßigkeiten darf man nicht übersehen, daß eine unter Strom stehende Kathode keineswegs als eine äquipotentielle Fläche anzusehen ist, auf welcher die Spannungsdifferenz Metall/Lösung an jedem Punkte dieselbe ist. Vielmehr bestehen, wie die oben wiedergegebenen Beobachtungen zeigen, örtlich und wohl auch an einander ganz nahe benachbarten Stellen kleine Unterschiede, die ein stetes Hin und Her, steten Austausch, stete Bewegung hervorrufen, wie denn auch Konzentration und Temperatur nicht völlig gleichmäßig über die ganze Kathodenfläche und den sie benetzenden Elektrolyten verteilt ist, sondern an einzelnen Stellen fortlaufend kleine Schwankungen erleidet, die ihrerseits wieder kleine Nebenprozesse auslösen. Dieses Miteinandergehen kleiner Nebenerscheinungen erschwert es oft, die eigentlichen, wesentlicheren Vorgänge scharf zu erfassen, zumal der Anteil, den sie nehmen, schon bei kleinen Änderungen der Arbeitsbedingungen in weitestem Maße schwanken kann.

---

[1] Abbildungen 19—23 nach Foerster und Deckert l. c.

Ferner ist es z. B. unverkennbar, daß schwache, richtende Kräfte von vorhandenen Kristallen und Kristallresten ausgehen und die Abscheidung von Metall an bestimmten Stellen bewirken, auch ohne daß dabei andere erleichternde Kräfte (wie z. B. Erniedrigung des Abscheidungspotentiales an größeren Kristallen u. dgl.) mitwirken. Dafür spricht z. B. die alte Erfahrung, daß sich Elektrolytmetall zu allererst auf die Kratzer geritzter und doch angeätzter glatter Kathoden niederschlägt (s. Abb. 7 u. 10) und sie deutlich hervorhebt, wenn sie auch noch so fein sind, ehe es sich auf Flächen absetzt. Die mikrokinematographischen Beobachtungen Volmers zeigten, daß die Anlagerung zuerst an Spitzen und Kanten eines Kristalls erfolgt und dann erst, quasi periodisch, auf minderbegünstigte Stellen übergreift, wenn offenbar Hemmungen auftreten (z. B. solche durch Polarisation infolge lokaler Verarmung oder lokaler Erschöpfung des Elektrolyten durch die schon erfolgte Metallabgabe), die groß genug sind, daß sie die richtenden Kräfte ausgleichen oder übersteigen.

Richtende Kräfte müssen es auch sein, welche die Kupferkristallite veranlassen, sich zuerst auf Kristallgrenzen von polierten Platinblechen abzusetzen. Aber sie treten nicht immer in Erscheinung: schlägt man Kupfer nicht mehr aus Kupfersulfatlösung nieder, sondern aus zyankalischer Lösung, so schlägt sich das Metall sofort in ziemlich gleichmäßiger Verteilung regellos über die ganze Fläche nieder.

Auch das Fortwachsen der Kristalle des Grundmetalls in den elektrolytischen Niederschlag ist nicht mehr zu beobachten, wenn man Kupfer aus zyankalischer Lösung auf angeätztes Kupferblech niederschlägt. Mag dessen Struktur noch so deutlich und rein bloßgelegt sein, immer bildet sich aus Zyanidlösung darauf eine Kupferschicht, die selbst unter dem stärksten Mikroskop keine Kristallstruktur, geschweige denn eine Fortsetzung der Kristallstruktur des Grundmetalls erkennen läßt.[1]

Man möchte die Erklärung hierfür darin finden, daß die Konzentration der Kupferionen in Zyanidlösung über alle Vorstellung klein ist. Die richtenden Kräfte der Kristalle des Grundmetalls vermögen offenbar nur auf ganz geringe Entfernungen Wirkungen auszuüben, so geringe, daß sie im Vergleich zu der Entfernung der Ionen voneinander und von den aktiven Stellen der Kristalle klein werden, wenn man auf Ionenkonzentrationen von 1.10^{-15} bis 1.10^{-30} herabgeht. Und in der Tat bemerkt man auch in Sulfatlösungen, daß die richtenden Kräfte bei Verwendung konzentrierterer Lösungen deutlicher sind als bei Anwendung sehr stark verdünnter.

[1] Die Vermutung, daß der Umstand maßgebend sein könnte, daß die Kupferionen in dieser Lösung einwertig sind, findet an den an Platinblechen beobachteten Erscheinungen, bei welchen die Wertigkeit keinen Unterschied machen kann, keinen Halt.

d) Einfluß der Metallionenkonzentration, der Bildung von Komplexionen usw.

Brugnatelli beobachtete schon im Jahre 1805, daß Gold aus Lösungen von Gold-cyanid-Doppelsalzen in glatter dichter Form abgeschieden werden kann, während es aus anderen Lösungen leicht in unansehnlicher Form ausfällt. Ähnliche Beobachtungen machte John Wright[1] 1840 an Silber, das in Nitratlösung in verästelter, aus den Lösungen seiner Zyanid-Doppelsalze aber in samtartiger Form ausfällt. Auch Zink, Kadmium, Kupfer lassen sich, wie man fand, aus derartigen Lösungen in glatter Form und in so feinkristallinischer Struktur abscheiden, daß man im Zweifel war, ob die Niederschläge amorph oder kristallin sind, solange man die Feinstruktur nicht zu ermitteln in der Lage war.

Auch aus anderen Lösungen, welche sich durch weitgehende Komplexbildung auszeichnen, fallen die Metalle in besonders feinkörniger Form aus, z. B. aus solchen, denen man überschüssiges oxalsaures Ammon zusetzt und die besonders von Classen näher untersucht worden sind. Zink, Zinn, Eisen, Nickel, Cadmium, Kobalt lassen sich u. a. aus solchen Lösungen in glatter Form abscheiden.

Alle diese Lösungen haben die Besonderheit gemein, daß die Konzentration des zur Abscheidung gelangenden Metallions in ihnen infolge der Komplexbildung verschwindend klein ist. Der Größenordnung nach bewegt sie sich in den Grenzen von $1 . 10^{-8}$ bis $1 . 10^{-30}$-n., sie ist also unter allen Umständen viel niedriger als die niedersten Konzentrationen, welche man durch bloße Verdünnung herstellen kann, und es liegt nahe, zu vermuten, daß die besonders feine Abscheidungsform des Metalls eine Folge der abnorm kleinen Metallionenkonzentration ist, welche hier vorliegt.

Es ist plausibel, daß das Wachstum von Kristalliten zu größeren Kristallen stark erschwert, wenn nicht vollkommen vereitelt wird, wenn die Metallionenkonzentration so abnorm nieder gehalten wird. Umgekehrt wird die Ausbildung von Kristallen erleichtert, wenn die Metallsalzkonzentration im Kathodenfilm groß ist und das Salz leicht genug Metallionen abspaltet, daß die Kristallkeime solche in der ihnen anliegenden Doppelschicht finden, die sie unter gleichzeitiger Entladung anlagern können. Das von Volmer beobachtete, quasi periodische Fortschreiten der Neuanlagerung von Metallschichten (s. S. 19) spricht auch in diesem Sinne, nur daß man die Rolle, welche die Ionenkonzentration an sich dabei spielt, nicht leicht von der Wirkung anderer Einflüsse, die gleichzeitig im Spiele sind, trennen kann, vor allem nicht von der Wirkung, welche die Steigerung der Polarisation ausübt. Letztere ist ja nicht lediglich eine Funktion der Metallionenkonzentration, sondern

---

[1] J. Inst. Metals XXII, 305 (1919).

sie hängt auch von der größeren oder geringeren Leichtigkeit ab, mit welcher dem Kathodenfilm neue Ionen zum Ersatz der entladenen nachgeliefert werden können, und diese ändert sich durchaus nicht immer in einem der Ionenkonzentration proportionalem Maße.

Der Einfluß, welchen die Metallionenkonzentration auf die Feinheit des Metallgefüges ausübt, ist im Gebiete größerer Konzentrationen, nämlich solchen von $2 . 10^0$ bis $1 . 10^{-3}$-n. nicht sehr deutlich, wenn man die Konzentrationsabnahme lediglich durch Verdünnung herbeiführt.

Drückt man die Metallionenkonzentration aber dadurch herab, daß man der Lösung Elektrolyte zusetzt, welche dasselbe Anion haben, als odurch Verringerung des Dissoziationsgrades (z. B. bei der Kupfersulfatelektrolyse durch Erhöhung der Schwefelsäure-Konz.), so erhält man regelmäßig etwas feinkörnigere, härtere Niederschläge. Der Unterschied ist größer als jener, welchen man bei bloßer Verdünnung der Lösung wahrzunehmen in der Lage ist, selbst dann, wenn die Ionenkonzentration durch bloße Verdünnung viel weiter herabgedrückt wird, als dies durch gleichionigen Salzzusatz der Fall ist. Bei gleichionigem Zusatz wird die Leitfähigkeit der Lösung trotz Verringerung der Ionenkonzentration des zur Abscheidung gelangenden Metalls erhöht und es ist eine Reserve undissoziierten Salzes vorhanden aus der Metalljonen nachgeliefert werden können. Hingegen bewirkt die Verdünnung eine starke Abnahme der Leitfähigkeit der Lösung und des Reservesalzes. Im ersten Fall enthält die Lösung neben dem Fremdsalz noch viel undissoziiertes Salz, aus dem es bei der Nachbildung von Ionen schöpft, im letzteren Falle aber nicht. Es fragt sich, ob dieser Unterschied nicht mit ausschlaggebend ist, ob die Herabdrückung der Ionenkonzentration nicht nur dann deutlich kornverfeinernd wirkt, wenn die Konzentration des entsprechenden Metallsalzes nicht zugleich verringert wird, sondern nur sein Dissoziationsgrad.

Das Aussehen des Metallniederschlages ist auch bei gleichem Grade der Feinkörnigkeit ein ganz verschiedenes, wenn man bei gleicher Metallionenkonzentration arbeitet und einmal dieselbe durch Zusatz von Fremdsalz, das andere Mal durch bloße Verdünnung herbeiführt. Im ersteren Falle erhält man Metallniederschläge, die mindestens ebenso gut aussehen wie vor dem Zusatz, im letzteren aber durchaus nicht.

Es ist ja wohlbekannt, daß z. B. Blei, aus verdünnter Bleinitratlösung gefällt, nadel- oder schwertförmige Auswüchse bildet, daß Zinn aus verdünnter Zinnchlorürlösung in fein gefiederter Form abgeschieden wird, während beide Metalle aus konzentrierten Lösungen derselben Salze in dichterer Form ausfallen. Auch Kupfer, das so leicht aus konzentrierteren, schwach sauren Kupfersulfatlösungen in dichter Form zu gewinnen ist, fällt bei weitgehender Verdünnung der Lösung als nichthaftendes dunkles, leicht abzuwischendes Pulver aus. Das Kristallgefüge ist allerdings bei der Abscheidung dieser Metalle in lockerer Form kein gröberes als bei ihrer Abscheidung in dichter Form.

Trotzdem dürfte die gewöhnlich als allgemein gültige Regel hingestellte Erfahrungstatsache, daß die Verringerung der Metallionenkonzentration — unter sonst gleichbleibenden Umständen — (also vor allem auch gleicher Stromdichte) eine Verfeinerung des Kristallgefüges der Metallniederschläge nach sich zieht, nur mit der Beschränkung Geltung haben, daß unter „gleichbleibenden Umständen" u. a. auch die Aufrechterhaltung mindest gleich guter Leitfähigkeit und einer Salzreserve zu verstehen ist.

Selbst dann ist dieser Effekt nur geringfügig, solange man im Gebiete höherer Ionenkonzentrationen bleibt und er wird erst beim Herabgehen auf Konzentrationen unter $1 . 10^{-8}$, wie man sie nur durch Komplexbildungen erreicht, sehr augenfällig.

e) Primäre oder sekundäre Metallabscheidung.

Dies drängt die Frage auf, ob die Metallabscheidung in beiden Klassen von Lösungen nicht zwei verschiedene Wege geht? In einfachen Salzlösungen durch direkte Entladung des Metallions, in den Komplexsalzlösungen aber sekundär, etwa durch intermediäre Entladung eines anderen Ions vor sich geht, das, einmal abgeschieden, sofort Metall aus seiner Komplexverbindung durch Wechselwirkung ausfällt und an seiner statt in Lösung geht?

Der letztere Vorgang würde also etwa einer Kontaktverkupferung entsprechen, bei welcher man auf manchen Metallen (z. B. auf Eisen) schlechter, auf anderen Metallen (z. B. auf Kobalt) fester haftende, niemals aber Überzüge von so hoher Haftintensität erhält, als durch die elektrolytische Abscheidung aus Komplexsalzlösungen.

Dieser Umstand würde eher gegen die Annahme einer Metallabscheidung auf sekundärem Wege sprechen, für die sich auch sonst kein überzeugender Grund ins Treffen führen läßt, als die Schwierigkeit, die es uns bietet, uns den Verlauf einer Elektrolyse mit doch nicht sehr niederen Stromdichten bei so verschwindend kleinen Ionenkonzentrationen vorzustellen.

Einige sehr schöne Versuchsreihen,[1] welche M. Le Blanc und K. Schick zur Klärung anderer Fragen ausgeführt haben, legen aber Zeugnis dafür ab, daß die Metallfällung auch bei der Elektrolyse komplexer Zyanidlösungen auf direktem, nicht auf sekundärem Weg erfolgt, obgleich sich in solchen Lösungen für die Metallionen Konzentrationen berechnen, die so winzig sind, daß man folgern müßte, daß 8 $Ag^{\cdot}$-Ionen im Liter, ein $Ag^{\cdot}$-Ion also erst in einem Lösungsvolumen von mehr als 100 ccm, enthalten ist, ein $Cu^{\cdot}$-Ion gar erst in rund 1000 m^3!

[1] Z. physik. Chem. XLVI, 213; Z. Elektrochem. IX, 636 (1903).

Le Blanc und Schick suchten die Ursache der starken Polarisierbarkeit von Kupferelektroden in Kalium-Kupferzyanürlösungen zu ermitteln, insbesondere zu entscheiden, ob dieselbe einer Verzögerung der Entladung von $Cu^{\cdot} \rightarrow Cu$ oder nicht vielmehr einer verzögerten Nachbildung von Kuproionen durch die so schwache Dissoziation der komplexen Anionen: $Cu(CN)_3'' \rightarrow Cu^{\cdot} + 3\,CN'$ zur Last zu legen ist. In sehr sinnreicher Weise prüften sie dies durch Wechselstromelektrolysen, bei welchen sie die Zahl der Polwechsel in der Zeiteinheit variierten.

Ihr Gedankengang war dabei folgender: Bei Gegenwart überschüssigen Zyankaliums entwickelt sich an Kupferkathoden nur Wasserstoff, weil dann im Gleichgewicht:

$$CuCy_3'' \rightleftarrows Cu^{\cdot} + 3\,Cy'''$$

so wenig $Cu^{\cdot}$ gegenwärtig ist, daß die Entladung von $H^{\cdot}$ viel leichter erfolgt als die von $Cu^{\cdot}$. An der Anode geht aber Kupfer nahezu quantitativ als $Cu^{\cdot}$ in Lösung. Diese $Cu^{\cdot}$ setzen sich mit Cy' nach obiger Gleichung ins Gleichgewicht. Wird jetzt die Anode beim nächsten Polwechsel Kathode, so werden an ihr die $Cu^{\cdot}$-Ionen zur Entladung gelangen, wenn sie sich noch nicht mit den Cy' ins Gleichgewicht gesetzt haben, sondern noch in Elektrodennähe vorhanden sind. Es werden hingegen bei Gegenwart überschüssigen Zyanids nur $H^{\cdot}$, oder doch überwiegend $H^{\cdot}$ zur Entladung und Abscheidung gelangen, wenn die $Cu^{\cdot}$ sich schon mit Cy' ins Gleichgewicht gesetzt, ihre Konzentration also sehr stark verringert haben. Spielt sich bloß der erste Vorgang: Entladung von $Cu^{\cdot}$ ab, so wird das Gewicht der Kupferelektrode unverändert bleiben; denn es wird an ihr alles Kupfer, das anodisch in Lösung gegangen ist, beim nächsten Polwechsel wieder abgeschieden, spielt sich hingegen der zweite Vorgang ab, so wird weniger Kupfer abgeschieden, als bei der dem Polwechsel vorangegangenen anodischen Polarisation in Lösung ging — im Grenzfalle gar kein Kupfer abgeschieden — und das Gewicht der Kupferelektrode wird abnehmen.

Die Versuche ergaben, daß bei Polwechseln von geringerer Frequenz, nämlich bei wenigen tausend Wechseln in der Minute fast genau so viel Kupfer in Lösung ging, als den anodischen Stromstößen entsprach, daß bei 20000 bis 40000 Polwechseln in der Minute weniger Kupfer gelöst wurde.

Das Versuchsergebnis zeigt also an, daß eine gewisse Zeit verstreicht, ehe sich $Cu^{\cdot}$ mit den Cy'-Ionen ins Gleichgewicht setzt. Bestätigt wird dies dadurch, daß man ganz analoge Resultate bei der Wechselstromelektrolyse in Zinkzyanidlösungen erhielt, die sich analog verhalten wie die Kupferzyanidlösungen, sie weisen wie diese starke Polarisationen an der Kathode auf, welche man eben auf verzögerte Nachbildung von Metallionen zurückführen möchte, daß hingegen in Silber-

und in Kadmiumzyanidlösungen, in welchen sich die Kathoden nur wenig polarisieren, selbst bei höchsten Polwechselzahlen keine Unterschiede in der Auflösung auftraten.

Gleichzeitig läßt aber der Umstand, daß die Kupfer- und Zinkabscheidung in den Fällen geringer wird, in welchen die Wasserstoffabscheidung erfolgt, ja daß sie gerade bei langsamen Polwechseln in Kupferlösungen ganz ausbleibt, schließen, daß auch die Metallabscheidung aus so $Cu^{\cdot}$-armen Zyanidlösungen durch direkte Entladung von $Cu^{\cdot}$ erfolgt und nicht etwa intermediär über eine $K^{\cdot}$- oder $H^{\cdot}$-Entladung, weil nicht einzusehen wäre, warum sonst die Kupferabscheidung bei langsamen Polwechseln ausbleibt.

f) Abscheidungsweise des Metalls aus komplexen Zyanidlösungen.

Wenn nun auch Gründe dafür sprechen, daß die Kupferabscheidung und die Silberabscheidung selbst aus ihren komplexen Zyanidlösungen über das Kupfer- ($Cu^{\cdot}$-) bzw. das Silberion geht, so bleibt es eine offene Frage, auf welchem Wege dies in solchen Lösungen vor sich geht, die praktisch gar keine Kupfer- bzw. verschwindende Mengen von Silberionen enthalten.

Die Vorstellung, daß zwar ständig überall in der Lösung $Cu^{\cdot}$ bzw. $Ag^{\cdot}$ durch Dissoziation des Komplexes entstehen, aber immer nur durch einen verschwindend kleinen Teil der Zeiteinheit bestehen bleiben, also eine Erklärung auf reaktionskinetischem Wege, würde dies zwar dem Verständnisse näher rücken, sie ist aber nach Haber nicht statthaft, weil er errechnet hat,[1] daß die Geschwindigkeit, mit welcher diese abwechselnde Dissoziation und Wiedervereinigung zu erfolgen hätte, schon beim Silber viel größer sein müßte als die Lichtgeschwindigkeit.

Haber vermutet deshalb, daß der Vorgang: $Ag/Ag^{\cdot}$ in komplexen Zyanidlösungen nicht potentialbestimmend sein kann, sondern er hält es für wahrscheinlich, daß hierfür der Vorgang:

$$Ag + 4\,CN' \rightarrow Ag(CN)_4''' + \ominus$$

maßgebend ist.[2]

Das Potential wird dann nicht durch die winzigen Metallionenmengen, sondern durch die komplexen Ionen bestimmt.

---

[1] Z. Elektrochem. X, 433, 773 (1904).

[2] Das Potential der Silberelektrode berechnet sich dann zu:

$$e = 0{,}058 \log \frac{P_{Ag} \cdot (c_{Cy})^4}{K \cdot c_{Ag\,Cy_4'''}}$$

wo K eine Konstante bedeutet, und in ähnlicher Weise dürften sich ganz allgemein die Potentiale eines Metalls gegen seine Komplexsalzlösungen darstellen lassen.

Dementsprechend wird man annehmen müssen, daß auch die Metallabscheidung nicht aus den — praktisch nicht vorhandenen — $Ag^{\cdot}$ bzw. $Cu^{\cdot}$ erfolgt, sondern unmittelbar aus den komplexen Ionen.

Man wird sich vorstellen dürfen, daß der positive Teil der Doppelschicht, welcher der Kathode unmittelbar aufliegt, nicht nur aus $K^{\cdot}$ oder $Na^{\cdot}$, sondern auch das Komplexionen: $CuCy_2{}'$ $CuCy_4{}'''$ gebildet wird, die etwa in Art des rohen Schemas Abb. 24 polar gerichtet sind. Sie stellen ja Bipole in einem starken elektrischen Felde vor. Der Potentialabfall im Kathodenfilm hat in solchen Lösungen die Größenordnung von etwa 1 Volt. Unter der Annahme, daß es innerhalb der Flüssigkeitsschicht, welche der Kathode anhaftet, linear abfällt und welche (siehe S. 3) die Größenordnung von 0,001 cm hat, käme dies der Größenordnung nach einem Spannungsabfall von nahezu 1000 Volt/cm gleich, genug, um die polaren Anionen nicht nur zu richten, sondern auch zu deformieren und die Abspaltung von Metallionen aus ihnen vorzubereiten.

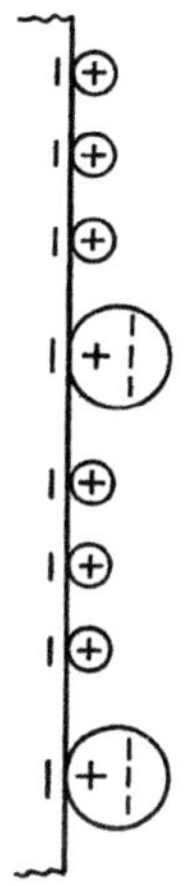
Abb. 24.

Alles spricht aber dafür, daß der größte Teil des Potentialabfalls an der Kathode in einer Schicht erfolgt, deren Dicke nicht wesentlich die molekularen Dimensionen überschreitet, so daß der Spannungsabfall in derselben die Größenordnung von etwa $1{,}10^6$ Volt/cm erreichen dürfte.

Mag aber die kathodische Metallabscheidung auch aus hochkomplexen Ionen über das Metallion gehen, so ist der Weg, über welchen sie erfolgt, doch ein anderer, wie sonst, und deshalb darf man auch nicht ohne weiteres folgern, daß die feine Abscheidungsform bloß der niederen Metallionenkonzentration zugute zu bringen ist; denn sicher liegen keine unmittelbar vergleichbaren Versuchsbedingungen mit den Vorgängen in gut dissoziierten Lösungen einfacher Salze vor. Immerhin wird man annehmen können, daß die Vorbedingungen für eine glatte, feinkörnige Metallabscheidung gegeben sind, wenn der Kathodenfilm undissoziiertes Salz oder Komplexanionen enthält und wenn der Potentialabfall im Kathodenfilm groß genug ist, zu richten und zu deformieren, bzw. Komplexe aufzuspalten.

g) Einfluß der Stromdichte auf die Struktur.

Die Steigerung der Stromdichte muß — bei sonst gleichbleibenden Verhältnissen — die weitere Verarmung des Kathodenfilms und damit eine Zunahme der Polarisation nach sich ziehen. Der Einfluß, welchen sie auf die Dicke des Kathodenfilms ausübt, ist leider noch nicht klargestellt worden. Die stärkere Verarmung des Kathodenfilms hat weiter zur Folge, daß der Potentialabfall im Film ein steilerer werden muß, die

Ionen, welche an der Kathode zur Abscheidung gelangen, durchsetzen ihn also schneller. Alle diese Momente müssen die Bildung neuer Kristallkeime erleichtern; denn die abnehmende Ionenkonzentration dürfte in Analogie zu den schon beschriebenen Erscheinungen die Anlagerung neuen Metalls an bevorzugten Stellen erschweren, weil die Entfernungen der Ionen voneinander und von diesen Stellen mit zunehmender Verdünnung zunimmt, desgleichen dürfte die Steigerung der Geschwindigkeit, mit welcher die Ionen an die Kathode herangeführt werden, ihre Einordnung an bestimmten Stellen erschweren.

Diese Momente müssen alle dahin wirken, das Kristallgefüge bei steigender Stromdichte zu verfeinern, die Bildung grober Kristalle zu erschweren. Im großen ganzen trifft dies auch wirklich zu, indes beobachtet man doch einige Ausnahmen. Insbesondere scheint eine derartige Regelmäßigkeit erst von gewissen Mindest-Stromdichten an aufzutreten.

Wenn man also von kleinen zu größeren Stromdichten, unter sonst unveränderten Bedingungen, übergeht, beobachtet man nicht sofort eine Verfeinerung, sondern zunächst eine Vergröberung des Kornes, und von bestimmter Stromdichte ab bewirkt eine weitere Steigerung der Stromdichte die erwartete regelmäßige Verfeinerung. Wie vorgreifend hier bemerkt werden kann, beobachtet man hinsichtlich der entgegengesetzt gerichteten Temperaturwirkung auch in ganz analoger Weise, daß die kornvergröbernde Wirkung einer Temperatursteigerung erst von bestimmter Temperatur an auftritt[1]. — Anomalieen, die möglicherweise auf Grund der in Abschnitt i. S. 51, ferner S. 101 erwähnten Besonderheiten, nämlich durch das Zusammenwirken von Polarisationen, Widerständen, Dichteänderungen, Konvektionsströmen u. dgl. erklärt werden können.

Diese Kornverfeinerung wird aber eine Grenze finden, wenn die Stromdichte so weit gesteigert wird, daß die Konzentration des zur Abscheidung gelangenden Ions im Kathodenfilm praktisch Null wird, bzw. wenn die gleichzeitig bewirkte Steigerung des Kathodenpotentials so groß wird, daß ein unedleres Ion entladen wird.

Die Grenzstromdichte, bei welcher das eine oder das andere eintrifft, ist eine Funktion der Ionenkonzentration in der Lösung, der Temperatur, der Bildungsgeschwindigkeit der Ionen aus ihrem undissoziiertem Salz,

[1] Die Kenntnis dieser Besonderheiten verdanke ich mündlichen Mitteilungen Herrn M. Cymbolistes, der sie durch zahlreiche Mikrophotographien dargetan hat. Er erhielt z. B. cet. par. aus Kupfersulfatlösungen gewohnter Zusammensetzung bei 0,3 Amp/qdm Stromdichte deutlich feineres Kristallgefüge, als bei 2 Amp/qdm, von da ab verfeinerte sich das Kristallgefüge mit zunehmender Stromdichte. Ähnliches fand er bei Ni, Co. Das Ergebnis seiner Untersuchungen wird voraussichtlich bald veröffentlicht werden.

der Größe des Abstandes des nächstunedleren Ions in der Spannungsreihe u. a. m.

Da sich die Verarmung der Kathodenumgebung an dem zur Abscheidung gelangenden Ion ceteris paribus in ruhender Lösung um so weiter ausbreitet, je höhere Stromdichten man anwendet, läßt sich die Dicke der verarmten Zone verringern, die Schnelligkeit, mit welcher das betreffende Ion dem Kathodenfilm wieder zugeführt wird, erhöhen und über die ganze Fläche gleichmäßiger verteilen, wenn man die Lösung lebhaft bewegt, also die Ausbreitung der Verarmung einschränkt, oder wenn man die Temperatur und damit die Beweglichkeit der Ionen erhöht. Damit wird auch die jeweils anwendbare Grenzstromdichte erhöht.

Wird diese Grenzstromdichte überschritten, dann fällt das Metall meist in pulveriger oder in lockerer, schwammiger, oft in stark wasserstoffhaltiger Form aus. In sehr verdünnten, kalten Kupfersulfatlösungen, Goldchloridlösungen usw. wird diese Grenzstromdichte bekanntlich schon bei verhältnismäßig niederen Stromdichten überschritten. In lebhaft bewegten, erwärmten, konzentrierten Kupfersulfatlösungen kann man hingegen noch mit Stromdichten von 30 Amp/qdm und mehr gutes, feinkörniges Kupfer erhalten.

Mit starker Steigerung der Stromdichte werden aber auch andere Veränderungen hervorgerufen, welche die primäre Wirkung verschleiern oder ganz überdecken können, weil sie Verhältnisse schaffen, welche nicht mehr miteinander vergleichbar sind. Vor allem ist die Möglichkeit zu großen lokalen Konzentrations- und selbst Temperaturverschiedenheiten gegeben, das damit im Zusammenhang stehende Auftreten lokaler Strömungen und lokaler Potentialdifferenzen.

Die Wirkung einer Steigerung der Stromdichte läßt sich nur dann ohne Fehler feststellen, wenn größere Störungen durch derartige Veränderung der Arbeitsbedingungen ausgeschlossen werden. Versuche, welche aber unter entsprechenden Vorsichtsmaßnahmen ausgeführt wurden, haben stets übereinstimmend ergeben, daß die Steigerung der Stromdichte ceteris paribus eine Kornverfeinerung des abgeschiedenen Metalls zur Folge hat.[1]

Besonders eingehend ist der Einfluß beim Kupfer geprüft worden, dessen Eigenschaft, unter gewöhnlichen Umständen Kristalle von deutlich erkennbarer Größe zu bilden und gute Schliffbilder zu liefern, die Untersuchung erleichtert. Als einer der ersten dürfte wohl Bancroft[2]

---

[1] Manche Autoren, z. B. Sieverts und Wippelmann, sind der Ansicht, daß die Feinkörnigkeit nur bis zu bestimmter Stromdichte zunimmt, dann bei weiterer Steigerung der Stromdichte wieder abnimmt. Verfasser hat aber niemals eine derartige Beobachtung machen können, ohne daß sie auf die genannten Störungen zurückzuführen gewesen wäre.

[2] Trans. Amer. electrochem. Soc. VI, 27 (1904); XXIII, 266 (1913).

darauf hingewiesen haben, daß gesteigerte Stromdichte die Kristallgröße des abgeschiedenen Metalls verringert. Die Richtigkeit seiner Beobachtung ist dann von vielen Seiten und an verschiedenen Metallen, z. B. Zink, Eisen, Blei, geprüft und bestätigt worden.

Die Abb. 25 stellt das Kristallgefüge dreier Kupferniederschläge dar, welche nacheinander aus derselben Lösung bei 20⁰ mit Stromdichten von 1, bzw. 3, endlich 4,5 Amp/qdm hergestellt wurden. Um die einzelnen Schichten gut unterscheiden zu können, wurden sie durch Nickelschichten

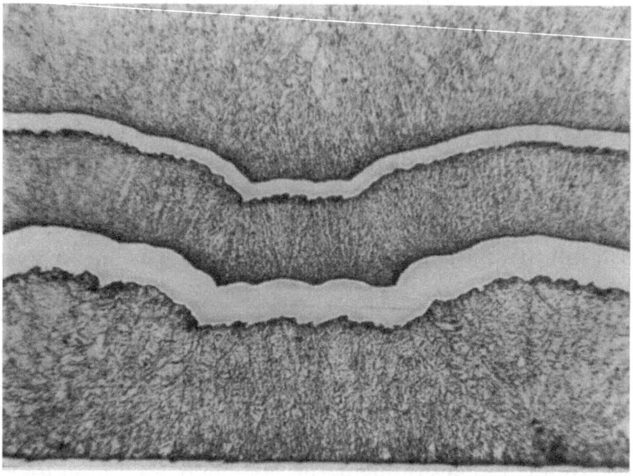

Abb. 25. 200fach.

getrennt, welche auf dem Schliffbilde als weiße Bänder erscheinen. Die Verkleinerung der Kristalle mit Steigerung der Stromdichte ist unverkennbar.

Daraus aber, daß ein Metall mit feinerem Gefüge abgeschieden wird, darf man durchaus nicht ohneweiters folgern, daß es zugleich eine glattere, ebenere Oberfläche aufweisen muß. Das Gegenteil ist bei einer Steigerung der Stromdichte vielmehr gewöhnlich der Fall, weil eben leicht störende Nebenprozesse eintreten, als Folge lokaler Verarmungen, unzureichender Durchmischung des Elektrolyten, lokaler Konvektionsströme u. dgl. m.

Daß dem so ist, läßt sich leicht dadurch feststellen, daß man das Kristallgefüge zweier Kathoden vergleicht, deren eine ruhig hing, während die andere bewegt wurde, und die beide im gleichen Elektrolyten mit gleicher Stromdichte von solcher Höhe belastet wurden, daß das Metall auf der ruhenden Elektrode uneben oder warzig ausfiel, während es auf der bewegten Elektrode noch glatt blieb. Trotz großer Verschiedenheit des äußeren Aussehens beider Kathodenprodukte läßt sich in solchen Fällen ein Unterschied in der Feinkörnigkeit des Kristallgefüges nicht beobachten.

Alle Hilfsmittel, welche geeignet sind, störende Begleiterscheinungen bei einer Steigerung der Stromdichte zu hemmen, führen demgemäß — ohne die Feinheit des Kristallgefüges zu beeinflussen — zur Bildung glatterer gleichmäßigerer Oberflächen. Lebhafte Bewegung der Badlösung oder der Kathoden ist eines der einfachsten derartigen Hilfsmittel.

h) Einfluß einer relativen Bewegung der Kathode zum Elektrolyten.

Das Vorhandensein einer vollkommen ruhenden Elektrolytschicht kann man in Kathodennähe nur in extremen Fällen voraussetzen, z. B. wenn man mit niedersten Stromdichten und horizontal nach unten wirkenden Kathoden arbeitet. In allen anderen Fällen findet infolge der mit der Elektrolyse verbundenen, örtlich niemals vollkommen gleichen Änderungen der Konzentration, der Temperatur, also des spezifischen Gewichtes, eine Verschiebung des Elektrolyten zur Kathode statt. Bei vertikal angeordneten Kathoden steigt in der Regel die Lösung aufwärts, an den Anoden sinkt sie im Maße ihrer durch Metallauflösungen zunehmenden Dichte zu Boden, so daß die Badlösung nach einiger Zeit in ihren oberen Schichten andere Konzentration und Dichte aufweist als in den unteren.

Die Bewegung des Elektrolyten durch mechanische Mittel kann letzteren Dichteunterschied vollkommen ausgleichen, sie ändert die Verhältnisse an der Kathode aber nur dem Grade nach, indem sie stärkere als die ohnedies von selbst stattfindenden Verschiebungen hervorruft.

Bekanntlich muß man annehmen, daß unmittelbar an starren Gefäß- oder Rohrwänden stets ein Flüssigkeitsfilm unbewegt haften bleibt, so schnell auch die Flüssigkeitsströmung im Rohr sein mag; er wird aber dünner mit zunehmender Strömungsgeschwindigkeit der Flüssigkeit und nähert sich endlich einem Grenzwerte. So muß auch der Kathodenfilm durch Belebung der Verschiebung Kathode/Lösung (gleichgültig, ob die Kathode, ob die Flüssigkeit, ob beide relativ zueinander bewegt werden) mit zunehmender Geschwindigkeit dieser Verschiebung dünner werden und endlich eine kleinste Dicke erreichen.

Der Effekt dieser Änderung ist leicht zu verstehen: mit abnehmender Dicke des Kathodenfilms wird die Heranführung von Metallionen in größere Nähe den Ersatz der abgeschiedenen erleichtern, die I-E-Kurve steigt steiler an (Abb. 26[1]), der elektrische Widerstand, welchen der Ka-

---

[1] Nach Foerster und Sprent Diss. Dresden 1910.

thodenfilm dem Stromdurchgang entgegensetzt, nimmt mit dessen Dicke ab, die Unterschiede der Dicke werden von Ort zu Ort geringer, zugleich bewirkt die lebhafte Durchmischung eine gleichmäßigere Verteilung der Ionenkonzentrationen über die Kathodenfläche.

Man wird also denselben Grad der Verarmung des Kathodenfilms bei einer Belebung der Flüssigkeitszirkulation erst bei höheren Stromdichten erreichen als im „ruhenden" Elektrolyten. Dies ist von großer praktischer Bedeutung, weil die Anwendung höherer Strombelastung nicht nur eine bessere Ausnützung der Apparatur ermöglicht, sondern unter sonst gleichbleibenden Verhältnissen — auch zu besserer, feinkörnigerer Metallabscheidung führt.

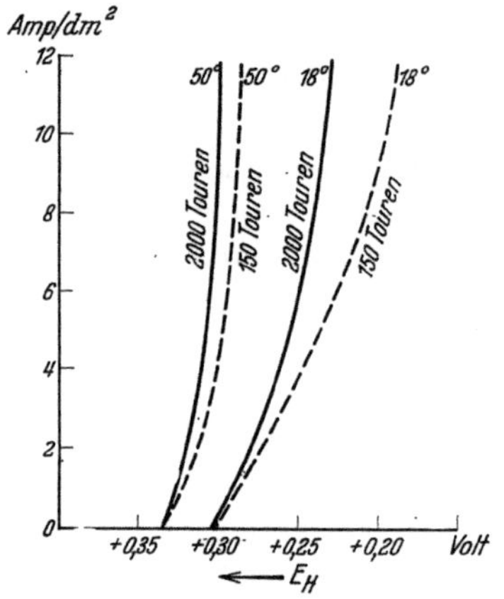

Abb. 26.

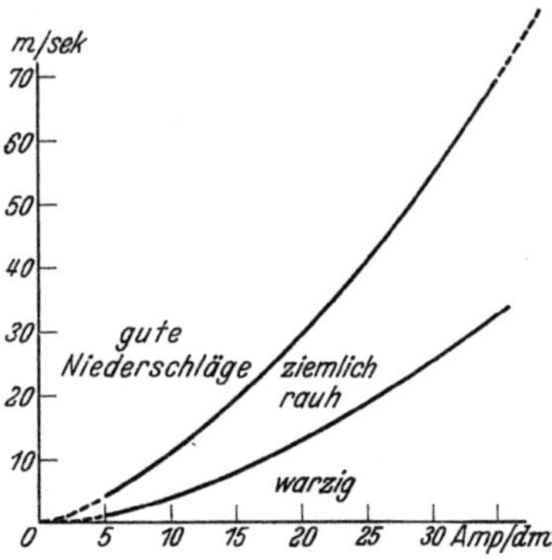

Abb. 27.

Aber auch bei unveränderter Stromdichte wirkt sich die Belebung der Zirkulation darin aus, daß das Produkt glatter und gleichmäßiger wird, wenn man mit flachen Kathoden arbeitet, und erst recht, wenn man profilierte Kathoden verwendet, in deren vertieften Teilen leicht stagnierende Schichten verarmter Elektrolyte zurückgehalten werden.

Die vorteilhafte Wirkung mechanischer Bewegung während der Elektrolyse ist frühzeitig erkannt und in breitem Umfang angewendet worden. Eine mäßige Bewegung ist meist leicht zu bewerkstelligen, lebhaftere ist teils aus mechanischen Gründen schwieriger, teils infolge des Aufwirbelns von Trübungen, Bodenschlamm, Anodenschlamm, von denen ein Bad kaum jemals völlig frei ist, nicht immer ohne weiteres anwendbar.

Als einer der ersten wandte Cowper-Coles rasch rotierende Kathoden an, um z. B. Kupferrohre größeren Durchmessers mit höheren Stromdichten herstellen zu können. Bei Umfangsgeschwindigkeiten von 140 bis 200 m/Min. konnte er so Stromdichten von 10 bis 20 Amp. zur Anwendung bringen, während das Kupfer bei geringeren Umfangsgeschwindigkeiten schon bei viel geringeren Stromdichten in knospiger Form ausfällt.[1]

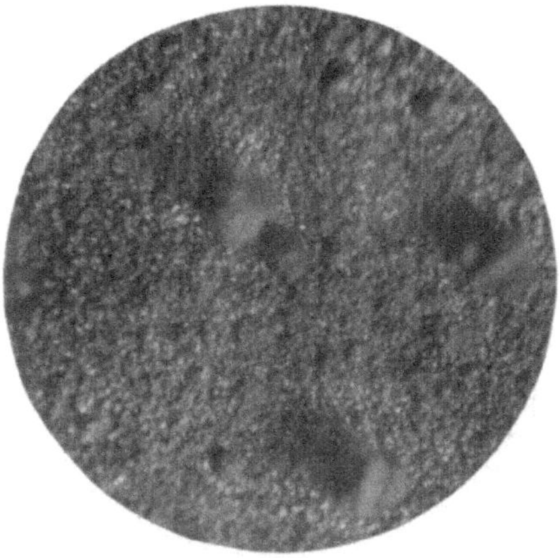

Abb. 28 a. 7 Touren, 26,7 Amp/qdm, 26 fach.

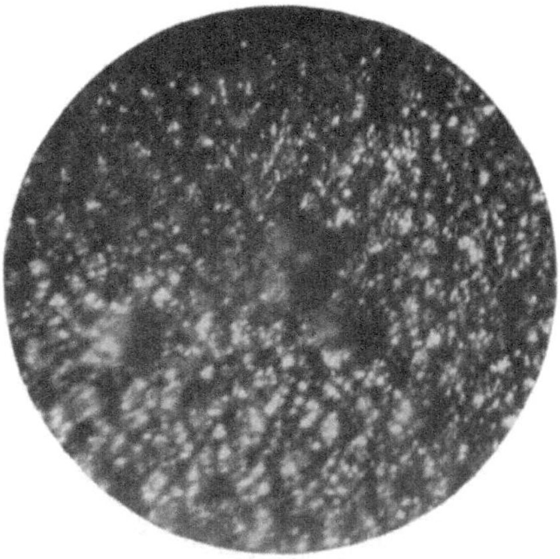

Abb. 28 b. 7 Touren, 26,7 Amp/qdm, 91 fach.

Abb. 29 a. 14 Touren, 20 Amp/qdm, 26 fach.

Abb. 29 b. 14 Touren, 30 Amp/qdm, 91 fach.

Freilich verwendete Cowper-Coles für seine Zwecke Elektrolyte von anderer als der sonst üblichen Konzentration, nämlich verhältnismäßig kupfersulfatarme und schwefelsäurereiche (mit 11 bis 24% freier Schwefelsäure).

[1] cf. Billiter, Techn. Elektrochemie, 2. Aufl., Halle (1923), S. 105.

Um die Änderung der Beschaffenheit des Kathodenkupfers mit zunehmender Lebhaftigkeit der Bewegung in Kupferelektrolyten üblicher Zusammensetzung verfolgen zu können, ließ Billiter vertikal angeordnete, kreisförmige Scheiben, deren unteres Segment in 1-n. schwefelsaure, 1,5-n. Kupfersulfatlösung (bei Temperaturen, die zwischen 40 und 45° gehalten wurden) tauchte, um ihre horizontale Achse rotieren und prüfte die Änderung des Gefüges und der Oberfläche mit Änderung der Tourenzahl und Stromdichte.[1]

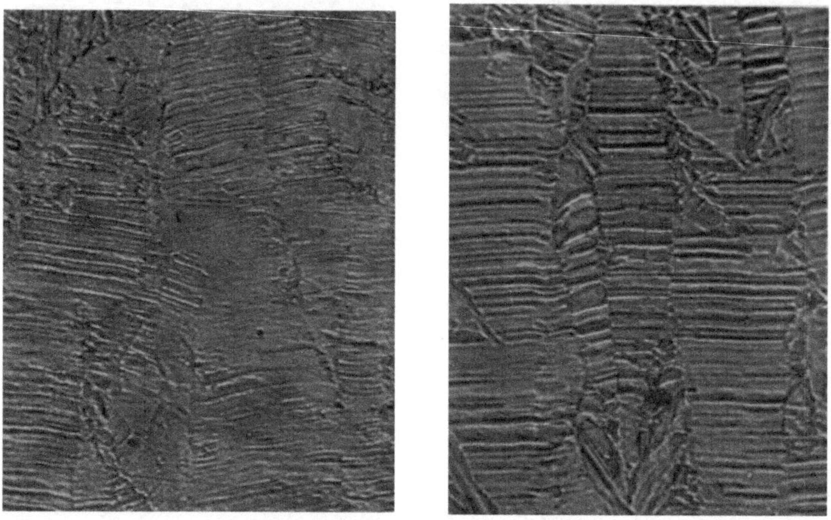

Abb. 30 a u. b. 1000 fach.

Abb. 27 zeigt die dabei beobachtete Änderung der Oberflächenbeschaffenheit als Funktion der Stromdichte und der Umfangsgeschwindigkeit. Die zwei Kurven teilen die Fläche in drei Teile. Im untersten Teile liegt das Gebiet durchwegs warzenförmiger Abscheidungen (Abb 28a, b), in welchem die Bewegung der Kathode zu langsam für die jeweils angewandte Stromdichte war, der mittlere Teil grenzt ein Feld ab, in welchem das Kupfer noch ziemlich rauh ausfällt. Das oberhalb der oberen Kurve gelegene Gebiet stellt die Bedingungen dar, unter welchen man gute Niederschläge (Abb. 29a, b) erhalten kann.

Das Gefüge des hier in kurzen, stets wieder unterbrochenen Elektrolyseperioden gewonnenen Kupfers ist, wie zu erwarten stand (s. S. 20, 24),

[1] Unveröffentlichte Untersuchung Billiters nach Versuchen von F Fuchs. In stärker saurem Elektrolyten erhält man etwas feinkörnigere, meist besser aussehende Niederschläge.

verhältnismäßig grobkristallin, die Schliffbilder (Abb. 30a, b) zeigen etwa säulenförmig senkrecht zur Kathodenfläche orientierte Kristalle, an denen Querstreifungen, aber keine Trennlinien zu bemerken sind. Auf dem schnell in der Luft zurückgelegten Wegstück blieb das Metall mit Elektrolyt bedeckt. Ein Unterschied in der Kristallgröße war bei gleicher Strombelastung und verschiedener Umfangsgeschwindigkeit nicht festzustellen.

In mancher Hinsicht übt die Belebung der Zirkulation ähnliche Wirkung aus wie die Steigerung der Metallionenkonzentration: beides verringert den Widerstand und die Polarisation, veranlaßt deshalb ein steileres Ansteigen der I-E-Kurve (s. Abb. 27), eine Vergröberung des Kornes, der man in beiden Fällen durch die zugleich möglich werdende Steigerung der Stromdichte wirksam entgegentreten kann. Beide Änderungen sind in verdünnten Lösungen von größerem Effekt als in konzentrierteren.

Die Intensität der Bewegung läßt sich in ungleich weiteren Grenzen steigern als die Konzentration und damit schon viel wirksamer gestalten, sie nimmt aber ganz besonders eine Ausnahmsstellung ein, weil sie das sicherste Mittel bietet, das wir besitzen, die Dicke des Kathodenfilms zu verringern und auch bei Anwendung höchster Stromdichten bis zu gewissem Grade örtlich auszugleichen.

Erschwert wird die Anwendung lebhafterer Bewegungen bei der Elektrolyse dadurch, daß sich in den Badlösungen fast ausnahmslos Trübungen absetzen, welche dann aufgewirbelt werden. Aus trüben Lösungen, besonders aus solchen, welche feine Metallteile suspendiert enthalten, fallen aber die Metalle an der Kathode in warziger, knospiger, rauher Form aus.

Deshalb kann man lebhaftere Badbewegung praktisch nur anwenden, wenn man zugleich Maßnahmen vorsieht, welche bewirken, daß die Badlösungen klar bleiben. Ein solches Hilfsmittel besteht z. B. darin, praktisch unangreifbare Anoden zu verwenden, welche keinen Anodenschlamm abgeben (es wird z. B. bei der technischen Herstellung von Kupferblech auf elektrolytischem Weg angewendet), ein anderes darin, fortlaufend zu filtrieren, oder ständig einen Teil des Elektrolyten abzuziehen, durch Klärzentrifugen zu führen und dem Bade nach dem Ausschleudern der suspendierten Partikeln in klarer Form wieder zuzuführen.

i) Einfluß der Temperatur der Lösung.

Der Einfluß, den eine Temperatursteigerung ausüben kann, ist ein mehrfacher; denn sie verursacht nicht bloß durchwegs eine Zunahme der Leitfähigkeit der Lösung infolge gesteigerter Beweglichkeit der

Ionen, sondern sie ändert gleichzeitig auch noch andere, oft ausschlaggebende Versuchsbedingungen, indem sie etwa:

die Wasserstoffüberspannung erniedrigt;

Hemmungen bei der Metallabscheidung in größerem oder geringerem Grade herabsetzt und die Stromausbeute beeinflußt;

den Dissoziationsgrad des Metallsalzes beeinflußt;

das Abscheidungspotential des Metalls verschiebt.

Eine Temperatursteigerung kann es auch bewirken, daß die Bedingungen für die Bildung von Kolloiden günstigere oder ungünstigere werden, handelt es sich dabei, wie etwa bei den Eisenmetallen um Kolloide (Metallhydroxyde), welche Einfluß auf die Abscheidungsform ausüben, so werden die Verhältnisse besonders unübersichtlich.

Einfluß auf die Kristallgröße.

Um also zu prüfen, welchen Einfluß die Änderung der Temperatur an sich auf die Korngröße ausübt, muß man Fälle heranziehen, bei welchen die genannten anderen, gleichzeitig eintretenden Änderungen der Versuchsbedingungen so gering bleiben, daß man davon absehen kann. Die Auswahl bleibt dann freilich nicht groß, am ehesten dürfte noch die Elektrolyse in schwefelsauren Kupfersulfatlösungen diesen Bedingungen entsprechen: die Änderung der Überspannung des Wasserstoffs kommt in diesem Falle bei mittleren Stromdichten nicht in Frage, die Polarisierbarkeit von Kupferelektroden ändert sich in nicht zu stark schwefelsaurer Lösung bei mäßiger Temperatursteigerung nur ganz wenig, das Abscheidungspotential verschiebt sich nur um einige Zentivolts.

Der Versuch lehrt (s. S. 20ff.), daß man bei der Elektrolyse einer 1-n. schwefelsauren, 1-n. Kupfersulfatlösung bei höherer Temperatur ein Metall von deutlich gröberem Kristallgefüge erhält. Abb. 31, welche das Schliffbild eines Niederschlages vor Augen führt, dessen oberer Teil bei 50°, dessen unterer Teil bei 21°, beide im gleichen Elektrolyten mit 3 Amp/qdm Stromdichte hergestellt wurden, läßt dies gleichfalls deutlich werden.

Ob die Vergröberung des Kornes dem Einfluß der Temperatur- und nicht der gleichzeitigen Leitfähigkeitserhöhung zuzuschreiben ist, läßt sich nicht mit Bestimmtheit angeben. Der Umstand, daß eine Leitfähigkeitserhöhung, welche durch Fremdsalze bewirkt wird, die weder $Cu^{\cdot\cdot}$ noch SO_4'' enthalten, keine derartige Vergröberung des Kornes herbeiführt, kann vermutlich nicht für die Entscheidung dieser Frage herangezogen werden, weil es nicht dasselbe bedeutet, ob ein fremdes Kation, das selbst nicht zur Entladung gelangt, die Leitfähigkeit erhöht oder ob sie eine Folge der zunehmenden Beweglichkeit des $Cu^{\cdot\cdot}$ darstellt, wenn es auch viel Wahrscheinlichkeit für sich hat, daß letzteres der Fall ist. Dafür spricht auch der Umstand, daß die Vergröberung, welche

50°

←

21°

Abb. 31. Kupferniederschlag aus 250 g $CuSO_4$, 7 g H_2SO_4/l, Stromdichte 3 Amp/qdm, 75fach.

eine Temperaturerhöhung bewirkt, in 1-n. Kupfersulfatlösung nach A. Portevin und M. Cymboliste[1] ceteris paribus eine ungleich deutlichere ist als in 2-n. Lösung (s. Abb. 32—32d).

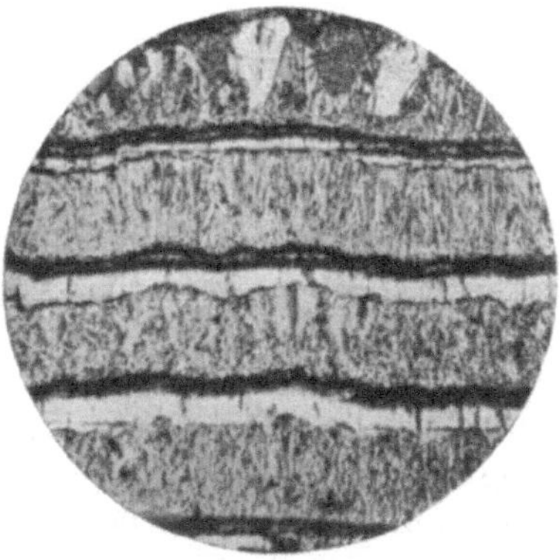

1-n. 50° d

1-n. 20° c

2-n. 50° b

2-n. 20° a

Abb. 32. 200fach.

Auch bei anderen Metallen findet man ja das Kristallgefüge gröber, wenn man die Elektrolyse bei gesteigerter Temperatur vornimmt, bei Fe und Ni konnte dies mit Sicherheit festgestellt werden, hier ist aber

[1] Rev. Métallurgie XXX, 323 (1933).

die Verminderung der Reaktionshemmungen bei höherer Temperatur so bedeutend, daß sie die Hauptrolle spielen mag.

Was aber dafür spricht, daß die Kornvergröberung, wenigstens beim Kupfer, wirklich der Temperatursteigerung an sich oder der Erhö-

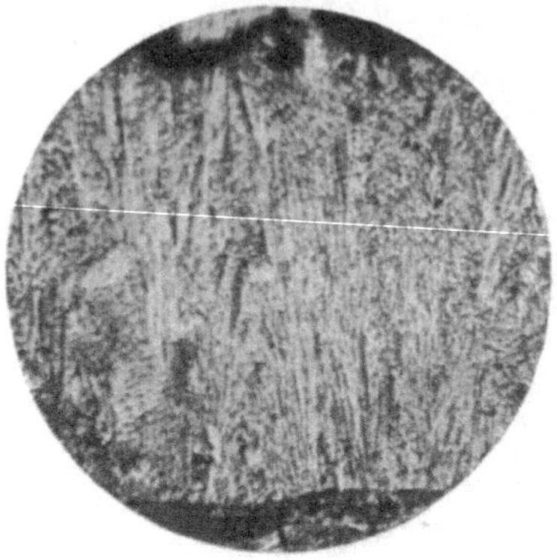

Abb. 32 a. 900 fach.

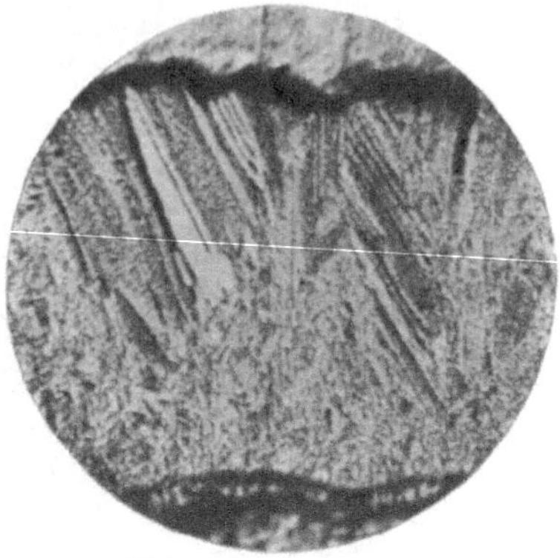

Abb. 32 b. 900 fach.

Abb. 32 c. 900 fach.

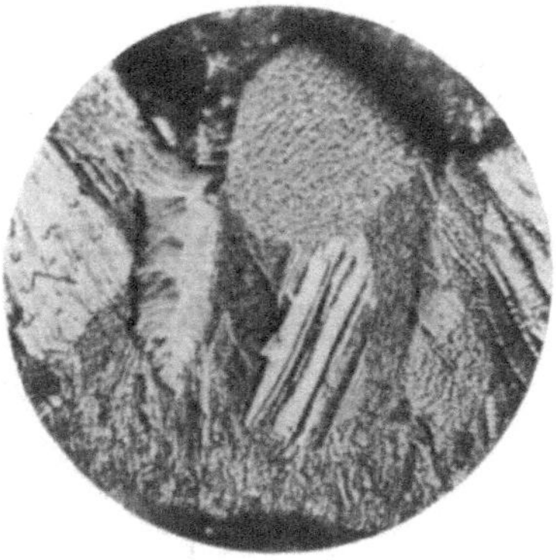

Abb. 32 d. 900 fach.

hung der Ionenbeweglichkeit gerade der $Cu^{\cdot\cdot}$-Ionen, nicht aber der Erhöhung der Leitfähigkeit der Lösung zuzuschreiben ist, wie sie auch durch Fremdionen bewirkt werden kann, ist der Umstand, daß das Kupfer aus heißen Lösungen in ganz bedeutend weicherer Form ausfällt als aus kälteren Lösungen, auch dann, wenn letztere durch Elektrolysezusätze besser leitend gemacht werden.

Die Härteunterschiede, welche eine Temperaturänderung hervorruft, sind freilich bei keinem anderen Elektrolytmetall (es wäre denn bei Eisen, das hier aber nicht zum Vergleich herangezogen werden kann, weil seine Abscheidung bei Gegenwart kolloidalen Hydroxids erfolgt) so bedeutend wie beim Kupfer, sie sind aber auch bei anderen Metallen vorhanden, sehr deutlich z. B. beim Nickel.

Daß der Unterschied gerade beim Kupfer so groß ist, dürfte sich aber dadurch erklären, daß man bei diesem Metall auch viel bedeutendere Unterschiede in der Größe der einzelnen Kristalle beobachtet, als bei den anderen, zum Vergleiche herangezogenen Metallen. Die Versuche S. 20ff. haben gezeigt, daß sich bei der Elektrolyse größere Kristalle auf Kosten der kleineren bilden, wenn man die Temperatur erhöht. Je stärker nebeneinanderliegende Kristalle in ihrer Größe verschieden sind, desto größere Spannungsunterschiede werden zur Unterhaltung dieses Prozesses verfügbar sein, und er wird natürlich um so besser in Erscheinung treten, je besser die unmittelbare Kathodenumgebung leitet.

Einfluß der Temperatur auf die anwendbare Stromdichte.

Bei höheren Badtemperaturen läßt sich die elektrolytische Metallabscheidung mit gleich gutem Erfolge bei höheren Stromdichten durchführen, das ist die Regel. Zur Hauptsache dürfte dies darauf zurückzuführen sein, daß die zulässige Grenze der Verarmung des Kathodenfilms dank der Steigerung der Beweglichkeit der Metallionen erst bei stärkerer Strombelastung erreicht wird. Temperatursteigerung wirkt etwa ähnlich wie die Belebung der Zirkulation. Die I-E-Kurve steigt in beiden Fällen steiler an (s. Abb. 26).

Eine Vergröberung des Kornes tritt dabei meistens nicht in Erscheinung, weil die verfeinernde Wirkung gesteigerter Stromdichte durchgreifender und stärker ist als die entgegengesetzte Wirkung einer Temperaturerhöhung.

Der Charakter des Metallniederschlages ändert sich bei gleichzeitiger Steigerung der Temperatur und der Stromdichte in ähnlicher Art, wie bei einer starken Belebung der Zirkulation und gleichzeitig der Stromdichte; doch weist der Metallniederschlag im letzteren Falle meist glattere Oberfläche auf als im ersten (s. dazu die Erörterungen des Abschnittes l).

k) Einfluß zugesetzter fremder Elektrolyte.

Die meisten Schwermetallsalze, aus denen man die Badlösungen herstellt, sind zwar gut löslich, aber keine besonders guten Elektrolyte; um die Leitfähigkeit der Lösung zu erhöhen, setzt man ihr deshalb oft „Leitsalze" zu. Nach dem Massenwirkungsgesetz verändern solche Zusätze fast immer den Dissoziationsgrad des Salzes, also die Metallionenkonzentration. Sie erhöhen sie — freilich meist nur in geringem Grade — wenn sie mit anderem Anion als das Metallsalz verbunden sind, sie erniedrigen sie, wenn sie das Anion mit ihm gemein haben.

Von der Möglichkeit der Komplexsalzbildung, der Pufferwirkung, wie der Fähigkeit des zugesetzten Elektrolyten, Kolloide zu bilden, kapillaraktiv zu sein usf. oder Reduktionswirkung auszuüben, soll hier zunächst abgesehen werden, zu berücksichtigen ist aber die Steigerung der Dichte der Badlösung und der Umstand, daß dieselbe sich prozentisch in geringerem Grade verändert, wenn sie an Metall verarmt.

Die Erfahrung lehrt, daß gleichionige Zusätze die Polarisation steigern und die Feinkörnigkeit des Niederschlages etwas erhöhen und daß alle Fremdsalzzusätze, welche die Leitfähigkeit in nennenswertem Maße verbessern, die Anwendung höherer Stromdichte ermöglichen.

Wie S. 7 erwähnt wurde, muß man wohl annehmen, daß der Kathodenfilm nur an der Ionenart verarmt, welche kathodisch abgeschieden wird. Fremde, unedlere Kationen, deren Abscheidungspotential nicht erreicht wird und von denen höchstens — eben nochwägbare — Spuren (s. S. 12ff.) in das Metall gelangen, verbleiben praktisch zur Gänze im Kathodenfilm. Man muß sich vorstellen, daß sie dort einen Teil des kondensatorähnlichen Belages der Doppelschicht bilden. Der Kathodenfilm erhält dann vermutlich das edlere Ion in geringeren Mengen, er bewahrt aber trotz größerer Verarmung an demselben dauernd höhere Leitfähigkeit.

Dies und der Umstand, daß sich das spezifische Gewicht bei der Metallabscheidung weniger schnell verändert (s. S. 57), dürfte es bewirken, daß größere Stromdichten anwendbar sind, ohne daß die Qualität des Niederschlages darunter leiden würde.

Welche Rolle die fremden Kationen dabei im einzelnen spielen, läßt sich zur Zeit nicht genau überblicken. Daß sie intermediär zur Entladung gelangen und eine Metallabscheidung auf sekundärem Wege hervorrufen, ist nach den Erörterungen der S. 38ff. nicht wahrscheinlich.

Einen Spezialfall bildet der Zusatz von starker Mineralsäure mit gleichem Anion. Dank ihrer relativ hohen Dissoziation drängen solche Säuren die Ionenkonzentration stärker zurück, erhöhen die Polarisation in erheblicher Weise, wirken deshalb stark kornverfeinernd und ändern gleichzeitig das P_H, was bei mancher Elektrolyse spezifische Wirkung hat.

Rein spezifische Wirkungen üben gelegentlich auch kleine Zusätze von Fremdmetallsalzen aus, indem sie die Härte des Metalls beeinflussen, seinen Glanz erhöhen o. dgl. m., ohne die Leitfähigkeit in nennenswertem Maße zu verändern (s. z. B. Kapitel V und VI des speziellen Teils).

l) Das Rauhwerden elektrolytischer Niederschläge bei hohen Stromdichten.

Es ist eine altbekannte Tatsache, daß elektrolytische Metallniederschläge bei Anwendung zu hoher Stromdichten — welche Stromdichte man als zu hoch anzusehen hat, ist im Einzelfalle sehr verschieden — leicht in rauher, unebener Form ausfallen, obwohl die Erhöhung der

Stromdichte das Gefüge des Metalls verfeinert, wie die neuere Forschung in überzeugender Weise dargetan hat.

Für diese sehr lästige und unerwünschte Erscheinung, welche für die Praxis, die aus wirtschaftlichen Gründen möglichst hohe Stromdichten zur Anwendung bringen möchte, von großer Bedeutung ist, scheint man noch keine völlig befriedigende Erklärung gegeben zu haben. Man dachte sich wohl, daß auf vorspringenden Punkten der Kathode geringere elektrische Leitungswiderstände infolge des geringeren Elektrodenabstandes zu überwinden wären und daß sie deshalb schneller wachsen, indes ist es kaum wahrscheinlich, daß Kristallite, die nur um Zehntel-, ja um Hundertstelmillimeter auf der Kathodenfläche vorragen, so große Wirkung bei Elektrodenabständen von 50 bis 200 mm üben sollten. Man wies wohl auch darauf hin, daß Spitzen Stellen bevorzugter Metallabscheidung vorstellen. Aber ihre Bevorzugung nimmt, wie man heute als bewiesen ansehen kann, mit steigender Stromdichte ceteris paribus ab, und das ließe umgekehrt erwarten, daß die Niederschläge bei höheren Stromdichten glatter ausfallen sollten als bei niederen, wie dies denn auch tatsächlich im Gebiete ganz kleiner Stromdichten der Fall ist.

Abb. 33. Mikroaufnahme einer mit zu hoher Stromdichte auf gutem Elektrolyt-Kupfer hergestellten Cu-Niederschlages.[1]

So hat Blum gezeigt,[2] daß Kupfer aus saurer Kupfersulfatlösung bei 2 Amp/qdm Stromdichte mit glatterer Oberfläche ausfällt als bei 0,2 Amp/qdm. Aber schon bei einer Steigerung der Stromdichte von 2 auf 3 Amp/qdm beginnt es wieder rauher zu werden, als bei 2 und auch etwa bei 0,2 Amp/qdm, und diese Aufrauhung nimmt bei weiterer Steigerung der Stromdichte dann ständig weiter zu.

Dennoch erscheint es logisch, anzunehmen, daß dieses Rauherwerden von kleinen Kristalliten ausgehen muß, welche vorragen, daß diese den Ursprung bilden müssen, indem sie Stromlinien auf sich ziehen. Hält man sich vor Augen, daß der Kathodenfilm einen hohen elektrischen Widerstand vorstellt und daß seine Dicke, der Größenordnung nach, mit derjenigen von Kristalliten vergleichbar ist, so erscheint es denn auch möglich, daß solche Kristallite Stromlinien auf sich konzentrieren können,

[1] Nach Portevin und Cymboliste l. c.

[2] Blum und Hogaboom, Principles of Electroplating, New-York 1930, 2. Aufl., S. 89.

wenn sie von einem dünneren Teile des Kathodenfilms bedeckt werden als die Metallteile auf ebenen oder gar an zurücktretenden Stellen der Kathode. Es ist nicht anzunehmen, daß der Kathodenfilm sich allen kleinen Unebenheiten des Kathodenmetalls anschmiegt, daß er an kleinen vorspringenden Spitzen ebenso dick ist wie an flachen oder zurücktretenden Teilen (schemat. Abb. 34). Unter Kathodenfilm ist hier natürlich nicht die Schicht zu verstehen, in welcher, unmittelbar an der Kathodenoberfläche, der steilste Potentialabfall vor sich geht — nach den Erörterungen der S. 3 und 43 dürfte diese Schicht eine Dicke haben, welche die molekularen Dimensionen nicht wesentlich überschreitet und bloß etwa ein Mehrfaches derselben vorstellt —, sondern die Dicke jener Schicht, welche der Kathode anliegt, ohne den Bewegungen der übrigen Flüssigkeit folgen zu können, einer Schicht also, in welcher doch eine Verarmung auftritt, welche in die Waagschale fällt.

Abb. 34.
a Kathode
b Kathodenfilm.

So wenig wir über die Gestaltung dieser Schicht auch wissen, erscheint die Annahme doch gerechtfertigt zu sein, daß sie aus der Kathodenfläche vorragende kleine Kristallspitzen in geringerer Dicke bedeckt, dem Strom an solchen Stellen also geringeren Ohmschen Widerstand entgegensetzt, auch die Diffusion wird an solchen Stellen erleichtert und beides führt zu lokaler Steigerung der Stromdichte. Da nun lokale perzentuelle Erhöhungen der Stromdichte Nebenerscheinungen hervorrufen, welche bei höherer Strombelastung eine Steigerung erfahren, so wird die Wachstumsbeförderung vorspringender Kristallite mit steigender Stromdichte begreiflich.

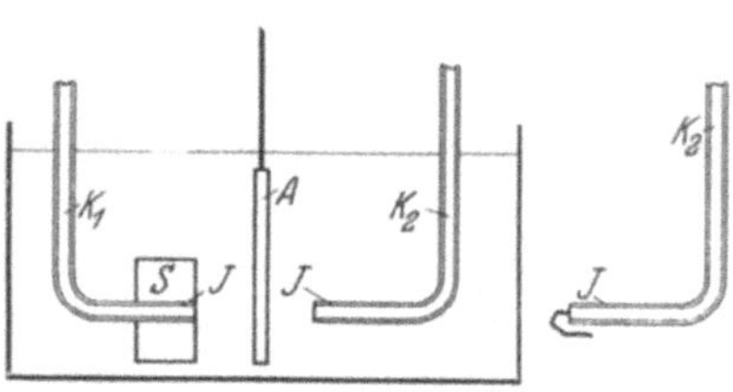

Abb. 35.

Um letztere Folgerung an einem groben Modell auf ihre Richtigkeit zu prüfen, stellte Biliter[1] Versuche mit drahtförmigen Silberelektroden an, welche er nach Art der Abb. 35 rechtwinklig abbog und einer Platinelektrode in gleichen Abständen gegenüberstellte. Die Silberdrähte waren auf ihrer ganzen Länge isoliert und wirkten nur an ihren Enden als Elek-

[1] Unveröffentlichte Untersuchungen. In Wirklichkeit wurden die Drähte nicht, wie es hier der Übersichtlichkeit halber dargestellt wurde, zu beiden Seiten, sondern beide auf derselben Seite der Platinanode angeordnet, um etwaigen Störungen durch Temperaturdifferenzen oder dergleichen leichter vorzubeugen.

troden (von rund 3 qmm Fläche). Die eine Elektrode endete frei und war an ihrem Ende nur von der dünnen Isolierschicht umgeben — sie sollte eine Spitze nachahmen —, die andere wurde derart in einen Gummipfropfen eingelassen, daß ihr Ende mit der Ebene desselben abschnitt — sie sollte einem Kathodenelement auf einem ebenen Teil der Kathodenfläche ähneln.

Wurde dieses System in eine zirka 2%ige Silbernitratlösung gebracht und mit dem von einem Akkumulator gelieferten Strom belastet, dessen Intensität sich durch Widerstände regeln ließ, so flossen schon nach kurzer Strombelastung ungleich starke Ströme durch die beiden parallel geschalteten Silberkathoden.

Belastete man sie bei Raumtemperatur beim Einschalten mit je 1 Milliamp. (entsprechend einer Stromdichte von rund 3 Amp/qdm), so ging die Stromstärke an der Spitzenelektrode ziemlich bald auf etwa 1,07 Milliamp. hinauf, während sie an der Flächenelektrode auf etwa 0,93 Milliamp. sank. Der Unterschied betrug etwa 14%. Bei doppelter Strombelastung stieg er auf 25 bis 30%.

Setzte man der Silbernitratlösung KNO_3 zu, so sank der Effekt bei 1 Milliamp.-Belastung auf etwa 5%.

Lebhafteres Rühren des Elektrolyten während der Elektrolyse verminderte den Unterschied der Stromintensitäten, ohne ihn jedoch ganz zum Verschwinden zu bringen.

Bei längerer Strombelastung wuchsen fadenförmige Silberkristalle an beiden Elektroden an, die nur lose hafteten und bei leichtem Klopfen abfielen.[1]

Änderungen des Elektrodenabstandes (in den Grenzen von 2 bis 8 cm) schienen ohne Einfluß zu sein, selbst kleine Verschiedenheiten des Abstandes beider Kathoden von der Anode änderten kaum etwas.

An der Spitzenelektrode wuchsen die Kristallfäden nicht immer in Richtung zur Anode, es wurden Fälle beobachtet, in welchen sie sich gerade von dieser abkehrten, wie dies auf der Nebenfigur skizziert ist. Ein Zeichen dafür, daß die Stromlinien hier nicht immer den kürzesten Weg suchen, sondern jenen, auf welchem sie den geringsten elektrischen Widerstand zu überwinden haben. Dieser wechselt aber je nach Umständen, ja nach Maß und Richtung der Konvektionsströme, welche, wie ja kaum bezweifelt werden kann, hier infolge Änderung des spezifischen Gewichtes der an Silber verarmenden Lösung vielleicht infolge

[1] Klopfte man so den Silberfaden von der Spitzenkathode ab, so zeigte sich regelmäßig erst ein kurzer Anstieg der Stromintensität, dann ein schnelles Sinken bis zirka 20, ja 30% unter die Intensität an der Flächenelektrode, dem dann wieder ein langsameres Ansteigen auf die Stromstärke folgte, welche vor dem Abklopfen geherrscht hatte. Ich möchte das erste Ansteigen durch Elektrolytbewegung erklären, das Sinken durch eine Art Polarisation (im Sinne Volmers), die bis zur Bildung neuer Kristallkeime auftritt.

lokaler Erwärmung auftreten. Da die Spitzenelektrode allseits von Lösung umgeben ist, die Plattenelektrode nur einseitig, wird das Auftreten von Konvektionsströmen an ersterer erleichtert, und dies erklärt die auftretende Asymmetrie.

Daß letztere bei stärkerer Strombelastung zunimmt, leuchtet ein, und dies mag es verständlicher erscheinen lassen, warum das Rauhwerden der Niederschläge mit steigender Stromdichte immer mehr in den Vordergrund tritt, wenn man sich vorstellt, daß sich an den vorspringenden Kristalliten Vorgänge abspielen, welche mit denen an der Spitzenelektrode eine gewisse Verwandtschaft aufweisen.

Umgekehrt werden örtliche Ungleichmäßigkeiten durch lebhafte Elektrolytbewegung ausgeglichen, die Konvektion bleibt nicht nur auf die Spitzen beschränkt, die Bewegung oder Diffusion wird auch an flache und tiefer liegende Oberflächenteile getragen und vermittelt dadurch die Bildung gleichmäßigerer, glatterer Niederschläge.

Vertauscht man die Silbernitratlösung mit einer Kaliumsilberzyanidlösung, so ist überhaupt keine Verschiedenheit der Stromintensitäten zwischen Spitzen- und Plattenkathode zu beobachten. In Silberzyanidlösungen entstehen aber auch keine rauhen Silberniederschläge.

Hingegen ist die Verschiedenheit in anderen Lösungen, welche fadenförmige Niederschläge liefern, wieder sehr deutlich, z. B. in Bleiperchloratlösung.

Sie betrug in einer Lösung, die

80 g $Pb(ClO_4)_2$ neben 40 g freier $HClO_4$ im Liter enthielt ..	8—10%
sie stieg bei 10facher Verdünnung dieser Lösung auf	25%
bei 20facher Verdünnung dieser Lösung auf	50%

Die Unterschiede sind also in verdünnten Lösungen (in denen auch die Metallabscheidung in Fadenform begünstigt wird) größer und besonders deutlich in Metallsalzlösungen, deren spezifisches Gewicht sich bei der Metallabscheidung stark verringert, sie sind aber doch auch noch in manchen konzentrierteren Lösungen wahrnehmbar, die zur Bildung nadliger oder verästelter Niederschläge Anlaß geben.

Z. B. war in 1-n. Kadmiumchloridlösung kaum eine sicher wahrzunehmende Differenz vorhanden, bei Zusatz von 4 NH_4Cl ließ sich aber eine solche von 5 bis 8% mit Sicherheit feststellen.[1]

Diese einfachen Versuche machen es wohl in ziemlich anschaulicher Weise wahrscheinlich, daß die Bildung nadel-, schwert-, spießförmiger Niederschläge zum großen Teil, wenn nicht zur Hauptsache, auf lokale Konvektionsströme hervorgerufene Konzentrationsdifferenzen zurück-

[1] Chlorammoniumzusatz steigert die Neigung zur Bildung nadelförmiger Abscheidung so sehr, daß Kohlschütter diese als nicht nur dem Grade, sondern der Art nach verschieden angesprochen hat.

zuführen sind, die sich zwar durch lebhaftes Rühren verringern, nicht aber ganz beseitigen lassen. Sind aber einmal schon Kristalle von einiger Länge entstanden, dann befördert ihre in die Waagschale fallende Annäherung an die Anode ihr schnelles Wachstum. Bei unzureichender Rührung des Elektrolyten schreitet dieses Wachstum in den unteren Partien der Kathode schneller fort, weil sich dort konzentriertere, spezifisch dichtere Lösung lagert.

m) Unebenheiten und Ursachen ihrer Entstehung (pits, pinholes, Streifenbildungen usw.).

Porosität.

Außer den eben beschriebenen Unebenheiten, welche als Folge ungleichmäßiger Verteilung des Kristallwachstums über die Elektrodenfläche anzusehen sind, hat man noch solche in Betracht zu ziehen, welche durch die Wirkung von Fremdkörpern bzw. von beigemengten festen oder bei der Elektrolyse auftretender fester oder gasförmiger Stoffe entstehen.

Die ersteren bezeichnen die Engländer treffenderweise mit dem Worte pits, Spitzen, ihr Auftreten wird pitting genannt; sie ist auf das Ansetzen fremder, meist im Elektrolyten suspendierter oder im Kathodenfilm entstehender fester leitender Partikelchen zurückzuführen, welche man in den pits tatsächlich häufig nachweisen konnte. Ein pitting tritt bei Eisen, Nickel, Kobalt, Zink häufig, seltener bei der Abscheidung von Kupfer oder Silber, ganz besonders selten aber bei der Abscheidung aus Doppelzyaniden auf. Die Partikeln, welche sie verursachen, gelangen entweder von außen, als Verunreinigungen in den Elektrolyten oder auch aus dem Anodenschlamm, wenn dieser nicht sorgfältig genug von der Kathode ferngehalten wird.

Ist einmal der Keim zu einem pit entstanden, so vergrößert er sich in analoger Weise, wie es Kristallspitzen bei zu hohen Stromdichten tun. Pits sind eben von dem übrigen Elektrolyten als vorstehende Kristallspitzen oder -kanten durch eine dünnere Schicht des schlechter leitenden Kathodenfilms getrennt. Dies führt zu einer lokalen Stromdichteerhöhung und somit zu schnellem Wachstum der pits.

Man kann die Schnelligkeit, mit welcher die Kathoden bei zu hohen Stromdichten rauher werden, verringern, wenn man die Leitfähigkeit des Kathodenfilms durch Leitsalz erhöht, also durch unedlere Kationen, welche nicht zur Entladung gelangen, den Kathodenfilm nicht verlassen, sondern seine Leitfähigkeit dauernd höher halten. Die Unterschiede des Widerstandes im Kathodenfilm, welcher dem Stromdurchgang entgegensteht, sind dann von Ort zu Ort geringere, und kleine vorstehende Spitzen ziehen nicht mehr so viel größere Strommengen auf sich.

In ganz analoger Weise und aus gleichem Grunde verzögert die Erhöhung der Leitfähigkeit des Kathodenfilms durch Leitsalz auch die Wachstumsgeschwindigkeit der pits.

Pinholes, piquures, „Nadelstiche“, nennt man prägnanterweise in fremder Sprache jene kleinen Löcher, die man im Deutschen mit dem matten und nicht ganz eindeutigen Ausdruck Poren bezeichnet. Sie werden — soweit sie nicht auf Fehler im Grundmaterial zurückzuführen sind — fast immer durch kleine und kleinste, mit der Lupe kaum sichtbare Gasblasen hervorgerufen und bilden einen der verbreitetsten und bedenklichsten Mängel galvanischer Metallüberzüge. Ihnen ist es vor allem zuzuschreiben, daß sich das Grundmetall nicht schon durch hauchdünne galvanische Metallüberzüge restlos bedecken läßt und daß selbst die Bedeckung durch größere Niederschlagsstärken einen gewissen Unsicherheitsfaktor in sich birgt. Sie sind es, die vor allem den Wert galvanischer Schutzüberzüge verringern, ein Mittel, ihre Entstehung zu verhindern, würde die Galvanotechnik auf eine ganz neue Stufe heben.

Schon im ersten Stadium der Überzugsbildung können kleine Gasblasen, die am Kathodenmetall haften bleiben, zur Entstehung solcher pinholes führen. Die Oberflächenbeschaffenheit und die Natur des Kathodenmetalls spielen dabei eine Rolle, an rauhen und an unreinen (gar an fetten) Flächen bleiben Wasserstoffbläschen leichter haften, an Stahl und gar an Nickel oder Kobalt leichter als an Kupfer, an Zink leichter als an Zinn. Von Einfluß sind ferner:

in der Metalloberfläche eingesprengte bzw. bloßliegende leitende oder nichtleitende Fremdpartikeln (z. B. Graphit an Gußeisen),
das P_H,
das größere oder geringere Lösevermögen des Metalls für Gas,
die Größe der Überspannung,
die Oberflächenspannung und
die Viskosität des Kathodenfilms.

Nicht immer sind es Wasserstoffblasen, die am Metall haften bleiben, auch, andere im Elektrolyten gelöste oder entwickelte Gase (Luft, Sauerstoff, Kohlensäure o. dgl.) können zur Bildung von pinholes führen, wenn sie durch Konvektion oder durch Kataphorese an die Kathode gelangen.

Coehn hat beobachtet, daß Wasserstoffblasen in alkalischen Lösungen negativ, in sauren positiv geladen sind.[1] Wenn die Wasserstoffzahl des Kathodenfilms niedriger ist als 7, sollten demnach Wasserstoffbläschen kataphoretisch nicht nur zur Kathode geführt, sondern dort auch angepreßt werden. Tatsächlich ist Frölich geneigt, den Umstand, daß Gelatinezusatz bei der Zinkelektrolyse die Ablösung von Wasser-

[1] Z. Elektrochem. XXIX, 15 (1923).

stoffblasen erleichtert, darauf zurückzuführen, daß er die Ladung der Wasserstoffblasen beeinflußt,[1] während Tainton vermutet, daß dies einer Änderung der Oberflächenspannung zuzuschreiben ist.[2]

Beim Nickel erhöht im Gebiete höherer Wasserstoffzahlen (5,5 bis 6,5) sicher die Gegenwart von Nickelhydroxyd im Kathodenfilm die Hartnäckigkeit, mit welcher Wasserstoffblasen am Metall haften bleiben. Macnaughtan und seine Mitarbeiter haben dies in zahlreichen gründlichen Untersuchungen dargetan und durch Oberflächenkräfte erklärt.[3]

Während pittings mit fortschreitender Elektrolyse zunehmen, pflegen pinholes mit zunehmender Niederschlagsdicke abzunehmen, beim Nickel verschwinden sie z. B. an glatten Flächen meist, wenn die Niederschlagsstärke 0,025 mm überschreitet. Mit der Zeit werden sie gewöhnlich (aber nicht immer) von Metall überwachsen, vom Kupfer viel leichter als von Nickel. Darauf ist es u. a. zurückzuführen, daß Überzüge, welche aus abwechselnden Schichten von Nickel und Kupfer gebildet sind, viel dichter sind als reine Nickelschichten gleicher Dicke.

Die Hartnäckigkeit und Zähigkeit, mit welcher Gasbläschen an manchen Metallen haften bleiben, ist erstaunlich. Selbst durch sehr lebhafte Flüssigkeitsbewegung lassen sie sich kaum entfernen, zuweilen nicht einmal durch leichtes Darüberstreifen mit einem Haarpinsel.

Kleine, aber noch mit freiem Auge sichtbare Blasen bewahren kreisförmigen Querschnitt, sie schirmen die Stromlinien ab, so daß hinter ihnen nach und nach eine kraterförmige Vertiefung entsteht, die sich aber, wenn sie nicht zu groß ist, schließt und das Gas einschließt, wenn dieses bis zuletzt haften blieb. Wird die Blase vorher entfernt, so hinterläßt sie eine Vertiefung, deren Zentrum glänzend bleibt, während die Kraterwände matter erscheinen. Solange sie haftet, stört die Blase das Aufsteigen von Flüssigkeit, sie beeinflußt also die Konvektion; dies führt dazu, daß sich die kraterförmige Vertiefung über ihr mit der Zeit zuspitzt.

Man sucht die Bildung von pinholes durch Temperatursteigerung und, wenn sie durch Wasserstoff gebildet werden, durch Zusatz von Oxydationsmitteln (bei der Nickelelektrolyse z. B. von geringen Salpeter- oder Wasserstoffsuperoxydmengen) zu bekämpfen. Wirksam sind zuweilen komplexbildende Zusätze, bei der Nickelelektrolyse z. B. Zusatz von Zitrat, das offenbar in Wechselwirkung mit Nickelhydroxyd tritt, welches das Haften so sehr unterstützt, oder auch Zusätze, die kapillaraktiv wirken.

Man gelangt so dahin, die Störungen in erträglichen Grenzen zu halten, leider aber niemals dazu, sie wirklich zu beheben. Die meisten

[1] J. chem. Soc. Lond. CV, 714 (1914).
[2] J. amer. El. XLI, 391 (1922).
[3] cf. Trans. Faraday Soc. XXIV, 497 (1928); XXIX, 729 (1933).

der Gasblasen, welche zur Bildung von pinholes führen, sind makroskopisch kaum mehr sichtbar, ein Teil wächst aber zu größeren Blasen an, welche dann Vertiefungen und Unebenheiten in der Oberfläche hervorrufen.

Niedere P_H erleichtert die Wasserstoffabscheidung. In den schwach alkalischen Lösungen der Doppelzyanide treten pinholes bei nicht zu hoher Polarisation in geringerer Zahl auf, wie beim Arbeiten in sauren Elektrolyten (z. B. bei Au, in geringerem Grade bei Cu). Hingegen befördert höheres P_H (4 bis 7) die Bildung basischer Substanzen im Kathodenfilm, und diese sind oft für die Hartnäckigkeit verantwortlich zu machen, mit welcher Gasbläschen am Metall haften bleiben.

So erklärt es sich z. B., daß pinholes bei der Nickelelektrolyse bei Wasserstoffzahlen von 4 bis 6 in größerer, bei niederem P_H (2 bis 3) in kleinerer Zahl auftreten. Bei der niederen Wasserstoffzahl lösen sich eben die Wasserstoffblasen (hier freilich besonders die größeren) leichter vom Metall los, obgleich sie in größerer Menge auftreten.

Auch pittings können durch haftenbleibende Gasblasen hervorgerufen werden, wenn diese, wie es etwa wieder bei der Nickelelektrolyse der Fall ist, die Mitabscheidung von Hydroxyd veranlassen, indem sie die Konvektion stören und damit ein lokales Ansteigen des P_H verursachen. Derartige mitabgeschiedene Nickelhydroxydpartikeln haben von Haus aus kein metallisches Leitvermögen, sie bilden zunächst Unebenheiten der Oberfläche, sie werden aber dann zu Metall reduziert und sind als schwarze metallische Einschlüsse nachzuweisen (s. II. Teil, Kapitel VI).

Bei niederem P_H (unter 3) verschwindet diese Art von pittings. In der stärker sauren Lösung kommt es eben auch im Kathodenfilm nicht mehr zur Bildung des Hydroxyds, die Gasblasen lösen sich leichter von der Kathode ab.[1]

Im Gebiete niedriger Wasserstoffzahlen konnte keinerlei Parallelität zwischen dem auf die Wasserstoffentwicklung verwendeten Stromanteil und der Bildung von pittings oder pinholes festgestellt werden.

In diesem Zusammenhange ist auch die Bildung vertikaler Streifen zu erwähnen, welche zuweilen auf der ganzen Kathodenfläche auftritt.

Rosa Vinal und McDaniel haben schon 1912 derartige Streifenbildung bei der Abscheidung von Silber aus Silbernitratlösung beobachtet, wenn sie die Lösung vor der Elektrolyse durch Filterpapier filtrierten. Sie vermuteten, daß diese auf eine Infektion des Elektrolyten durch

[1] cf. Macnaughtan und Mitarbeiter (l. c.), ferner Foerster und Kreuger, Z. Elektrochem. XXXIII, 406 (1925), welche gleichfalls beobachteten, daß pittings bei geringeren Wasserstoffzahlen als 4 ausblieben. Im Gegensatze hierzu stehen freilich Mitteilungen von Thompson, J. Amer. electrochem. Soc. XLI, 333 (1922) und Montillon und Cassel, ib. XLV, 259 (1924), die indes eine andere Art der Bildung von pittings verfolgt haben dürften.

das im Filterpapier in Spuren enthaltene Furfurol zurückzuführen sei, und tatsächlich konnte der Auftritt der Streifung in Lösungen, in denen sie sonst nicht auftrat, durch kleine Furfurolzusätze hervorgerufen werden. Die Breite der Streifung wechselte mit den Konzentrationen, sie scheint eine Funktion des spezifischen Gewichts, also der Konvektion bzw. der Schlierenbildung zu sein.

Ganz analoge Streifung wird aber auch durch Zusatz von kolloidalem Silber hervorgerufen.

J. Salauze[1] hat ähnliche Streifungen bei der Cadmiumelektrolyse durch Infektion des Elektrolyten mittels Filterpapier bei 0,07 Amp/qdm Stromdichte hervorrufen können.

Wohlwill hat seinerzeit beobachtet, daß Chlorionen bei der elektrolytischen Kupferraffination Streifenbildung an der Kathode und ein Sprödwerden des Kathodenmetalls verursachen, wohl durch Kupferchlorür, das sich auf der Kathode abscheidet.

Auch Gasblasen, die an einzelnen Stellen der Kathode haften bleiben, können unter Umständen zur Ausbildung von Streifungen führen.

Wenn diese Erscheinungen auch noch nicht völlig aufgeklärt sind, spricht doch vieles dafür, daß sie auf Schlierenbildungen zurückzuführen sind. Unebenheiten, welche an der Kathodenoberfläche haften bleiben, wie: Gasblasen, kleine, dahin geführte feste Partikeln, Metallflitter, unlösliche Metallverbindungen, koagulierte oder kathodisch abgeschiedene Kolloide (Furfurol dürfte Solbildung hervorrufen), bilden mechanische Hindernisse, welche das Auf- oder Absteigen des Elektrolyten stellenweise stört. So entstehen streifenförmige Ströme von Elektrolyten neben Streifen stehenden Elektrolyten, und da beide verschiedene Ionenkonzentration und Leitfähigkeit aufweisen, kommt es zu einer streifenmäßig ungleichen Metallabscheidung.

n) Hemmung und Förderung des Kristallwachstums.

Die bisherigen Darlegungen haben die Hauptfaktoren erkennen lassen, welche das Wachstum größerer Kristalle befördern, und jene, welche sie in den Hintergrund drängen, die Momente, welche die Neubildung von Kristalliten begünstigen und die also zur Metallabscheidung in feinerer Verteilung führen. Solche Wirkungen üben vor allem jene Faktoren aus, welche der Metallabscheidung gewisse Hemmungen entgegensetzen und ihre Polarisation erhöhen, das sind vor allem:

Verringerung der Metallionenkonzentration (bzw. des Dissoziationsgrades),

Steigerung der Stromdichte,

Temperaturerniedrigung usf.

---

[1] Nach mündlicher Mitteilung.

Es steht zu erwarten, daß auch andere Einwirkungen, welche die Steigerung solcher und ähnlicher Hemmungen verursachen, zu weiterer Kornverfeinerung führen können, und diese Erwartung wird von der Erfahrung vollauf bestätigt.

1. Hemmungen durch Komplexbindungen.

Der verschiedene Verlauf, welchen die I-E-Kurve eines und desselben Metalls in verschiedenen Lösungen seiner einfachen Salze nimmt, zeigt schon an, daß die Hemmungen, die es zu überwinden hat, von der Natur des Anions beeinflußt werden kann. So sieht man, daß die Bleiabscheidung, welche in Nitratlösung praktisch ohne Hemmung vor sich geht, merkliche Verzögerung in Azetatlösung erleidet; da die I-E-Kurve in letzterer Lösung viel weniger steil ansteigt. Das Vorhandensein kleiner Reaktionswiderstände, die bei gesteigerter Temperatur abnehmen, ist auch in Lösungen der meisten Sulfate der Schwermetalle aus dem Verlauf ihrer I-E-Kurven zu entnehmen. Ganz besonders groß erscheinen sie in vielen Komplexsalzlösungen, am allerstärksten wohl in Lösungen von Kupferdoppelzyaniden, wo sie abermals durch Temperatursteigerung erniedrigt werden. Auch die Hemmungen, welche in Sulfatlösungen auftreten, dürften auf Selbstkomplexbildung zurückzuführen sein, welche vom Nitrat zum Sulfat, Azetat, Laktat, Zitrat zunimmt.

2. Hemmungen durch Kolloide.

Ebenso stark wie eine weitgehende Komplexbildung wirkt oft aber die Gegenwart von Kolloiden im Kathodenfilm, sei es, daß sie der Lösung zugesetzt wurden, oder daß sie beim Prozesse von selbst entstehen. Ihre Wirkung übersteigt sogar oft noch diejenige stärkster Komplexbildungen, sie kann das Wachstum der Kristalle überhaupt verhindern.

Von Kolloiden, welche sich während der Elektrolyse von selbst bilden und welche die Abscheidungsform in stärkstem Maße beeinflussen, kommen vor allem Metallhydroxyde und basische Metallverbindungen in Betracht. Die Besonderheit der Metalle der Eisengruppe (Fe, Co, Ni), bei höherem P_H in besonders feinkristalliner Form auszufallen, dürfte in allererster Linie auf den Einfluß ihrer Hydroxyde zurückzuführen sein, welche Kolloide sind und bei den in Frage kommenden P_H im Kathodenfilm auftreten.

Ähnliche und selbst größere Wirkung üben andere anorganische und besonders organische Kolloide aus, deutliche, wenngleich meist schwächere Wirkungen haben auch hochmolekulare organische Verbindungen, wie Bruzin, Strychnin, gewisse Zuckerarten, Glukoside usf.

Metalle, die unter bestimmten Umständen in einzelnen Kristallen oder Kristallfäden ausfallen, bilden bei entsprechendem Kolloidzusatz ein lockeres Haufwerk feinster Kristalle (derartige Beispiele bei Pb, Zn), solche, welche dichte ebene Überzüge bilden, fallen bei Kolloidzusatz in besonders glatter Form aus, deren kristallinische Struktur oft nur mehr mittels X-Strahlen erkennbar ist.

Die Kolloide, welche die Kristallbildung bei der kathodischen Abscheidung erschweren oder hemmen, haben auch stets die Eigenschaft, die Polarisation zu steigern. Die Deutung ihrer Wirkung dürfte darin zu finden sein, daß sie von den Metallkristallen, welche sich auf die Kathode niederschlagen, adsorbiert werden. Dadurch bedecken sich einzelne, immer wechselnde Teile der Kathode mit sehr dünnen schlechtleitenden Schichten und werden im Wachstum gehindert, während die Stromdichte an jenen Stellen erhöht wird, welche im selben Zeitpunkt unbedeckt sind.[1]

Diese Deutung wird durch die Beobachtung gestützt, daß nur solche Kolloide die Kristallbildung eines Metalles stark hemmen, welche von ihm auch wirklich adsorbiert werden. Kolloide erschweren auch die Fällung von Suspensionen, verhindern die Koagulation von Metallsolen, dienen deshalb als „Schutzkolloide" oft zu deren Stabilisierung und üben auch diese Wirkung nur in Fällen aus, in welchen sie von den Metallteilchen des betreffenden Sols adsorbiert werden, und es ist bemerkenswert, daß Wernick[2] nachweisen konnte, daß die Stärke der Wachstumshemmung, welche verschiedene Kolloide und hochmolekulare organische Verbindungen auf die Bildung von Silberkristallen ausüben, genau in derselben Reihenfolge abnimmt, wie die Schutzwirkung, welche sie auf kolloidales Silber ausüben.

Er zählte die Anzahl von Silberkristallen, welche aus Silbernitratlösung allein und nach gewissen Zusätzen durch die gleichen Strommengen ausgeschieden werden. Ohne jeden Zusatz betrug ihre Zahl 71×10^4. Sie verringerte sich bei Zusatz von 0,02% β-Naphthol auf 28×10^4, von 0,02% Dextrose auf 31×10^4. Keine dieser beiden Substanzen übt auf kolloidales Silber merkliche Schutzwirkung aus. Hingegen üben die folgenden eine ihrer Reihenfolge entsprechend zunehmende Schutzwirkung aus und parallel hierzu bewirken sie eine Steigerung der pro Flächeneinheit niedergeschlagenen Kristallzahl:

0,02%	Stärke	Kristallzahl/qcm	218×10^4
0,02%	Akaziengummi	„	356×10^4
0,02%	Gummiarabikum	„	380×10^4
0,02%	Gelatine	„	335×10^4
0,02%	Traganth	„	523×10^4

[1] Auch aus Komplexsalzen scheidet sich sehr oft ein schwerlöslicher Bestandteil mit dem Metall auf der Kathode ab, der mit an der auftretenden Polarisation verantwortlich ist und das Kristallwachstum hemmt. cf. dazu z. B. Hoeing, Z. Elektrochem. XXII, 286 (1916).

[2] Electroplaters and Depositers Soc. IV, 25 (1928).

Unter dem Mikroskop erschienen die Kriställchen hell, kleiner als ohne Kolloidzusatz und enger aneinandergeschlossen. Eine Ausnahme bildete Dextrin, das keine Schutzkolloidwirkung ausübte, aber die Kristallzahl doch auf 554×10^4 erhöhte. Die Kristalle fielen aber bei diesem Zusatz mit dunkler Farbe aus, was den Eintritt einer Störung möglich erscheinen läßt.[1]

Schon Spuren von Kolloiden können bewirken, daß die Kristallstruktur dichter Niederschläge so verfeinert wird, daß man sie selbst mit starken Mikroskopen nicht mehr erkennen kann. Diese Wirkung wird anscheinend nur von Kolloiden ausgeübt, welche im Stromgefälle zur Kathode wandern. Sie häufen sich also in Kathodenumgebung an und deshalb ist es nicht verwunderlich, daß geringe Zusätze schon sehr große Wirkungen auszuüben vermögen.

Meist gehen kleine Anteile des Kolloids in den Metallniederschlag über; da sie selbst schwache (gewöhnlich amphotere) Elektrolyte[2] sind, können sie an der Kathode entladen werden. Oder sie gelangen auch durch Kataphorese dahin und ihre Adsorption durch das Kathodenmetall führt dazu, daß kleine Anteile mechanisch eingeschlossen werden, während der Kathodenniederschlag wächst.[3] Ob sie auf die eine oder die andere Art immer und ausnahmslos ins Kathodenprodukt gelangen, ist wohl noch nicht sichergestellt.

Marie und Buffat[4] haben in einem wichtigen Spezialfall, der Elektrolyse gelatinehaltiger Kupfersulfatlösung, nicht nur sichergestellt, daß Gelatine in den Metallniederschlag gelangt, sondern durch sorgfältige quantitative Untersuchung auch dargetan, daß ihre Menge überraschend groß ist und daß die Gelatine noch hydratisiertes Kupfersulfat mit überführt (und zwar etwa die Hälfte ihres eigenen Gewichtes).

Bei der Elektrolyse einer Lösung, die 25% $CuSO_4 \cdot 5\,H_2O$ und 0,5% Gelatine beim P_H 3 enthielt, schied sich an der Kathode bei Stromdichten von 0,8 bis 1,15 Amp/qdm ein Metall ab, das

[1] Über die besondere Wirkung von Dextrin s. auch II. (spezieller) Teil, Kapitel IV: Zink.

[2] Billiter dürfte als erster, Z. physik. Chem. XLVII, 131 (1904), dargetan haben, daß sich Kolloide dadurch charakterisieren, daß sie schwache Elektrolyte mit einem abnorm großen Ion vorstellen. Durch Ionenadsorption erlangen demgemäß auch, an sich ungeladene, z. B. koagulierte Kolloide oder Suspensionen verwandte Eigenschaften.

[3] Kataphoretisch an die Kathode gepreßte Kolloide müssen dort auch elektroosmotisch entwässert werden. Dieses Detail und seine Wirkung ist bisher, wie es scheint, noch nicht beachtet worden.

[4] Journ. Chim. Phys. XXIV, 470 (1927).

Cu	95,44	96,36%
Gelatine	2,93	2,28%
Kupfersulfat.....	1,5	1,28%
Summe ...	99,87	99,93%

enthielt.

Sie stellten ferner fest, daß die Gegenwart von Gelatine negativeres Kathodenpotential bei der Metallabscheidung bedingt, daß sie also eine Art Überspannung hervorruft, deren Ausmaß eine Funktion der Gelatinekonzentration der Lösung ist:

Konzentration der Gelatine g/l	Überspannung Volt
0,25	0,0095
0,5	0,0178
1,0	0,0254
1,5	0,0398
5,0	0,0437

Der Verlauf der Zunahme der Überspannung mit steigender Gelatinekonzentration deutet darauf hin, daß sie durch Adsorption hervorgerufen wird und daß diese Adsorption[1] eine elektrostatische ist.

Andere Autoren, unter denen z. B. Fuseya anzuführen ist, sind hingegen der Ansicht, daß Kolloide mit den Metallionen Komplexe bilden, die als solche kathodisch zur Abscheidung gelangen. Eine derartige Komplexbildung ist in einigen Fällen allerdings mit ziemlicher Sicherheit nachgewiesen worden, aber die mitabgeschiedenen Kolloidmengen stehen zu den Metallmengen nicht im Verhältnisse direkter Proportionalität, wie es eine solche Annahme erwarten lassen müßte.

Zur Zeit dürfte deshalb die Zurückführung auf eine Adsorption die ungezwungenste Deutung der Erscheinungen bilden. Die beobachtete Mehrspannung bekräftigt diese Deutung, welche auch darin eine Stütze findet, daß die Änderung mit steigender Gelatinekonzentration einem Grenzwert zustrebt und daß sie durch Temperatursteigerung verringert wird.

Auch andere Nebenerscheinungen, auf die an späterer Stelle zurückzukommen sein wird, insbesondere die Verringerung der Haftintensität der Niederschläge, lassen sich damit gut in Einklang bringen, sie lassen es allerdings zweifelhaft erscheinen, ob die Adsorption eine rein elektrostatische ist. Auch der Umstand, daß die Mehrspannung kaum von der Höhe der angewandten Stromdichten beeinflußt wird, läßt daran zweifeln;

[1] cf. Audubert u. Mlle. Quintin, Journ. Chim. Phys. XXIII, 176 (1926).

Marie und Buffat fanden[1] nämlich, daß sie nur äußerst langsam mit steigender Stromdichte ansteigt:

Stromdichte Amp/qdm	Überspannung in Volt	Überspannung in %	Aussehen des Niederschlages
0,2	0,0492	3,94	glänzend
0,4	0,0506	4,04	„
1,11	0,0513	4,08	matt
2,50	0,0517	4,12	„

Daß eine an sich rein chemische Adsorption von Bestandteilen der Lösung, welche zur Kathode wandern, durch die kathodische Polarisation befördert wird, hätte aber nichts Überraschendes an sich, wie es auch plausibel erscheint, daß positiv geladene Anteile in das Kathodenprodukt gelangen, sich vorzugsweise an Stellen ansammeln, an welchen die Stromdichten besonders hohe sind, an Kristallspitzen und Kanten, wo sie das Kristallwachstum hindern, den Niederschlag ebnen, seine Feinkörnigkeit und damit seine Härte erhöhen. Die Steigerung der Härte läßt sich erst nach Abscheidung einer Metallschicht von gewisser Niederschlagsstärke nachweisen. Die von Hothersall mitgeteilte Beobachtung, daß Kupfer bei Gegenwart von Gelatine, Phenol oder Dextrin erst nach einiger Zeit der Elektrolyse den schließlichen Charakter, insbesondere die schließliche Härte annimmt, dürfte sich auf diese Weise erklären lassen.

Es mag allerdings in Ausnahmsfällen auch vorkommen, daß die Kolloidteile Metallion adsorbiert enthalten, bzw. sich an Metallionen lagern, daß sie mit denselben zur Kathode gelangen, sich bei der Entladung vom Metallion trennen, ohne ins Kathodenmetall zu treten und trotzdem, kraft der Vergrößerung des Metallionenvolumens, bis zu dessen Abscheidung Einfluß auf den Ort seiner Entladung üben und damit die Abscheidungsform modifizieren.

Die meisten Autoren sind der Ansicht, daß z. B. kolloidales Aluminiumhydroxyd und Gelatine bei der Zinkabscheidung aus Zinksulfatlösungen kornverfeinernde Wirkung ausüben[2] und doch konnte man in vielen Fällen weder die geringste Spur von Aluminium, noch von Gelatine im Elektrolytzink nachweisen;[3] dies und ähnliche Vorkommnisse hat manche zu der Vermutung geführt,[4] daß das Kolloid in derartigen

[1] Vgl. Anmerkung 4, S. 66.

[2] Die Wirkung der Gelatine beim Zink wird von manchen bestritten, s. w. u.

[3] Thompson, Trans. Amer. electrochem. Soc. L, 193 (1926); hingegen hat Pfanhauser, Galvanotechnik, 7. Aufl., Spuren von Aluminium im Zn gefunden.

[4] cf. Engelhardt, Trans. Amer. electrochem. Soc. XXI, 322 (1912).

Fällen als eine Art Diaphragma oder Sieb wirkt, das sich der Kathode auflagert und die Metallabscheidung an manchen Stellen hemmt, an anderen zuläßt — eine Vorstellung, aus welcher sich nicht ohne weiteres irgendeine konkrete Folgerung ziehen läßt.[1]

In der überwiegenden Mehrzahl der Fälle, in denen es das Kristallwachstum in starkem Grade hemmt, wird aber das Kolloid sicher auch kathodisch mit abgeschieden, und dies ist leider nicht ohne Einfluß auf die Qualität des Kathodenproduktes. Es verfeinert dasselbe, es ändert aber zugleich seine mechanischen Eigenschaften, macht es spröde, lockert gelegentlich den Zusammenhang, ruft innere Spannungen hervor (s. w. u.) u. dgl. m. Organische, vom Metall eingeschlossene Bestandteile, Salze und Wasser, die sie dahin mitführen, bewirken, daß das Metall bei starker Erhitzung Blasen wirft, weil sie gasförmige Produkte bilden, welche eingeschlossen bleiben.

Die Verteilung mitabgeschiedenen Kolloids im Metall ist auch nicht immer eine gleichförmige, oft erfolgt sie schichtenweise. Solche Schichten erscheinen im Schliffbilde als parallele Lagen, wenn der Elektrolyt während der Fällung nicht bewegt wurde, sie weisen Verwerfungen auf, die so stark werden können, daß sie ein netzartiges Durcheinander bilden, wenn er lebhaft bewegt war.[2]

---

[1] cf. Engelhardt, Trans. Amer. electrochem. Soc. XXI, 322 (1912).

[2] cf. A. Sieverts und W. Wippelmann, Z. anorg. u. allg. Chem. XCI, 1; XCIII, 322 (1912).

Derartige Erscheinungen veranlaßten Grube und Reuß (Z. Elektrochem. XXVII, 45 [1921]) anzunehmen, daß der primär gebildete Kathodenniederschlag dispers und leicht deformierbar ist. Der schließliche Niederschlag soll erst sekundär aus ihm durch Spaltung in eine metallreiche und eine kolloidreiche Schicht entstehen. Bei der Elektrolyse gelatinehaltiger Kupfersulfatlösung soll derart zunächst gelatinereiches Kupfer abgeschieden werden, während gleichzeitig überschüssige Gelatine koaguliert und die Bildung größerer Kristalle verhindert. Der gelatinereiche Kupferniederschlag soll sich nach und nach durch Zusammentritt der Metallteile verfestigen und dabei wieder Gelatine ausscheiden, welche sich dem Kupfer als Schicht auflagert. Durch periodenweise Wiederholung dieses Vorganges soll die Schichtung entstehen.

Ein Beweis dafür, daß sich der Prozeß in zwei Phasen abspielt, insbesondere daß sich das disperse, von Gelatine durchsetzte Metall nachträglich verfestigt — ein Vorgang, für den kein Analogon bekannt ist —, scheint nicht erbracht worden zu sein. Und es würde mehr als gewagt erscheinen, ein derartiges Bild generalisieren zu wollen.

Auch bei der Elektrolyse der Eisenmetalle, die bei P_H 5—6 von einer Bildung kolloidaler Metallhydroxyde begleitet ist, beobachtet man gelegentlich eine Schichtung, die selbst dann auftritt, wenn man mit ganz konstant gehaltener Stromintensität ohne Stromunterbrechung arbeitet. Sie ist vielleicht zwangslos dadurch zu erklären, daß sich Metallhydroxyd in Kathodenumgebung (besonders bei steigendem P_H) anreichert und periodisch ausfällt, wenn das Löslichkeitsprodukt jeweils überschritten wird.

Wenn nur ein Teil der adsorbierten Gelatine bei der Kupferelektrolyse

Alle Kolloide, welche das Kristallwachstum sehr stark hemmen, also besonders die organischen, schädigen auch das Aussehen und die äußere Beschaffenheit der Metallniederschläge, wenn ihre Konzentration über ein bestimmtes, stets sehr geringes, Maß gesteigert wird. Da sie mit in den Kathodenniederschlag gelangen, sinkt ihre Konzentration ständig und ihre stete Wirkung kann nur erhalten bleiben, wenn man fortlaufend Kolloid in kleinen Mengen zusetzt. Die Heranziehung von Kolloiden ist deshalb stets eine heikle Maßnahme, welche Vorsicht erfordert und deren Kontrolle um so schwieriger ist, als sich das Kolloid im Elektrolyten gewöhnlich nicht auf analytischem Weg erkennen[1] und quantitativ erfassen läßt, ja daß es in vielen Fällen gar nicht bekannt ist, welcher Bestandteil die eigentliche Wirkung ausübt.

Bei der Abscheidung edlerer Metalle, wie Kupfer, erhält man kein Produkt, das sich nachträglich erhitzen oder gar ausglühen läßt, ohne Formschaden zu nehmen, wenn organische Kolloide, die zur Kathode wandern, im Elektrolyten anwesend sind. Blei und Zinn werden nachträglich mit Rücksicht auf ihren niederen Schmelzpunkt niemals so hoch erhitzt, die Anwendung organischer Kolloide stößt bei ihrer Abscheidung nicht auf dieselben Bedenken.

Organische Kolloide sollen bei der Abscheidung von Zink nicht in das Metall gelangen. Das hohe P_H, welches der Kathodenfilm bei der Zinkelektrolyse aufweist, soll das Kolloid hindern, bis zum Metall vorzudringen.[2]

Die Kolloide, die in Betracht kommen, sind amphotere Elektrolyte, das sind solche, die sowohl dazu befähigt sind, $H^{\cdot}$-Ionen abzuspalten, dabei selbst negative Ladung zu erlangen und zur Anode zu wandern, oder umgekehrt ein Anion abzuspalten, dabei selbst eine positive Ladung anzunehmen und zur Kathode zu wandern. In stärker saurer Lösung (niederes P_H) wird die $H^{\cdot}$-Abspaltung erschwert, die Anion-Abspaltung erleichtert, sie nehmen positive Ladung an und wandern zur Kathode. In schwächer saurer oder gar in alkalischer Lösung (hohes P_H) ist das Umgekehrte

vom Kupfer eingeschlossen wird, ist die Möglichkeit periodischer Abscheidung von Gelatineschichten oder periodischer Koagulation gegeben, ohne daß man den Eintritt unbekannter und komplizierter Erscheinungen zur Erklärung zu Hilfe nehmen müßte. Die Veränderlichkeit der Gelatine (s. Abschnitt q) erklärt gewisse Periodizitäten auf einfachste Art.

[1] Gelatine läßt sich in Lösungen qualitativ nach Marie und Buffat (l. c.) bzw. Crismer durch Belichtung der Lösung nach einem Bichromatzusatz erkennen. Unter der Einwirkung des Lichtes bildet sie rotbraune unlösliche Flocken, die sich abfiltrieren lassen.

Um die Gelatine qualitativ im Kathodenmetall nachzuweisen, kann man ebenso nach Auflösung des Metalls verfahren. Zur quantitativen Bestimmung wurde entweder N oder C gewichtsanalytisch ermittelt.

[2] Frölich, Trans. Amer. electrochem. Soc. XLVI, 67 (1924).

der Fall, sie erlangen negative Ladung und wandern von der Kathode weg zur Anode.

So spaltet sich Gelatine, welche (bei Molekulargewichten von 5000 bis 15.000) eine Konstitution aufweist, die dem Schema

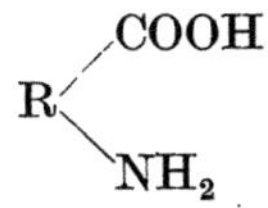

entspricht, bei P_H-Zahlen über 4,7 nach:

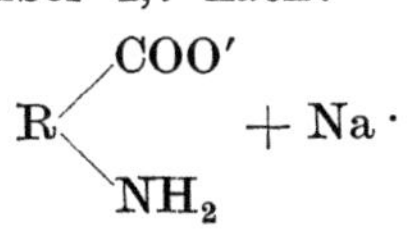

bei P_H-Zahlen unter 4,7 nach:

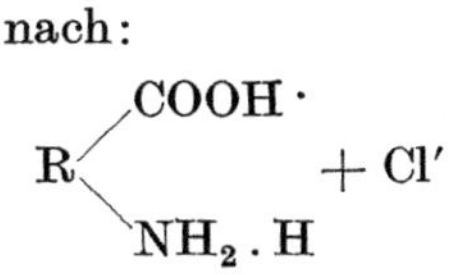

Im ersten Falle bildet der Kolloidrest ein Anion, im zweiten ein Kation.

Der Umkehrpunkt des Wanderungssinnes für suspendierte Körper liegt nach Billiter[1] beim Potential $\varepsilon_H + 0{,}486$ Volt; in Übereinstimmung damit fand ihn Frölich (l. c.) bei P_H 4,7. Da das P_H im Kathodenfilm des Zinks höher ist, folgert er, daß das Kolloid zum Kathodenfilm gelangt, dort haltmachen muß, weil es von der Kathode abgestoßen wird.

Ob dann überhaupt die (übrigens von mancher Seite bestrittene) Wachstumshemmung der Zinkkristalle durch Gelatine, Dextrin o. dgl. auf Kolloidwirkung zurückzuführen ist und nicht etwa auf andere physikalische Veränderungen (z. B. Steigerung der Viskosität o. dgl.), muß heute noch als unaufgeklärt erscheinen.

Kaum zu bezweifeln ist es aber, daß die feine Abscheidungsform der Eisenmetalle bei höherem P_H (5 bis 6) auf Kolloidwirkung gleichzeitig gebildeten Metallhydroxyds zurückzuführen ist, das auch in das Metall übergeht, da dieses stets oxydhältig gefunden wird, wenn man es bei diesem P_H ausfällt, hingegen oxydfrei, wenn es bei niederem P_H abgeschieden wird, bei welchem es auch größere Kristalle bildet.

3. Hemmungen durch mechanische Einwirkungen.

Das Kristallwachstum kann aber noch durch ganz andere, durch mechanische Mittel gehemmt werden.

Es ist schon kurz darauf hingewiesen worden (s. S. 30), daß bei der elektrolytischen Metallabscheidung auf nicht vorgebildeter Metalloberfläche stets zunächst kleine Kristallite entstehen, aus denen sich

[1] Drudes Ann. Physik XI, 903, 937 (1903); cf. auch Bennewitz, Z. physik. Chem. CXXIV, 115 (1926).

erst nach und nach größere entwickeln, um so größere, je stärkere Niederschläge man ceteris paribus herstellt.

Stört man das Wachstum der erstgebildeten kleinen Kristallite auf mechanischem Weg, etwa durch Deformation oder durch Abschleifen der aktivsten Stellen, das sind ja der Spitzen o. dgl., so können auf der Kathodenfläche keine Gebilde entstehen, welche stark orientierende Wirkung auf das weiter zur Abscheidung gelangende Metall ausüben und dieses fällt deshalb in kleinkristalliner Form und, da gleichzeitig auch eine fortlaufende Ebnung der Kathodenfläche bewirkt wird, mit besonders glatter, oft spiegelnder Oberfläche aus.

Abb. 36.

Erreichen läßt sich dies z. B. dadurch, daß man die Kathoden während der Abscheidung mit harten feinpulverigen Substanzen, Sand oder dergleichen, das im lebhaft bewegten Elektrolyten etwa suspendiert gehalten wird, reibt oder es durch polierte Achate o. dgl. glättet, welche man mit gewissem Druck über die Kathodenoberfläche hin und her führt.

Der erste, welcher letztere Methode zur Ausführung brachte, dürfte Elmore gewesen sein, der auf diese Weise absolut glatte Kupferrohre durch Fällung von Kupfer auf rotierende zylinderförmige Kathoden herstellte.

Die zylinderförmigen Kathoden tauchen nur mit ihrer unteren Hälfte in den Elektrolyten. Während ihres Durchganges durch die Luft läßt man langsam in der Längsrichtung der Walze hin und her gehende Achate ihre Oberfläche bestreichen, auf der sie feine Schraubenlinien ziehen. Es ist anzunehmen, daß die Kristallkeime auf diesen Schraubenlinien zerstört sind. Diese Art der Elektrolyse wird also periodisch durchgeführt. Das hat zur Folge, daß sich eine Spur von Oxyd auf der Kupferoberfläche bilden kann, während das Kupfer mit Luft in Berührung steht — ein Detail, welches gewisse Wichtigkeit erlangen kann (s. Abschnitt Rekristallisation).

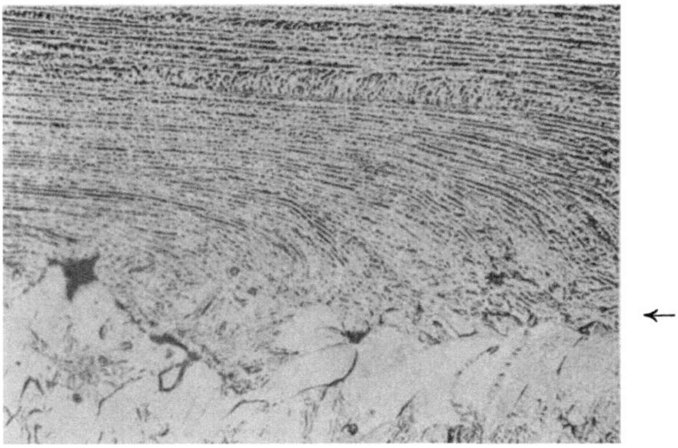

Abb. 37.

Stellt man sich Schliffproben von derart bereiteten Niederschlägen her, so erscheint das Metall bei energischerer Glättung immer deutlich geschichtet (s. Abb. 36—39)[1]; man kann, besonders wenn man von nicht

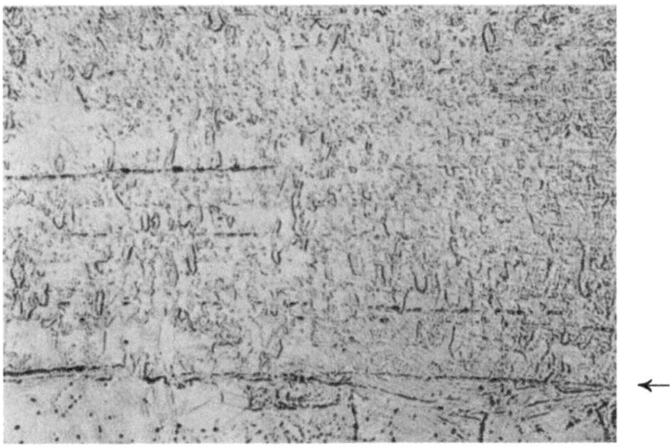

Abb. 38.

sehr glatten Kathoden ausgeht, in vielen Fällen erkennen, wie die Wachstumsrichtung der Kristalle durch den Glätter beeinflußt, in eine Richtung

[1] Nach unveröffentlichten Untersuchungen Billiters.

gezwungen wird, so weit zwar, daß es zu Überlappungen kommen kann (s. z. B. Abb. 37).

Derartige Niederschläge sind, wenn man von nicht zu unebenen

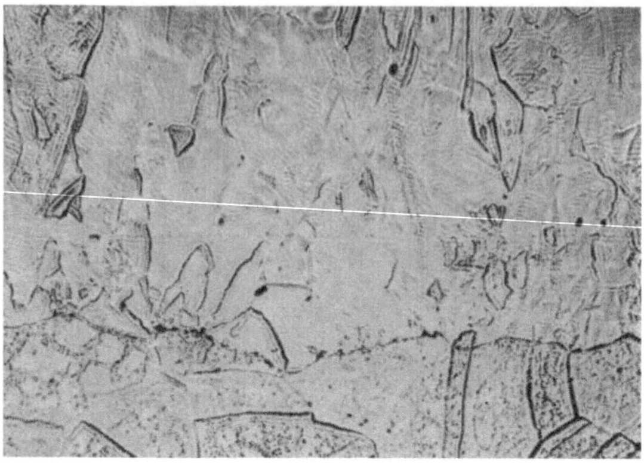

Abb. 39.

Kathoden ausging, spiegelblank, aber man muß sie als überglättet bezeichnen, wenn die Schichtung so weit geht, wie z. B. auf Abb. 36—38, weil sie dazu führt, den mechanischen Zusammenhang zu lockern.

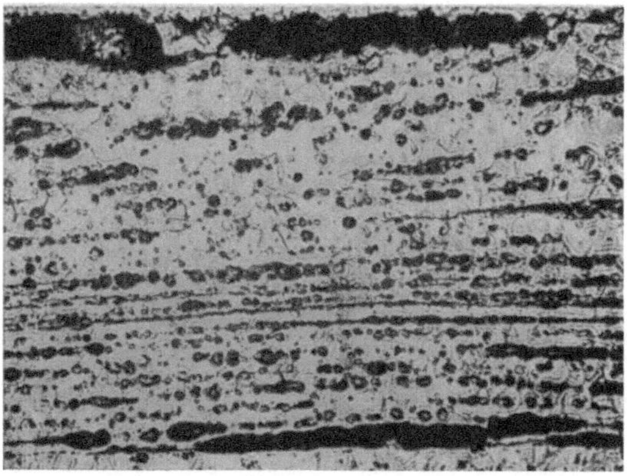

Abb. 40.

Bei milderer Glättung gelingt es, noch sehr glatte Oberflächen herzustellen, ohne zu starke Schichtungen hervorzurufen.

Bei Beobachtung besonderer Maßnahmen kann man auch ganz glattes Metall herstellen, ohne daß Schichtungen im Schliffbilde mehr zu erkennen wären und ohne daß das Metall in seinen mechanischen Eigenschaften, seiner Wärmebeständigkeit o. dgl. m. im geringsten nachteilig beeinflußt würde, wie Abb. 39 es zeigt, welche das Schliffbild eines derart geglätteten Kupferniederschlages wiedergibt.

Wie energisch man die Glättung vorzunehmen hat, hängt natürlich auch von der Natur, insbesondere der Härte des in Frage kommenden Metalls ab. Nickel kann und muß man viel stärker glätten als Kupfer, um vergleichbaren Effekt zu erzielen. Abb. 41 stellt geglättetes Nickel

Abb. 41.

vor, bei welchem die Glättung viel energischer durchgeführt wurde als bei den am stärksten geglätteten Kupferproben.[1]

Das geglättete Metall weist etwas höheres spezifisches Gewicht, etwas größere Härte auf als ungeglättetes.

4. Förderung durch Verhinderung der Keimbildung.

Gibt es somit Faktoren, welche das Wachstum von Kristalliten deutlich hemmen, ja gelegentlich sogar unterbinden, so kann es unter Umständen geschehen, daß sich das Gegenteil ereignet, daß die Bildung

[1] Die Glättung kann nach einem jüngeren Patent Pfanhausers auch in der Lösung durch einen Achat erfolgen, der von unten angedrückt wird, die gebildeten Oxydschichten dürften bei dieser Arbeitsweise schwächer sein. Nach einem noch unveröffentlichten Verfahren Billiters werden Kathoden in der Flüssigkeit geglättet, ohne daß das Werkstück überhaupt mit Luft in Berührung tritt.

neuer Kristallkeime erschwert oder verhindert wird, so daß vorhandene Kristallite, man möchte sagen, zwangläufig dazu geführt werden, zu wachsen.

Ein solcher Fall liegt z. B. vor, wenn man Metall auf eine Kathode abscheidet, welche mit einer hauchdünnen isolierenden Schicht, etwa von Fett, Paraffin, Wachs o. dgl., überzogen ist.

Wie Marie und Thon[1] gezeigt haben, nimmt der Widerstand, welchen eine derartige Fettschicht dem Stromdurchgange entgegensetzt, erst schnell, dann langsamer ab, um sich einem Grenzwert zu nähern, der aber immer höher liegt als ceteris paribus für reine Metalloberflächen. Löst man das kathodisch abgeschiedene Metall wieder auf und wiederholt den Versuch, dann beobachtet man, daß der Gang, mit welchem der Widerstand während der Elektrolyse abnimmt, wieder denselben zeitlichen Verlauf nimmt. Die Widerstandsabnahme ist darauf zurückzuführen, daß sich die Poren während der Elektrolyse mit Metall ausfüllen, allem Anscheine nach infolge einer Stenolyse, bei welcher die kathodische Stromdichte größer ist als die anodische.

Stellt man nun Schliffbilder von derart erzeugten, schlecht haftenden Metallniederschlägen, z. B. von Kupferniederschlägen, her, so findet man auf denselben, nicht wie sonst, daß sich auf der Kathode zunächst eine Schicht kleinster Kristalle abscheidet, aus welchen sich nach und nach erst größere bilden, wie es z. B. die Abb. 15a und 15b (S. 28) deutlich vor Augen führen, sondern man sieht unvermittelt größere Kristalle von der Kathodenoberfläche aus aufschießen. Die Erklärung dafür bietet der Umstand, daß die in den Poren entstandenen Kristallite gezwungen werden weiterzuwachsen, weil es hier keine Gelegenheit zur Bildung neuer Kristallkeime gibt.

o) Flächenbedeckung, Streukraft und Tiefenwirkung.

Wie es schwierig ist, ein homogenes magnetisches Kraftfeld größeren Umfanges herzustellen, so gehört es zu den schwierigsten Aufgaben, eine flächenförmige Kathode wirklich vollkommen gleichmäßig mit Elektrolytmetall zu bedecken; denn dazu müßte man vorerst eine Zelle schaffen können, in welcher die Stromlinien zwischen den einander gegenüberstehenden Elektroden bloß geradlinig, einander parallel und dauernd in vollkommen gleichmäßiger Verteilung verlaufen.

Am ehesten gelingt dies noch, wenn man den Querschnitt des Elektrolyten durch einander parallele, gleichgroße Elektroden vollkommen ausfüllt, wenn man also die Elektroden bis an die Innenflächen des Zellengefäßes reichen und oben durch das Niveau des Elektrolyten treten läßt. Und selbst bei dieser Anordnung (bei welcher die Kanten der

[1] Journ. Phys. Chim. XXIX, 569 (1932).

Kathode und der aus dem Elektrolyten ragende Teil derselben von Elektrolytmetall nicht bedeckt werden) ist die Verteilung des Elektrolytmetalls auf den bedeckten Teilen nur in Ausnahmsfällen eine wirklich völlig gleichmäßige und sie gelingt nur bei Anwendung besonderer Vorsichtsmaßnahmen, wie da sind: energische Rührung des Elektrolyten, Anwendung kleiner Stromdichten, Herstellung nur dünner Überzüge usf. Fast immer ist der Metallbelag an der Niveaulinie des Elektrolyten ein stärkerer, vielleicht, weil die Lösung an der Badoberfläche infolge etwas anderer Zusammensetzung besser leitet,[1] vielleicht, weil sich oben etwas wärmere Lösungsschichten sammeln.

In den praktisch vorkommenden Fällen muß man sich mit einem Ungefähr begnügen und, wenn es darauf ankommt, Ungleichmäßigkeiten durch nachträgliche Behandlung beseitigen, etwa durch Polieren, bei Blechen, die mit stärkeren Überzügen versehen sind, z. B. durch nachträgliches Auswalzen und dergleichen.

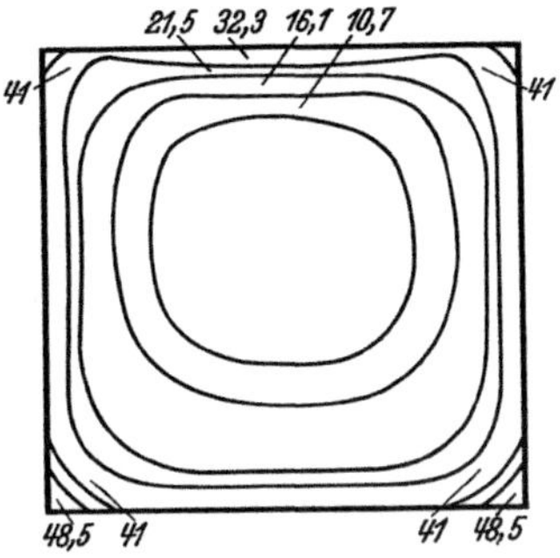

Abb. 42. Die Ziffern bezeichnen die aus der Niederschlagsstärke berechneten Stromdichten an den betreffenden Stellen.

In den meisten Fällen kommt es vor allem darauf an, das Grundmetall bei der Galvanisierung allerorts mit einem dichten, gut deckenden und gut haftenden Überzug zu versehen, und es spielt z. B. bei ebenen Blechen meist nur eine untergeordnete Rolle, wenn die Stärke des Überzuges an manchen Stellen etwas größer ausfällt, vorausgesetzt, daß ein gewisses Maß dabei nicht überschritten und daß der Überzug an anderen Stellen durch die ungleichmäßige Verteilung nicht zu dünn wird. Letztere Gefahr läuft man leicht bei Herstellung dünner, erstere bei Herstellung starker Überzüge.

Wie ungleichmäßig die Stromdichteverteilung in manchen Bädern selbst bei Anwendung ungefähr gleichgroßer, einander parallel gegenüberstehender Elektroden oft ist, zeigt die auf Abb. 42 wiedergegebene, von R. Schneidewind[2] in Chrombädern ermittelte Verteilung. In diesem Fall ist die Ungleichmäßigkeit der Verteilung von besonderer, ja gelegentlich von ausschlaggebender Bedeutung, weil Verchromungen nur innerhalb ganz bestimmter, ziemlich enger Stromdichtegrenzen zufriedenstellend ausfallen. In anderen, z. B. in sauren Kupfersulfatbädern, sind

[1] Der schnellere Angriff von löslichen Anoden an der Durchtrittsstelle durch das Flüssigkeitsniveau mag zum Teil auch auf ähnliche Gründe zurückzuführen sein, weitaus zur Hauptsache ist er aber durch die gleichzeitige Einwirkung von Luftsauerstoff und Lösung zu erklären.

[2] Bull. Eng. Res. Univ. Michigan Nr. 10, 48 (1928).

die Unterschiede nicht so groß. Die Ungleichmäßigkeit der Verteilung hängt eben nicht allein von der geometrischen Anordnung, sondern auch von anderen Bedingungen ab: der Temperatur, der Bewegung des Bades, der Höhe der mittleren Stromdichte usw., sowie von individuellen Eigenschaften, welche für jede Badgattung charakteristisch sind.

Wenn aber selbst auf ebenen Platten keine völlig gleichmäßigen Niederschläge herzustellen sind, so übersteigen die Unregelmäßigkeiten beim Galvanisieren profilierter und unregelmäßig geformter Gegenstände leicht das zulässige Maß.

Die Aufdeckung dieser Verhältnisse und die Ermittlung der individuellen Eigenschaften wichtiger Bäder bildet deshalb eines der wichtigsten Themen der Galvanotechnik.

Von vornherein darf man als sicher annehmen, daß die Intensität der Teilströme, welche von jedem Punkt der Anode zu jedem Punkt an der Kathodenoberfläche fließen, der zwischen diesen Punkten verfügbaren Spannungsdifferenz proportional und dem Widerstand der einzelnen Strombahnen umgekehrt proportional sein werden; zu dieser Annahme führt die sinngemäße Anwendung des Kirchhoffschen Gesetzes.

Kanten, welche nicht seitlich abgeschirmt werden, bilden demgemäß Stellen, welche von einer größeren Zahl von Stromlinien getroffen werden, als die einander gegenüberstehenden Flächen, und auch auf der Rückseite der Kathoden wird Metall ausgefällt werden; da auch von ihnen Stromlinien ausgehen, die — wenn man von anderen Störungen zunächst absieht — um so weniger große Stromanteile tragen, je länger sie sind. Bei Ausschluß von Störungen wird also die Niederschlagsdicke an den Rändern am größten sein, auf der Vorderseite sanft gegen die Mitte abnehmen, an der Rückseite rasch gegen die Mitte geringer werden. Ungleiche Größe der Elektroden, besonders große freistehende Querschnitte der Badlösung, größere Elektrodenentfernungen usf. verändern den Grad der Unregelmäßigkeiten der Niederschlagsdicken in leicht vorauszusehender Weise, ebenso auch örtliche Entfernungsunterschiede (bei Verwendung einander nicht paralleler oder unebener Elektroden).

Es ist einleuchtend, daß die Unregelmäßigkeit um so kleiner sein wird, je weiter man die Elektrode ceteris paribus voneinander anordnet. Nun sucht man freilich aus praktischen Gründen die Elektroden einander möglichst zu nähern, um mit geringerem Badwiderstande und niedrigerer Spannung arbeiten zu können, in verzweifelten Fällen muß man aber doch auf diese Vorteile verzichten und mit verhältnismäßig großen Elektrodenabständen arbeiten, um hinreichend gleichmäßige Verteilung zu sichern.

Vollkommen gleichmäßige Überzüge kann man auf zylinderförmigen Körpern herstellen, welche man während der Elektrolyse um ihre

Längsachse rotieren läßt und in Richtung der Längsachse an den Anoden (welche dann nicht symmetrisch angeordnet zu sein brauchen) vorbei führt, z. B. auf rotierende, in ihrer Längsrichtung bewegte Drähte und Walzen.

In jenen Fällen, in welchen die Stärke der in gleichen Zeiten gebildeten Metallniederschläge an allen Orten genau der Stromintensität proportional bleibt und in denen die verfügbare Spannungsdifferenz gleichmäßig verteilt ist, ist doch die Verteilung der Niederschlagsstärke auf der Kathodenfläche selbst dann gewöhnlich eine ungleich-

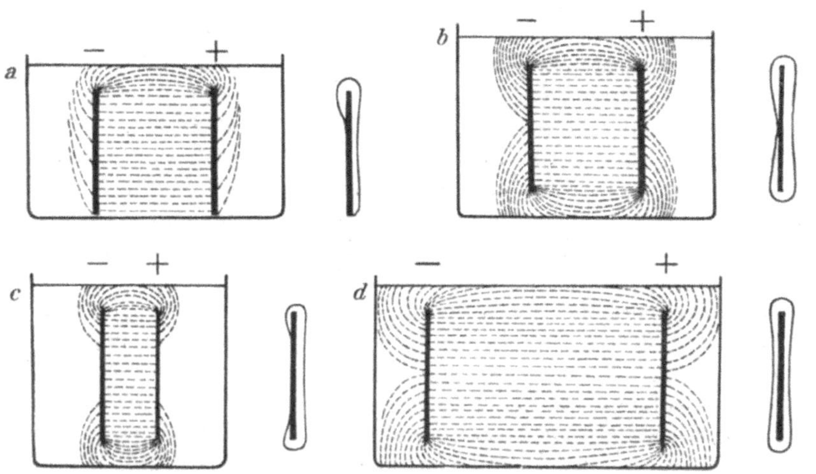

Abb. 43. Schema der Verteilung der Stromlinien und der Niederschlagsstärken.

mäßige, wenn man zwei ebene, einander parallel gegenüberstehende Elektroden verwendet.

Die schematischen Abb. 43a—d veranschaulichen, wie es zu dieser Ungleichmäßigkeit kommt. In jeder Teilfigur ist dabei links die ungefähre Stromverteilung, rechts ein Schnitt durch die Kathoden — letzterer übertrieben dargestellt.

Selbst bei Anwendung paralleler Elektroden wird die Niederschlagsdicke in einer Vertiefung der Kathode, die einer ebenen Anode gegenübersteht, geringer sein als auf erhabenen Stellen, ja es kann dazu kommen, daß die Vertiefung praktisch vom Elektrolytmetall unbedeckt bleibt.

Glücklicherweise üben aber eine Reihe von Nebenvorgängen einebnende, ausgleichende Wirkung aus. Wenn sie zur Folge haben, daß die Kathoden in ihren Vertiefungen besser von Elektrolyt bedeckt werden, spricht man von einer „Tiefenwirkung" und nennt die Kraft eines Elektrolyten, derart zu wirken, seine „Streukraft".

Die zwei wichtigsten Faktoren, welche die Tiefenwirkung eines Bades erhöhen, sind:

Zunahme der Polarisation mit steigender Stromdichte und

Abnahme der kathodischen Stromausbeute mit steigender Stromdichte.

Die Polarisationsfähigkeit ist u. a. eine Funktion der Temperatur. In der Regel ist sie bei höheren Temperaturen (bei welchen auch die Stromspannungskurve steiler aufsteigt) geringer. Demgemäß ist auch die Streukraft eines Bades bei verschiedenen Temperaturen verschieden, meist bei höheren Temperaturen kleiner.

Auch andere Faktoren verringern die Tiefenwirkung, wenn sie die Polarisation der Kathode abschwächen; die Konzentrationssteigerung des zur Abscheidung gelangenden Ions und die bessere Durchmischung der Lösung üben besonders Einfluß in dieser Richtung. Ganz allgemein gültig sind solche Regeln freilich nicht, weil es auch auf die Form der Kathode und auf andere Nebenmomente ankommt. So können die zwei zuletzt genannten Faktoren unter besonderen Umständen auch umgekehrt die Tiefenwirkung örtlich vergrößern, wenn sie z. B. dazu beitragen, Verarmungen, welche in sackförmigen Vertiefungen der Kathode entstehen, aufzuheben oder wenigstens zu mildern.

Eine Erhöhung der Leitfähigkeit des Elektrolyten steigert die Tiefenwirkung, vorausgesetzt, daß sie nicht etwa gleichzeitig die Polarisation stark schwächt: In besser leitenden Elektrolyten reichen geringere Spannungsdifferenzen zur Stromleitung in die Tiefen aus, die ausgleichende Wirkung der Polarisation wirkt vollständiger als in schlechter leitenden Elektrolyten, in denen die Spannungsabfälle zu den Vertiefungen so groß sind, daß sie erst durch stärkere Polarisation ausgeglichen werden.

Zusätze, anscheinend indifferenter Substanzen, z. B. von Kolloiden, steigern die Tiefenwirkung eines Bades manchmal sehr stark, und zwar teils durch Erhöhung der Polarisation, weil sie sich in Art eines dünnen, schlechter leitenden Films an Stellen höherer Stromdichte ansammeln können, teils aber auch durch ihre Eigenschaft, die Stromausbeute[1] bei steigender Stromdichte zu verringern.

Auch die Höhe der Gesamtstromdichte ist von großem Einfluß auf den Grad der Tiefenwirkung eines Bades; denn die Schnelligkeit, mit welcher die Polarisation bei steigender Stromdichte zunimmt, die Schnelligkeit, mit welcher die Stromausbeute bei steigender Stromdichte abnimmt, ist in verschiedenen Stromdichtegebieten verschieden. Zwei Faktoren, die freilich nicht immer in gleichem Sinne wirken, da die Polari-

[1] So verringert Gelatinezusatz bekanntlich die Stromausbeute bei der Zinkelektrolyse; cf. z. B. Röntgen und Felchner, Arch. Erzbergb. Metallhüttenwesen II, 26 (1932).

sation meist bei geringerer Stromdichte schneller zu-, die Stromausbeute in manchen Lösungen erst bei höheren Stromdichten schneller abnimmt. Die Lage des Abscheidungspotentials des betreffenden Ions ist dabei oft mitbestimmend, wenn mehrere Ionen, z. B. Metall- und Wasserstoffion, gleichzeitig zur Entladung gelangen können. Bei steigender Stromdichte steigt dann der Stromanteil, welcher auf die Abscheidung des unedleren Ions verwendet wird. Hat das Metallion das edlere Potential, so nimmt die Stromausbeute mit steigender Stromdichte ab, hat das Wasserstoffion das edlere Potential, so nimmt die Stromausbeute an Metall mit steigender Stromdichte zu. Bei geringeren Unterschieden der Abscheidungspotentiale beider Ionen kann die Änderung der Stromausbeuten dabei sehr groß werden. Ein Fall, in welchem diese Erscheinung sehr deutlich in Erscheinung tritt, liegt bei der Elektrolyse von Kupfer-Zyanidlösungen vor, sie wird aber oft undeutlich, wenn die Wasserstoffabscheidung bei höheren Stromdichten eine steigende Überspannung von großer Höhe zu überwinden hat, wie z. B. beim Zink.

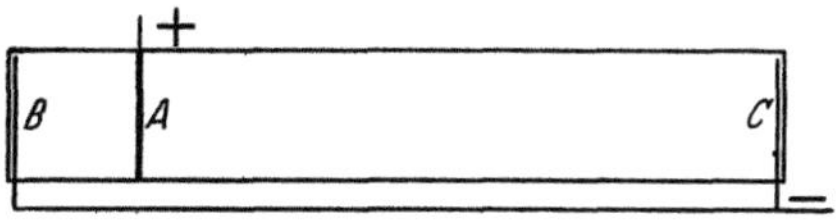

Abb. 44.

So sieht man, daß sich für die Größe der Tiefenwirkung eines Bades wohl allgemeine Regeln aufstellen lassen, sie hängt aber von so vielen Einzelheiten ab, daß es schwer ist, ein genaueres Maß für dieselbe anzugeben.

Es sind nicht mehr als zehn Jahre her, daß es Haring und Blum[1] als erste versucht haben, ein derartiges Maß aufzustellen. Sie definierten die Streukraft dabei als „perzentuellen Grad der Verbesserung des Mengenverhältnisses der abgeschiedenen Metallmengen zum Verhältnis der primären Stromverteilung"[2] und sie bestimmten sie durch Verwendung eines rechteckigen elektrolytischen Troges, an deren beiden Enden zwei gleichgroße, parallel geschaltete Kathoden *B* und *C* angeordnet waren, während zwischen ihnen eine Drahtnetzanode *A* den Querschnitt des Troges derart ausfüllte, daß ihr Abstand von der einen Kathode fünfmal so groß war als von der anderen (Abb. 44).

In Bädern ohne Tiefenwirkung wird in solchem Apparat auf der näheren Kathode fünfmal soviel Metall niedergeschlagen als auf der entfernteren. Je größer die Streukraft, desto kleiner wird die Gewichtsdifferenz der auf beiden Kathoden gleichzeitig abgeschiedenen Metallmengen.

---

[1] Trans. Amer. electrochem. Soc. XLIV, 313 (1923); Haring, ib. XLVI, 107 (1924).

[2] „The improvment in per cent, of the metal distribution ratio, above the primary current distribution ratio."

Haring und Blum setzen nun die Streukraft dem Quotienten:

$$\text{Streukraft} = \frac{K - \frac{M_n}{M_f}}{K} \times 100$$

gleich, in welchem K das Verhältnis der Elektrodenabstände (bei ihren Versuchen 5 : 1, also 5), M_n die auf der nähergelegenen Kathode, M_f die auf der entfernteren Kathode abgeschiedene Metallmenge bedeuten. Verhält sich $M_n : M_f$ wie 5 : 1, so wird der Ausdruck $\frac{5-5}{5} \cdot 100$ gleich Null, die Streukraft ist null.

Der denkbar höchste Wert, den die Streukraft annehmen kann, wird erreicht, wenn die Niederschlagsmenge auf beiden ungleich entfernten Kathoden dieselbe ist, wenn also $M_n : M_f$ gleich eins wird, die Streukraft erreicht dann nach der Formel den Wert 80%, dieser stellt also das Maximum vor.

Wie die Wirkung der eben beschriebenen Faktoren, der Einfluß den sie auf die Streukraft haben, durch diese Formel zahlenmäßig zum Ausdruck gebracht wird, mag an folgenden Beispielen erläutert werden:

In 1,5-n. $CuSO_4$, 1,5-n. H_2SO_4-Lösung war die Streukraft bei 21°:

						Potentialdifferenz
9,6%	bei	50 Amp/qm	mittlerer	Stromdichte	.....	0,039 Volt
9,4%	„	100	„	„	„	0,073 „
8,2%	„	150	„	„	„	0,097 „
7,4%	„	200	„	„	„	0,120 „

Unter mittlerer Stromdichte ist hier:

$$\frac{\text{Gesamtstromstärke}}{\text{Oberfläche beider Kathoden}}$$

zu verstehen (jede Kathode hatte 1 qdm Oberfläche).

Die Abnahme der Streukraft mit steigender Stromdichte ist deutlich, sie entspricht dem langsameren Anstieg der Polarisation (siehe die letzte Kolonne, in welcher die Potentialdifferenzen, die zwischen beiden Kathoden bei den betreffenden Stromdichten herrschte, vermerkt sind; bei Vervierfachung der Amperezahl stieg die Potentialdifferenz von 0,039 nicht auf 0,156, sondern auf 0,120).

Noch augenfälliger ist der Einfluß der Temperatur: bei 100 Amp. mittlerer Stromdichte sinkt die Streukraft bei einer Temperatursteigerung auf 45° C von 9,4% auf 2,2%, die Potentialdifferenzen zwischen beiden Kathoden sinken gleichzeitig von 0,073 auf 0,022 Volt.

Ähnlich, wenn auch etwas schwächer, war der Einfluß einer Durchmischung des Elektrolyten durch Luftdurchblasen, der die Streukraft bei 21° C von 9,4% auf 3,4%, die Potentialdifferenzen von 0,073 auf 0,028 Volt ermäßigte.

Die Steigerung der $CuSO_4$-Konzentration bei unveränderter H_2SO_4-Konzentration führt gleichfalls Abnahme der Streukraft herbei:

$CuSO_4$ konz.	Streukraft	Potentialdifferenz
1-n.	10,8%	0,08 Volt
1,5-n.	9,4%	0,073 „
2-n.	7,2%	0,064 „

Steigerung der Schwefelsäurekonzentration bei gleichbleibender Kupfersulfatkonzentration (1,5-n.) steigert die Streukraft:

H_2SO_4 konz.	Streukraft	Potentialdifferenz
0,5-n.	4,0%	0,068 Volt
1,0-n.	6,6%	0,072 „
1,5-n.	9,4%	0,073 „
2,0-n.	10,8%	0,068 „

ohne daß hier die Zunahme der Potentialdifferenzen mit jener der Streukraft parallel ginge.

Noch viel stärkere Wirkung üben unter Umständen Zusätze organischer Kolloide aus: die Streukraft steigt von 9,4% auf

10 g Dextrin/l	12,2%	(Potentialdifferenz	0,05 Volt)
0,2 „ Gelatine	10,4%	(„	0,08 „)
0,2 „ „ bei 50 Amp/qm	18,0%	(„	0,085 „)

hingegen ist Aluminiumsulfat ziemlich wirkungslos, es erniedrigt sogar die Streukraft um 0,5 bis 1%.

Die größte Streukraft findet man aber in Komplexsalzlösungen. Sie ist z. B. in einer Lösung, die 22,5 g CuCN (0,25-n.), 30 g NaCN (0,6-n.), 15 g Na_2CO_3 (0,3-n.) im Liter enthält:

Temperatur	Stromausbeute		Streukraft	Mittlere Stromdichte	Potentialdifferenz
	n	*f*			
21° C	61,4%	80,2%	36,0%	25 Amp/qm	0,15 Volt
21° C	49,1%	75,4%	40,2%	50 „	0,14 „
45° C	87,3%	97,1%	45,0%	25 „	0,285 „
45° C	72,4%	97,1%	41,8%	50 „	0,26 „

Ein kleiner Zusatz an Thiosulfat, wie er praktisch zur Glanzerhöhung (s. speziellen Teil) vorgenommen wird, mildert die Polarisation ein wenig, ohne auf die Streukraft recht merklichen Einfluß zu üben.

Im großen ganzen verwandt sind die Verhältnisse, welche man bei Untersuchungen der Nickelsulfatelektrolyse oder der Nickelchlorürelektrolyse vorfindet.[1]

Die Streukraft nimmt mit steigender Stromdichte und mit steigender Temperatur wieder ab:

1 n $NiSO_4$, 0,25 n NH_4Cl, 0,25 m H_4BO_3-Lösung P_H 5,7.

	Mittlere Stromdichte	Stromausbeute		Streukraft
		n	*f*	
21° C	2,5 Amp/qm	86%	67%	16,4%
	12,5 „	95%	84%	0,8%
	25 „	98%	91%	1,6%
	50 „	98%	92%	0,0%
	75 „	99%	95%	— 0,8%
45° C	2,5 „	78%	49%	— 9,4%
	25 „	97%	90%	2,4%
Gleichförmige Bewegung des ganzen Elektrolyten:				
21° C	2,5 Amp/qm	71%	26%	— 71,2%
	25 „	95%	74%	— 20,0%
Bewegung des Elektrolyten in Umgebung der näherstehenden Kathode:				
21° C	2,5 Amp/qm	65%	73%	43,8%
	25 „	96%	92%	4,0%

Die Zahl, welche ein Maß für die Streukraft abgibt, nimmt hier (gelegentlich auch bei der Kupferelektrolyse) zuweilen negatives Vorzeichen an: auf der fünfmal entfernteren Kathode wird also oft noch weniger als ein Fünftel der auf der näheren Kathode abgeschiedenen Metallmenge niedergeschlagen. Interessant ist es aber, daß man die ungleichmäßige Verteilung der Metallfällung auf die verschieden weit entfernten Kathoden durch Bewegung des Elektrolyten in Umgebung der näheren Kathode ausgleichen, durch Bewegung des ganzen Elektrolyten oder des Anteils in Umgebung der entfernteren Elektrode noch verstärken kann.

Dieses Tatsachenmaterial bildet eine anschauliche Illustration für die Wirkung jener Faktoren, welche von erkenntlichem Einfluß auf die Streukraft sind, es liefert allgemeine Richtlinien dafür, wie man im Einzelfalle vorzugehen hat, um eine gleichmäßigere Bedeckung der Kathoden herbeizuführen. Ihre praktische Bedeutung darf aber doch nicht überschätzt werden; denn im Einzelfalle treten nur zu oft Momente hinzu, die von Bedeutung sind und die schwer zu erfassen, oft aber überhaupt nicht zu kontrollieren sind.

[1] Haring, Trans. Amer. electrochem. Soc. XLVI, 107 (1924).

Auch darf die Tiefenwirkung, auf die es dem Praktiker meist ankommt, nicht ohne weiteres der Streukraft gleichgesetzt werden. Ein Beispiel dafür wurde im vorhergehenden schon erwähnt: die Durchmischung des Elektrolyten verringert die Streukraft, weil sie der kathodischen Polarisation entgegenwirkt, und doch kann sie die Tiefenwirkung erhöhen, wenn sie dazu beiträgt, große Verarmungen in sackförmigen Vertiefungen der Kathode zu verhindern bzw. auszugleichen, weil letztere örtlich noch viel größere Polarisationen hervorrufen können als an den erhöhten Stellen.

Wie leicht Details der Anordnung, auf die man nicht immer achtet, die Resultate verändern können, lehrt ein einfacher, recht überraschender Versuch: Ordnet man in einem elektrolytischen Trog zwei gleichgroße Drähte zwischen zwei einander parallele Anoden derart an, daß sie als Kathoden wirken und daß die Abstände dieser zwei Kathoden von den gegenüberstehenden Anoden genau gleich groß sind, so möchte man z. B. bei Verwendung von Kupferdrähten zwischen Kupferanoden in saurer Kupfersulfatlösung erwarten, daß in der gleichen Zeit auf gleich lange Stücke beider Drähte gleichviel Metall niedergeschlagen wird, unabhängig davon, wie die Drähte geformt sein mögen, das ist aber durchaus nicht der Fall! Führt man den einen der beiden Drähte gradlinig vertikal herab und biegt man den anderen (z. B. rechtwinklig) ab, daß er einen horizontal liegenden Schenkel bildet (s. Abb. 45), so findet man im vorliegenden Beispiel, daß regelmäßig mehr Kupfer auf dem horizontalen als auf dem vertikalen Drahtteil niedergeschlagen wird.[1] Das Mengenverhältnis wechselt mit der angewandten Stromdichte:

Stromdichte	Auf 10 cm Drahtlänge niedergeschlagenes Kupfer		Perzentuelle Differenz der Gewichte
	vertikaler	horizontaler	
	Teil		
0,37 Amp/qdm	0,466 g	0,517 g	11,0%
0,48 „	0,196 „	0,231 „	18,0%
1,12 „	0,359 „	0,393 „	9,5%
2,24 „	0,612 „	0,633 „	3,4%
4,0 „	0,554 „	0,644 „	16,2%

Bewegung der Lösung durch Luftdurchblasen verringert die Gewichtsdifferenz:

4,0 Amp/qdm	0,683 g	0,723 g	5,8%

[1] Darauf, daß sich auf horizontalen Drähten ceteris paribus mehr Metall abscheidet als auf vertikalen, machte mich zuerst Herr Colin Fink gesprächsweise aufmerksam. Es ist dies aber (s. w. u.) keine allgemein gültige Regel.

Die Erklärung der Erscheinung liegt darin, daß die Kupfersulfatlösung bei ihrer Verarmung an der Kathode gleichzeitig an spezifischem Gewicht abnimmt. Auf dem horizontalen Drahtstück wird die vom Draht aufsteigende leichter gewordene Lösung gleich durch konzentriertere dichtere ersetzt, am vertikalen Drahtstück steigt sie aber am Draht entlang auf und hüllt diesen wie in einen Schlauch ein. Man kann dies durch entsprechende Beleuchtung mit einiger Aufmerksamkeit leicht beobachten. Daß eine Durchmischung des Elektrolyten den Effekt schwächt und die Gewichtsunterschiede der abgeschiedenen Kupfermengen verringert, ist nunmehr ohne weiteres einleuchtend.

Man darf aber auch dieses Resultat durchaus nicht generalisieren und etwa annehmen, daß sich in allen Metallösungen ceteris paribus mehr Metall bei der Elektrolyse auf horizontalen Drahtstücken abscheidet; beim Nickel ist dies z. B. (besonders bei Gegenwart von Leitsalz) durchaus nicht der Fall. Hier treten allerdings noch Störungen durch anhaftende Gasblasen hinzu, welche oft dazu führen, daß sich auf dem vertikalen Drahtstück viel mehr Ni niederschlägt als auf dem horizontalen. Aber die Erscheinung dürfte dort Regel bilden, wo der Elektrolyt in Kathodennähe spezifisch viel leichter wird und nicht durch gleichzeitig entwickelte Wasserstoffbläschen o. dgl. kräftig durchgemischt wird.

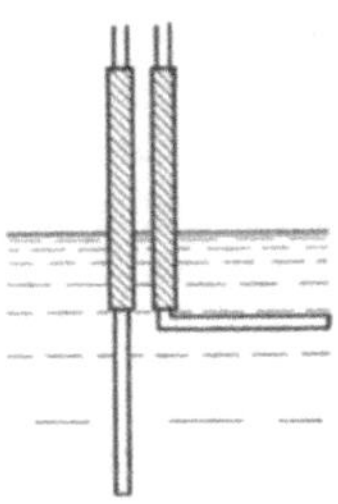

Abb. 45.

Daß derartige, von der Streukraft unabhängige Nebenerscheinungen u. a. auch die Tiefenwirkungen beeinflussen können, braucht nicht weiter ausgeführt zu werden.

Von Field[1] ist der Einwand erhoben worden, daß die Formel Harings und Blums nicht glücklich gewählt sei, weil sie 80% als höchsten Wert errechnen läßt, der doch nach Field zweckmäßiger 100%, meines Erachtens aber ∞ sein sollte. Eine entsprechende Änderung der Formel und der gewählten Zahlenwerte hätte nur formale Bedeutung, sachlich wichtiger dürfte Fields weiterer Einwand sein, daß auch das Abstandsverhältnis 5 : 1 der beiden Kathoden für die Ermittlung der Streukraft von der Anode nicht sehr glücklich gewählt sei, weil man praktisch so großen Abstandsunterschieden aus dem Wege geht. Er schlägt vor, ein Abstandsverhältnis 2 : 1 bei den Messungen zu wählen, was manches für sich hat. Leider gibt er aber keine bei diesen Abständen ermittelten Meßresultate bekannt.

Auch aus solchen Meßresultaten könnte man nur mit großer Vorsicht direkte Folgerungen für die Praxis ziehen, weil die Verhältnisse dort doch lange nicht so einfach liegen, wie bei Verwendung paralleler

[1] J. Electrodepositors Techn. Soc. VII, 83 (1932).

Elektroden in einem rechteckigen Troge, dessen Querschnitt praktisch vollständig von den Elektroden erfüllt ist. Und selbst in solchen Trögen erhält man nur dann untereinander vergleichbare Resultate, wenn immer dieselben Maßverhältnisse eingehalten werden. In Trögen von größerem Querschnitt erhält man andere Zahlenwerte, desgleichen in solchen von anderer Länge, und selbstverständlich erhält man wieder andere Resultate, wenn man den Badquerschnitt nur unvollständig durch die Elektroden abschließt.

Die angegebene Methode ist also nützlich, um die Charakteristik bestimmter Elektrolyte zu ermitteln, sie vor allem untereinander zu vergleichen, sie ist aber von geringem Nutzen bei Ermittlung der Arbeitsbedingungen, welche in speziellen Fällen einzuhalten sind, um bestimmte praktische Resultate zu erzielen, z. B. etwa um anzugeben, wie man in einem speziellen Falle vorzugehen hat, um eine unebene Fläche vollständig mit einem bestimmten Metall zu bedecken.

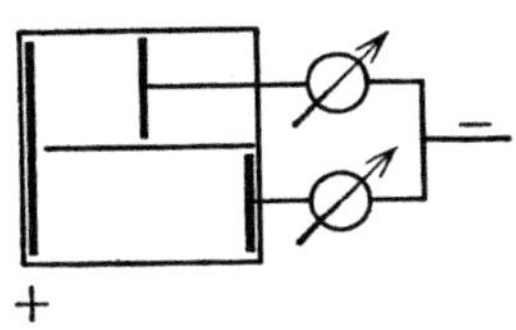

Abb. 46.

Ein anderer Nachteil der Methode liegt darin, daß sie umständlich ist und zeitraubende Wägungen erheischt. Um eine schnellere Orientierung über die ungefähre Streukraft eines Bades erlangen zu können, schlägt Field (l. c.) deshalb zweckmäßigerweise vor, einen Trog zu verwenden, in welchem eine gemeinsame Anode zwei, einander gleich großen, aber von der Anode ungleich weit entfernten Kathoden gegenübersteht und mittels zweier Amperemeter die Teilströme zu messen, welche von der Anode zu jeder der beiden Kathoden fließt (Abb. 46).

Diese Messung ist schnell auszuführen, sie gibt freilich nur dann brauchbare Auskunft, wenn die kathodische Stromausbeute nur wenig durch die Stromdichte verändert wird und wenn die Verhältnisse während der Elektrolyse konstant bleiben.

Die derart für die Streukraft im Laboratorium ermittelten Beziehungen können in praktischen Fällen nur zur allgemeinen Orientierung dienen, der Praktiker wünscht im allgemeinen ein anschaulicheres Maß. Ein solches besteht z. B. darin, eine Hilfskathode zu verwenden, die mit einer Reihe verschieden tiefer, aber untereinander gleich weiter Gruben versehen ist, und zu beobachten, bis zu welcher Tiefe diese Hohlräume noch mit dem elektrolytischen Überzuge bedeckt werden.

L. C. Pan[1] verwendet dazu Metallplatten, die mit 10 Gruben von je 12,5 mm Durchmesser versehen sind, deren Tiefen er stufenweise von 1,25 mm bis auf 12,5 mm steigen läßt. Die größte Tiefe der ersten Grube beträgt also 10% ihres Durchmessers, die der zweiten 20% usf.,

[1] Metal Ind. (New York) XXVIII, 271 (1930).

die der letzten 100%; und Pan schlägt vor, die Größe der Streukraft z. B. zu 40% anzugeben, wenn (bei bestimmter, erst festzulegender Durchschnittsniederschlagsdicke) die vierte Grube in ihrer Versenkung noch ganz, die fünfte aber nicht mehr zur Gänze mit Metall überzogen erscheint[1] (Abb. 47).

L. Pinner und M. Baker empfehlen zur Ermittlung der Streukraft (wie Pan besonders für Chrombäder) rechtwinklig gebogene Kathoden zu verwenden, deren vertikaler Schenkel parallel zur Anode angeordnet wird, während der horizontale Schenkel geradewegs gegen die Anode gerichtet ist. Je nach der Streukraft des Bades wird nach einer bestimmten Anzahl durchgesandter Amperestunden ein größerer oder geringerer Teil der Kathode mit Elektrolytmetall bedeckt. Das Resultat ist sehr anschaulich, wenn man ein Kathodenmetall verwendet, dessen Farbe von dem des niedergeschlagenen Metalls verschieden ist; doch wird auch hier wieder das Resultat von der Natur des Kathodenmetalls ein wenig beeinflußt. L. Farber und W. Blum benützten z. B. diese Versuchsanordnung für die Untersuchung der Streukraft von Chrombädern, indem sie Kathoden aus Kupferblech verwendeten, die 5 cm breit waren und deren vertikaler und horizontaler Schenkel je 5 cm lang waren. Sie stellten sie in einem rechteckigen Trog (deren Querschnitt durch den vertikalen Teil der Kathode ausgefüllt war) einer vertikal angeordneten Blei- oder Platinanode gegenüber, die vom vertikalen

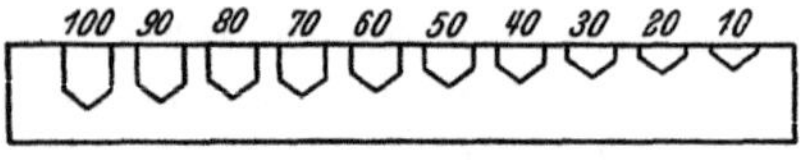

Abb. 47.

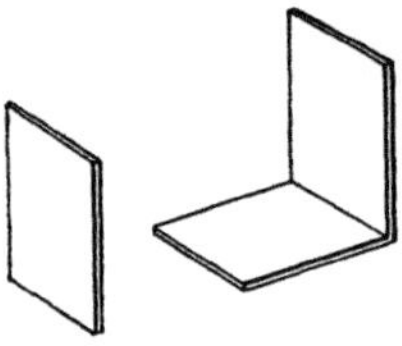

Abb. 48.

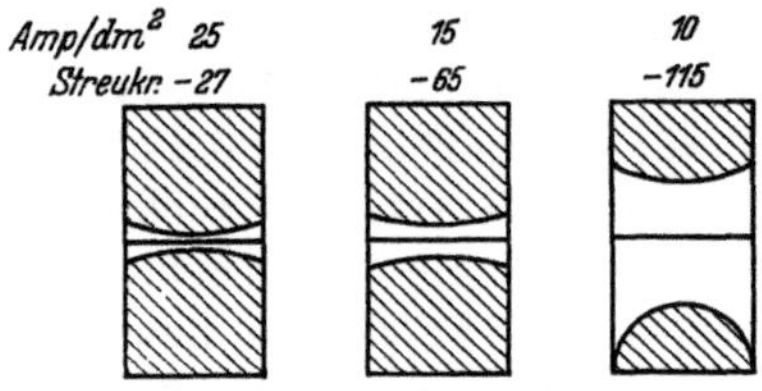

Abb. 49.

Teil der Kathode 10 cm entfernt war, so daß die geringste Elektrodenentfernung 5 cm betrug. Die Autoren geben an, daß sich das Resultat nach 5 Minuten Elektrolysedauer nicht mehr wesentlich ändert und wählten daher diese Versuchsdauer zur Herstellung der Proben (Abb. 48 und 49).

[1] Das Resultat fällt auf verschiedenen Kathodenmetallen verschieden aus, beim Chromieren z. B. auf Stahl 30%, Messing 40%.

Trans. Amer. electrochem. Soc. LV, 315 (1929).

Bei den meisten derartigen Versuchen wird nur ein Teil der Kathodenfläche mit Elektrolytmetall bedeckt. Denkt man sich die winkelförmig geformte Kathode nach dem Versuche gerade gebogen, so erscheinen die beiden Kathodenhälften meist ungleichförmig und erst in gewisser Entfernung vom Bug mit Elektrolytmetall bedeckt. Abb. 49 veranschaulicht beispielsweise das Resultat, das beim Chromieren mit drei verschiedenen Stromdichten erzielt wurde. Es bringt die Zunahme der Streukraft mit steigender Stromdichte sehr deutlich zum Ausdruck und gibt auch im Verlauf der einzelnen Trennlinien wertvolle Auskunft.

Eine Kombination der Methode Pans mit derjenigen Pinners und Bakers ist noch nicht angewendet worden, sie würde vielleicht eine nützliche Ergänzung bilden.

Busse[1] empfiehlt, die Schenkel der winkelförmigen Kathode in einzelne wägbare Streifen zu unterteilen, um die Verteilung der Stromdichte genauer bestimmen zu können, als dies durch bloßen Augenschein möglich ist. Ähnliches läßt sich auch durch genaue Stärkemessung der einzelnen Niederschlagsteile erreichen.

Ein rohes, aber oft bequemes praktisches Maß besteht auch darin, zu beobachten, wie weit ein Rohr außen und innen mit Elektrolytmetall bedeckt wird.[2] Für die Bedeckung unebener Gegenstände soll die Streukraft des Bades in allen Fällen hinreichen, wenn ein 2 mm starkes Rohr von 25 mm Durchmesser und 28 mm Länge innen und außen ganz mit Elektrolytmetall bedeckt erscheint.

Alles in allem läßt sich demnach sagen, daß man bei der Galvanisierung profilierter Stücke möglichst solche Elektrolyte verwenden soll, welche mit steigender Stromdichte rasch zunehmende Polarisation aufweisen (langsam ansteigende I-E-Kurve) und dabei verhältnismäßig gut leiten. Ist es, wie z. B. bei der Verchromung, überhaupt nicht möglich, gut streuende Bäder zu verwenden, so sucht man Verhältnisse herzustellen, welche noch die beste Streukraft liefern (hohe Stromdichte, günstigste Konzentrationen usw.), und verringert die Entfernungsunterschiede zwischen den einzelnen Teilen der Elektrodenpaare durch entsprechende Formung der Anoden, durch Verwendung einzelner räumlich entsprechend verteilter Anoden, durch Vergrößerung der Entfernung der Elektroden (damit die Unterschiede prozentisch geringer werden) u. dgl. m. Auch die Abschirmung von Stromlinien durch entsprechend geformte Schablonen ist oft von sehr guter Wirkung.

---

[1] Z. Elektrochem. XXXVIII, 783 (1932); cf. auch Pfanhauser und Elssner, ib. XXXVII, 874 (1931), ferner Onitschenko, ib. XXXIX, 583 (1931).

[2] Res. Paper, Bureau of Standards Nr. 131 (1930).

p) Einfluß der Wasserstoffionenkonzentration, bzw. des P_H und der Mitabscheidung von Wasserstoff mit dem Metall.

Der Säuregrad bzw. die H·-Ionenkonzentration wird allgemein durch das P_H einer Lösung charakterisiert. Die P_H-Zahl entspricht mit Zeichenumkehr dem Exponenten, mit welchem die Säurenormalität vollständig dissoziierter Säuren in Zehnerpotenzen ausgedrückt werden kann. Z. B. entspricht 0,001-n. Säure dem Ausdruck $1{,}10^{-3}$-n., wenn man ihre Stärke in Zehnerpotenzen ausdrückt, ihre P_H-Zahl ist (bei vollständiger Dissoziation) nach obiger Definition 3.[1]

Nach der Nernstschen Formel wird das Abscheidungspotential des Wasserstoffs mit steigendem P_H negativer, und zwar um je 0,058 Volt für jedes Ansteigen des P_H um 1.

Bei höherem P_H erfolgt die Wasserstoffabscheidung also erst bei höherer kathodischer Polarisation, dies ermöglicht die Abscheidung unedlerer Metalle auch in Fällen, in welchen sie durch die Überspannung des Wasserstoffs allein nicht hinreichend erleichtert wird.

Bei bestimmtem Kathodenpotential läßt sich aus der P_H-Zahl des Elektrolyten die untere Grenze der Menge des mit edlerem Metall mitabgeschiedenen Wasserstoffs berechnen (s. S. 11 ff.). Von vornherein ist anzunehmen, daß die Metalle cet. par. um so wasserstoffreicher ausfallen, je niederer das P_H der Badlösung ist. Erfahrungsgemäß sinkt aber der Wasserstoffgehalt des abgeschiedenen Metalls sehr rasch mit steigender Badtemperatur. Da er einige Eigenschaften, insbesondere die mechanischen, stärker beeinflußt, ist dies für die Praxis von großer Wichtigkeit.

In welcher Form der Wasserstoff in das Metall eintritt, steht noch nicht fest. Manche nehmen an, daß sich zunächst Hydride bilden, die dann zerfallen; doch ist ein überzeugender Beweis hierfür noch nicht

---

[1] Ist die Säure nicht vollständig dissoziiert, so ist ihre H·-Normalität kleiner als es der Normalkonzentration an Säure entspricht, ihre P_H-Zahl ist dann größer, als es sich aus der der Säurekonzentration ohne Rücksicht auf deren Dissoziationsgrad berechnen würde. (Ist z. B. eine Säure nur zu 10 % dissoziiert, so ist eine 0,1-n. Säurelösung in bezug auf H·-Ionen nur 0,01-n. bzw. $1{,}10^{-2}$-n. Die P_H-Zahl ist dann nicht 1, sondern 2.)

Je größer die H·-Ionenkonzentration ist, desto niederer ist das P_H der Lösung. 1-n. H·-Ionenkonzentration entspricht dem $P_H = 0$. Eine neutrale Lösung hat das $P_H = 7$. Alkalische Lösungen weisen P_H-Zahlen auf, die größer sind als 7.

Die P_H-Zahlen werden entweder durch Potentialmessung z. B. mit der Chinhydronelektrode oder mit Hilfe der Farbänderung von Indikatorlösungen bestimmt. Letztere Methode ist die weit bequemere, sie wird deshalb viel häufiger angewendet. Sie liefert Werte, die immer mit ähnlichen Lösungen ausgeführt, untereinander gut übereinstimmen, aber meist (durch „Salzfehler") etwas zu hohe Werte ergeben, nämlich bis zu 0,5 höhere, als man mit der Chinhydronelektrode findet.

geliefert worden. Wenn sich Hydride gelegentlich auch haben nachweisen lassen, geschah es doch nicht in Fällen, die man generalisieren darf.

Im Metallniederschlag erzeugt der Wasserstoff Kontraktionen,[1] die zu Formänderungen, zu örtlichen Loslösungen, ja zum Abrollen des Niederschlages von der Kathode führen können, wie man es z. B. so oft bei der Nickelabscheidung aus kalten Lösungen beobachtet.

Der Wasserstoff, der in das Metall eintritt, macht es spröd, er diffundiert auch in das Unterlagsmetall und läßt auch dieses spröder werden. Stellt man stärkere Metallniederschläge her, so findet man, daß der Wasserstoffgehalt aufeinanderfolgender Schichten verschieden ist, meist nimmt er ab, dadurch erklären sich wohl manche auftretenden Kontraktionen (s. auch Abschnitt q). Die Einzelheiten dieser Erscheinungen harren noch einer Klärung. Durch nachträgliches Entfernen des Wasserstoffs (am radikalsten durch langsames Erhitzen im Vakuum) lassen sich diese Veränderungen des Metalls mehr oder minder vollständig beheben, nicht immer aber ohne Formänderungen zu hinterlassen.

Den größten Wasserstoffgehalt weist das Chrom auf, dann folgen Eisen, Zink, Kobalt, Nickel (s. S. 13).

Elektrolytmetall, welches viel Wasserstoff einschließt (siehe S. 13), ist gewöhnlich sehr hart, am auffälligsten tritt dies beim Eisen und Chrom, aber auch beim Nickel und Kobalt, allem Anscheine auch beim Zink usf. in Erscheinung. Glüht man derartiges Elektrolyteisen, Elektrolytchrom oder Nickel aus, so entweicht der Wasserstoff und läßt das Metall in viel weicherem Zustande zurück.

Man hat daraufhin angenommen, daß die Elektrolytmetalle durch Wasserstoff oder durch Hydrüre, die sich beim Wasserstoffeintritt bilden, gehärtet werden und daß die besonders große Härte, welche manche kathodisch abgeschiedenen Metalle aufweisen, dem zuzuschreiben ist.

Diese Annahme läßt sich nicht mehr aufrechthalten, seitdem Guichard, Clausmann, Billon und Lanthony in einer Reihe von Untersuchungen festgestellt haben, daß sich der Wasserstoff aus Elektrolyteisen, -nickel, -chrom vollkommen austreiben läßt, ohne daß deren Härte abnimmt.[2] Man muß ihn nur bei hinreichend niedriger Temperatur im Vakuum entweichen lassen und den Versuch lange genug fortsetzen, sein Ende abzuwarten, was allerdings mehrere Tage in Anspruch nimmt.

Beispielsweise wurde durch 24stündiges Erhitzen von Elektrolyt-

---

[1] Nach Bozorth sind die Kontraktionen von Nickelschichten schon bei Niederschlagsstärken von weniger als $2{,}10^{-4}$ cm merklich. Kohlschütter und Vuilleumier, Macnaugthan u. a. haben die Größe der Kontraktionen gemessen; cf. Trans. Amer. electrochem. Soc. XLII, 99; Z. Elektrochem. XXIV, 300.

[2] Compt. rend. CXC, 1417 (1930); ib. CXCII, 623; CXCIII, 685, 1084 (1931); CXCVI, 1660 (1933).

eisen auf 165°, dann weiteres 24stündiges Erhitzen auf 165° aller Wasserstoff aus demselben ausgetrieben, ohne daß seine Härte abnahm. Erst bei weiterer Erhitzung auf höhere Temperaturen (bis 1000°) wurde das Eisen weich, von 165 bis 1000° entwich aber kein Wasserstoff mehr daraus. Unterhalb 250° läßt sich der Gesamtwasserstoff austreiben, ohne daß die Härte abnimmt.

Das Austreiben des Wasserstoffs aus Elektrolytchrom nimmt bei tiefen Temperaturen noch längere Zeit, meist mehrere Tage in Anspruch. 95 bis 96% des enthaltenen Wasserstoffs lassen sich austreiben, ohne daß seine Härte abnimmt, die erst bei höheren Temperaturen zu sinken beginnt. Die Härte des Elektrolytchroms steht auch in keiner Proportionalität zu seinem Wasserstoffgehalt, wasserstoffärmeres Metall ist oft härter als wasserstoffreicheres.

Auch beim Nickel besteht keine Beziehung zwischen seiner Härte und der eingeschlossenen Gasmenge. Nach Austreiben derselben[1] läßt sich seine Härte durch langes Erhitzen von 245 bis 365° Brinell auf 35° Brinell erniedrigen.

Auch Elektrolytkupfer wird beim Erhitzen über zirka 400° weicher und ändert seine Eigenschaften[2]; auch bei diesem Metall ist dies wohl nicht durch Zerfall eines Hydrürs zu erklären, sondern als Folge der Rekristallisation.

Demnach ist die Härteabnahme, welche wasserstoffhaltige Metalle beim Erhitzen erfahren, nicht auf den Verlust an Wasserstoff zurückzuführen, sondern der Rekristallisation, welche bei höherer Temperatur vor sich geht, zur Last zu legen. Hingegen bewirkt Wasserstoffaufnahme ein Sprödwerden (s. S. 14, 121).

Wenn der Wasserstoffeintritt eine Härtung des Elektrolytmetalls hervorruft oder wenn sich Hydrüre bilden, ist die Härtung nicht auf einen direkten Einfluß zurückzuführen, sondern höchstens darauf, daß eine Strukturänderung, z. B. eine Abscheidung des Elektrolytmetalls mit feinerem Gefüge hervorgerufen wird. Die Härte dieses Metalls ändert sich nicht bei Abnahme seines Wasserstoffgehaltes, sondern erst bei Änderung seines Gefüges, bei der Vergröberung desselben durch Rekristallisation.

Die Wasserstoffaufnahme verringert aber die Dichte der Metalle, eine weitere Volumvergrößerung tritt gewöhnlich beim Austreiben des Gases auf, so kann das spezifische Gewicht des Nickels (8,9) dabei bis auf etwa 8,1 abnehmen.

---

[1] Elektrolytnickel schließt gewöhnlich auch CO und CO_2 in Mengen von 0,01 bis 0,5 ccm pro 1 g ein. Der Kohlenstoff gelangt aus den Anoden dahin. Diese zwei Gase lassen sich erst bei zirka 1000° nach Guichard und Mitarbeitern austreiben (l. c. CXC).

[2] cf. z. B. Köster, Z. Metallkunde XVIII, 112 (1926), XX, 189 (1928), Czochralski ib. XV, 7 (1923), Kühnel ib. XVI (1924).

Ob die P_H-Zahl des Elektrolyten an sich von Einfluß auf die Kristallgröße ist, hat man noch nicht ermittelt. Es ließe sich nur an Metallen prüfen, die bei niederer P_H-Zahl abgeschieden werden, weil bei höheren P_H-Zahlen Metallhydroxyde von kolloidalem Charakter im Elektrolyten beständig sind, welche in der Regel von großem Einfluß auf die Korngröße des ausfallenden Metalls sind.

Hingegen ist es oft beobachtet worden, daß eine stärkere Mitabscheidung gasförmigen Wasserstoffs bewirkt, daß Zink, Nickel, Eisen (vornehmlich bei der Elektrolyse bei zu niederem P_H) mit höherem Glanze ausfallen, ja daß spiegelnde Niederschläge entstehen. Der hohe Glanz der Chromniederschläge, die sich stets nur unter starker Mitabscheidung von Wasserstoff herstellen lassen, dürfte ein Seitenstück dazu bilden.

Diese spiegelnden Überzüge sind immer sehr spröde. Der Glanz tritt auch nur auf, solange die Niederschläge sehr dünn sind. Bei fortschreitendem Dickenwachstum der Niederschläge verschwindet er und das Metall wird immer matter und von gröberem Gefüge.

Man hat diese Erscheinungen auf verschiedene, stets aber auf hypothetischen Annahmen fußende Art, zu erklären gesucht. An rein tatsächlichem Material läßt sich anführen, daß sie vornehmlich an solchen Metallen in Erscheinung tritt, welche größere Mengen von Wasserstoff aufnehmen und an denen sich Wasserstoff mit höherer Überspannung entwickelt. Sie treten besonders unter Umständen auf, die hohe Polarisation, aber auch hohe Überspannung begünstigen und nur in den Anfangsstadien der Abscheidung, in welchen diese ohnedies stets in feinster Kristallform erfolgt (s. S. 30). Diese Momente lassen vermuten, daß die spiegelnde Abscheidungsform in gewissem Zusammenhange mit der Überspannung stehen dürfte, über die sich nichts Näheres sagen läßt, solange wir über ihre Ursache der Wasserstoffüberspannung selbst noch nicht unterrichtet sind. Es ist auch nicht außer Betracht zu lassen, daß Metalle an Stellen, an welchen sie von aufperlenden Gasblasen (etwa eingeblasener Luft, Stickstoff u. dgl.) getroffen werden, in glänzender Form ausfallen, daß die am Nickel von anhaftenden Wasserstoffblasen abgeschirmten kleinen Vertiefungen besonders glänzend erscheinen, so daß die Möglichkeit einer rein mechanischen Wirkung der Gasentwicklung nicht ohne Prüfung von der Hand zu weisen ist.

Auch in anderer Richtung spielt die $H^{\cdot}$-Konzentration, welche die unmittelbar an die Kathode grenzenden Flüssigkeitsschichten aufweisen, eine Rolle, welche den Charakter des Niederschlages beeinflussen, ja bestimmen kann. Dies besonders in Fällen, in welchen das zur Abscheidung gelangende Metall zur Bildung von Oxyden neigt, also z. B. bei der Elektrolyse von Zinksalzlösungen, welche schwammförmiges Metall liefert, sobald die $H^{\cdot}$-Konzentration zu tief sinkt, bzw. die OH'-Konzentration zu hoch steigt, ferner bei der Elektrolyse von Metallsalzen, die kolloidale oder schwerlösliche Hydroxyde bilden, z. B. von Salzen der Metalle der Eisengruppe.

In solchen Fällen übt ein Zusatz oxydierender oder reduzierender Substanzen deutliche Wirkung, wenn die $H^{\cdot}$-Ionenkonzentration bei der Oxydation oder Reduktion verändert wird, wie dies z. B. Glaser schon frühzeitig dargetan hat.

Auch die Höhe der Stromausbeute ist dann oft bestimmend, weil die Stromanteile, welche nicht auf Metallabscheidung, sondern auf Entladung von Wasserstoffionen verwendet werden, den Säuretiter in Kathodenumgebung erniedrigen, besonders OH' in Freiheit setzen, wie dies weiter unten im Kapitel Nickel näher beschrieben werden wird.

q) Spannungen in Metallniederschlägen.

Sehr häufig treten Spannungen in Metallen auf, die man auf elektrolytischem Wege abscheidet; gewöhnlich sind es Kontraktionen, zuweilen aber auch Dilatationen. Man kann dies leicht beobachten, wenn man eine dünne, an ihrem einen Ende fixierte Metallfolie als Kathode verwendet und das Metall nur einseitig auf ihr zur Abscheidung bringt, alsdann werden innere Spannungen, welche im Elektrolytmetall auftreten, dadurch kenntlich, daß sich die Kathode krümmt, und zwar zur Anode hin, wenn es sich um eine Kontraktion handelt, von der Anode weg bei einer Dilatation. Diese Krümmung nimmt zu, solange man fortlaufend Metall zur Abscheidung bringt, in welchem Spannungen gleicher Art vorhanden sind, sie kommt zum Stillstand, wenn sich Metall ohne Spannung abzuscheiden beginnt, sie geht zurück, wenn sich die Art der Spannung umkehrt, wenn etwa eine Dilatation an Stelle der Kontraktion tritt.

Eine weitere systematische Untersuchung des zeitlichen Verlaufes dieser Erscheinung, die Ermittlung der Versuchsbedingungen, unter welchen sie an verschiedenen Metallen auftritt, der Faktoren, welche sie beeinflussen, dürfte (bei gleichzeitiger genauer Untersuchung des Reinheitsgrades und der Eigenschaften des jeweils erhaltenen Kathodenproduktes) voraussichtlich wertvolle Aufschlüsse über manche Details liefern, deren Kenntnis für das Verständnis der Vorgänge nützlich wäre, die sich bei Metallabscheidungen abspielen.

Derartige innere Spannungen, welche im Metall auftreten, sind aber auch von praktischer, technischer Wichtigkeit, wenn sie so stark werden, daß sie das Rissigwerden von Metallüberzügen herbeiführen oder gar die Ablösung des Überzuges vom Grundmetall befördern.

Es sind verschiedene Anordnungen ersonnen und benützt worden, aus dem Grade der auftretenden Krümmungen ein Maß für die Größe der Kontraktionen oder Dilatationen zu gewinnen, die sie herbeiführen.[1] Die schärfsten Resultate erhält man zurzeit wohl mit der von Marie

[1] cf. z. B. Mills, Proc. Roy. Soc. XXVI, 509 (1877); Bouty, Compt.

und Thon[2] angegebenen Apparatur, welche besonders einfach ist: Ein rechteckiger, einige Zentimeter langer Metallstreifen aus dünner Metallfolie (z. B. 0,04 mm starkes Platinblech) wird an seinem oberen Ende eingeklemmt, auf seiner Rückseite mit einem dünnen, isolierenden Anstrich versehen, mit seiner Vorderseite einer gleichgroßen Anode in einer kleinen, mit ebenem Glasboden versehenen Wanne gegenübergestellt, welche den Elektrolyten aufnimmt und in die beide Elektroden tauchen. Die untere Kante des frei herabhängenden Kathodenbleches wird von unten durch den Glasboden mittels eines kleinen Mikroskops mit Mikrometerskala anvisiert, sie erscheint darin als schwarzer Strich, dessen Lage sich bei auftretender Krümmung der Kathode auf der Skala nach der einen oder der anderen Seite verschiebt. Die Größe der Verschiebung läßt sich unmittelbar ablesen. Die mit diesem Apparat erzielten Versuchsresultate sind dem Sinn und der Größe nach reproduzierbar, wenn man den Versuch unter gleichen Bedingungen wiederholt. Die Größe des beobachteten Effektes wird u. a. von dem Elastizitätsgrad des verwendeten Kathodenmetalls, der Länge der Folie usf. bestimmt.

Mit dieser Anordnung stellten Marie und Thon z. B. fest, daß bei der Abscheidung von Kupfer aus neutraler Lösung von 200 g $CuSO_4 . 5 H_2O$ im Liter und 1,1 Amp/qdm Stromdichte Ausdehnung auftritt: auf glänzendem Pt, auf Au, Ag, Cu, hingegen Kontraktion auf mattem Pt. Nach Zusatz von Schwefelsäure (1%) tritt Kontraktion auf: auf Pt, Cu, Dilatation: auf Ag und Au und nur auf diesen Metallen. Diese Dilatation ist aber nur von kurzer Dauer und geht nach einiger Zeit in eine Kontraktion über. In 1-n. CuCl, 4,5-n. NaCl, 1-n. HCl-Lösung tritt immer Dilatation auf. In Zinksulfatlösung tritt gleichfalls immer Dilatation auf, was auch von Kohlschütter (l. c.) beobachtet wurde.

Macnaughtan und Hothersall fanden (l. c.), daß die am Nickel auftretenden Kontraktionen mit steigender Temperatur abnehmen, sie sind bei 35° etwa halb so groß als bei 10° und sinken bei weiterer Temperaturerhöhung auf zirka 60° weiter um zirka 20%.

Die Kontraktionen waren in den untersuchten Lösungen am größten bei Zusatz größerer Mengen (213 g/l) Natriumsulfat, dann folgten mit Borsäure gepufferte, mit Ammonsulfat gepufferte Lösungen, endlich fluoridhaltige Lösungen.

Die Härte des abgeschiedenen Nickels steht in keiner Beziehung zur Größe der Kontraktion.

Kohlschütter fand, daß Wasserstoff-Depolarisatoren die Kon-

rend. LXXXVIII, 714 (1879); XCII, 868 (1881); J. Phys. VIII, 289 (1879); Kohlschütter u. Mitarbeiter, Z. Elektrochem. XXIV, 300 (1918); XXXIII, 305 (1927); Macnaughtan u. Hothersall, Trans. Faraday Soc. XXIV, 387 (1928); Bozorth, Physiol. Rev. XXIV, 764 (1924).

[2] Compt. rend. CXCIII, 31 (1931); Marie u. Jacquet, ib. CLXXXVII, 41 (1928); Jacquet, ib. CXCIV, 456 (1932); CXCV, 952 (1932).

traktion des Nickels verkleinern. Dies legt es nahe, das Auftreten innerer Spannungen an diesem Metall mit der Entladung von Wasserstoff in Beziehung zu bringen, wenn es auch noch dahin steht, ob diese Beziehung eine einfache ist.

Es ist zwar bekannt, daß die Dichte von Metallen durch mitabgeschiedenen Wasserstoff oft verringert wird, zuweilen in verhältnismäßig hohem Grade, es ist weiter von Foerster (s. II. Teil, VI) gezeigt worden, daß der Wasserstoffgehalt aufeinander abgeschiedener Metallschichten von Schicht zu Schicht wechselt, beim Eisen z. B. abnimmt und einer Grenze zustrebt. Das Zusammenwirken beider Faktoren muß Spannungen im Elektrolytmetall erzeugen, im Falle des Eisens eine Kontraktion, welche ihr Ende findet, wenn der Wasserstoffgehalt konstant zu werden beginnt, die Dichte nacheinander abgeschiedener Metallschichten nicht mehr wechselt.

Nicht immer ist es aber der Wasserstoff, welcher zum Auftreten von Spannungen Veranlassung gibt, es können dies z. B. auch Fremdmetalle tun, die in Mengen mitabgeschieden werden, welche von Schicht zu Schicht verschieden sind. So ist es z. B. bekannt, daß kleine Eisenmengen, welche mit Nickel zur Abscheidung gelangen, starke Spannungen erzeugen können (s. weiter unten, II. Teil, Kapitel Eisenmetalle).

Marie und Jacquet haben (l. c.) gezeigt, daß Kolloide, welche im Elektrolyten gegenwärtig sind, starke Spannungen im Elektrolytmetall erzeugen können und Jacquet hat (l. c.) gezeigt, daß die Wirkung nicht nur dem Grade, ja dem Sinne nach von der Konzentration des Kolloids, sondern auch von der Zeit, von Alterungserscheinungen usw. beeinflußt wird.

Die Größe der Kontraktionen in hundertstel Millimetern Verschiebung ausgedrückt, welche eine 65 mm lange, 7,5 mm breite, 0,04 mm starke, als Kathode dienende Kupferfolie in der oben beschriebenen Anordnung nach 1 Minute Strombelastung in Kupfersulfatlösung (P_H zirka 0,85) erfuhr, fand Jacquet bei wechselnden Gelatine-Konzentrationen:

Gelatine:	0	1	2	6,5	20	35	40 Milligr. im Liter
Kontraktion:	5—6,1	8,8	9,8	15	15,6	16,7	17,6

Die Kontraktion nimmt also mit steigendem Gelatinegehalt erst schnell, dann langsam weiter zu, die erhaltenen Kupferniederschläge sind feinkörnig und matt.

Steigert man die Gelatinekonzentration über 50 mg pro Liter, so werden die Niederschläge immer glänzender, die Größe der Kontraktion wechselt aber in unregelmäßiger Weise (s. Abb. 50, Kurve 1).

Bei Gelatinekonzentrationen von 125 bis 190 mg sind die Niederschläge hochglänzend, die Kontraktion beginnt aber mit steigender Gelatinekonzentration geringer zu werden, um endlich zunehmend größeren Dilatationen Platz zu machen, wenn sie von 190 bis auf 500 mg gesteigert wird.

Schon bei Gelatinekonzentrationen, welche größer sind als 50 mg, beobachtet man im ersten Stadium der Elektrolyse das Auftreten von Dilatationen, die freilich nur von kurzer Dauer sind, aber bei Konzentrationen von 200 mg und darüber bleiben diese Dilatationen auch nach 30 Minuten Elektrolysedauer bestehen, bei 250 mg erreichen sie ein Maximum. Unmittelbar nach Stromunterbrechung beobachtet man das Einsetzen einer Kontraktion.

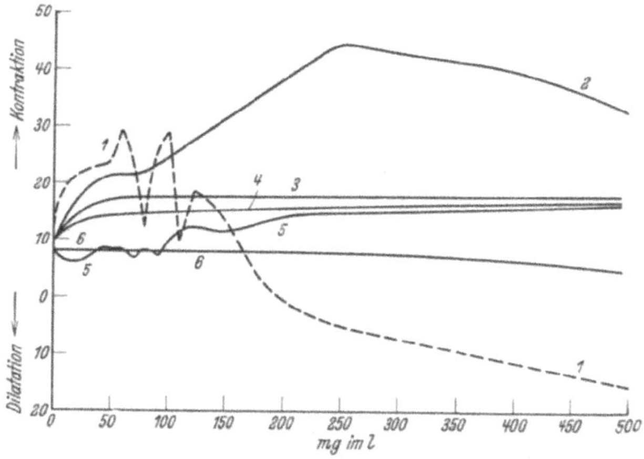

Abb. 50. 1. Gelatine. — 2. Serum-Albumin. — 3. Tragant. — 4. Gummiarabikum. — 5. Glykokoll. — 6. Dextrin.

Sehr kleine Gelatinemengen sind schon fähig, deutliche Spannungsänderungen im Kupferniederschlage hervorzurufen, etwa 0,5 bis 1 mg pro Liter, das ist etwa dieselbe Menge, welche Schutzwirkung auf kolloidale Goldlösungen auszuüben vermag, die Goldzahl dieses Kolloids.

Frisch hergestellte Gelatinelösungen üben viel stärkere Wirkungen aus als ältere, letztere erlangen aber wieder ihre volle Wirkungskraft, wenn man sie erhitzt und dann schnell abkühlt.

Andere Kolloide, die ebenfalls eine niedere Goldzahl aufweisen, rufen ähnlich große Spannungen in Kupferniederschlägen aus, z. B. Serumalbumin (s. Abb. 50), die Gelatine unterscheidet sich aber deutlich von diesen durch die Fluktuationen ihrer Wirkung in bestimmten Konzentrationsgebieten.

Kolloide mit höherer Goldzahl, wie Gummiarabikum und Tragant, üben schwächere Wirkungen aus, sie rufen geringe Kontraktionen hervor.

Nahezu unwirksam bleiben die Stoffe, die, wie Glykokoll, Dextrin und so weiter, hohe Goldzahlen aufweisen oder Goldsole überhaupt nicht schützen.

Daß diese Wirkungen letzten Endes auf Adsorptionen und auf mitabgeschiedene Spuren von Kolloiden zurückzuführen sind, kann kaum bezweifelt werden; doch harren die Phänomene der Umkehr, des Wechsels der Erscheinungen noch ihrer Begründung. Die periodischen Fluktuationen, welche man bei Konzentrationen von 50 bis 120 mg Gelatine im Liter beobachtet, erinnern an die von Grube und Reuß (s. S. 69, Fußnote 2) mitgeteilte Beobachtung periodisch wechselnder Gelatinekonzentrationen in aufeinanderfolgenden Schichten von Kupferniederschlägen, die man aus gelatinehaltiger Lösung herstellt, ein Zusammenhang beider Erscheinungen dürfte vorhanden sein.

r) Einfluß des Anions.

So alt die Erfahrung auch ist, daß sich die Abscheidungsformen eines und desselben Metalls aus seinen verschiedenen Salzlösungen sehr erheblich voneinander unterscheiden, ist es bisher nicht gelungen, eine direkte Einflußnahme des Anions mit Sicherheit zu ermitteln. Die maßgebenden Verhältnisse im Kathodenfilm scheinen durch die Natur des Anions vielmehr nur mittelbar beeinflußt zu werden: durch Herbeiführung von Komplexbildung, durch Beeinflussung des Dissoziationsgrades,[1] durch die Bildung, Koagulation oder Peptisierung kolloidartiger Stoffe (z. B. von Hydroxyden) im Kathodenfilm u. dgl. m. Und selbst in jenen selteneren Fällen (z. B. bei der Abscheidung des Chroms aus Chromsäure in glänzender Form), in denen die Gegenwart bestimmter Anionen in bestimmter Konzentration ausschlaggebend zu sein scheint, übt das Anion nur mittelbaren Einfluß aus, indem es die Beschaffenheit einer Membran verändert.

Daß aus verschiedenen Lösungen unter sonst gleichen Verhältnissen verschiedenartige Metallkristallisationen erhalten werden, wie dies u. a. Kohlschütter und seine Mitarbeiter beschrieben haben, ließ oft vermuten, daß die Anionen unmittelbaren, spezifischen Einfluß üben. So nimmt Schlötter an[2], daß die Art des Metallsalzes richtunggebend auf den kristallinen Aufbau des Metallniederschlages sei. Die räumliche Anordnung im Metallsalzmolekül sei für die Art der kristallinen Abscheidung des Metalls bei der elektrolytischen Fällung maßgebend. Indes wird dieser Satz noch durch keine Erfahrungstatsache von hinreichender Überzeugungskraft bestätigt, daß man ihn als feststehend ansehen oder gar generalisieren dürfte.

Ohne den Boden der Erfahrung zu verlassen, kann man deshalb noch von keinem erkenntlichen unmittelbaren Einfluß der Anionen auf das Gefüge elektrolytisch abgeschiedenen Metalls sprechen, wenn man sich auch vor Augen halten muß, daß das Anion in Komplexsalzlösungen, z. B. in Lösungen von Doppelzyaniden, das metalliefernde Ion bildet

---

[1] Darauf dürfte es z. B. zurückzuführen sein, daß Fe, Ni, Zn usw. aus ihren Chloridlösungen in gröber kristalliner Form ausfallen als aus ihren etwas schwächer dissoziierten Sulfatlösungen.

[2] Korrosion u. Metallschutz IV, 79 (1928).

(s. S. 40f) und daß derartige zusammengesetzte Ionen nach dem heutigen Stande unserer Kenntnisse infolge ihrer Bipolnatur (Debye) als im Potentialgefälle gerichtet anzusehen sind.

Welchen anderen Einfluß eine derartige Orientierung auf die Kristallbildung üben mag, als sie überhaupt erst zu ermöglichen, entzieht sich vollkommen unserer Kenntnis. Auch die Struktur der Doppelschicht ist uns nicht bekannt. Wir stellen uns zwar vor, daß sich der Kathode zunächst eine kondensatorähnliche Schicht, die aus allen vorhandenen und nicht bloß aus den zur Entladung gelangenden Kationen gebildet ist, auflagert (s. S. 54) in der (s. S. 41) auch gerichtete zusammengesetzte Anionen enthalten sein können, daß diesem ersten, kondensatorähnlichen Belag ein weiterer, aus Anionen, dann aus Kationen usf. folgen dürfte, daß in der Doppelschicht auch undissoziierte Moleküle vertreten sein müssen usw. ohne uns indes ein scharfes Bild dieser verwickelten Verhältnisse machen zu können.

Billiter hat[1] darauf hingewiesen, daß die Doppelschicht „dissoziiert" sein muß, d. h., daß der Belag, welcher der Elektrode unmittelbar anliegt, weniger Ionen enthält, als erforderlich wären, um die Ladung der Elektrode restlos zu neutralisieren, und Gouy hat[2] berechnet, wie weit sich auf Grund solcher Vorstellung die Ladung in das Innere der Lösung ausbreitet. Ähnliche Vorstellungen wären wohl auf die dem ersten Ionenbelag folgenden Reihen von Ionen anzuwenden. Die Ionen selbst dürften, wenigstens zum größten Teil, in hydratisierter Form vorliegen, wir sind aber nicht in der Lage, uns ein scharfes Bild über diese verwickelten ineinandergreifenden Verhältnisse machen zu können. Daß da räumliche Behinderungen oder Orientierungen Einflüsse auf den Ort und die Art der Ionenentladung und -abscheidung ausüben können, ist um so weniger von der Hand zu weisen, als die Kationen, welche zur Kathode wandern, durch die Doppelschichten, an Anionen vorbeigeführt werden, doch entziehen sich derartige Vorgänge unseren heutigen Kenntnissen, welche nicht einmal dazu ausreichen, zu verfolgen, welchen Einfluß das bei der Ionenentladung abgespaltene Hydratwasser ausübt, an welchem Orte es abgespalten wird usf.

s) Klassifikation der Abscheidungsformen und der allgemeinen Regeln.

Die Zahl der Metalle, welche man durch die Elektrolyse ihrer wäßrigen Salzlösungen abscheidet, ist nicht sehr groß, sie umfaßt etwa 24 Elemente. Sieben von diesen, nämlich: Au, Ag, Cu, Ni, Cd, Cr, Zn, dienen sehr häufig der Herstellung galvanischer Überzüge, weniger verbreitet ist die Anwendung der Elemente: Pb, Rh, Pd, Pt, Co, Sn und Fe für diesen Zweck, andere Elemente, wie Hg und As, dienen gelegentlich für die

[1] Drudes Ann. d. Physik, XI, 902, 1903. Z. Elektrochem. XIV, 624 (1908).
[2] J. Physique IX, 457 (1910).

Herstellung von Zwischenschichten, welche das Haften des Niederschlages am Grundmetall erleichtern oder verhindern sollen.[1]

Und dennoch muß man feststellen, daß selbst von diesen 12 Metallen erst weniges bekannt ist, das den Gang ihrer elektrolytischen Abscheidung zu verfolgen gestattet. Für die Forschung liegen weite Gebiete noch brach und selbst die unverkennbaren Regelmäßigkeiten der Wirkung bestimmter Änderungen der Versuchsbedingungen sind erst an so wenig Beispielen ermittelt worden und sind dem Grade nach von Metall zu Metall so verschieden, daß man sie nur mit einigen Einschränkungen verallgemeinern darf. Hinzu kommt, daß selten nur eine der Versuchsbedingungen geändert wird, die von Einfluß ist, fast immer mehrere auf einmal, deren Wirkungen einander oft entgegengerichtet sind, und da sie dem Grade nach bei verschiedenen Metallen verschieden sind, kann in einem Falle die eine, im anderen die entgegengesetzte Wirkung bei gleicher Änderung der Arbeitsweise überwiegen.

Über die Änderungen ihrer zwei hervorstechendsten Merkmale: des Gefüges und der Oberflächengestaltung galvanischer Niederschläge mit Änderung der Bedingungen der Elektrolyse lassen sich somit allgemeine Regeln erst mit Vorbehalt aufstellen. Sie können keinen Anspruch darauf erheben, strenge Gültigkeit zu haben, wenn sie auch als Richtlinien von Nutzen sind. Dasselbe gilt hinsichtlich der Regeln über die Grenze der anwendbaren Stromdichten, über die Änderung der Streukraft, der Tiefenwirkung usf.

Was zunächst die Beeinflussung des Gefüges betrifft, die ganz getrennt von der Änderung der Oberflächengestaltung ins Auge zu fassen ist, so bewirken im allgemeinen folgende Veränderungen eine Verfeinerung der Kristallstruktur, welche gewöhnlich in der aufgeführten Reihenfolge zunimmt:

I. Verfeinerung der Kristallstruktur bewirken:

1. Verlangsamte Zirkulation.
2. Abnahme der Leitfähigkeit.
3. „Ruhender“ Elektrolyt.
4. Abnahme der Metallionenkonzentration bis zur Größenordnung $1 \cdot 10^{-4}$-n.
5. Abnahme der Temperatur.
6. Steigende Stromdichte.
7. Kornverfeinernde Zusätze.
8. Abnahme der Metallionenkonzentration unter $1 \cdot 10^{-6}$-n.
9. Mechanische Bearbeitung während der Fällung.
10. Stark wirkende glättende Kolloide.

[1] Die anderen vor allem noch in Betracht kommenden Elemente sind: Bi, Sb, Tl, In, Ga, Ge, Nb, Wo.

Es ist selten möglich, bloß einen dieser Faktoren zu ändern, ohne gleichzeitig einen oder mehrere der anderen Faktoren in oft unbekanntem, oft entgegengerichtetem Sinne zu beeinflussen. Dies gibt gelegentlich zum Auftritt scheinbarer Anomalien Anlaß, wie z. B. der S. 42 erwähnten Beobachtung, daß steigende Stromdichte zunächst das Korn vergröbert, daß die Resultate verschieden ausfallen, je nachdem, ob man im „ruhenden“ (der Grad der Unbewegtheit ist immer nur relativ) oder im bewegten Bade arbeitet u. dgl. m.

Die Bedingungen 1, 3, 4, 5, 6, 8, 10 erhöhen die Polarisation. Hinsichtlich 2 läßt sich dies nicht allgemein, hinsichtlich 9 überhaupt nicht behaupten. Im großen ganzen laufen aber zunehmende Polarisation und Kornverfeinerung parallel, wenn auch durchaus keine Proportionalität besteht; z. B. erhöht Natriumsulfatzusatz die Polarisation in Nickelsulfatlösungen in weit stärkerem Maß als geringer Ammoniumsulfatzusatz, letzterer bewirkt aber viel weitgehendere Kornverfeinerung.

Dementsprechend weisen Bedingungen, welche für die Abscheidung feinkristallinen Metalls günstig sind, gewöhnlich das Symptom hohen (sehr negativen) Kathodenpotentials auf, was bekanntlich schon frühzeitig, wahrscheinlich zuerst von Bancroft[1] in seinen Axiomen postuliert wurde. Es besteht aber auch keine unbedingte Parallelität zwischen dem Feinheitsgrade der Abscheidung und der Größe der kathodischen Polarisation (s. z. B. Abb. 71).

Daß die Stelle der Einordnung von Maßnahme 9 vom Ausmaße ihrer Anwendung abhängt, braucht wohl nicht erst hervorgehoben zu werden. Die Einteilung an dieser Stelle wurde gewählt, um zu kennzeichnen, daß die Einwirkung so weit gesteigert werden kann, daß die Kornverfeinerung jener nahekommt, welche Kolloidzusätze bewirken, wenn es auch in der Regel nicht zu empfehlen ist, von ihr so ausgiebige Verwendung zu machen.

II. Die Rauheit der Oberfläche mäßigt:

Bei niederen Stromdichten:	Bei hohen Stromdichten:
1. Steigende Temperatur.	1. Steigende Temperatur.
2. Zunahme der Leitfähigkeit.	2. Zunahme der Leitfähigkeit.
3. Abnahme der Änderung des spezifischen Gewichtes durch Verarmung an Metall.	3. Zunahme der Metallionenkonzentration.
4. Abnahme der Metallionenkonzentration unter $1 \cdot 10^{-6}$.	4. Abnahme der Änderung des spez. Gewichtes durch Verarmung.
5. Bewegung.	5. Glättende Zusätze.
6. Glättende Zusätze.	6. Starke Bewegung.
7. Mechanische Glättung.	7. Mechanische Glättung.

[1] Trans. Amer. electrochem. Soc. VI, 7 (1904); XXIII, 266 (1913).

III. Die anwendbare Grenzstromdichte steigt mit:

1. steigendem Metallgehalt der Lösung bei gleicher Metallionenkonzentration;
2. steigender Leitfähigkeit und Metallionenkonzentration;
3. steigender Temperatur;
4. mechanischer Glättung;
5. lebhafter Bewegung (Abnahme der Dicke des Kathodenfilms).

IV. Die Streukraft, bzw. die Tiefenwirkung nimmt zu durch:

1. Erhöhung der Leitfähigkeit (bei unveränderter Polarisation).
2. Abnahme der Bewegung.
3. Abnahme der kathodischen Stromausbeute bei steigender Stromdichte.
4. Vergrößerung der Elektrodenabstände.
5. Erhöhung der Polarisation.

Zu 2 ist zu bemerken, daß die Wirkung leicht eine Störung erfährt, wenn die Abnahme der Bewegung etwa dazu führt, daß Lösung in Vertiefungen dauernd stagniert. Der Einfluß gesteigerter Stromdichte ist kein regelmäßiger, seine Wirkung richtet sich nach der größeren oder geringeren Beeinflussung der anderen hier aufgeführten wirksamen Momente, das gleiche gilt von einer Temperaturerhöhung, welche im allgemeinen die Streukraft verringert, in Einzelfällen aber auch entgegengesetzt wirkt.

V. Die Härte des Metalls nimmt zu:

Gemäß I. jedoch etwa in der Reihenfolge 1, 2, 3, 4, 7, 6, 8, 5, 9.

Unter sonst gleichbleibenden Umständen nimmt die Härte regelmäßig mit der Verfeinerung der Kristallstruktur zu. Einschlüsse von Fremdsubstanzen bewirken aber oft eine Änderung der Härte.

So ist die Härte von Nickelniederschlägen, die aus ammoniumhaltiger Lösung abgeschieden werden, größer als diejenige von Nickelniederschlägen gleichen Feinheitsgrades, die aus ammoniumfreier, aber natriumsulfathaltiger Lösung hergestellt werden. Die ersteren enthalten besonders große Mengen kleiner Einschlüsse, vermutlich solcher, die aus kolloidalen, teilweise reduzierten Hydroxyden oder Komplexverbindungen bestehen (Näheres darüber siehe II. Teil, Abschnitt Nickel).

Bei Metallen, welche durch aufgenommenen Wasserstoff spröder werden (Fe, Co, Ni, Cu usf.), bewirken dies alle Maßnahmen, welche die Wasserstoffaufnahme erleichtern. Bei den Metallen der Eisengruppe (besonders beim Nickel) ist der Einfluß anwesenden Metallhydroxyds im Kathodenfilm bei höherem P_H ausschlaggebend, er überwiegt den Einfluß der Momente, welche die Wasserstoffaufnahme befördern. Außerdem sind spezifische Wirkungen und solche mitabgeschiedener kleiner Mengen fremder Metalle (z. B. Co, Ni) zu berücksichtigen.

Blum und Rawdon haben es wohl als erste versucht,[1] die verschiedenen Abscheidungsformen der Metalle zu klassifizieren und in ein Schema zu bringen. Sie gingen dabei von dem glücklichen Gedanken aus, die Formenbildungen darnach einzuteilen, ob sämtliche, ob nur ein Teil oder ob gar keine Kristallkeime bei fortschreitender Niederschlagsbildung weiter wachsen.

In diesem Einteilungsprinzip findet die Tatsache, daß die Formverschiedenheiten nur solche des Grades sind, sinngemäßen Ausdruck. Den allgemeinen Fall bildet das Fortwachsen eines Teiles der Kristallkeime, das Fortwachsen sämtlicher oder gar keiner Keime stellen Grenzfälle dar.

Fassen wir zunächst den Fall ins Auge, daß sämtliche Kristallkeime fortwachsen, so gelangen wir zur Vorstellung, daß sie bei Ausschluß von Störungen senkrecht zur Kathode in Fadenform, etwa wie die Halme eines Feldes aufschießen, in welchem jedes Saatkorn aufgeht. Mit Abnahme der Zahl der Keime, welche fortwachsen, wird die äußerst feine, fadenförmige Struktur nach und nach, oder auch sprungweise in folgender ungefährer Reihenfolge verändert:[2]

---

[1] Trans. Amer. electrochem. Soc. XLIV, 397 (1923).

[2] Blum und Rawdon wählten selbst allerdings eine Art der Einteilung, welche von der hier gewählten verschieden ist: Sie unterscheiden drei Gruppen von Abscheidungsformen:

I. Einzelkristalle,
II. kristallinisches Gefüge,
III. mikrokristalline Abscheidung

und sie stellen fest, daß die Strukturgruppen sich bei Änderungen der Arbeitsbedingungen nach folgendem Schema verschieben:

Änderung der Arbeitsbedingungen	Reihenfolge der Strukturgruppen		
1. Wachsende Metallkonzentration einschließlich fremder Metallsalze oder Neutralsalze	III	II	I
2. Zunehmende Bewegung	III	II	I
3. Temperatursteigerung	III	II	I
4. Erhöhung der Leitfähigkeit	III	II	I

Diese vier Variabeln verbessern die Struktur bei abnehmender Polarisation. Blum führt noch die folgenden drei Variabeln auf, welche die Polarisation erhöhen und die nach folgendem Schema wirken:

5. Zusatz von Kolloiden	I	II	III
6. Erhöhung der Viskosität	I	II	III
7. Erhöhung der Stromdichte	I	II	III

1. Dicht aneinander geschlossene feinste Fäden.

2. Faserförmiges, dichtes Gefüge.

3. Säulenförmige Struktur.

4. Konisch sich verbreitende bis pilzförmige Struktur.	4 a. Dendriten.	4 b. Haufwerk von Kristallnadeln.
5. Unregelmäßige gröbere Struktur mit gegenseitiger Störung des Kristallwachstums.		5 b. Kristalliner Schwamm.

6. Vereinzelte Kristallnadeln.

7. Feinkörnigste bis pulverförmige Abscheidung in dichter oder lockerer Form. (In dichter Form: bei Heranziehung von Metallionenkonzentrationen unter $1{,}10^{-6}$ — Komplexsalzen — bei Zusatz stark wirkender Kolloide, sehr starker mechanischer Glättung, zuweilen durch Wasserstoffentwicklung usf.)

Beide Grenzfälle: das Fortwachsen aller oder gar keiner Keime führen zur Metallabscheidung in sehr feiner Verteilung, in gewissem Sinne schließt sich also der Kreis. Alle Faktoren, die das Wachstum der Kristalle befördern, rufen Verschiebungen in Richtung der steigenden Zahlen hervor. Dann setzt ein jäher Sprung ein: von den extremen Fällen 5, 6, in welchen sich die Weiterbildung auf das Wachstum ganz vereinzelter Kristalle konzentriert und die gröbste Abscheidungsform herbeiführt, zum anderen Extrem 7, in welchem die Fortbildung von Kristallkeimen scheinbar aufhört, und bei diesem letzten Schritte der feinsten, bei oberflächlicher Betrachtung strukturlos scheinenden Form weicht.

Auch in ihren feinsten Strukturformen dürfte das Aufhören der Fortbildung von Kristallkeimen nur scheinbar, also nur dem Grade nach verschieden sein; denn selbst in Kupferniederschlägen, welche in dickerer Schicht aus Kupferzyanidlösungen hergestellt sind, in stärkeren, etwa 1 bis 2 mm dicken Chromniederschlägen[1] findet man unverkennbar kristallines faserförmiges Gefüge.

Man hat bisher kein Metall in allen hier aufgeführten zehn Formarten bei der Elektrolyse abscheiden können; die stärksten Hilfsmittel, über die wir verfügen, das Wachstum von Kristallen zu verhindern (stark wirksame Kolloide, weitgehende Komplexbildung u. dgl.), führen meist von den anderen Abscheidungsformen sprungweise in Form 7 über, in der fast alle Metalle, ein Teil von ihnen freilich nur aus bestimmten Klassen ihrer Salzlösungen, oder unter Zuhilfenahme von Kolloiden, oder von mechanischen Hilfsmitteln herstellbar sind.

Milder wirkende Hilfsmittel, das Kristallwachstum zu erschweren, wie: Steigerung der Stromdichte, Verringerung des Dissoziationsgrades

[1] Letzteres nach mündlicher, durch Mikrophotographien bestärkter Mitteilung Herrn M. Cymbolistes.

durch gleichionige Zusätze, Herabsetzung der Arbeitstemperatur u. dgl. m. vermögen es in manchen Fällen, die Abscheidungsform tatsächlich so zu beeinflussen, daß sie der Reihe nach mehrere Stufen von 6b bis 1 durchläuft, ohne daß man von einer Klasse von Lösungen zu einer ganz anderen übergehen müßte, etwa von Lösungen einfacher zu solchen komplexer Salze.

Die Fähigkeit, Dendriten oder lange vereinzelte (gerade oder gefiederte) Kristallnadeln zu bilden, scheinen nicht alle Metalle zu besitzen, wenigstens ist die Tendenz einiger Metalle in dieser Formart auszufallen, so gering, daß sie bei ihnen (z. B. bei Nickel, Eisen, Kobalt) nicht beobachtet wurde, während sie bei anderen (Silber, Blei, Zinn) sehr stark ausgesprochen ist. Andere Metalle, wie Platin, scheinen überhaupt träge Kristallbildner zu sein, während das Kupfer vielleicht von allen hier in Frage kommenden Metallen am besten befähigt ist, grobe Kristalle zu bilden.

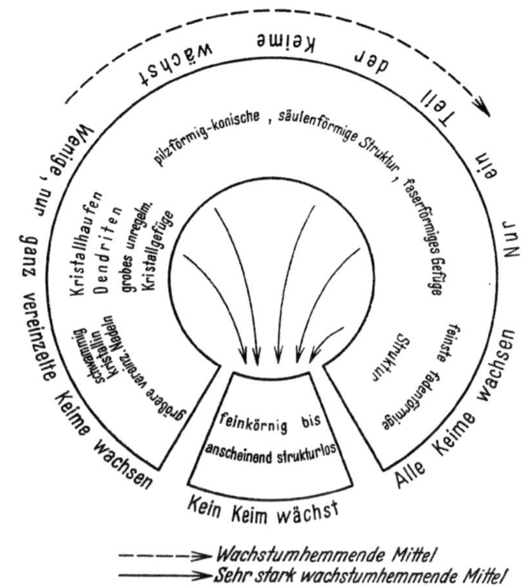

Abb. 51.

Auch die Tendenz, schwammähnliches Haufwerk kleinster Kriställchen zu bilden, ist nur bei vereinzelten Metallen sehr groß (z. B. Blei, Zinn, Zink), welche zwar leicht auch vereinzelte Nadeln, schwer aber Dendriten bilden, die z. B. für Silber aus Silbernitratlösung charakteristische Abscheidungsform.

So scheint es mehr von der Natur des Metalls und weniger von den Versuchsbedingungen abzuhängen, ob das Gefüge bei abnehmender Zahl fortwachsender Kristalle ein unregelmäßig grobes wird (wie bei Kupfer), ob die Metallabscheidung die Form eines Haufwerks einzelner Kristalle oder Dendritenform annimmt. Diese drei Strukturarten dürften einander koordiniert sein.

Beistehendes Schema (Abb. 51) sucht dies graphisch zu veranschaulichen; der gestrichelte Pfeil versinnlicht die Verschiebung, welche die Abscheidungsform durch mildere, das Kristallwachstum hindernde Mittel erfährt, die ausgezogenen Pfeile aber die sprunghafte Änderung, welche sehr starke derartige Hilfsmittel herbeiführen.

II. Spezieller Teil.

I. Korrosionsschutz und Haftintensität von Metallüberzügen.

Einfluß der chemischen Natur der Grundmetalle.

Die Kunst, Metallflächen auf galvanischem Wege mit dünnen Metallüberzügen zu versehen, die „Galvanostegie", hat am meisten dazu beigetragen, die Elektrochemie populär zu machen. Schon in den Vierzigerjahren des vorigen Jahrhunderts, lang vor der Erfindung der Dynamomaschine, begann sich die elektrolytische Vergoldung und Versilberung allgemeiner einzubürgern, sie wurde in Frankreich von Christofle, in England von Elkington und Wright, später in Deutschland von Werner v. Siemens eingeführt. Ihr folgte in England die Verkupferung, in Deutschland die Vernicklung, der Böttger 1842 in Frankfurt zuerst den Weg gebahnt haben dürfte.

Man sah lange Zeit, und nicht mit Unrecht, die Produkte der Galvanostegie als Surrogate an, die behandelten Gegenstände sollten nicht nur den Anschein erwecken, aus edlerem Material zu bestehen, sie sollten es auch mit einem geringeren Aufwand an Edelmetall bewerkstelligen und dies ging auf Kosten der Qualität und der Dauerhaftigkeit des Überzuges. Die Erzeugung fehlerhafter Produkte erhöhte noch das Mißtrauen, weil die Fehler, deren hauptsächliche in einer Porosität oder dem unzureichenden Haften des Überzuges an das Grundmetall zu suchen waren, erst nach längerer Zeit der Benützung in Erscheinung traten.

Gegenwärtig ist die Technik der galvanischen Herstellung von Metallüberzügen weniger darauf eingestellt, das Aussehen der Produkte zu verändern als ihre Beständigkeit zu erhöhen. Es ist geschätzt worden, daß jährlich etwa 20 Millionen Tonnen Eisen durch Rosten unbrauchbar gemacht werden und daß dadurch Werte zerstört werden, welche den jährlichen Flottenbau der Welt übersteigen.

Man versucht es, das Rosten von Eisen bzw. Stahl, dem wichtigsten unserer metallischen Werkstoffe, durch Veränderung seiner Zusammensetzung, durch Herstellung „nichtrostender" Stähle zu bekämpfen, aber dies gelingt nur unter erheblicher Verteuerung dieses Stoffes und einer Erschwerung seiner Bearbeitbarkeit und so findet die Maßnahme, Eisen und Stahl durch oberflächliches Aufbringen einer Schutzschicht vor Korrosion zu bewahren, noch die weiteste Verbreitung.

Jeder indifferente Überzug, welcher das Metall dauernd in lückenloser Schicht bedeckt, vermag die angestrebte Wirkung auszuüben. Erfahrungsgemäß entsprechen Überzüge aus organischen Stoffen (Ölen, Fetten), aus organischen und anorganischen Farben mit geeigneten Bindemitteln diesen Ansprüchen zwar durch kurze Zeit, niemals aber auf die Dauer, während metallische Überzüge etwas größere Beständigkeit aufweisen und unter geeigneten Umständen das Grundmetall noch durch elektrochemische Wirkung vor Angriff schützen.

Überzieht man ein Metall mit einem unedleren Metall oder bringt man beide Metalle nur miteinander in Kontakt, während sie dem Angriff einer Lösung ausgesetzt werden, so soll das unedlere Metall zuerst in Lösung gehen, es soll sich ein galvanisches Element bilden, in welchem das edlere Metall kathodisch polarisiert und dadurch vor Korrosion geschützt wird. Ein Überzug aus unedlerem Metall sollte daher das darunterliegende edlere Metall auch dann vor Korrosion schützen, wenn er keine völlig zusammenhängende Schicht bildet, sondern porös oder löcherig ist.

Die Erfahrung lehrt, daß dies durchaus nicht immer der Fall ist; so schützt das viel unedlere Aluminium edleres Eisen nicht oder nur sehr unvollständig vor Korrosion, während es durch Zink, das weit edler ist als Aluminium, recht gut geschützt wird. Um die Schutzwirkung auszuüben, genügt es eben nicht, daß das Metall, welches den Schutz übernehmen soll, an sich unedler sei, es muß auch wirklich leichter in Lösung gehen und dies ist z. B. dann nicht der Fall, wenn es durch Passivität daran gehindert wird oder wenn es sich (wie Al) sofort beim ersten Angriff mit einer hauchdünnen Oxydhaut überzieht, die es vor weiterem Angriff schützt oder diesen zumindest stark hemmt.

Die Zahl der unedlen Metalle, welche unter allen Umständen sicheren Korrosionsschutz bieten, wird dadurch von vornherein sehr eingeschränkt und der Schutz, den sie ausüben, ist auch bei ihnen von längerer Dauer, wenn sie das Grundmetall in lückenloser Schicht überziehen; denn sie verhindern die Korrosion des Grundmetalls nur, indem sie sich selbst aufzehren, und dies geht viel schneller vor sich, wenn aus Grundmetall und Überzugsmetall gebildete Lokalelemente vorliegen, als wenn das angreifende Mittel bloß auf das reine unedle Überzugsmetall trifft.

Gelänge es, völlig dichte Metallüberzüge herzustellen, die absolut festhaften, so müßten schon hauchdünne Schichten sicheren Abschluß herbeiführen und das Grundmetall schützen, solange sie unverletzt bleiben. Leider sind Metallüberzüge, mögen sie nach dem Tauch-, dem Spritzverfahren, durch Zementieren oder auf galvanischem Wege hergestellt sein, niemals völlig dicht und sie üben deshalb erst dann hinreichende Schutzwirkung aus, wenn man sie in einer Schichtdicke anwendet, die um so größer sein muß, je weniger dicht und lückenlos sie sind.

Einfluß auf den Grad des Korrosionsschutzes, den ein Überzug bietet, spielt auch seine Härte. So ist z. B. der sonst so gute Schutz durch Überzüge aus Cadmium- oder Bleimetall bei Gegenständen, welche einer mechanischen Abnützung unterworfen sind, oft von kurzer Dauer (besonders an Kanten oder Spitzen). Man hat es versucht, diesem Mangel durch Aufbringen einer weiteren Schicht aus hartem Metall, z. B. aus Nickel, abzuhelfen. Die erhoffte Verbesserung blieb aber aus, im Gegenteil, die Nickelschicht beschleunigte nur die Zerstörung, weil sie in den geringen Schichtstärken, die zur Anwendung gelangen können, doch stets von kleinen Löchern durchsetzt ist, durch welche hindurch das Cadmium angegriffen wird. Die Nickelschicht beschleunigt dabei, als edleres Metall, das mit dem Cadmium Lokalelemente bildet, in welchen das Cadmium Lösungselektrode wird, die Korrosion des Cadmiums. Dieses verschwindet nicht nur schneller, auch der Zusammenhang der verschiedenen Metallschichten wird gelockert, es entstehen Fugen, Spalten, Blasen, Hohlräume, in welche korrodierende Agentien eindringen und schließlich auf das Grundmetall einwirken.

Nur ein harter Überzug aus Metall, welches noch unedler ist, könnte hier helfen, doch wäre ein solcher wenig haltbar. Auch unporöse, nicht leitende Überzüge, die sehr fest haften und hart genug sind, wären nützlich; doch kennt man erst wenige derartige Stoffe, welche entsprechen können.

Die Dauerhaftigkeit des Schutzes wird auch von dem Grade der Intensität bestimmt, mit welchem der Überzug auf dem Grundmetall haftet; derselbe muß sehr groß sein, um eine stellenweise Lockerung oder Lösung des Verbandes bei mechanischer oder thermischer Beanspruchung mit Sicherheit zu verhindern, die abermals zu Riß- und Spaltenbildung führt und der Korrosion Wege öffnet.

Einfluß der Wärmeausdehnung und der Vorbehandlung.

Ein besonderer Vorzug metallischer Schutzüberzüge besteht eben auch darin, daß die Wärmeausdehnungskoeffizienten der Metalle, welche man miteinander verbindet, von gleicher Größenordnung sind[1] und daß

[1] Die linearen Wärmeausdehnungskoeffizienten der wichtigsten Überzugs- bzw. Grundmetalle sind:

Chrom	0,0000084
Eisen und Stahl	0,0000108—0,0000120
Nickel	0,0000130
Kupfer	0,0000169
Silber	0,0000190
Aluminium	0,0000238
Zinn	0,0000270
Blei	0,0000293
Zink	0,0000297
Cadmium	0,0000297

die unvermeidlichen Temperaturschwankungen deshalb nicht so leicht zu Schäden führen, wie es z. B. bei Farbanstrichen, Überzügen aus Oxyden u. dgl. der Fall ist; auch sind metallische Überzüge bei sachgemäßer Herstellungsweise duktil und gegen nicht zu weitgehende Ausdehnungen völlig widerstandsfähig.

Diese Eigenschaften metallischer Überzüge sind in allen Fällen wertvoll, in welchen der Überzug aus dem unedleren Metall besteht, sie sind für die Haltbarkeit des Produktes aber geradezu unerläßlich, wenn das Überzugsmetall das edlere ist, z. B. bei verkupfertem Eisen oder Stahl.

Die Haftfestigkeit, die sich erzielen läßt, hängt in hohem Grade von der richtigen Vorbehandlung bzw. der Vorreinigung der zu überziehenden Metalloberflächen ab, nur auf ganz reinem Metall erreicht man das Optimum (s. Abschnitt Vorbehandlung).

Nicht jedes Metall, das blank erscheint, ist aber rein, unsichtbare Spuren von Fremdkörpern, die an seiner Oberfläche haften, bleiben unschädlich, wenn sie sich restlos entfernen lassen, sie beeinträchtigen aber das Haftvermögen von metallischen Überzügen, wenn sie sich nicht leicht entfernen lassen.

Eine Klasse von Substanzen, welche die Haftintensität sehr stark verringern und sich nur sehr schwer entfernen lassen, bilden z. B. gewisse Kolloide, insbesondere Proteine.

Jacquet hat gezeigt,[1] daß manche Kolloide schon in kleinsten Spuren wirksam sind. Er erhielt schlechthaftende Niederschläge auf Kupferblechen, welche er nach sorgfältiger Entfettung und Reinigung 30 Sekunden lang in Kolloidlösungen tauchte, dann sorgfältig abspülte, ehe er sie im gewöhnlichen Kupferbade verkupferte, wenn die Tauchlösung bloß

4 mg Serumalbumin, oder
15 „ Kaseinpepton,
20 „ Natriumkaseinat,
25 „ Gelatine,
30 „ Ovalbumin im Liter enthielt.

Ein Kupferüberzug von 5 mm Breite ließ sich durch eine Belastung von 1000 bis 1200 g abheben, wenn die Kathode in eine Lösung von 7,5 mg, von 400 g, wenn die Kathode in eine Lösung von 15 mg, von 90 g, wenn die Kathode in eine Lösung von 40 mg, von 10 bis 20 g, wenn die Kathode in eine Lösung von 60 mg Serumalbumin im Liter getaucht worden war.

Ebenso überraschend als der hohe Grad der Wirkung so kleiner Mengen ist die Hartnäckigkeit, mit welcher die Wirkung anhält, sie

[1] Compt. rend. CXCVI, 921 (1933).

wird nicht aufgehoben, wenn man die Kathode vor der Verwendung auskocht, ja nicht einmal dann, wenn man einen erst darauf erzeugten Kupferniederschlag abreißt. Auch ein zweiter haftet wieder schlecht.

Selbst Spuren stark adsorbierbarer Kolloide, die in Lösungen, in Waschwässern o. dgl. enthalten sind, können dazu führen, daß die auf elektrolytischem Wege hergestellten Metallüberzüge schlecht haften, aus kolloidhaltigen Elektrolyten niedergeschlagene Metalle haften gleichfalls schlechter. Praktisch ohne Wirkung bleiben Kolloide oder hochmolekulare organische Substanzen, welche keine nennenswerte Schutzwirkung auf Goldsole ausüben, das sind gewöhnlich solche, die Hydroxylgruppen enthalten, Kohlehydrate u. dgl. Wie wirksam schwache adsorbierte Kolloidschichten das darunter liegende Metall abschirmen, zeigt auch die Beobachtung Zsigmondys,[1] daß sich Gold nicht amalgamieren läßt, wenn man es vorher in eine Gelatinelösung taucht und dann abspült.

Ähnlich wie adsorbierte hauchdünne Kolloidschichten wirken dünne Schichten von isolierenden Stoffen, Fetten u. dgl., sie verhindern die Bildung von Niederschlägen ebensowenig wie Kolloide, wenn sie dünn genug sind, aber die gebildeten, meist gut aussehenden Überzüge haften nur schwach oder gar nicht, weil sie nur durch dünne Metallbrücken mit dem Grundmetall verbunden sind.[2]

Auch an reinen Metalloberflächen bilden sich aber bei ihrer Berührung mit Luft, mit Lösungen Schichten von Stoffen, welche das Haften von elektrolytischen Metallniederschlägen vereiteln können, wenn man keine geeigneten Vorkehrungen trifft.

So haftet Nickel auf Eisen bei richtiger Ausführung der Elektrolyse so fest, daß es sich in der Regel vom Stahl oder Eisen nicht abreißen läßt, ohne Teile des Grundmetalls mitzureißen. Andere Metalle haften aber weniger fest aneinander; so ist das Haftvermögen von Blei an Eisen ganz bedeutend geringer und an Kupfer so schwach, daß man dieses, um eine bessere Verbindung zu erhalten, vor dem Verbleien verzinnt, vernickelt oder mit Elektrolyteisen überzieht. Hier bildet das geringe Lösungsvermögen des Kupfers für Wasserstoff vielleicht eine Erklärung, während in anderen Fällen Oxydhäute vorliegen mögen.

Schlecht haftende Niederschläge erhält man an unedlen Metallen, wie Zink, Aluminium, auch Eisen in jenen Fällen, in welchen das betreffende Grundmetall schon ohne Stromwirkung unedlere, in der Lösung enthaltene Metalle ausfällt. Die durch einen derartigen Zementationsprozeß ausgefällten Metalle haften niemals fest, vielleicht, weil ihre Entladung nicht unmittelbar an der Oberfläche des unedleren Metalls, sondern erst in molekularem Abstand von derselben erfolgt, bei sehr schneller

[1] Kolloidchemie I, 230 (1925).
[2] cf. Marie u. Thon, l. c.

Ausfällung wohl aber hauptsächlich infolge zu weitgehender Verarmung des am Metall haftenden Lösungsfilms und zu reichlicher Mitabscheidung von Wasserstoff.

Manche sind der Ansicht, daß eine wirklich innige Verbindung nur dann erzielt wird, wenn sich die zwei Metalle miteinander legieren — daß sich an den Grenzflächen selbst bei den niederen Temperaturen, bei welchen die Elektrolyse durchgeführt wird, wirklich Legierungen bilden können, wird durch viele Beobachtungen wahrscheinlich gemacht — andere vertreten den entgegengesetzten Standpunkt, daß die Verbindung eine besonders gute ist, wenn bloß Adhäsionskräfte von Metall- zu Metallatom ohne Legierungsbildung ins Spiel treten. Ausschlaggebend dürfte im letzteren Falle sein, ob die entladenen Metallionen ins Gitter eintreten.

Jedenfalls ist die Natur des Gegenparts erfahrungsgemäß oft ausschlaggebend, wir verfügen aber noch über kein hinreichend sicheres Beobachtungs- und Tatsachenmaterial, um wohldefinierte Angaben darüber machen zu können oder gar solche, die sich verallgemeinern ließen.

Erschwert wird die Beobachtung und die Ermittlung von Gesetzmäßigkeiten noch dadurch, daß sich die Metalloberflächen während der Operation so leicht verändern. So haftet Elektrolyteisen auf gut vorgereinigtem Eisen so fest, daß es mit dem Grundmetall geradezu ein einheitliches Ganzes bildet. Unterbricht man aber die Elektrolyse nur durch kurze Zeit, so haftet neuerdings niedergeschlagenes Elektrolyteisen nur schlecht auf der erst niedergeschlagenen Schicht. Ebenso haften Nickelniederschläge nur schlecht aneinander, bilden sogar oft einzelne voneinander abblätternde Schichten. Das Schliffbild solcher Niederschläge läßt Trennungslinien zwischen den einzelnen aufeinanderfolgenden Metallschichten erkennen, welche sich in eine Reihe von Blasen auflösen, die kreisförmigen Querschnitt aufweisen, wenn man sie einer Erhitzung unterwirft, bei welcher das Metall rekristallisiert. Billiter nimmt an, daß die Trennungsschichten aus Metalloxyd[1] bestehen, welches mit dem im Elektrolytmetall eingeschlossenen Wasserstoff — (über dessen Nachweis s. S. 13) — bei der Erhitzung Wasser bildet, das sich in Dampfblasen sammelt und an die Korngrenzen gedrängt wird, während das Metall rekristallisiert. Nach der Rekristallisation haften die einzelnen Schichten wieder fest aneinander, wenn diese derart vor sich geht, daß neu gebildete Kristalle die Trennlinien völlig durchwachsen. Das Schliffbild läßt dann Reste dieser Trennlinien in einzelnen Kristallindividuen erkennen, welche an den Orten entstanden sind, durch die sich diese Trennlinien vor der Rekristallisation zogen. Nach zu langen Stromunter-

[1] Eine frühere Annahme Billiters (Z. Elektrochem. XXXVII, 736 [1931]), daß adsorbierter Wasserstoff vorliege, beruhte auf einem Irrtum.

brechungen findet eine derartige Durchwachsung nur schwer oder gar nicht mehr statt, sei es, daß die Oxydschicht zu stark geworden ist, sei es, daß nicht mehr genug Wasserstoff in ihrer Nähe zur Dampfbildung vorhanden geblieben ist. Ist aber genug Wasserstoff vorhanden, so kann es zur Bildung größerer klaffender Hohlräume kommen (s. Abb. 40, S. 74).

Diese letzteren Erscheinungen beobachtet man, wenn auch in weniger weitgehendem Grade, an Kupfer, das in einzelnen Schichten periodisch übereinander niedergeschlagen wird (s. Abb. 18, S. 30). Bei diesem Metalle hat Billiter die Gegenwart von Kupferoxydul nach der Methode v. Schwartz durch Mikro-Autochromaufnahmen im Bilde[1] nachweisen können und ferner auch die Tatsache, daß diese Schichten es sind, welche sich bei der Rekristallisation in kugelförmige Blasen auflösen. Einzelne, durch derartige dünne Kupferoxydulschichten voneinander getrennte Kupferschichten haften gewöhnlich noch verhältnismäßig gut aneinander, solange man sie keiner größeren Beanspruchung aussetzt, tut man dies aber, so bemerkt man doch stets verminderten Zusammenhang. Befördert man die Oxydulbildung durch langen Kontakt mit Luft oder durch schwache Erhitzung, durch Reibung o. dgl., so kommt es auch hier zur Bildung von Hohlräumen bei nachträglicher Erhitzung, das Kupfer wird blasig, löst sich in Schichten ab usw., wie man dies z. B. oft an überglättetem Kupfer beobachtet (s. Abb. 40).

Die Fehler werden durch die nachträgliche Erhitzung verstärkt, durch die gleichzeitige Dampfbildung kenntlicher gemacht, sie sind aber schon vor der Nachbehandlung im Metall vorhanden und bilden Stellen geringerer Widerstandskraft.

Sonderbar ist es, daß der Zusammenhang wesentlich verbessert wird, wenn man nicht Nickel auf Nickel, Kupfer auf Kupfer, sondern abwechselnd Kupfer auf Nickel, dann Nickel auf Kupfer niederschlägt, obwohl es dabei sicher nicht — soweit man dies wenigstens nach der Untersuchung mit X-Strahlen feststellen kann — zu Legierungsbildungen kommt. Die dünnen Oxydschichten, welche das Nickel bedecken und das Anhaften der folgenden Schicht Nickels erschweren, verhindern das gute Haften einer Kupferschicht also nicht — ein weiteres Beispiel für die Rolle, welche der Gegenpart in derartigen Fällen spielt.

An vielen Metallen haften von Haus aus derartige oder ähnliche hauchdünne Oberflächenschichten aus Oxyden und beeinflussen nicht nur die Haftintensität darauf niedergeschlagenen Elektrolytmetalls, sondern oft auch die Abscheidungsform desselben, die Zusammensetzung der Lösung übt auch zuweilen großen Einfluß, was ja nicht weiter wundernehmen kann, seitdem die Beeinflussung der Kristallbildung

[1] Der Verlag hat die Wiedergabe dieser Farbtafel aus Ersparungsrücksichten abgelehnt.

und des Kristallwachstums durch die Freilegung die Struktur und die Beschaffenheit des Kathodenmetalls zu einer geläufigen Erscheinung geworden ist.

So erklärt es sich, daß nicht jedes Grundmetall zur Aufnahme bestimmter Metallniederschläge geeignet ist und daß manche derselben erst einer besonderen Vorbehandlung bedürfen, durch welche sie von ihrer Oberflächenhaut befreit und etwa durch Spuren eines darauf gefällten Fremdmetalls vor Wiederbildung derselben geschützt werden. So läßt sich Aluminium nur dann gut vernickeln oder verchromen, wenn man es (etwa durch Behandlung mit Ätzalkali) von Oxydschichten befreit, dann durch Behandlung mit Eisenchlorid mit hauchdünner Eisenschicht bedeckt, welche die Wiederbildung der Oxydschicht erschwert. So haftet Nickel auf Nickel dann gut, wenn man dieses Metall erst in heißer konzentrierter Schwefelsäure behandelt (s. Abb. 52) und durch anodische Polarisation, durch Eintauchen in konzentrierte Salpetersäure oder dgl. derart passiviert, daß sich keine neue, wenn auch noch so dünne Oxydschicht vor der Aufnahme eines neuen Nickelniederschlages auf seiner Oberfläche bildet.

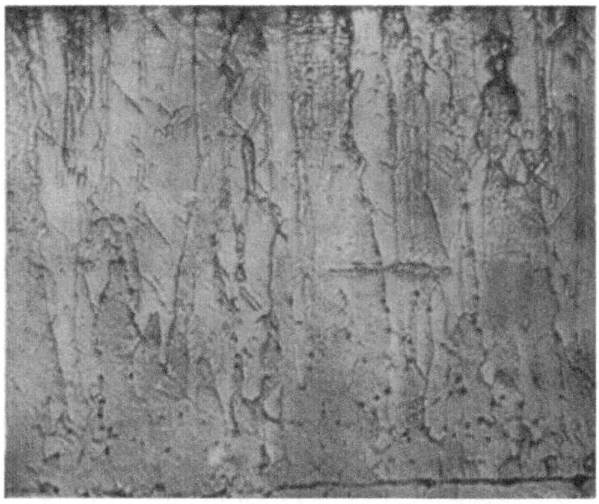

Abb. 52. 900fach. 6 einzeln aufeinander niederschlagene Schichten, jedesmal dazwischen der Luft ausgesetzt, vor Wiederaufnahme der Elektrolyse mit 65%iger H_2SO_4 behandelt. Trennungslinien waren nicht sichtbar und erschienen auch auf diesem Bilde nach halbstündiger Erhitzung auf 900° nicht (vgl. hingegen hierzu Abb. 75—77, S. 205 ff.).

Oft ist es aber keine Oxydschicht, welche das Haften vermindert, auch Wasserstoff kann verhindern, daß es zu einem innigen Zusammenhang kommt, kann in manchen Fällen sogar bewirken, daß ein schon vorhandener Zusammenhang verlorengeht oder wirkungslos wird.

Eine gute Illustration geben dazu die Untersuchungen, die Hothersall über das Haften von Nickelniederschlägen an Messing ausgeführt hat, insbesondere seine Beobachtung, daß das Haften des Überzugs dadurch vereitelt werden kann, daß der bei der Elektrolyse auftretende Wasserstoff das Grundmaterial (bzw. dessen Oberflächenschicht) spröde oder brüchig macht[1] (s. auch S. 14, 121).

[1] J. Electrodepositores Techn. Soc. London VII, 115, 190 (1931/32).

Es wird oft die Ansicht vertreten, daß galvanische Überzüge nur an aufgerauhten, nicht aber an ganz glatten Flächen festhaften. Eine mechanische Verankerung durch Ausfüllung rauher Vertiefungen festigt natürlich den Zusammenhang sonst nicht innig genug aneinander haftender Metalle, ohne aber einer an sich innigen Verbindung durch reine Adhäsion gleichzukommen oder sie ersetzen zu können. Die Aufrauhung bildet dann nur einen Notbehelf, der völlig überflüssig ist und den Zusammenhang nicht verbessert, wenn derselbe an sich ein wirklich guter ist.

Die glattesten Metalloberflächen, welche wir herstellen können, sind noch sehr uneben, wie ein Blick durch ein starkes Mikroskop dartut. An polierten Metallflächen haften elektrolytische Überzüge allerdings zuweilen nicht fest genug, nicht aber, weil die Oberflächen zu wenig aufgerauht sind, sondern weil sie Reste der Poliermittel zurückhalten oder weil sie beim Polieren oberflächlich schwache Oxydhäute o. dgl. aufgenommen haben, wie sie es (s. oben) auch tun, wenn man sie während der Elektrolyse mit Achaten zu stark glättet.

Leitende oder schlechtleitende Fremdpartikeln auf der Kathodenoberfläche (z. B. Graphit auf Gußeisen, Karbide, Oxyde o. dgl. auf Stahl) werden vom Elektrolytmetall schwerer oder gar nicht bedeckt, das Überzugsmetall haftet schlechter, es entstehen Poren, sei es, daß der Stromdurchgang durch die eingesprengten Partikeln erschwert wird, sei es, daß eine geringere Überspannung des Wasserstoffs (z. B. an Graphitpartikeln) die Metallabscheidung an ihnen verhindert.

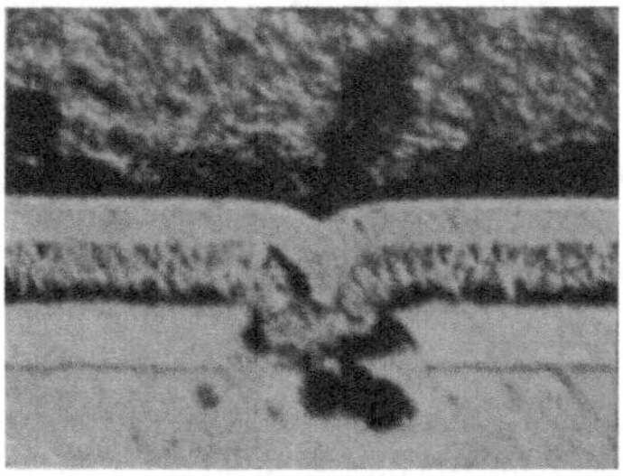

Abb. 53. Nach Portevin und Cymboliste (l. c.).

Letzteres wird bei Herstellung von Überzügen aus unedleren Metallen deutlicher als z. B. bei der Verkupferung. Darauf gründet sich zum Teile die Praxis, Werkstücke erst leicht zu verkupfern, ehe man Überzüge aus anderem Metall darauf herstellt. Kupfer zeichnet sich auch durch die Eigenschaft aus, kleine Lakunen — vielleicht infolge seines etwas gröberen, nicht, wie etwa bei Ni oder Fe, durch Kolloide verfeinerten Gefüges — leichter zu überbrücken, es ist deshalb oft nützlich, dünne Kupferschichten zwischen einzelnen Elektrolytmetalllagen einzuschieben, um Fehler zu korrigieren und den Korrosionsschutz wie die Haftintensität zu erhöhen (Abb. 53).

II. Vorbehandlung der Werkstücke.

Niemals weisen die Werkstücke von Haus aus eine reine Metalloberfläche auf, zuweilen sind sie auch zu rauh oder uneben und erfordern eine mechanische Vorbearbeitung, müssen gescheuert, geschliffen, poliert werden u. dgl. m. Selbst nach derartiger Bearbeitung (deren Beschreibung nicht in den Rahmen vorliegender Ausführungen einbezogen wird) wie nach einer Scheuerung im Sandstrahlgebläse (welche gewöhnlich nur an Gußstücken vorgenommen wird) oder dem „Kratzen" mit rotierenden Drahtbürsten sind die Metallflächen, und mögen sie noch so blank und glänzend aussehen, nicht rein genug, um ohne weiteres galvanisiert werden zu können. Man erzielt festhaftende, gleichmäßige Überzüge nur auf Metalloberflächen von viel höherem Reinheitsgrade, als er sich auf solchem Wege herstellen läßt.

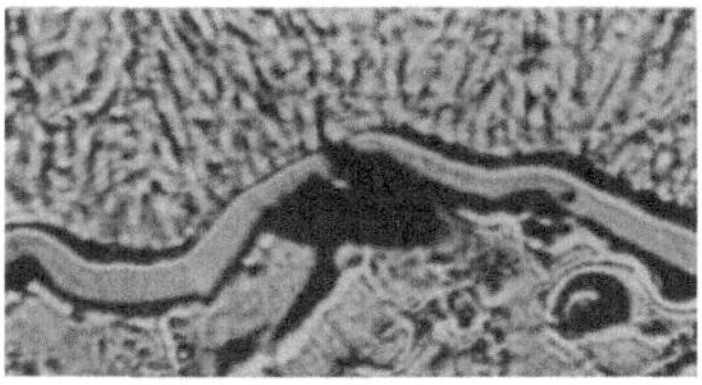

Abb. 54. 1000fach.[1] Ungenügend gereinigte Eisenoberfläche; der Ni-Niederschlag überbrückt diese Stelle, ohne am Fe aufzusitzen, der darauf folgende Cu-Niederschlag schließt die Brücke vollends, ohne das Haften verbessern zu können.

Darauf, daß alle Spuren von Verunreinigungen entfernt werden und nicht von neuem auf das Metall gelangen, ehe man es ins Bad bringt, kann nicht zuviel Sorgfalt verwendet werden; denn die überwiegende Mehrzahl aller Mißerfolge geht auf unzureichende Reinigung der Metalloberfläche zurück. Ihre restlose Bloßlegung ist viel schwieriger als man versucht wäre anzunehmen und man muß um so mehr Gewicht darauf legen, die Vorreinigung mit größter Gründlichkeit vorzunehmen, als man zur Zeit noch über kein sicheres Mittel verfügt, durch einfach auszuführende Prüfung festzustellen, ob die Metalloberfläche wirklich weit genug von Verunreinigungen befreit ist oder nicht.

Fett und Oxyde, Zunder, Rost usw. sind es vor allem, von denen man die Oberfläche befreien muß und man tut es auf chemischem Weg, indem man das Fett löst oder verseift, die Oxyde in Säuren löst, nach Tunlichkeit, ohne das Metall selbst stark anzugreifen. In einem einzigen Arbeitsgang läßt sich dies nicht gut durchführen und so beginnt meist die Reinigung mit der Entfettung; da auch die weiter folgenden chemischen Einwirkungen ohne vorangegangene Entfettung, welche die restlose Benetzung der Gesamtoberfläche erst ermöglicht, unvollständig bleiben würden.

[1] Aufnahme der Copperweld Steel Co.

Als Fettlösungsmittel kommen in Frage: Petroleum, Benzol, Toluol, Xylol usw., Benzin, Trichloräthylen, Gemische von Trichloräthylen mit Benzin. Letztere sind, sofern sie mindestens zur Hälfte aus Trichloräthylen bestehen, nicht brennbar.

Als Verseifungs- und Auflockerungsmittel: heiße Ätzalkalien, Soda- oder Pottaschelösungen. Tierische und pflanzliche Fette werden von diesen in lösliche Form überführt, aber die fast stets auch vorhandenen mineralischen Öle und Fette bleiben chemisch unverändert. Entstehen bei der Verseifung der tierischen und der Pflanzenfette genügende Mengen von Seifen, so werden sie durch diese emulgiert und also bis zu gewissem Grad entfernt. Vervollständigen läßt sich dies durch Zusatz von emulgierenden Mitteln wie Wasserglas, Borax, Kieselsäureester, Trinatriumphosphat u. dgl. m. und ganz besonders noch dadurch, daß man das Werkstück zur Kathode macht, also Wasserstoffbläschen an ihm entwickelt. In der alkalischen Lösung steigt der Wasserstoff in äußerst feinen Bläschen auf, welche das Emulgieren in sehr wirksamer Weise fördern; gleichzeitig bildet sich unmittelbar an der Kathodenoberfläche fortlaufend Ätzalkali, das die Verseifung vervollständigt.

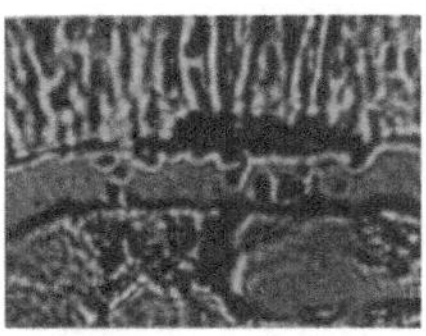
← Cu
← Ni
← Fe

Abb. 55. 1000fach.[1] Auf einer nicht ganz reinen Stelle der Fe-Oberfläche ist die Ni-Schicht porös geworden, die darauf niedergeschlagene Cu-Schicht sitzt am Ni nicht auf.

Um bei dieser „elektrolytischen" Entfettung ausgiebigen Effekt zu erzielen, ist es allerdings notwendig, Stromdichten von mindestens 1 Amp/qdm zur Anwendung zu bringen. Praktisch verwendet man mit Vorliebe viel höhere noch, etwa 2 bis 8 Amp/qdm, man wird aber dann oft durch die Gasentwicklung belästigt.

Nach Justh[2] sind Fehlerfolge nach der Entfettung oft darauf zurückzuführen, daß das Metall bei diesem Prozeß passiviert worden ist. Um seine Passivität zu beseitigen, empfiehlt er, es 1 Minute lang in 5%ige Salz- oder 2,5%ige Schwefelsäure zu tauchen und dann zu spülen.

Elektrolytische Entfettung, die zu lange fortgesetzt wurde, gibt zuweilen Anlaß zur Entstehung spröder Niederschläge.

Man solle nicht länger als $1^1/_2$ Minuten mit höchstens 6 bis 8 Volt Klemmenspannung elektrolytisch entfetten und darauf baldmöglichst galvanisieren, ohne vorher getrocknet zu haben.

Die Wirksamkeit der „elektrolytischen" Entfettung wird durch vorangegangene Behandlung in Seifenlösung, sulphonierte Ölsäure o. dgl.

[1] Aufnahme der Copperweld Steel Co.
[2] Oberflächentechnik X, 271 (1933).

erhöht und — wie vorgreifend bemerkt werden mag — ganz besonders auch durch gleichzeitige Metallabscheidung.

Für sich allein verwendet, weist Seife trotz hoher Emulgierkraft den Nachteil auf, sich nur äußerst schwer durch nachträgliches Spülen vom Werkstück wieder entfernen zu lassen. Glyzerin (das bei der Verseifung entsteht) kann noch schwerer durch Spülen und Waschen des Metallstücks beseitigt werden; Zusätze von glyzerinhaltigen Substanzen sind deshalb sehr schädlich. Kaliseifen, besonders solche aus ungesättigten Verbindungen, sind löslicher und eignen sich besser als Natronseifen, deshalb ist auch Pottasche wirksamer als Soda.

Verseifend wirken alle Substanzen, welche durch hydrolytische Spaltung Alkalinität erzeugen, wie Natriumsilikat, Aluminate u. dgl., sie liefern aber gleichzeitig auch kolloidale, oder wenigstens in äußerst feiner Verteilung suspendierte Kieselsäure bzw. Aluminiumhydroxyd, welche die Emulsionsbildung erfahrungsgemäß befördern. Die Temperatur soll dabei nahe dem Siedepunkt gehalten werden.

Daß Poren, Spalten, Vertiefungen Fett hartnäckiger zurückhalten und den Reinigungsprozeß erschweren, liegt auf der Hand. Besonders bei der Behandlung derartiger Materiale empfiehlt es sich, einen Zusatz von Phosphat vorzunehmen, weil Anteile, die von diesem in den Poren oder in Haarrissen zurückgehalten werden, dort die Bildung äußerst schwerlöslicher Metallphosphate hervorrufen, die nicht hygroskopisch sind und die Poren gleichsam auskitten.

Liegen dickere Fettschichten vor, so behandelt man wohl auch vor der eigentlichen Entfettung mit einer Aufschlämmung von sandfreiem gebranntem Kalk, Kreide, Magnesia oder Gemengen von Kalk mit feinstem Bimssteinpulver. Thomas und Blum[1] empfehlen die Verwendung dieses Gemisches besonders für die Behandlung von Eisen und Stahl vor der Vernicklung. Derartige mechanische Vorbehandlung erleichtert die nachfolgende Entfettung, sie erfordert aber Handarbeit, bringt die Gefahr mit sich, daß die Aufschlämmungen später nur unvollständig entfernt werden und daß die Metalloberfläche zerkratzt wird.

Großen Fettüberschuß durch Lösungsmittel zu entfernen, ist im allgemeinen vorsichtiger, aber auch die Entfettung durch Lösungsmittel ist, selbst wenn sie in der Hitze vorgenommen wird, unvollständig und hinterläßt nach dem Verdunsten des Lösungsmittels feine Reste, so daß ein Auskochen in Laugen fast immer unerläßlich ist, um eine weitgehende Entfettung zu gewährleisten.

Da die Fettschicht in vielen Fällen vorwiegend oder ausschließlich vom Schleifen und Polieren in der Werkstatt selbst herrührt, sollten

---

[1] Trans. Amer. electrochem. Soc. XLVIII, 60 (1925).

Galvanisierungsbetriebe dabei nur solche Fette verwenden, welche leicht zu verseifen sind und gut lösliche Seifen bilden.

Die Ätzalkalien sollten in nicht zu hoher Konzentration verwendet werden, weil sie die Löslichkeit der Seifen herabsetzen. Die Natur des zu reinigenden Metalls entscheidet auch hier oft über die Zweckmäßigkeit einer Arbeitsweise im einzelnen. Aluminium, Zink, Zinn und Blei werden von kaustischen Alkalien angegriffen, bei der Reinigung dieser Metalle hat man also nur schwach alkalische Flüssigkeit zu verwenden.

Während man früher Pottaschelösungen als ein Universalmittel ansah, bürgert sich jetzt die Verwendung milder wirkender Alkalien mit emulgierenden Zusätzen immer mehr ein. Der Zusatz von Trinatriumphosphat wird immer häufiger vorgenommen, weil er außer den genannten Vorzügen das Abspülen der gebildeten Emulsionen erleichtert. Derartige typische Gemische sind z. B.:

	$NaOH$	15 g/l	20 g/l	15 g/l	13 g/l[1]
oder	Na_2CO_3		60 „	40 „	40 „
	K_2CO_3	50 „			
	Na_3PO_4			15 „	13 „
oder	Na_2SiO_3			6—8 „	6,5 „
	$NaAlO_2$				
	$NaCN$				13 „

Zyanid passiviert Eisen und schützt es vor schneller Oxydation. Unmittelbar vor Einführung des Werkstücks in das Fällbad ist es oft nützlich. Weniger empfehlenswert erscheint dem Verfasser aber sein Zusatz zu Lösungen, mit welchen die Metalle vor einer Säurebehandlung in der Hitze behandelt werden.

Bei Massenproduktion und bei kontinuierlichen Betrieben verwendet man gewöhnlich zwei Bäder, im ersten Bade behandelt man das Metall mit heißer, sodahaltiger Seifenlösung und läßt das darin vorbehandelte Gut nach einer Spülung mit heißem Wasser meist in das eigentliche Entfettungsbad gelangen.

Im zweiten oder in einem dritten Bade wird das Metall vorteilhafterweise als Kathode (gegen Eisenanoden) geschaltet. Bei der kathodischen Behandlung von Stücken mit Lötstellen kann aus dem Lot Zinn, Zink und Blei auf das Werkstück elektrolytisch niedergeschlagen werden. Durch kurzes Umpolen kann der Fehler zwar behoben werden — man polarisiert etwa 3 bis 6 Minuten lang kathodisch, dann 10 bis 15 Sekunden lang anodisch —, doch ist eine solche Arbeitsweise recht unbequem.

Nach der Entfettung werden Eisenteile mit Säuren behandelt, „gebeizt", um die Oxydschichten vollständig zu entfernen, das reine

[1] Die zuletzt angeführte Zusammensetzung empfiehlt A. D. Weill, Electropl. and. Depos. Soc. London 1932, S. 157.

Metall bloßzulegen, ohne es in unangenehmer Weise aufzurauhen oder zu korrodieren. Die Behandlung wird mit verdünnter Schwefelsäure oder Salzsäure (10 bis 18%) in der Kälte oder bei erhöhter Temperatur vorgenommen.

Salzsäure ist teurer als Schwefelsäure, sie entwickelt beim Beizen leichter unangenehme Dämpfe, ihre Wirkung ist aber durchgreifend und gewöhnlich vollständiger.

Die Walzhaut von Eisenblechen und der stets daran haftende Rost bestehen aus Gemischen von Eisenoxyd und Eisenoxydul, und zwar sind in der Regel die Außenschichten oxydreicher als die dem Metall anliegenden Schichten, der Durchschnittsgehalt an Oxyd beträgt in diesen gewöhnlich mindestens 40%.

Diese Oxydschichten sind porös, die Säure durchsetzt sie und dringt bis zum Metall vor, das sie bedecken und an dem sie haften. Bei ihrem Durchgange löst sie aber auch einen größeren oder geringeren Teil dieser Oxydschicht auf. Mit geringstem Säureaufbrauch käme man aus, wenn die Säure bloß die Metallschicht auflösen würde, an der die Oxyde unmittelbar haften, die dann, ihrer Unterlage beraubt, abfallen würden, soweit sie nicht schon durch die Wasserstoffentwicklung abgesprengt werden. Das bloßgelegte Metall sollte aber nicht weiter von der Säure angegriffen werden.

In Wirklichkeit ist der Gewichtsverlust eiserner Werkstücke nach der Säurebehandlung tatsächlich immer größer als den in Lösung gegangenen Mengen entspricht, ein Teil der Oxyde fällt also regelmäßig beim Beizen ab, ohne in Lösung zu gehen. Andrerseits ist es gelungen, die Einwirkung der Säure auf das bloßgelegte Metall durch Verzögerer, „Inhibitoren", zu hemmen, so daß es bis zu gewissem Grade schon gelingt, die Säurewirkung zu lokalisieren, wie sie auch durch Änderung der Säurekonzentration und der Temperatur zu beeinflussen.

H. Bablik, der sich um die Klarlegung dieser Verhältnisse verdient gemacht hat, konnte feststellen, daß sich die Wirkung der Salzsäure von derjenigen der Schwefelsäure hauptsächlich dadurch unterscheidet, daß erstere vorwiegend auf die Oxyde einwirkt, dieselben löst, letztere aber fast nur das Eisen angreift.

Dieser Unterschied ist von großer praktischer Bedeutung, weil der beim Beizprozeß auftretende Wasserstoff vom Metall teilweise aufgenommen wird und seine Eigenschaften in sehr nachteiliger Weise beeinflußt, es spröde macht usf. Starke Säurewirkung auf das Metall führt also nicht nur zu einer Oberflächenkorrosion, sondern auch zu einer Schädigung des Metalls durch Wasserstoffaufnahme.

Änderung der Säurekonzentration und der Temperatur verschieben die Verhältnisse in folgender Weise:

Mit steigender Säurekonzentration steigt die Geschwindigkeit der

Einwirkung beider Säuren; während aber die Lösungsgeschwindigkeit der Salzsäure für Oxyde mit zunehmender Säurekonzentration bedeutend schneller zunimmt als für Eisen, bleibt die Auflösung des Metalls bei Schwefelsäure bei allen Konzentrationen die vorherrschende Reaktion und sie überwiegt um so stärker, je höher die Temperatur ist, bei welcher sie einwirkt. Da man mit Schwefelsäure meist bei gesteigerter Temperatur (etwa 40°) beizt, ist dies von großer Wichtigkeit.

Alles in allem genommen ist es leichter, mit Salzsäure (die man vorwiegend in der Kälte anwendet) Eisen und Stahl von Oxyden vollkommen zu befreien als mit Schwefelsäure (die man infolge ihrer langsameren Einwirkung gewöhnlich erwärmen muß). Salzsäure greift Eisen besonders in höherer Konzentration (10 bis 20%) weniger stark an als

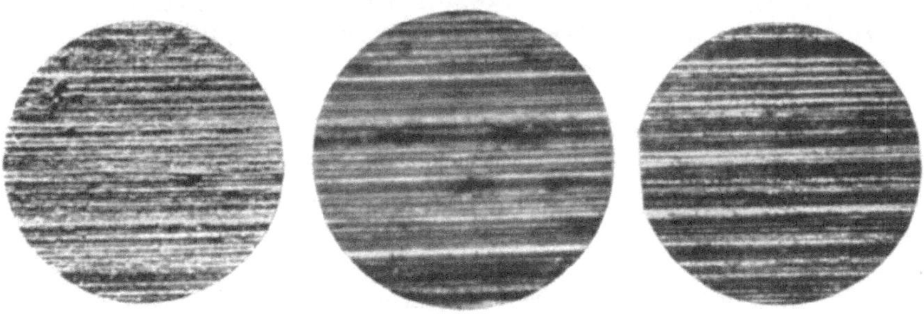

a b c

Abb. 56.

Schwefelsäure, sie bringt aber viel mehr Oxyde unter Säureaufbrauch in Lösung als letztere, deren Hauptwirkung darin besteht, die Oxyde dadurch abfallen zu lassen, daß sie sie ihrer Unterlage durch Eisenauflösung beraubt.

So entfernt nach Bablik 14%ige Schwefelsäure etwa 20mal soviel Oxyd durch solche mechanische Wirkung als 14%ige Salzsäure es tut.

Die Schwefelsäure arbeitet also sparsamer, wenngleich langsamer; durch Temperatursteigerung kann man ihre Einwirkung stark beschleunigen, steigert aber gleichzeitig die Korrosion.

Gerade bei dem Beizen mit Schwefelsäure ist es also wichtig geworden, daß es gelingt, die Einwirkung der Säure auf Eisen durch Inhibitoren stark einzudämmen. Ohne solche Zusätze ist das Beizen mit nicht verdünnter Salzsäure vorzuziehen, unter Anwendung von Inhibitoren kann man aber auch mit Schwefelsäure in der Hitze und in der Kälte sehr zufriedenstellende Resultate erzielen.

Der Vorteil dieser Verzögerer besteht darin, die Wasserstoffentwicklung zurückzudrängen und die Einwirkung der Säure auf bloßgelegtes Metall so sehr zu verzögern, daß auch eine etwas zu lange Behandlungsdauer keine schädliche Korrosion, keine zu weitgehende Aufrauhung des Metalls zur Folge hat und ferner darin, daß das Sprödwerden des Metalls durch Wasserstoffaufnahme entsprechend verringert wird.

Schon die alte Praxis, der Beize Ruß (Gas-, Lampen-, Kienruß) zuzusetzen, scheint nicht nur auf das Freimachen von etwas salpetriger

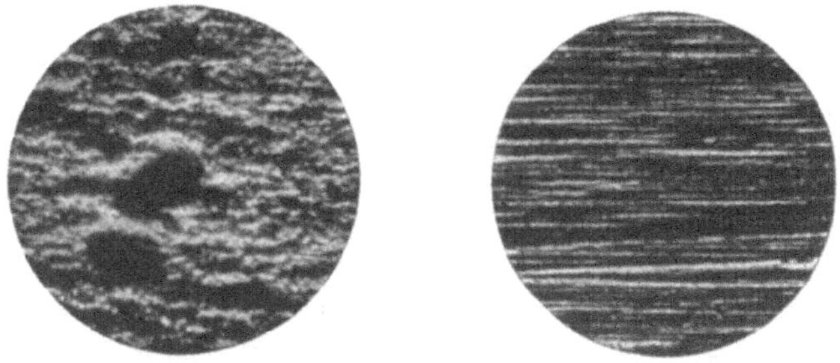

a b

Abb. 57.

Säure und auf Eindämmung der Entwicklung von Dämpfen, sondern auch auf eine verzögernde Wirkung des weiteren Angriffs bloßgelegten Metalls durch Säure begründet gewesen zu sein. Eine Reihe anderer Stoffe ist dann aufgefunden worden, welche letzteren Zweck mehr oder minder vollständig erfüllen: Pyridinderivate, Dextrin, Sulfitablauge

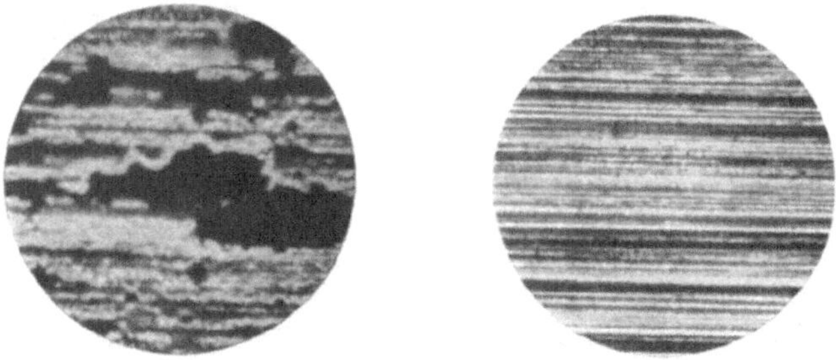

a b

Abb. 58.

und dergleichen mehr. In den Handel gelangen manche Präparate, meist unbekannter Zusammensetzung, welche diesen Zwecken dienen. Eines der ältesten dürfte Dr. Vogels Sparbeize sein, die besten sind aber — soweit ich aus eigener Erfahrung urteilen kann — die von der American Chemical Paint Co. in Ambler Pa. unter den Namen Rodine und Ridoline vertriebenen Präparate, deren wichtigster Bestandteil Triethenolamin sein soll,[1] ferner Thioharnstoff, Diorthotolylthioharnstoff usw.

[1] Nach mündlicher Mitteilung.

Die Schutzwirkung dieser Zusätze wird durch die Abb. 56—58[1] illustriert. Abb. 56a zeigt die polierte Fläche einer Stahlprobe mit 0,85 bis 0,95 C vor der Behandlung, Abb. 56b und 56c zeigen die Veränderung nach 5 Minuten Behandlung bei 94° in zirka 4%iger Schwefelsäure, 56b ohne, 56c mit Rodinezusatz, Abb. 57a ohne und 57b mit Rodine nach 15, Abb. 58a ohne und 58b mit Rodine nach 25 Minuten Einwirkung derselben Lösungen. Während Abb. 57a die starke Korrosionswirkung der freien Säure nach 15 Minuten auf den Stahl zu erkennen gibt, die bei Abb. 58a nach 25 Minuten zu so starken Vertiefungen führt, daß das Bild unter dem Mikroskop unscharf wird, zeigen die Abb. 57b und 58b kaum eine sichtbare Veränderung, das Metall ist ganz blank geworden, aber glatt geblieben.

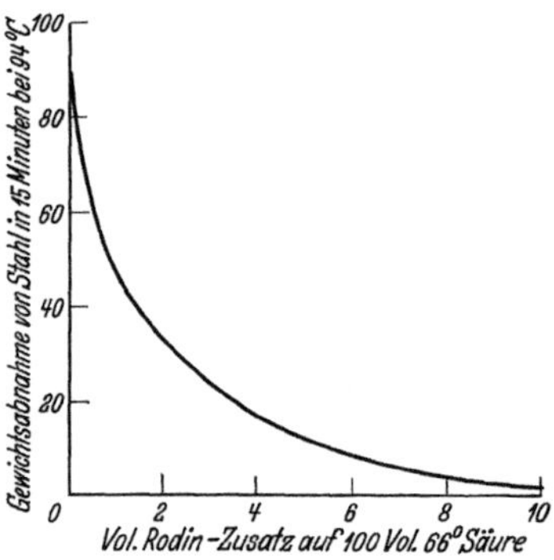

Abb. 59.

Abb. 59[1] führt vor Augen, wie schnell die Gasentwicklung bei Einwirkung von Schwefelsäure auf Eisen durch steigende Zusätze von Rodine zurückgeht. Auf der Ordinate ist das Gewichtsverhältnis gelösten Metalls zu entferntem Oxyd in Prozenten aufgetragen, auf der Abszisse die Vol.-% zugesetzten Rodines zu 66%iger Schwefelsäure. Die durch die Kurve veranschaulichte Beziehung hat Gültigkeit für 1- bis 20%ige Schwefelsäurelösungen.

Worauf die Wirkung der Inhibitoren zurückzuführen sein mag, ist noch nicht sicher festzustellen, allem Anscheine nach wird blankes Metall, nicht aber Oxyd durch eine adsorbierte hauchdünne Schicht vor direkter Berührung mit der Säure geschützt, welche auch die Überspannung bei der Wasserstoffentwicklung so weit steigern kann, daß es nicht zu einer solchen kommt. Jedenfalls wird das Metall sowohl in Schwefel- wie in Salzsäure vor Angriff geschützt, und zwar schon durch geringe Mengen zugesetzten Inhibitors. Um dauernd zu entsprechen, muß derselbe gegen Säure auch bei erhöhter Temperatur beständig sein, er soll den Verlauf des Prozesses nicht zu sehr verlangsamen und nachträglich leicht und restlos abzuspülen sein. Der Zeitaufwand wird freilich bei Verwendung von Inhibitoren immer etwas größer als ohne diese, weil auch die Oxydauflösung etwas verzögert wird; doch genügen die genannten Verzögerer den praktischen Erfordernissen vollauf.

---

[1] Von der American Chem. Paint Co.

Messing wird durchwegs mit salpetersäurehaltiger Säurebeize, einer „Gelbbrenne", behandelt, die sich auch gut für Kupfer verwenden läßt. Man setzt ihr gewöhnlich Ruß, Kienruß, Lampenruß o. dgl. zu, welcher eine Decke bildet und wie bei der Schwefelsäurebeize nicht nur infolge seiner Absorptionskraft für Gase günstig wirkt, sondern wohl durch die Wirkung gewisser organischer Substanzen, die er abgibt, auch gleichmäßigere Beizung und geringere Korrosion des Metalls herbeiführt.

Bessere Erfolge erzielt man bei Verwendung zweier „Gelbbrennen", einer „Vorbrenne" höherer, dann einer „Glanzbrenne" niedrigerer Konzentration. Diese Behandlung in zwei Operationen, welche unter allen Umständen zweckmäßig erscheint, ist geradezu notwendig, wenn die Messinggegenstände von vornherein oxydiert sind.

A. K. Graham, der die Wirkungsweise der einzelnen Bestandteile der Gelbbrennen näher untersucht hat,[1] empfiehlt folgende Zusammensetzungen anzuwenden:

	Spez. Gewicht	⁰ Bé	Vorbrenne		Glanzbrenne	
			g/l	ccm/l	g/l	ccm/l
H_2SO_4	1,84	66	700	380	800	435
HNO_3	1,38	44	100	72	100	72
HCl	1,17	20	5	4	25	2
H_2O	1		544	544	491	491
Weill (l. c. a. a. O.) empfiehlt dem Liter Wasser:						
H_2SO_4	1,84	66		1020		1065
HNO_3	1,38	44		195		176
HCl	1,17	20		15		5

zuzusetzen.

Diese Säurelösungen ändern freilich ihre Zusammensetzung im Gebrauch sehr schnell. Um ganz sicher zu gehen, sollte man von Zeit zu Zeit den Gehalt der Beize an den einzelnen Bestandteilen auf analytischem Wege kontrollieren und durch neuen Zusatz korrigieren. Dies ist nicht schwer, aber für die meisten galvanotechnischen Betriebe zu umständlich. Blum und Hogaboom empfehlen daher[2] folgende einfachere Methode, die Glanzbrenne zu regenerieren:

Arbeitet die Glanzbrenne nicht mehr gut, so mißt man zunächst ihre Dichte; ist dieselbe niedriger als 1,34 spezifisches Gewicht bzw. 37⁰ Bé, so fügt man ihr so viel Schwefelsäure zu, bis das spezifische Gewicht auf 1,41 bzw. auf 42⁰ Bé gestiegen ist, wartet, bis die durch den Säurezusatz erhitzte Lösung wieder abgekühlt ist und setzt so viel

[1] Trans. Amer. electrochem. Soc. LII, 289 (1927).

[2] Electroplating and Electroforming, 2. Aufl., S. 149 (1930).

konzentrierte Salpetersäure zu, bis eine Messingprobe beim Eintauchen wieder den gewünschten Glanz aufweist.

Von Zeit zu Zeit setzt man kleine Mengen Salzsäure zu.

Die alte Maßnahme, Ruß beizufügen, wird meist noch geübt.

Enthält die Beize zu viel Salzsäure, so wird das Messing mißfärbig, oder örtlich ungleich gefärbt, man fügt dann auf alle Fälle Ruß zu und schöpft ihn nach einiger Zeit von der Oberfläche ab. Offenbar adsorbiert er Salzsäure.

Salpetersäure, die hier bei der Vorbehandlung von Messing und Kupfer in Verwendung kommt, bildet auch ein wertvolles Agens bei der Vorbehandlung von Stahl, den es passiviert. Man fügt sie entweder der Säurebeize zu oder man bringt besser den abgebeizten und abgespülten Stahl kurz in Salpetersäure, ehe man ihn nach nochmaliger guter Spülung in das Fällbad einführt.

Eine andere Detailmaßnahme, Stahl und Eisen vor dem Rosten zu schützen, ehe sie ins Fällbad gelangen, besteht, wie schon kurz erwähnt, darin, sie in Alkalizyanidlösung einzutauchen. Diese Maßnahme hat sich bewährt, wenn man weiter in alkalischen Bädern arbeitet, sie ist aber beim Übergang in saure Bäder aus naheliegenden Gründen weniger beliebt.

Außer den genannten Säuren wird auch Flußsäure dort zur Anwendung gebracht, wo es sich um die Vorbehandlung von Metallgußstücken handelt oder von Stücken, die im Sandstrahlgebläse gescheuert wurden. Die Flußsäure dient dabei dem Zweck, Reste von Sand aufzulösen.

In solchen und ähnlichen Fällen kann man aber mit Vorteil die Vorbehandlung durch eine Vorverkupferung oder Vorverbleiung abschließen.

Ein typisches Elektro-Kupfer-Reinigungsbad besteht z. B. aus:

NaOH	50 g/l
NaCN	50 „
Na_2CO_3	40 „
$KCuCy_2$	15 „
Na_2SiO_3	6 „

Man arbeitet kurze Zeit mit Stromdichten von etwa 3 Amp/qdm. Bei so hoher Stromdichte erzielt man keinen tadellosen Kupferüberzug, das Kupfer soll auch nur eine hauchdünne Schutzschicht bilden. Einer der Hauptvorteile besteht darin, daß schlecht vorgereinigte Stellen bei dieser Behandlung leicht erkennbar werden, so daß man eine Kontrolle für die Vorreinigung gewinnt, die sich besonders bei weichen Metallen wie Zinn und Blei gut anwenden läßt.

Der Wunsch, die erzielte Reinheit der Metalloberfläche beim Reinigungsprozeß selbst durch Augenschein bis zu gewissem Grade prüfen zu können, veranlaßte Bullard-Dunn[1], einen Arbeitsgang auszubilden, in welchem sie auf die Werkstücke erst Blei elektrolytisch niederschlagen, dann vom Werkstück wieder entfernen.

Es wird zunächst, wie üblich, eventuell unter Anwendung kathodischer Polarisation, durch Abkochen im alkalischen Bad entfettet. Nach dem Abspülen wird das Werkstück gegen Bleianoden in ein Bad, das durch Einbringen von

NaCl..................	5 g
H_2SO_4 (66° Bé)	100 ccm
HCl (20° Bé)	30—35 ,,

im Liter Wasser hergestellt wurde, als Kathode mit einer Strombelastung von 6 bis 7 Amp/qdm bei 70 bis 80° C eingehängt. Der entwickelte Wasserstoff soll Reste von Oxydschichten absprengen, das bloßgelegte Metall überzieht sich mit einer dünnen Bleischicht. Diese Bleischicht soll zunächst das Vorhandensein der blanken Metallschicht erkennbar machen — denn nur auf dieser schlägt sie sich gut nieder —, das Grundmetall aber gleichzeitig von fernerem Säureangriff schützen. Sie soll also einerseits als Indikator, andrerseits als Inhibitor dienen.

Vor dem Einhängen des Werkstücks in das Fällbad muß die Bleischicht aber wieder entfernt werden. Dies nimmt man in einem Bade vor, dessen Zusammensetzung etwa die der alkalischen Entfettungsbäder ist und in dem das Werkstück gegen Eisenkathode als Anode eingehängt wird.

Die Ansichten über den Wert des noch jungen Bullard-Dunn-Prozesses sind noch geteilt. Soweit Verfasser aus eigener Erfahrung urteilen kann, gehört er nicht zu den Anhängern dieses Systems, das aber viele Freunde erworben hat.

Die abwechselnde kathodische, dann anodische Polarisation, welche auch im Bullard-Dunn-Prozeß angewendet wird, ist eine alte Maßnahme, die aber bisher derart ausgeführt wurde, daß das Werkstück, vorwiegend Eisen oder Stahl, im alkalischen Bade kathodisch, anodisch aber im sauren Bade behandelt wird, und zwar vorzugsweise in stark schwefelsaurem Bade mit hoher anodischer Stromdichte.

Besonders vor der Vernickelung von Stahl und Eisen empfiehlt es sich, die Werkstücke einer solchen anodischen Polarisation zu unterwerfen, indem man sie etwa 30 Sekunden lang mit 10 bis 15 Amp/qdm in Schwefelsäure von 65° Bé anodisch belastet und gut abspült oder im Dampfstrahl reinigt, ehe man sie ins Nickelbad bringt.

Weisen die Werkstücke keine vollkommen glatte Oberfläche auf (z. B. solche aus Gußeisen), so halten sie in den Poren hartnäckig Reste

[1] Taylor, Metal Ind. (New York) XXIX, 394 (1931); D. R. P. 558.022; in alkalischem phosphathältigem Elektrolyten, A. Pat. 1,917.022 (1932).

der Lösungen, in denen man sie behandelt hat, zurück. Dann können nach der Galvanisierung Flecken auftreten oder Ausblühungen usw. Anwendung von Phosphaten ist bei der Behandlung solcher Stücke sehr am Platz (s. oben S. 117), nichtsdestoweniger sollte man die Reste auf alle Fälle noch nachträglich durch Eintauchen in entsprechenden Lösungen (z. B. Weinstein o. dgl.) neutralisieren.

Abb. 60.[1] Ni-Niederschlag. Eine an die Kathode herangeführte Partikel erzeugt eine von Ni überwachsene Unebenheit.

Die Behandlung der Gegenstände im Sandstrahlgebläse erschwert auch aus diesem Grunde meist die chemische Vorreinigung, und da sie ihre Aufgabe, die Metalloberfläche freizulegen, nur sehr unsicher und unvollkommen erfüllt, in ihrer Wirkung aber meist sehr überschätzt wird, kommt sie mit Recht immer mehr ab und wird nur mehr für Gußeisen u. dgl. verwendet, wo man kaum einen Ersatz für sie finden kann.

Auch die früher oft geübte Praxis, Werkstücke matt aufzurauhen, um das Haften des elektrolytischen Niederschlages zu erleichtern, kann kaum empfohlen werden (s. S. 114). Auf reinen Oberflächen haften sachgemäß hergestellte Niederschläge ebensogut, wenn die Oberfläche glatt ist, eine Verankerung durch Rauheit der Oberfläche kann nur bei schlecht haftenden Überzügen von Nutzen sein, die trotzdem minderwertig bleiben.

III. Kupfer.

Kupfer bildet zwei Arten elementarer Kationen: das zweiwertige Cupriion $Cu^{\cdot\cdot}$ und das einwertige Cuproion $Cu^{\cdot}$. Das bei weitem häufigere Cupriion ist grünlichblau. Lösungen von Kuprisalzen, in denen auch die undissoziierten Anteile des Salzes gefärbt sind, weisen oft andere Tönungen auf. Verdünnte Kupfersulfatlösungen sind grünlichblau, konzentriertere reiner blau gefärbt.

Die zwei elementaren Kupferionen können ineinander übergehen, ihr Mengenverhältnis ist dabei jeweils durch das chemische Gleichgewicht bestimmt:

$$2\,Cu^{\cdot} \rightleftarrows Cu^{\cdot\cdot} + Cu \qquad (1)$$

---

[1] Nach Portevin und Cymboliste, Revue de Métallurgie XXX, 335 (1933).

Die Gleichgewichtskonstante ändert sich mit der Temperatur, und zwar findet die Verschiebung bei steigender Temperatur zugunsten der linken Seite der Gleichung statt. Davon, daß dem so ist, überzeugt man sich leicht, wenn man Kupfersulfatlösungen bei höherer Temperatur auf fein verteiltes metallisches Kupfer einwirken läßt, dann heiß vom Kupfer abfiltriert. Läßt man das Filtrat abkühlen, so scheidet sich metallisches Kupfer aus demselben in glänzenden Kriställchen ab. Bei niedrigerer Temperatur entspricht also eine geringere Menge Cu obiger Gleichgewichtsrelation, aus dem überschüssigen Cu bilden sich $Cu^{\cdot\cdot}$ Ionen (die gelöst bleiben) und Cu-Metall, das ausfällt, zurück. Bei abermaligem Erhitzen löst sich metallisches Kupfer auf, die Gleichung ist dann von rechts nach links zu lesen.

Bei gleichbleibender Temperatur steigt die Konzentration der $Cu^{\cdot}$-Ionen der Gleichung (1) entsprechend mit steigender $Cu^{\cdot\cdot}$-Konzentration an. An der Luft wird freilich das Gleichgewicht dadurch gestört, daß $Cu^{\cdot}$-Ionen durch gelösten Sauerstoff oxydiert werden. Aus Lösungen, die nicht angesäuert sind, können zudem $Cu^{\cdot}$-Ionen unter Bildung schwer löslichen CuOH durch Hydrolyse nach:

$$Cu^{\cdot} + OH' \rightarrow CuOH \qquad (2)$$

ausfallen.

Die Gegenwart zweier Ionenarten in der Lösung führt es mit sich, daß sich bei der Elektrolyse drei verschiedene Vorgänge nebeneinander an der Kathode abspielen:

1. $Cu^{\cdot\cdot} + \ominus \rightarrow Cu$
2. $Cu^{\cdot} + \ominus \rightarrow Cu$
3. $Cu^{\cdot\cdot} + 2\ominus \rightarrow Cu$

Ist das Gleichgewicht gemäß Gleichung (1) bei Beginn der Elektrolyse erfüllt, so müssen sich alle drei Vorgänge mit gleicher Leichtigkeit abspielen können. In Lösungen, welche längere Zeit an der Luft gestanden sind, wird der Vorgang 1 leichter erfolgen, weil die $Cu^{\cdot}$-Konzentration (besonders bei Abwesenheit freier Säure) kleiner ist, als dem Gleichgewicht entsprechen würde. Bevorzugt wird Vorgang 1 auch wenn man die Elektrolyse nur sehr langsam durchführt (mit anderen Worten, wenn man die Stromdichte sehr niedrig hält), weil dann (besonders in säurefreier Lösung) die stete Entfernung von $Cu^{\cdot}$-Ionen nach Gleichung (2) in die Waagschale fällt und endlich, nach dem bereits Dargelegten, durch Herstellung höherer Temperatur, höherer $Cu^{\cdot\cdot}$-Konzentrationen (also auch vermehrter $Cu^{\cdot}$-Konzentration) und durch stete Oxydation (etwa mittels durchgeleiteter Luft), welche gebildete $Cu^{\cdot}$-Ionen immer wieder in $Cu^{\cdot\cdot}$ überführt.

Unter Umständen, und zwar bei Anwendung kleiner Stromdichten bei der Behandlung $Cu^{\cdot\cdot}$ reicher Lösungen, kann der Vorgang 1 den

Hauptprozeß bilden, der sich an der Kathode abspielt. Sind dabei in Kathodennähe genügend $H^{\cdot}$-Ionen vorhanden, um die OH'-Ionenkonzentration nieder genug zu halten, daß der Vorgang nach Gleichung (2) ausbleibt, so wirkt sich das Vorherrschen des Vorganges 1 darin aus, daß ein größerer Anteil des Stromes auf die Bildung von Cuproionen verwendet wird, der Rest auf die Abscheidung ungeladenen Metalls. Die Kupferabscheidung geht dann also mit verringerter Stromausbeute vor sich.[1]

Sind hingegen nicht genügend $H^{\cdot}$-Ionen in Kathodennähe vorhanden (schwach saure oder neutrale Lösung, Elektrolyse ohne Rührung usw.), so wird an der Kathode Cuprooxyd gebildet.[2]

Um also gute Stromausbeuten in Kupfersulfatlösungen zu erzielen und die Kupferoxydulbildung zu erschweren, hat man folgende Arbeitsbedingungen vor allem zu wählen:

a) Elektrolyse in hinreichend (etwa 1- bis 2-n.) saurer Lösung.

b) Herabdrückung der $Cu^{\cdot\cdot}$-Konzentration (wenn möglich ohne gleichzeitige Erniedrigung, sondern bei gleichzeitiger Steigerung der Leitfähigkeit der Lösung).

c) Anpassung der Temperatur an die benützte Stromdichte (bei sehr niederen Stromdichten keine zu hohe Temperatur).

d) Nicht zu niedrige (unter 0,3 Amp/qdm), aber auch nicht allzu hohe Stromdichten (bei allzu hohen Stromdichten sinkt nämlich die $H^{\cdot}$-Konzentration in Kathodennähe).

Die Versuche Foerster und Seidels führen uns Fälle vor Augen, bei welchen tatsächlich der Vorgang 1, S. 127 bei weitem vorherrscht. Derartige Fälle liegen freilich nur unter ganz besonderen Arbeitsbedingungen vor, welchen man gewöhnlich aus dem Wege geht; da aber die Mitabscheidung

---

[1] So fanden Foerster und Seidel, die sich um die Klarstellung dieser Verhältnisse verdient gemacht haben (Z. anorg. u. allg. Chem. XIV, 106 [1897]); cf. auch Foerster und Coffetti, Ber. XXXVIII, 2934 (1905) in:

$CuSO_4$	H_2SO_4	Stromausbeute an Cu (ger. f. zweiwertiges $Cu^{\cdot\cdot}$)
0,05-n.	1,0-n.	52,8 %
0,25-n.	1,0-n.	3,7 %
2,00-n.	1,0-n.	0,34%

Bei diesen bei 100° mit 0,135 Amp/qdm kathodischer Stromdichte ausgeführten Versuchen blieb also die Kupferabscheidung schon in mäßig konzentrierter, saurer Kupfersulfatlösung fast vollständig aus.

[2] In 0,25-n. säurefreier Kupfersulfatlösung blieb die Cu-Abscheidung bei 0,135 Amp/qdm gänzlich aus! Es wurde ausschließlich Kupferoxydul gebildet! Ähnlich war das Resultat in 0,01-n. saurer Lösung. Erst bei Steigerung der Säurekonzentration auf 0,025-n. wurde die noch deutliche Cu_2O-Bildung gering, ohne daß doch mehr als eine Spur Kupfer abgeschieden wurde. In 0,1 bis 1,0-n. Säure war die Stromausbeute noch immer nieder; doch trat die Cu_2O-Bildung zurück.

von Kupferoxydul sehr schädlich ist, selbst wenn es nur zur Abscheidung sehr kleiner Oxydulmengen kommt, ist auf die Einhaltung der Arbeitsbedingungen a bis d stets streng zu achten.

Eine Ansäuerung der Lösung auf 1- bis 2-n. hat sich unter normalen Arbeitsbedingungen als zureichend und zweckmäßig erwiesen; noch höherer Säuregehalt ist meist unvorteilhaft, weil er schnellere Metallauflösung in den Arbeitspausen usw. veranlaßt. Nur bei abnorm hohen Stromdichten (über 10 Amp/qdm) ist er manchmal empfehlenswert.

Nimmt man die Ansäuerung mittels Schwefelsäure vor, so wird die Leitfähigkeit der Lösung nicht nur gleichzeitig erhöht, es wird durch diesen gleichionigen Zusatz auch die Dissoziation des Kupfersulfats etwas zurückgedrängt, die $Cu^{\cdot\cdot}$- und mit ihr also auch die $Cu^{\cdot}$-Konzentration verringert. Eine Ansäuerung mittels Schwefelsäure ist also nach mehrfacher Richtung von Vorteil: sie erschwert die gleichzeitige Oxydulbildung, sie erhöht die Leitfähigkeit der Lösung, führt zur Bildung von feinkristallinischen, dichten, duktilen Niederschlägen, während man aus neutralen oder gar aus schwach alkalischen Kupfersulfatlösungen nur grobkristalline spröde Niederschläge erhält.[1] Aus diesen Gründen ist die Ansäuerung mittels Schwefelsäure allgemeine Norm geworden.

Bei höherer Temperatur erhält man duktilere Niederschläge[2] und kann dank der Leitfähigkeitserhöhung des Elektrolyten höhere Stromdichten und dann auch feiner kristalline Überzüge bei gleicher Spannung herstellen als bei tieferen Temperaturen. Eine Anwärmung des Elektrolyten ist freilich meist unbequem, sie wird praktisch wohl nur angewendet, wenn man die Elektrolyse in verhältnismäßig großem Maßstab durchführt. In solchen Fällen bevorzugt man mit Recht Arbeitstemperaturen von 35 bis 50° C. Aber selbst in kleinstem Maßstabe sollte man die Elektrolyse nicht bei zu tiefen Temperaturen, d. h. nicht unter 20° C durchführen (im Winter also nicht in völlig ungeheizten Räumen, es wäre denn, daß man ungewöhnlich niedere Stromdichten aus besonderem Grunde anwenden will).

Mit Stromdichten von 0,8 bis 3 Amp/qdm erhält man unter sonst günstigen Arbeitsbedingungen leicht gute Kupferniederschläge. In erwärmten Lösungen kann man bei lebhafterer Zirkulation mit höheren Stromdichten arbeiten, dieselben unter Umständen bis auf 8 Amp/qdm steigern. Noch höhere Stromdichten, bis zu etwa 20 Amp/qdm, nennt

[1] cf. u. a. v. Hübl, Mitt. d. k. u. k. Militärgeogr. Inst. Wien VI, S. 51 (1886).

[2] Foerster führt an, daß auch die Festigkeit von Elektrolytkupfer zunimmt, wenn man die Elektrolysentemperatur von 20 auf 60° steigert; dies steht aber in Widerspruch zu den Erfahrungen der anderen Autoren und ist wohl durch eine Verwechslung der Proben zu erklären; da die Festigkeitsmessung auswärts ausgeführt worden war.

man abnorm hoch, man kann sie nur unter ganz besonderen Bedingungen mit Vorteil anwenden, nämlich bei besonders schneller Bewegung der Kathode oder des Elektrolyten. In solchen Fällen empfiehlt es sich, auch aus dem angegebenen Grunde die Säurekonzentration über das gewohnte Maß hinaus zu steigern.

Erhält man bei Anwendung zu niedriger Stromdichten aus kuprohaltiger Lösung geringere kathodische Stromausbeuten, so steht es nach der Nernstschen Theorie zu erwarten, daß man bei hinreichend hohen Stromdichten etwas mehr Kupfer niederschlagen sollte als nach dem Faradayschen Gesetz bei bloßer Anwesenheit von $Cu^{\cdot\cdot}$-Ionen möglich ist; denn alle im Gleichgewicht stehenden Ionen werden gleichzeitig im Verhältnis ihrer Gleichgewichtskonzentration durch die Elektrolyse erfaßt. Tatsächlich haben sehr genaue Versuche von Richards, Collins und Heimrod[1] dargetan, daß die Kathode etwas mehr an Gewicht zunimmt, als sie es tun könnte, wenn nur $Cu^{\cdot\cdot}$ und nicht auch $Cu^{\cdot}$-Ionen vorhanden wären, aber die Unterschiede sind doch sehr gering und für gewöhnlich nicht zu erfassen, weil die $Cu^{\cdot}$-Konzentration doch immer sehr klein im Verhältnis zur $Cu^{\cdot\cdot}$-Konzentration bleibt.[2]

Kupfer ist nicht nur befähigt, diese zwei elementaren Kationen zu bilden, sondern auch in eine Reihe von Komplexionen einzutreten und in solchen als Bestandteil von Anionen zu erscheinen. Besonders wichtig sind unter diesen die Kuprozyanidkomplexe.

Zyankaliumlösung fällt, der kalten Lösung eines Cuprisalzes zugesetzt, zunächst braungelbes Cuprizyanid, welches sich beim Stehen unter Zyanentwicklung in grünes Cupri-Cuprozyanid verwandelt (Rammelsberg). Fällt man in der Hitze oder erwärmt man das zunächst in der Kälte erhaltene Präzipitat, so bildet sich unter Zyanentbindung weißes Cuprozyanid, das in Zyankalium löslich ist. 1 Mol festes Cuprozyanid braucht 2,5 Mole KCN zu seiner Auflösung, es werden dabei Cuprozyanionen und das entsprechende Kaliumsalz gebildet.

Nach einer von Bodländer angegebenen Methode hat Kunschert ermittelt,[3] daß in solcher Lösung hauptsächlich die Ionen $Cu(CN)_3''$ und $Cu(CN)_4'''$ und die entsprechenden Komplexsalze $K_2Cu(CN)_3$ bzw. $K_3Cu(CN)_4$ enthalten sind.

Außer diesen sind eine große Anzahl anderer komplexer Cuprozyanide der stark elektroaffinen Metalle bekannt, sie gehören, wenn man das einwertige Kation mit R bezeichnet, den Typen: $R . Cu_2Cy_3$, $R . Cu . Cy_2$, $R_2Cu_3Cy_5$, $R_2Cu . Cy_3$, $R_3 . Cu . Cy_4$ an. Allen diesen kom-

---

[1] Z. physik. Chem. XXXII, 321 (1900).

[2] Abel, Z. anorg. u. allg. Chem. XXVI, 361 (1901), bestimmte das Verhältnis $Cu^{\cdot\cdot} : Cu^{\cdot}$ bei 100° C etwa zu 100 : 1.

[3] Z. anorg. u. allg. Chem. XLI, 359 (1904).

plexen Cuprozyaniden eigen ist es, Lösungen zu liefern, in welchen die Kupferionenkonzentration besonders nieder ist und aus denen sich doch Kupfer elektrolytisch ausfällen läßt.

Die Dissoziation dürfte in Stufen z. B.:

$$K_2Cu(CN)_3 \rightleftharpoons K^{\cdot} + KCu(CN)_3'$$
$$KCu(CN)_3' \rightleftharpoons K^{\cdot} + Cu(CN)_3''$$
$$Cu(CN)_3'' \rightleftharpoons Cu^{\cdot} + 3\,(CN)'$$

vor sich gehen, bei deren letzter durch Aufspaltung auch $Cu^{\cdot}$-Ionen auftreten. Die Komplexbildungskonstante ist aber so groß, daß Cuproionen nur in ungeheuer kleinen Konzentrationen auftreten können. In Lösungen, welche z. B. für KCN normal, für komplexes Zyanid 0,1-n. sind, berechnet sich die Konzentration der freien $Cu^{\cdot}$-Ionen zu $5{,}10^{-29}$, sie nimmt mit Abnahme der Konzentration an freiem KCN und mit fortschreitender Verdünnung zu, bleibt immer aber winzig klein.[1]

In solchen Lösungen nähert sich das Verhalten des Kupfers in elektromotorischer Hinsicht demjenigen viel unedlerer Metalle. Sein Potential wird um 0,9 bis 1,5 Volt negativer, man kann darin unedle Metalle wie Eisen, Zink, ja Aluminium usw. elektrolytisch verkupfern, während diese Metalle Kupfer aus Kupfersulfatlösungen auch ohne Stromwirkung vermöge ihrer so viel größeren Lösungstension so schnell ausscheiden, daß dieses auch bei gleichzeitiger Elektrolyse in lockerer, schwammiger, nicht festhaftender Form ausfällt.

Auch aus Lösungen, welche eine Ionenart nur in verschwindend kleinen Konzentrationen enthalten, können diese, selbst bei mäßig hohen Stromdichten, kathodisch mit guter oder mäßiger Stromausbeute entladen werden, wenn ihre Bildungsgeschwindigkeit (über die Möglichkeit der Nachlieferung von $Cu^{\cdot}$ s. S. 40f.) nur groß genug ist. Die Abscheidung könnte auch sekundär erfolgen, indem etwa primär K-Ionen entladen werden, die erst Kupfer durch rein chemische Einwirkung aus der Lösung abscheiden.

Daß die Abscheidung auf sekundärem Weg erfolgt, ist nach Versuchen Le Blancs und Schicks (s. S. 38f.) unwahrscheinlich. Sicher ist es, daß das Abscheidungspotential mit steigender Stromdichte rasch negativer wird und daß die Stromausbeute rasch sinkt, was auf große Abscheidungswiderstände deutet, auf größere als in anderen Lösungen von Doppelzyaniden. So fand Spitzer[2] in 0,1-n. (CuCN + 2 KCN)-Lösung:

---

[1] cf. Kunschert, l. c.; Treadwell und v. Girsewald, Z. anorg. u. allg. Chem. XXXVIII, 92 (1904).

[2] Z. Elektrochem. XI, 345, 391 (1905).

Stromdichte Amp/qdm	Volt	Stromausbeute %
0	— 0,610	
0,1	— 0,77	58,0
0,3	— 1,12	65,0
0,5	— 1,17	44,0
0,75	— 1,20	35,4
1,0	— 1,21	15,2
2,0	— 1,26	10,6

Die I-E-Kurven (Abb. 61) veranschaulichen durch ihren flachen Verlauf, wie groß die Hemmungen sind, welche bei der Abscheidung von Kupfer aus seinen Zyanidlösungen zu überwinden sind, viel größer als beim Zn oder gar Cd und Ag und wie stark dieselben beim Cu, in ge-

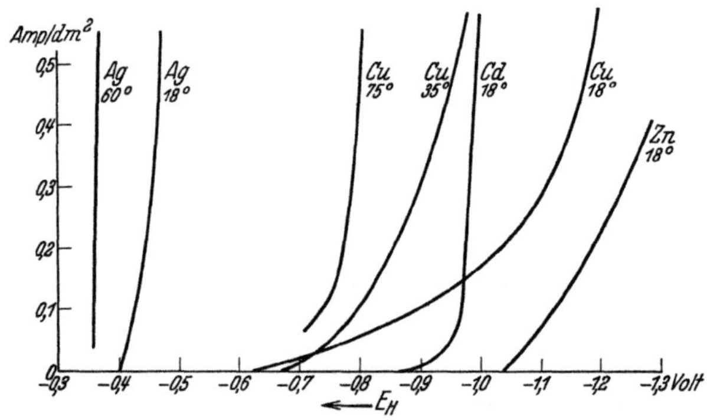

Abb. 61.

ringerem Grade aber auch bei den anderen Metallen, mit steigender Temperatur abnehmen. Man vergleiche betr. der Temperaturwirkung auch Abb. 70, S. 177.

Abb. 1 (S. 9) veranschaulicht den Unterschied gegenüber $CuSO_4$.

Neben der Möglichkeit, mittels Kupferzyanidlösungen unedle Metalle in festhaftender Form zu verkupfern, liegt ein Vorzug dieser Lösungen auch in ihrer ungleich größeren Streukraft, die verständlich wird, wenn man die schnelle Abnahme der Stromausbeute mit steigender Stromdichte und die gleichzeitige schnelle Steigerung der Polarisation ins Auge faßt (s. S. 80), welche in obiger Tabelle so deutlich zum Ausdruck kommt.

Diesen zwei wichtigen Vorzügen verdanken die Kupferzyanidlösungen ihre breite Verwendung, obwohl sie erhebliche Nachteile aufweisen: sie sind starke Gifte, lassen nur die Anwendung kleiner Stromdichten (vorzugsweise 0,3 bis 1,0 Amp/qdm) zu, bei welchen die Verkupferung nur langsam vor sich geht, lösen die Anoden nicht immer glatt auf und sind chemisch leicht veränderlich. Obwohl das Kupfer in diesen Lösungen in Form einwertiger Ionen zur Abscheidung gelangt, ist keine Energieersparnis zu erzielen; denn die Stromausbeute, die in Kupfersulfatlösungen nahezu quantitativ ist, erreicht in Cyanidlösungen selten 70% und sinkt leicht unter 50%. Dazu kommt, daß diese Lösungen etwa zehnmal schlechter leiten, daß stärkere Polarisationen nicht nur an den Kathoden, sondern auch an den Anoden auftreten und den Spannungsaufwand unter sonst gleichbleibenden Verhältnissen erhöhen, endlich der Umstand, daß die Lösungen sich beim Stehen an der Luft verändern, weil die Zyanwasserstoffsäure etwa tausendmal schwächer ist als Kohlensäure. Die in der Luft enthaltene Kohlensäure treibt daher jene unter Karbonatbildung aus, dabei fällt Kuprozyanid oder CuOH aus, wenn die Lösung nicht etwas überschüssiges Zyanid enthält. Aus solchen zu zyanidarmen Lösungen scheidet sich Kupfer in schwammiger dunklerer Form ab, die Anoden gehen schlecht in Lösung und bedecken sich mit Krusten. Ein kleiner Zyanidüberschuß ist deshalb immer erforderlich, ein größerer führt zu erheblichen Ausbeuteverlusten. Je größere Karbonatmengen die Lösung indes erhält, desto größeren Zyanidüberschusses bedarf sie.

Man arbeitet zweckmäßigerweise von Haus aus mit einem Zyanidüberschuß von 8 bis 16 NaCN bzw. 11 bis 24 g KCN im Liter, der nach und nach ergänzt und sogar gesteigert werden muß. Ist der Elektrolyt nach längerem Gebrauch allzu karbonatreich geworden (als Grenze kann ein Karbonatgehalt von mehr als 60 g pro Liter[1] angesehen werden), so ist die Lösung durch frische zu ersetzen oder allenfalls zu reinigen. Die beste Reinigungsmethode besteht wohl darin, das Karbonat durch Abkühlung unter — 5° C auskristallisieren zu lassen,[2] doch verfügen die meisten Betriebe nicht über die dazu erforderlichen Kühlanlagen.

Etwas kohlensaures Natron setzt man dem Bade von Haus aus zu, weil eine alte Erfahrung gelehrt hat, daß ganz frisch angesetzte karbonatfreie Bäder nicht so gut arbeiten als solche, die schon einige Zeit hindurch in Betrieb gestanden sind. Es lag nahe, zu vermuten, daß die vorteilhafte Wirkung eines gewissen Karbonatzusatzes auf Leitfähigkeitserhöhung der Lösung zurückzuführen sei, aber diese Frage ist erst in allerjüngster Zeit von Pan[3] systematisch geprüft worden. Nach seinen Untersuchungen geht der Badwiderstand bei Steigerung der Konzentration an Natriumkarbonat von 0 bis 100 g/l rasch zurück; dabei nimmt die Polarisation der Anode zunächst rasch ab, um ein Minimum bei einem Gehalt von

[1] Viele halten 100 g für zulässig.

[2] Es ist auch vorgeschlagen worden, es durch Chlorbariumzusatz auszufällen. Das nach dieser Fällung in Lösung verbleibende Alkalichlorid soll weniger schädlich sein als das Karbonat.

[3] Metal Cleaning and Finishing V, 112, 152, 167 (1933).

42 g/l zu erreichen. Die Streukraft des Bades zeigt bei dieser Konzentration ein scharfes Maximum.

Die anodische Ausbeute sinkt (mit Ausnahme eines kleinen Anstieges bei 12,5 g/l) rasch bei Gegenwart von Natriumkarbonat, auch die kathodische Ausbeute geht etwas, aber nur langsam zurück. Der Anodenfilm, welcher sich in karbonathaltiger Lösung bildet, ist im Bade löslich, während er bei Abwesenheit von Karbonat während der Elektrolyse anscheinend ungelöst bleibt.

Nach Pan erhält man die hellsten Kathodenniederschläge bei 20 g Natriumkarbonatgehalt, während die Arbeitsbedingungen bei Berücksichtigung aller in Frage kommender Faktoren bei 42 g/l am allergünstigsten sein sollen.

Der Zusatz sauren oder neutralen Sulfitsalzes stammt aus der Zeit, in welcher sich die Galvaniseure Cuprozyanid selbst aus käuflichem Cuprisalz herstellten, z. B. aus Zyankalium und Kupfersulfat. Bei der Wechselwirkung dieser Salze entsteht freies Zyan (da Cuprizyanid nicht beständig ist) nach:

$$2\,CuSO_4 + 4\,KCN = 2\,K_2SO_4 + 2\,CuCN + 2\,CN.$$

Diesen Verlust zu verhindern, setzt man Natriumkarbonat und Natriumsulfit zu, das als Reduktionsmittel wirkt, indem es die Bildung von Cupro- aus Cuprisalz vermittelt:

$$2\,CuSO_4 + Na_2SO_3 + 2\,KCN + H_2O = \\ = 2\,CuCN + H_2SO_4 + Na_2SO_4 + K_2SO_4.$$

Die dabei entstehende Schwefelsäure wird durch das zugesetzte Natriumkarbonat (oder Ammoniak) neutralisiert.[1]

Die gebildeten Sulfate blieben neben dem überschüssigen Sulfit und Karbonat im Bade, sie wurden als indifferent angesehen, während man dem Sulfit sogar eine vorteilhafte Wirkung (vielleicht als Leitsalz, vielleicht als Reduktionsmittel) zuschrieb. Die vorteilhaften Wirkungen sind nicht sicher nachgewiesen worden, die Gegenwart von Sulfit erschwert aber nicht nur die analytische Bestimmung des Zyanids, also die Kontrolle des Bades, sie befördert unter Umständen auch eine Krustenbildung an den Anoden, man geht ihr daher in neuerer Zeit lieber aus dem Wege.

Ob man Natrium- oder Kaliumzyanid verwendet, scheint nicht von Belang zu sein. Vor dem Kriege verwendete man stets das Kalisalz. Als während des Krieges der Import von Kalisalzen aus Deutschland

---

[1] Bei Heranziehung von Azetat oder Karbonat lauten die Gleichungen:

$$2\,Cu(C_2H_3O_2)_2 + 2\,KCN + Na_2SO_3 + H_2O = 2\,CuCN + 2\,C_2H_4O_2 + \\ + Na_2SO_4 + 2\,KC_2H_3O_2$$

$$2\,CuCO_3 + 6\,KCN = 2\,CuK(CN)_3 + 2\,K_2CO_3$$

nach Amerika stockte, ging man dort dazu über, an seiner Statt das Natriumsalz zu verwenden. Da dies anstandslos vor sich ging und da das Natriumsalz billiger ist, benützt man seitdem in den Vereinigten Staaten vorwiegend das Natriumzyanid, in Europa meist aber noch das Kaliumzyanid.[1]

Für die Zusammensetzung der Bäder sind eine Unzahl von Rezepten im Laufe der Zeit angegeben worden. Die meisten stammen aus der Zeit, zu welcher man über die Art der Wirkung der einzelnen Bestandteile noch vollkommen unorientiert war. Seitdem systematische Untersuchungen immerhin einige, wenn auch noch nicht vollständige Klarheit über die Funktion einzelner Faktoren geschaffen haben, erscheint es zwecklos, die Badzusammensetzung in unnötiger Weise zu komplizieren. Je einfacher das Bad zusammengesetzt ist, desto leichter ist es zu kontrollieren, desto besser kennt man seine Eigenschaften, die man durch zielbewußte Veränderungen der Arbeitsweise innerhalb bestimmter Grenzen beeinflussen kann.

Trotzdem sind gewisse kleine Zusätze zur Erzielung besonderer Zwecke oft von Vorteil, wenn man den Mechanismus ihrer Wirkung auch meist durchaus noch nicht versteht. Hierher gehören z. B. Zusätze von Substanzen, die man vornimmt, um den Glanz des Kathodenmetalls zu erhöhen. Im vorliegenden Falle benützt man hierzu z. B. etwas Natriumthiosulfat oder auch etwas Bleisalz.

Die Wirkung des Natriumthiosulfats ist unverkennbar, kleine Zusätze dieses Salzes wirken günstig, größere (mehr als 3 g/l) üben aber unbedingt schädliche Wirkung aus, sie machen das Kathodenprodukt spröd (und wohl schwefelhaltig).

Worauf man die glättende Wirkung kleiner Bleisalzzusätze zurückzuführen hat, ist noch gänzlich unerforscht geblieben.

Andere Kupferbäder.

Die hohe Giftigkeit der Zyanidlösungen und ihre mangelhafte Beständigkeit haben die Versuche nicht ruhen lassen, andere Kupferbäder zusammenzusetzen und zu erproben, in denen gleichfalls die Kupferionenkonzentration durch Komplexbildung auf ganz geringe Werte gedrückt wird.

Weil verwendete Tartrate, also einen Elektrolyten, der in seiner Zusammensetzung der Fehlingschen Lösung ungefähr entsprach und aus der man ziemlich gute Kupferniederschläge auf Eisen herstellen kann.

Gauduin und Classen benützten, der erstere für technische, der zweite für analytische Zwecke, oxalsaure Doppelsalze, die gute Kupfer-

[1] Ein kleiner Vorzug des Kaliumsalzes dürfte darin bestehen, daß das durch Hydrolyse gebildete KOH besser entfettet, als NaOH (s. S. 117).

niederschläge liefern. Neuerdings wurden ihre Bemühungen von Fink und Chaak Y. Wong wieder aufgenommen.

Jordis empfahl die Verwendung von Laktaten, Newton von Azetaten oder Zitraten, Gutensohn von Phosphaten.

Auch aus ammoniakalischen Komplexsalzlösungen und aus Borfluoriden gewinnt man unter Umständen gute Niederschläge; doch ist ihr Verhalten noch nicht genügend erforscht worden.

Diese und ähnliche Elektrolyte sind zwar ungiftig und unter gewissen Kautelen zur Herstellung guthaftender Niederschläge verwendbar; dennoch liefert keines von ihnen einen vollwertigen Ersatz für das Zyanidbad; denn außer der Giftigkeit teilen sie alle seine Nachteile (sie lassen z. B. nur die Verwendung kleiner Stromdichten zu), ohne manche seiner Vorteile aufzuweisen. Die Anoden lösen sich in den meisten derselben schwieriger auf, die Tiefenwirkung ist geringer, die Haltbarkeit kaum besser, die so wertvolle Entfettungs- und Reinigungswirkung des Zyanidbades fehlt ihnen ganz.

Die Praxis des Verkupferns.

a) Die Verkupferung im Zyanidbad.

Trotz seiner Giftigkeit und seiner unvollkommenen Beständigkeit weist das Zyanidbad allen anderen gegenüber so entscheidende Vorzüge auf, daß es heute noch für die Verkupferung unedler Metalle durch keinen anderen Elektrolyten ersetzt werden kann.

Die aus dem Zyanidbade auf Eisen, Stahl, Zink, Kadmium, Messing, Kupfer, Silber, Gold, Nickel usw. (nicht aber auf Aluminium) hergestellten Kupferüberzüge zeichnen sich durch höchste Feinheit des Kornes aus und sie bedecken das Kathodenmetall dank der selten hohen Streukraft dieses Bades (s. S. 80f.) in besonders gleichmäßiger, kohärenter, festhaftender Form.

Das gute Haften des Niederschlages am Grundmetall wird durch den wichtigen Vorzug des Bades befördert, vermöge seines Gehaltes an Alkalizyaniden auf Hydroxyde des Eisens usw. lösend zu wirken, zu entfetten, auf Oxyde reduzierend, auf Eisen passivierend zu wirken.

Da die meisten Fehler beim Herstellen galvanischer Überzüge auf mangelhafte Vorreinigung des Grundmetalls zurückzuführen sind, ist es für die Aufbringung des ersten Metallüberzuges von erheblichem Vorteil, ein Bad zu verwenden, welches selbst entfettend und reduzierend wirkt, um die, oft zu unvollkommene Vorreinigung der Kathode selbsttätig zu beenden.

Diese Fähigkeit besitzt das Zyanidbad in so hohem Maße, daß es mit entsprechenden Änderungen der Konzentrationen geradezu zum Entfetten verwendet werden kann (s. S. 124) und darin dürfte die alte

Praxis, Gegenstände vor dem Vernickeln usw. erst im Zyanidbade zu verkupfern, vor allem ihre Begründung finden.

Die aktiven Bestandteile des Bades sind (s. S. 130f.) die Doppelverbindungen $K_2Cu(CN)_3$ und $K_3Cu(CN)_4$ bzw. deren homologe Natriumverbindungen, die sich unschwer durch Auflösen von Cuprozyanid in Zyankalium- bzw. Zyannatriumlösung herstellen lassen. Da beide Ausgangsstoffe im Handel erhältlich sind: Cuprozyanid in Pullerform von schwach gelblicher, selten rein weißer Farbe (Reinheitsgrad 98 bis 99%), die Alkalizyanide in Stückform von rein weißer Farbe (Reinheitsgrad 92 bis 98%), empfiehlt es sich, die Bäder aus diesen Stoffen und nicht aus anderen Kupfersalzen herzustellen, welche bei ihrem Umsatz Fremdsalze ins Bad bringen oder die Zugabe von Sulfit erheischen.

Die Verunreinigungen des Alkalizyanids bestehen vor allem aus Karbonat, das unschädlich ist; da es sich ohnedies von selbst während der Benützung des Bades bildet, seine Beimengung ist nur insofern von Belang, als sie Fehler bei der Dosierung verursachen kann. Denn für die gute Funktion des Bades ist es vor allem wichtig, daß es einen kleinen, aber richtig bemessenen Überschuß an freiem Zyanid enthalte. Wie groß dieser Überschuß zu wählen ist, hängt von der Arbeitstemperatur, und vom Karbonatgehalte des Bades ab. Je größer letzterer ist, desto größer ist auch der Zyanidüberschuß zu bemessen (in alten Bädern also höher als in frisch zusammengesetzten), je höher die Arbeitstemperatur desto kleiner soll der Zyanidüberschuß sein. Im allgemeinen wählt man Überschüsse von 20 bis 40%. Bei höheren Überschüssen sinkt die Stromausbeute zu rasch, bei geringeren lösen sich die Anoden schlecht auf und bedecken sich mit schlechtleitenden Krusten.

Nach Smith und Breckenridge sinkt die kathodische Stromausbeute praktisch auf Null, wenn das molare Verhältnis des CuCN zum NaCN bei Zimmertemperatur auf 1 : 4 sinkt.[1]

Großen Einfluß auf den Gang der Elektrolyse sowohl wie auf das Gefüge des Produktes übt die Konzentration des CuCN in der Lösung aus. Die Erfahrung lehrt, daß man die besten Niederschläge erhält, wenn man den Kupfergehalt der Lösung zwischen 15 und 30 g Cu im Liter bemißt.

Da das Metall von den komplexen, kupferhaltigen Anionen nachgeliefert wird, ist es nicht überraschend, daß man die Cu-Konzentration nicht zu stark sinken lassen darf, weniger leicht zu verstehen ist es aber, daß ein zu hoher Cu-Gehalt unvorteilhaft wirkt — es scheint, daß $Cu^{\cdot\cdot}$ neben $CuCy''$ in Konzentrationen auftreten, die für die D_K zu klein sind. Bei zu geringer Cu-Konzentration wird das Produkt porös, bei zu hoher uneben warzig, selbst schwammig.

[1] Trans. Amer. electrochem. Soc. LVI, 396 (1929).

Da Cuprozyanid (Mol.-Gew. 89,578) rund 70% Cu enthält, ist somit die Einhaltung folgender äußerster Konzentrationsgrenzen zu empfehlen:

CuCN 22 bis 64 g im Liter nebst der 1,75- bis 2fachen Menge KCN, bzw. der 1,3- bis 1,5fachen Menge NaCN.

Die Lösung soll also an CuCN mindestens 0,25-, höchstens 1,0-n. sein, an Alkalizyanid sollen jeweils 20 bis 40% Äquivalente in Überschuß sein. Für 0,3-n. CuCN-Lösung soll somit 26 g CuCN in 0,36- bis 0,52-n. Alkalizyanidlösung aufgelöst werden.

Dieser Lösung setzt man gewöhnlich noch etwas Natriumkarbonat und gelegentlich, als Glanzzusatz, 0,25 bis 2 g Natriumthiosulfat zu. Von letzterem wird angenommen, daß es als Reduktionsmittel von größerer Haltbarkeit wirkt, obgleich weder der Mechanismus noch der Chemismus seiner Wirkung näher ermittelt worden ist. Bei Steigerung seiner Konzentration auf 3 g/l erhält man abermals schlecht deckende Niederschläge. Eine gute mittlere Badzusammensetzung ist:

	CuCN	50 g/l		
„freies“	KCN	20 „	oder NaCN	15 g/l
	Na_2CO_3	40 „		

eventuell 1 g $Na_2S_2O_3$.

Ein ganz analoges Bad kann man freilich auch dadurch herstellen, daß man von basischem Kupferkarbonat ausgeht oder auch von neutralem Kupferkarbonat, dem man entsprechend mehr Zyanid zusetzt, weil ein Teil davon zur Reduktion, ein anderer zur Lösung des Kupfers unter Komplexsalzbildung verbraucht wird, z. B.:

Cuprikarbonat	37,5 g/l		
Kaliumzyanid	100 „	oder Natriumzyanid	75 g

oder auch:

Basisches Cuprikarbonat ..	28 g/l		
Kaliumzyanid	75 „	oder Natriumzyanid	58 g

Letzteres Bad enthält nach dem Umsatz, neben Karbonat, etwas freies Alkalihydroxyd, das an der Luft nach einiger Zeit wieder in Karbonat übergeführt wird; setzt man ihm noch zirka 2,5 g Natriumkarbonat zu, so wird sein Karbonatgehalt dem des erstgenannten Bades äquivalent.

Die Badlösung aus den allein wirksamen Bestandteilen zusammenzusetzen, bietet den Vorteil, Fremdsalze, deren Wirkung kaum kontrollierbar ist, fernzuhalten und über den Gehalt an den einzelnen Bestandteilen orientiert zu sein.

Es ist viel leichter und verläßlicher, mit Bädern von einfacher Zusammensetzung zu arbeiten und die Wirkung der Änderung einiger weniger Faktoren zu kennen und zu meistern, als Bäder von komplizierter, oft unbekannter Zusammensetzung anzuwenden, deren Veränderungen, wenn überhaupt, schwer systematisch zu kontrollieren sind.

Die Hauptfaktoren, welche die Arbeitsweise des Bades verändern, sind hier:

der Gehalt an freiem Zyanid und an Karbonat;
die Temperatur;
die Stromdichte;
die Natur der Anoden;
die Zirkulation der Lösung.

Arbeitet man bei Zimmertemperatur, so muß man einen etwas größeren Überschuß an freiem Zyanid (zirka 40%, d. i. zirka 10 g KCN auf 20 g Cu) aufwenden als bei erhöhter Temperatur (bei 40 bis 50° reicht die Hälfte des oben angegebenen Überschusses aus). Zu hoher Zyanidgehalt gibt sich durch vermehrte Gasentwicklung, abnehmende Stromausbeute und daran zu erkennen, daß die Anoden ganz blank bleiben. Der Niederschlag wird auch unschön, färbt sich an den Rändern dunkel und deckt schlechter.

Ein zu geringer Zyanidgehalt gibt sich daran zu erkennen, daß sich das Bad durch Ausscheidung basischen Salzes bläulich oder grünlich färbt und daß sich die Anoden mit grünlichem dicken Überzug bedecken.

Wächst der Karbonatgehalt zu stark an, so wird der Niederschlag löcherig und deckt schlecht. Anfangs kann man das Bad durch Zusatz von etwas freiem Zyanid korrigieren, nach längerer Zeit muß man aber das Karbonat zum größten Teil entweder durch Ausfrieren oder durch Fällung mit Chlorbarium entfernen oder ein frisches Bad ansetzen. Arbeitet man ohne Erwärmung und ohne Bewegung des Bades in nicht allzu kohlensäurereicher Atmosphäre, so kann es Jahre dauern, ehe der Karbonatgehalt so hoch (auf zirka 60 g/l) angestiegen ist, daß das Bad nicht ohne Schaden weiterbenützt werden kann.

Zyanid ist dem Bade immer von Zeit zu Zeit zuzusetzen, weil es fortlaufend in Karbonat oder auch in Formiat übergeht, langsamer bei gemäßigter, schneller bei erhöhter Temperatur und wenn man die Lösung zirkulieren läßt.[1] Bei der ausschlaggebenden Rolle, welche die Menge an freiem Zyanid für die Wirkungsweise des Bades spielt, sollte sie von Zeit zu Zeit neben dem Kupfergehalt der Lösung bestimmt werden.

Sinkt der Kupfergehalt unter 20 g/l, so wird der Kupferniederschlag poröser, sinkt er gar unter 15 g/l, so beginnt das Bad langsam und unregelmäßig zu arbeiten. In beiden Fällen hat man Cuprozyanid (oder

---

[1] Es können sich dabei folgende Umsetzungen abspielen:

$$2\,KCN + H_2O + CO_2 = K_2CO_3 + 2\,HCN$$

$$2\,KCN + 2\,H_2O + 2\,KOH + O_2 = 2\,K_2CO_3 + 2\,NH_3$$

$$KCN + 2\,H_2O = HCOOK + NH_3$$

auch Zyankupferkalium) zuzusetzen, bis die normale Zusammensetzung wieder erreicht ist. Das zugesetzte Salz wird dazu zweckmäßigerweise in einem Teil der Lösung unter Umrühren und Erwärmen auf 50° gelöst, dann erst dem Bade zugefügt.

Die Anoden stellt man am besten aus Elektrolytkupfer her und dimensioniert sie stets größer als die Kathoden, während der Betriebspausen beläßt man sie meistens im Bade. Bei zu geringer Bemessung der Anodenfläche oder bei Anwendung zu hoher Stromdichten belegen sich die Anoden mit dichtem grünen bis braunen Schlamm, der abschirmend wirkt, wodurch die anodische Stromdichte erst recht wieder erhöht wird.

Enthält das Bad Sulphit, so kann auch ein weißer Belag auf den Anoden auftreten, hat man ihm Natriumthiosulphat beigefügt, so färben sich die Anoden während des Betriebes dunkler — vorausgesetzt, daß der Zyangehalt des Bades in richtigen Grenzen gehalten wird — und werden während der Betriebspausen wieder heller.

Durch Beobachtung der Farbe des Bades, des Aussehens der Anoden — bei geringem Cu-Gehalt färben sie sich bläulich, bei zu hohem braun — der größeren oder geringeren Menge abgesetzten Schlammes und der Farbe desselben findet der Praktiker gewisse Anhaltspunkte, die ihn auf fehlerhafte Kondition des Bades aufmerksam machen. Allein verläßlich ist freilich die chemische Prüfung, welche gewöhnlich zu selten ausgeführt wird, wie denn auch das Produkt meist nur nach dem Aussehen beurteilt wird.

Zur rohen Schätzung der nach längerer Zeit vorgegangenen Veränderungen des Bades kann auch die Prüfung des spezifischen Gewichtes herangezogen werden; da dieses im Laufe der Zeit infolge Karbonatbildung und des dadurch erforderlichen Ersatzes an Zyanid ständig zunimmt. Frische Bäder messen 5 bis 6° Bé, alte, karbonatreiche Bäder bis zu 10—11° Bé.

Man arbeitet gewöhnlich in Steinzeugwannen oder in Eisenwannen mit Hartgummiüberzug, die neuerdings in sehr guter Qualität hergestellt werden. Verwendbar sind auch Zementbottiche, gute Holzwannen mit Zelluloid- oder sogar mit Bleiauskleidung, weniger empfehlenswert sind emaillierte Eisenwannen, unverwendbar sind Wannen mit Asphaltauskleidung oder ausgepichte Holzbottiche, weil das alkalische Bad auf diese Auskleidung lösend einwirkt.

Sehr wichtig ist die richtige Bemessung der kathodischen Stromdichte. Bei zu kleinen Stromdichten nimmt die Dichte des Niederschlages ab, bei zu hohen Stromdichten wird er abermals porös, bei sehr hohen Stromdichten sogar mißfarbig, wasserstoffreich, locker, ohne daß sich in gleicher Zeit mehr Kupfer abscheiden würde, weil eben der Überschuß auf Wasserstoffentwicklung vergeudet wird.

Bei höherer Temperatur lassen sich höhere Stromdichten anwenden als bei Zimmertemperatur. Bei allzu tiefer Temperatur arbeiten die Bäder schlechter, sie sollten daher nicht in Räumen verwendet werden, in denen die Temperatur unter 18° C sinkt.

Bei 18 bis 25° erzielt man die besten Resultate und das dichteste Kupfer mit Stromdichten von 0,3 bis 0,75 Amp/qdm und mit den als günstig angegebenen Kupfer- und Zyanidkonzentrationen.

Bei 35 bis 40° kann man höhere Stromdichten anwenden, ohne daß die Stromausbeute sinkt, und man erzielt dichten Überzug bei Stromdichten von 0,5 bis 1, allenfalls sogar noch von 1,2 Amp/qdm.

Bei 50 bis 70° kann man die Stromdichte auf 1,5 Amp/qdm steigern.

Nach G. M. Smith und J. M. Breckenridge[1] sinkt die kathodische Stromausbeute in Lösungen, die an CuCN etwa 0,25-n., an NaCN 0,5-n., bei Steigerung der Stromdichte von 0,1 auf 0,3 Amp/qdm bei Zimmertemperatur von 88% auf 75%, bei weiterer Steigerung der Stromdichte auf 0,6 Amp. auf 72%.

Verdünnt man die Badlösung auf die Hälfte, so sinken die Stromausbeuten bei 0,1, 0,3, 0,6 Amp. Stromdichte auf 54%, 38%, 37%.

Nach Pan (l. c.) erzielt man in Bädern, die an Cu 0,225 molar sind, Stromausbeuten von 25 bis 60%. Mit steigendem Cu-Gehalt steigen sowohl die anodische als die kathodische Stromausbeute rasch an, sie erreichen ein Maximum in Lösungen, welche an Cu 1-molar sind. Bei weiterer Steigerung des Kupfergehaltes fallen die anodischen Ausbeuten rasch, die kathodischen langsam wieder ab. In Lösungen, die an Cu 1-molar sind, soll man anodische Stromausbeuten von 100%, kathodische von 80% erzielen, das Kupfer fällt aber in etwas dunklerer Form aus als aus verdünnteren Lösungen.

Die Anodenpolarisation steigt nach demselben Autor bei steigender Cu-Konzentration erst an, erreicht 1,7 Volt bei 0,34 Mol Cu/l, sinkt auf 0,53 Volt bei weiterer Steigerung bis auf 1 Mol Cu/l, um bei noch größerer Cu-Konzentration abermals anzusteigen. Die kathodische Polarisation wird vom Cu-Gehalt kaum beeinflußt.

Die Abnahme der Stromausbeute mit steigender Stromdichte geht bei höherer Temperatur langsamer vor sich als bei tieferer, der Kupferniederschlag wird etwas weicher und duktiler, in mancher Hinsicht sind also die Arbeitsbedingungen bei gesteigerter Temperatur günstigere, trotzdem wird sie, einerseits wegen der geringeren Bequemlichkeit, dann aber auch weil die Karbonatbildung beschleunigt, die Haltbarkeit der Badlösung herabgesetzt wird, selten angewendet.

Die gleichen Nachteile sind noch in gesteigertem Maße mit einer

[1] Trans. Amer. electrochem. Soc. LVI, 396 (1929).

Bewegung der Lösung verbunden, bei der außerdem leicht etwas von dem stets vorhandenen Schlamm aufgewirbelt wird und die man deshalb, gar bei so giftiger Lösung, nur in den seltensten Fällen, dann auch, wenn möglich, in geschlossenen Gefäßen (in Trommelapparaten) anwendet.

Die Anoden sollen aus reinem Elektrolytkupfer bestehen und ein Gefüge aufweisen, das ihr In-Lösung-Gehen nicht erschwert. Letzteres ist z. B. bei gewalztem Kupferblech oft als Folgeerscheinung der Verformung der Fall. Seine Verwendung ist deshalb nicht zu empfehlen, sieht man sich dazu doch gezwungen, so sind die Bleche vor ihrer Verwendung als Anoden gut auszuglühen und mit mäßig konzentrierter Salpetersäure anzuätzen. Anoden, die sich schlecht auflösen, verursachen leicht eine Verarmung des Bades an Kupfer, die bald zur Bildung weniger dichter, später sehr fehlerhafter Niederschläge führt.

Da die Stromausbeute durch so viele, nicht immer leicht kontrollierbare Faktoren beeinflußt wird, ist die beim Durchgange einer bestimmten Amperestundenzahl hergestellte Niederschlagsdicke niemals genau anzugeben. Halten sich die Stromausbeuten in den Grenzen von 60 bis 80%, so wird pro Amperestunde auf den Quadratdezimeter eine Kupferschicht von 0,016 bis 0,02 mm Dicke niedergeschlagen.

In der Regel stellt man viel dünnere Niederschläge her, etwa solche von 0,003 mm Stärke, da die Erfahrung gelehrt hat, daß die Porenzahl bei Verdopplung oder Verdreifachung der Niederschlagsstärke nur wenig abnimmt. Sie wird in der Tat in viel wirksamerer Weise durch die Wahl günstiger Stromdichte, richtiger Badzusammensetzung und auch durch mäßige Temperatursteigerung als durch Verstärkung der Niederschlagsdicke nieder gehalten.

Da Porenfreiheit der Kupferschicht nur schwer zu erzielen ist, wird die Verkupferung im Zyanidbade dort, wo es auf gute Deckung ankommt, meist in zwei Operationen vorgenommen: man verkupfert zunächst 5 bis 10 Minuten lang, nimmt dann die Ware aus dem Bad und behandelt sie sorgfältig mit einer Kupfer- oder weicher Messing-Kratzbürste, entfettet und verkupfert nochmals durch 15 bis 30 Minuten. Durch diese mechanische Behandlung wird eine Egalisierung des ersten Niederschlages erzielt, bei welcher das Metall besser ausgebreitet und über die offen gebliebenen Poren verstrichen werden soll. Bei nachfolgender abermaliger Verkupferung werden Porenreste oder zu dünn gewordene Stellen in zuverlässigerer Weise bedeckt.

In den seltenen Fällen, in welchen man stärkere Überzüge im Zyanidbade herstellen will, wiederholt man dieses „Kratzen" noch ein- oder zweimal. Das sind aber Ausnahmsfälle. Gewöhnlich stellt man im Zyanidbad — der erzeugte Niederschlag soll ja in der Regel nur als Zwischenschicht für einen weiteren Überzug dienen — nur ganz dünne Kupferschichten her, weil stärkere mit noch so viel Sorgfalt in diesem

Bade erzeugte Schichten niemals die Duktilität und Dichte des aus saurer Lösung gefällten Kupfers aufweisen.

Die Prüfung der hergestellten Überzüge erfolgt meist nur nach dem Augenschein, dieser kann aber selbst bei Benützung eines Vergrößerungsglases oder Mikroskopes nur vollkommene Fehlresultate feststellen, die durch dunklere unschöne Farbe, Unebenheit o. dgl. leicht kenntlich sind; über den Grad der Dichte, der Porenfreiheit usw. läßt sich durch bloße Betrachtung wenig aussagen.

Besseren Anhaltspunkt hierüber gibt eine Probe mit Blutlaugensalz (s. Kapitel XIV).

b) Die Verkupferung im sauren Bad.

Die Verkupferung in sauren Kupfersulfatlösungen ist eine der einfachsten, zugleich der ältesten und bestbekannten Methoden, sie gibt zu keinerlei Schwierigkeiten Anlaß, wenn man unter gewöhnlichen Bedingungen arbeitet, und ist nur dann weniger leicht durchzuführen, wenn man Stromdichten von abnormer Höhe anwenden will, besonders dicke Niederschläge herstellt und solche, welche späteren mechanischen und thermischen Einflüssen vollkommen standhalten sollen, also Aufgaben zu lösen hat, denen man früher aus dem Wege gegangen ist, die aber gegenwärtig oft sehr wichtig geworden sind.

Die ausschlaggebende Rolle, welche die zugesetzte Schwefelsäure zu erfüllen hat, ist bereits S. 128f. dargelegt worden, sie erschwert die Kupferoxydulabscheidung, sie erhöht die Leitfähigkeit und drängt gleichzeitig die Dissoziation des Kupfersulfats zurück, was die Bildung feinkörniger Niederschläge erleichtert (s. S. 36, 129), ohne — unter normalen Umständen — die Stromausbeute zu verringern. Dank des ziemlich edlen Potentiales des Kupfers (es ist um 0,329 Volt positiver als H_2) kommt letztere auch in stark sauren Lösungen der nach der Theorie überhaupt erreichbaren so nahe. daß die Kupferabscheidung aus sauren Kupfersulfatlösungen zur Bestimmung und Messung von Strommengen herangezogen wird. Aus demselben Grunde gelingt die Kupferabscheidung auch noch aus ziemlich kupferarmen Lösungen, aber die Beschaffenheit des Kupfers steht hinter derjenigen des Metalles zurück, das aus kupferreichen Lösungen zur Abscheidung gelangt. Deshalb und um örtliche Verarmung der Lösung in Kathodennähe zu erschweren, wendet man in der Praxis durchwegs kupferreiche Lösungen an.

Die ziemlich gute Löslichkeit des Kupfersulfates ermöglicht es, konzentrierte Lösungen zu verwenden, wenn auch der unerklärliche Schwefelsäurezusatz (s. Abb. 62)[1] die Löslichkeit des Salzes merklich

[1] Die vier oberen Kurven entstammen nach Messungen von Goodwin und Horsch, Chem. Met. Eng. XXI, 181 (1919).

herabsetzt. Keinesfalls treibt man aber die Konzentration so hoch, daß sie der Löslichkeitsgrenze nahekommt; da sich die Lösung von selbst durch Verdunstung und dadurch, daß anodisch etwas mehr Kupfer in Lösung geht als kathodisch abgeschieden wird, mit der Zeit langsam an Metall anreichert, empfiehlt es sich, nicht mehr als etwa 250 g $CuSO_4 . 5 H_2O$ von Haus aus aufzulösen, also Lösungen zu verwenden, die etwa 2-n. sind.

Bietet es in speziellen Fällen Vorteil, Bäder von noch höherer Leitfähigkeit zu benützen, so zieht man es vor, die Kupfersulfatkonzentration niedriger zu halten, da die Leitfähigkeit gleich stark saurer Lösungen mit zunehmendem Kupfersulfatgehalt abnimmt (s. Abb. 62).[1] Aber auch die kupfersulfat reichen Lösungen, die 50 bis 100 g freie Schwefelsäure enthalten, gehören noch zu den bestleitenden Lösungen, die man für galvanotechnische Zwecke verwendet, so daß die Änderung der Leitfähigkeit mit der Kupfersulfatkonzentration nur eine nebensächlichere Rolle spielt.

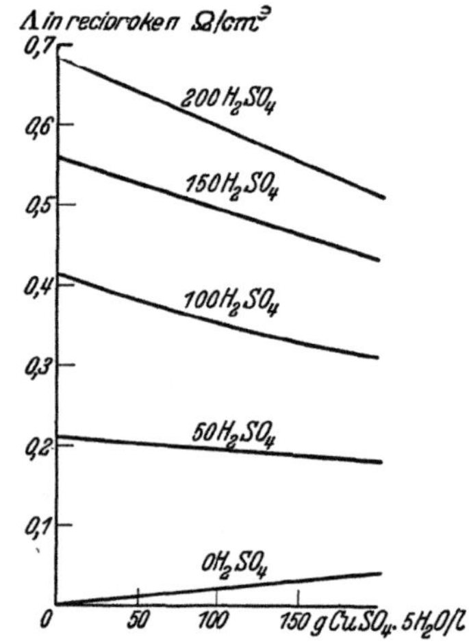

Abb. 62.

Von viel größerer Bedeutung als diese sind Einflüsse, welche die Änderungen der Konzentrationen, aber auch der Temperatur und der Stromdichte auf das Gefüge des Niederschlages ausüben, auf sein Aussehen, seine Feinkörnigkeit, Festigkeit, Härte usf.

Als Richtlinie dient, daß die Festigkeit und die Härte mit der Feinkörnigkeit zunimmt, daß also alle Momente, welche dahin wirken, feinkörnigere Abscheidung herbeizuführen, im allgemeinen auch die Festigkeit des Kupfers erhöhen, soferne es denselben Reinheitsgrad bewahrt.

Temperaturerhöhung bewirkt ceteris paribus die Bildung gröberen Kornes und demgemäß weicheren Metalls (s. S. 50ff.), Steigerung der Stromdichte, steigert die Feinkörnigkeit (s. S. 42f.), dasselbe bewirkt (freilich in viel geringerem Maße) zunehmende Konzentration der Lösung, während das Metall aus sehr verdünnten Lösungen locker kristallin ausfällt (s. S. 37f.).

Die Wirkung, welche eine Steigerung der Stromdichte ausübt, ist stärker und deutlicher als die in gewissem Sinne entgegengerichtete Wirkung einer Temperatursteigerung; letztere ist ja auch in ihrem

[1] Die unterste Kurve nach Messungen von Richardson und Taylor, Trans. Amer. electrochem. Soc. XX, 179 (1911). Siehe Fußnote auf S. 143.

Ausmaß begrenzt, da man praktisch die Arbeitstemperatur selten höher als auf etwa 50° C treibt. So bildet es die Regel, daß jede größere Steigerung der Stromdichte auch bei gleichzeitiger Temperaturerhöhung der Lösung zur Bildung feineren Korns führt. Nur wenn man ganz besonders hohe Stromdichten herstellt, vergröbert sich wieder das Korn des Niederschlages. Man möchte dies durch die, bei so hohen Stromdichten, zu weitgehende Verarmung des Elektrolyten in Kathodennähe erklären. Und tatsächlich hängt die Grenze für die Größe der Stromdichte, von welcher ab eine Vergröberung des Kornes zu beobachten ist, in allererster Linie davon ab, ob Mittel für Durchmischung und Erneuerung des Elektrolyten angewendet werden (s. S. 46 und Abb. 27). Im stehenden Bade kann man gute Niederschläge größerer Dicke schwerlich mit Stromdichten von mehr als etwa 5 Amp/qdm herstellen, in lebhaft bewegten Bädern kann man noch gut mit 10, unter Umständen sogar mit etwa 20 Amp. Stromdichte arbeiten.

Wenn aber die Feinkörnigkeit des gefällten Metalls mit zunehmender Stromdichte auch zunimmt, wird seine Oberfläche bei Herstellung dicker Niederschläge, unter sonst gleichbleibenden Umständen, doch rauher und unebener, und das um so rascher, je weniger lebhaft das Bad bewegt wird und natürlich auch, je verdünnter die Lösung ist.

Wie sich andrerseits das Gefüge des Elektrolytkupfers unter sonst gleichen Verhältnissen mit Änderung der Stromdichte ändert, wird durch Abb. 25, S. 44 und 32—32d, S. 52 vor Augen geführt. Abb. 31 zeigt die Änderung des Gefüges, welche eine Temperaturerhöhung bei sonst gleichen Bedingungen hervorruft.

Schon aus den vorliegenden wenigen Abbildungen geht hervor, daß das Schliffbild für sich, wenn es nur einem dichten rißfreien Kupfer entstammt, kaum beurteilen läßt, wie die Oberfläche des betreffenden Elektrolytkupfers aussieht und beschaffen ist, eine Erfahrung, die ich in zahllosen Fällen bestätigt fand. Auch an und für sich gutes Elektrolytkupfer kann eine rauhe oder warzige Oberfläche aufweisen, wenn es z. B. mit Stromdichten niedergeschlagen wurde, die für die betreffenden Arbeitsbedingungen zu hoch waren. Die Unebenheiten wachsen zudem mit wachsender Niederschlagsdicke, so daß man bei Wahl der Stromdichte zu berücksichtigen hat, wie starke Niederschläge herzustellen sind; für dünne Überzüge kann man höhere Stromdichten anwenden als für starke Niederschläge.

In der Galvanoplastik z. B. bei der Herstellung von Klischees ist es praktisch sehr wichtig, hohe Stromdichten anzuwenden, um die Herstellungszeit zu verkürzen; das kann man um so eher, als es in diesem Spezialfall vor allem darauf ankommt, mit der zuerst niedergeschlagenen Kupferschicht alle Details und Feinheiten der Matrize wiederzugeben (s. S. 32), während man an die darauf folgenden, bloß der Verstärkung dienenden Schichten keine so hohen Anforderungen stellt und eine gewisse Rauheit der äußeren Oberfläche tolerieren kann. Und günstig ist es in diesem Spezialfall auch, daß man meist leicht in der Lage ist, ziemlich schnelle relative Bewegungen des Elektrolyten zur Kathode in Anwendung zu bringen.

Die Hauptursache, derentwegen die Unebenheit des elektrolytischen Niederschlages auch in vollkommen klaren Elektrolyten mit zunehmender Niederschlagsstärke zunimmt, dürfte darin zu suchen sein, daß Spitzen und Kanten nicht nur für die Metallabscheidung an sich (s. S. 54ff), sondern, infolge lokal vermehrter Joule scher Wärme, auch für Konvektionsströme, Diffusion, also für die Heranführung neuer Kationen bevorzugte Stellen bilden. Sobald also Unebenheiten entstehen, vergrößern sie sich rasch bei fortschreitender Elektrolyse, wenn keine besonderen Hilfsmittel angewendet werden, dem entgegenzutreten.

An derartigen Hilfsmitteln sind außer einem Konzentrationsausgleich im Elektrolyten und außer der Herstellung relativer Bewegung zwischen Kathode und Lösung vor allem noch mechanische Bearbeitung während der Elektrolyse und Zusatz glättender Stoffe, vor allem Kolloidzusatz, in Betracht zu ziehen.[1]

Die Bildung von Unebenheiten und von Warzen kann in der Tat durch Einwirkung mechanischer Glätter in sehr wirkungsvoller Weise erschwert oder behoben werden. Elmore dürfte der erste gewesen sein, welcher eine solche Arbeitsweise in technischem Maßstab angewendet hat. Er verwendete Achate und ließ sie die Oberfläche rotierender zylindrischer Kathoden in einer oder in mehreren Schraubenlinien bestreichen,[2] die Société des Cuivres de France[3] benützte zum gleichen Zwecke den Druck und die Reibung, welche zwei Kupferzylinder (die unter Umständen beide gleichzeitig Kathoden sein können) bei entgegengerichteter Rotation aufeinander ausüben.

Bei sachgemäßer Ausführung liefert die Glättung mittels Achat ausgezeichnete Resultate, nur darf man des Guten nicht zu viel tun, sonst erhält man brüchiges Kupfer in schlecht miteinander verbundenen Schichten.

Abb. 37, S. 73 führt das Gefüge eines derartigen überglätteten Kupferniederschlages vor Augen, aus der es deutlich erkenntlich wird, wie die Kupferkristalle bei der Glättung umgelegt wurden. Auch auf Abb. 36

[1] Ein sinnreicher Vorschlag Dumoulins, D. R. P. 84.834, E. P. 16.360 (1895), das Fortwachsen von Unebenheiten dadurch zu verhindern, daß man sie — etwa dadurch, daß man den Niederschlag an einer mit flüssigem Isolierstoff benetzten Walze in Berührung bringt — mit einer Isolierschichte aus Öl oder dgl. überzieht, ist interessant, er weist aber doch für die Praxis zu große Unzuträglichkeiten auf.

[2] cf. z. B. D. R. P. 95.857 (1897), 59.933 (1890), 67.964 (1892).

[3] D. R. P. 81.648 (1894).

tritt übermäßige Glättung einer von Haus aus viel glatteren Kathode zutage, desgleichen auf Abb. 38. Die Abb. 40 zeigt die Änderung des Metallgefüges der Probe, Abb. 36 nach dem Erhitzen auf 650°. Die dunkeln Linien, welche auf Abb. 36 zwischen den einzelnen Kupferschichten erkenntlich sind, lösen sich, wie man sieht, beim Erhitzen in Reihen von Blasen auf und bilden stellenweise sogar zusammenhängende Gasräume, welche die aufeinanderfolgenden Kupferschichten voneinander abheben.

In einer gut geglätteten Kupferprobe (Abb. 39) sind hingegen Trennungslinien kaum oder gar nicht mehr zu erkennen. Nach dem Erhitzen zeigt solches Kupfer ein Gefüge, das von dem des ungeglätteten Metalls nur in der Veränderung der Kristallgröße und Verteilung zu unterscheiden ist.

Es ist auch nicht gleichgültig, aus welchem Material die Glätter bestehen, sind sie zu weich, so reibt sich Masse von ihnen ab und wird vom Kupfer eingeschlossen. Die Höhe des Druckes, mit welchem die Glätter auf die Oberfläche wirken, darf bei Kupfer nur ganz gering sein; es genügt offenbar, daß sie die Oberfläche leicht bestreichen, um das Wachstum größerer Kristalle zu hindern. Leicht geglättetes Kupfer weist ebene, samtartige Oberfläche auf. Glänzend glatt erhält man es nur bei einer Glättung, die das Auftreten von Trennlinien bewirkt. Das Metall wird härter, es erscheint kompakt und dicht, aber es teilt sich beim Erhitzen leicht in Schichten und wirft Blasen.

Untersuchung der Badlösungen.

1. Bestimmung des freien Zyanids.

Am gebräuchlichsten ist die Titration nach Liebig mit Hilfe 0,1-n. $AgNO_3$-Lösung. Läßt man diese tropfenweise in eine alkalische Zyanidlösung einfließen, so entsteht an der Einlaufstelle eine weiße Fällung von Zyansilber, die beim Umrühren verschwindet, solange noch überschüssiges Alkalizyanid in der Lösung vorhanden ist, welches das zunächst gebildete Silberzyanid in lösliches Kaliumsilberzyanid überführt. Sobald aber alles Zyanid zur Bildung dieser Doppelverbindung verbraucht, also gebunden ist, erzeugt der nächste Tropfen der Silbernitratlösung eine bleibende Trübung.

Der Auftritt einer bleibenden Trübung gibt also das Ende der Reaktion:

$$2\,KCN + AgNO_3 = KNO_3 + (Ag(CN)_2)K$$

zu erkennen.

1 Ag entspricht somit 2 CN. Bei Gegenwart von Ammoniak erhält man (wegen der Löslichkeit des Zyansilbers in Ammoniak) nur bei gleichseitiger Anwesenheit von Kaliumjodid einen scharfen Umschlag (die auftretende Trübung besteht dort aus Jodsilber). Da Ammoniak (s. S. 139) in Zyanid-

bädern stets vorhanden sein kann, führt man die Titration gewöhnlich derart aus, daß man 5 ccm Lösung mit destilliertem Wasser auf 100 verdünnt und nach Zusatz weniger Tropfen 0,1-n. KJ-Lösung mit 0,1-n. $AgNO_3$-Lösung titriert.

1 ccm $AgNO_3$-Lösung entspricht 5,2 mg CN. Hat man 5 ccm Badlösung verwendet, so zeigt also 1 ccm $AgNO_3$-Lösung 0,104 g CN pro Liter Badlösung an, bzw. 0,26 g KCN bzw. 0,196 NaCN im Liter.

2. Bestimmung des Kupfers.

Weniger bequem ist die Bestimmung des Kupfers; sie erfolgt entweder jodometrisch durch Titration mit Natriumthiosulfat oder auf elektrolytischem Wege. Liegt saure Kupfersulfatlösung vor, so ist letztere Bestimmung glatt und einfach durchzuführen, liegt hingegen eine Zyanidlösung vor, so muß das Kupfersalz erst in Kupferazetat übergeführt werden. Dazu raucht man etwa 10 ccm bis 20 ccm der Lösung mit etwas überschüssiger Schwefelsäure in einem gut ziehenden Abzug, bis weißer Rauch entwickelt wird, ab. Da hierbei Blausäure entweicht, ist Vorsicht am Platze. Bräunt sich die Probe, so fügt man einige Tropfen Salpetersäure zu und raucht weiter ab. Der Rückstand wird in zirka 100 ccm Wasser aufgenommen und man fällt nach Zusatz einiger Tropfen Salpetersäure das Kupfer entweder elektrolytisch aus oder bestimmt es auf titrimetrischem Wege nach Zusatz von Essigsäure und Jodkalium.

Nach dem Essigsäurezusatz enthält die Lösung das Kupfer als Cuprisulfat, beim Zusatz von Jodkalium entsteht Kupferjodür und Jod:

$$2\,Cu(C_2H_3O_2)_2 + 4\,KJ = Cu_2J_2 + 4\,KC_2H_3O_2 + J_2$$

und das Jod wird auf bekannte Art mittels Natriumthiosulfat titriert.

1 ccm 0,1-n. Natriumthiosulfatlösung entspricht 0,0061 g Cu.

Oder man verdünnt nach einer ähnlichen, aber etwas umständlicheren Arbeitsweise die Probe auf zirka 100 bis 200 ccm, setzt einige Kubikzentimeter konzentrierte Natriumsulfidlösung zu, säuert mit 0,5-n. HCl schwach an, filtriert, wäscht den Niederschlag gut mit heißem Wasser aus, spült ihn dann in einem Becherglas in 400 bis 600 ccm Wasser, setzt 5 ccm konzentrierte HNO_3 zu, treibt NO_2 durch Erhitzen vollständig aus, läßt abkühlen, neutralisiert mit Ammoniak, setzt 10 bis 15 ccm konzentrierte Essigsäure zu, läßt abkühlen, setzt 5 bis 8 g KJ zu und titriert mit Natriumthiosulfat und Stärkeindikator bis zur Gelbfärbung.

3. Bestimmung des Karbonatgehaltes.

Um das Kupfer in Lösung zu halten, setzt man einer Probe (etwa 10 ccm) 1 ccm Ammoniak zu, verdünnt auf zirka 50, erhitzt bis nahe an den Siedepunkt und setzt Bariumchlorid (oder -nitrat) in geringem Überschusse zu, läßt absitzen, filtriert und wäscht den Niederschlag, welcher neben Bariumkarbonat auch Bariumsulfat enthalten kann, mit heißem Wasser aus.

Um den Karbonatgehalt dieses Niederschlages zu ermitteln, löst man ihn in Salzsäure von bekanntem Titer auf und titriert die freie Säure nach beendeter Kohlensäureentwicklung mit Methylorange-Indikator zurück.

100 ccm verbrauchter 0,1-n. HCl entsprechen 0,53 g Na_2CO_3.

Diese Bestimmungsmethode ist zwar von geringer, technisch aber doch hinreichender Genauigkeit.

IV. Zink.

Unter den zahlreichen gut löslichen Verbindungen des Zinks kommen für elektrolytische Zwecke hauptsächlich das Sulfat, das Chlorid, die Doppelzyanide und Zinkate, allenfalls noch das Azetat in Betracht.

In allen Salzlösungen tritt das Zink nur in einer elementaren Ionenart, dem farblosen, zweiwertigen $Zn^{\cdot\cdot}$ auf. In Doppelzyanidlösungen ist es, wie Kupfer und Silber, in komplexen Anionen enthalten, aus denen durch abgestufte Dissoziation $Zn^{\cdot\cdot}$ entsteht.

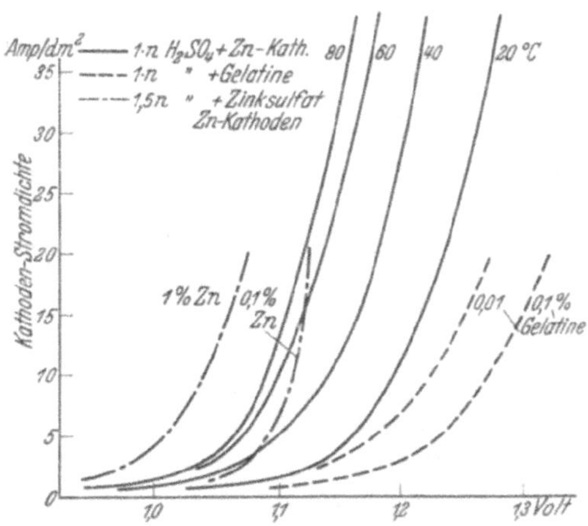

Abb. 63. Kathodenpotentiale und Überspannung an Zn bei verschiedenen Temperaturen und bei Gelatinezusatz.

Neben Cadmium und Chrom ist Zink das unedelste Metall, das auf elektrolytischem Wege technisch abgeschieden wird, es ist unedler als die Metalle der Eisengruppe und fällt auch in alkalischer Lösung unedlere Metalle und selbst Spuren von solchen aus.

Deshalb darf die Lösung, aus der man Zink fällt, vor allem keine Verbindungen unedler Metalle enthalten, die, auf der Kathode abgeschieden, erhebliche Störungen durch Bildung von Lokalelementen verursachen würden.

Daß man Zink, welches um 0,77 Volt negativer ist wie Wasserstoff, doch noch aus schwach sauren Lösungen kathodisch mit nahezu quantitativer Stromausbeute abscheiden kann, erklärt sich durch die hohe Überspannung, welche Wasserstoff an diesem Metall bei seiner Abscheidung zu überwinden hat. Sie beträgt bei Zimmertemperatur schon bei kleinsten Stromdichten 0,4 bis 0,8 Volt[1] und steigt mit steigender Stromdichte, fällt aber mit steigender Temperatur (s. Abb. 63).

Dies geht aus beistehenden Abbildungen 64 u. 65 hervor, welche die Messungsergebnisse A. L. Marshalls[2] graphisch darstellen und ferner aus folgender von ihm aufgestellter Tabelle:

Amp/qdm	Kathodenpotential bei Temperatur			
	20° C	41° C	59° C	78° C
0	0,79 Volt	0,80 Volt	0,81 Volt	0,80 Volt
0,5	1,02 „	1,03 „	1,01 „	1,00 „
1	1,07 „	1,06 „	1,05 „	1,04 „
2	1,12 „	1,10 „	1,09 „	1,07 „
5	1,18 „	1,14 „	1,13 „	1,11 „
10	1,23 „	1,18 „	1,16 „	1,14 „
20	1,29 „	1,21 „	1,20 „	1,17 „
30	1,33 „	1,23 „	1,23 „	1,19 „
40	1,36 „	1,25 „	1,25 „	1,20 „

Die Differenz der Angaben verschiedener Autoren über die Größe der Überspannung rührt davon her, daß sie nicht nur durch die Oberflächenbeschaffenheit (besonders durch größere oder geringere Rauheit), die Temperatur usw. beeinflußt wird, sondern daß sie sich bei länger andauernder Elektrolyse auch mit der Zeit ein wenig ändert. Im übrigen folgt sie der allgemeinen Regel, mit steigender Temperatur abzunehmen.

Hohe Überspannung des Wasserstoffs ist also Grundbedingung für die Erzielung guter Stromausbeuten bei der Zinkelektrolyse und alle Momente, welche dahin wirken, die Überspannung herabzusetzen, vor allem also Mitabscheidung von Fremdmetallen, an denen Wasserstoff mit geringerer Überspannung auftritt, Vorhandensein kleiner Kohle- oder Graphitpartikeln an der Oberfläche usf., sind von nachteiligstem Einfluß.

So erklärt es sich auch, daß Gußeisen infolge seines Kohlengehaltes schwer zu verzinken ist, aber auch bei gewissen Stahlsorten kann die Oberfläche nach dem Beizen usw. freiliegende Graphitpartikeln darbieten, welche die Verzinkung erschweren.

In derartigen Fällen sucht man sich durch Mitabscheidung von geringen Mengen Quecksilber zu helfen, welche die schädlichen Stellen

[1] cf. Thiel und Breunig, Z. anorg. u. allg. Chem. LXXXIII, 329 (1913); Thiel und Hammerschmidt, ib. CXXXII, 15 (1923), die im stromlosen Zustande 0,48 Volt angeben. Billiter fand, Techn. Elektrochemie, 2. Aufl., S. 190, 0,39 Volt.

[2] Trans. Faraday Soc. XXI, 297 (1925).

mit einer dünnen Hg-Haut überziehen, an welcher der Wasserstoff nur mit sehr hoher Überspannung entwickelt werden kann.

Obgleich die Überspannung mit steigender Temperatur abnimmt, steigt die Stromausbeute gleichzeitig ein wenig (cf. z. B. A. L. Marshall, l. c.). Dies überrascht; es ließe sich erklären, wenn man annehmen

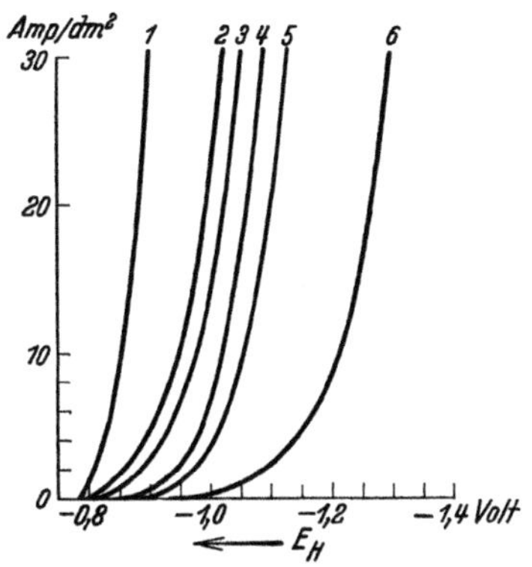

Abb. 64. Kathodenpotentiale bei zirka 20⁰ in Lösungen, die an Schwefelsäure zirka 3,51-n. sind und

1. an $ZnSO_4$ 1-n. (ohne Säure)
2. „ „ 1,01-n.
3. „ „ 0,93-n.
4. „ „ 0,31-n.
5. „ „ 0,031-n.
6. reine Säure, 3,51-n., ohne Zinksulfat.

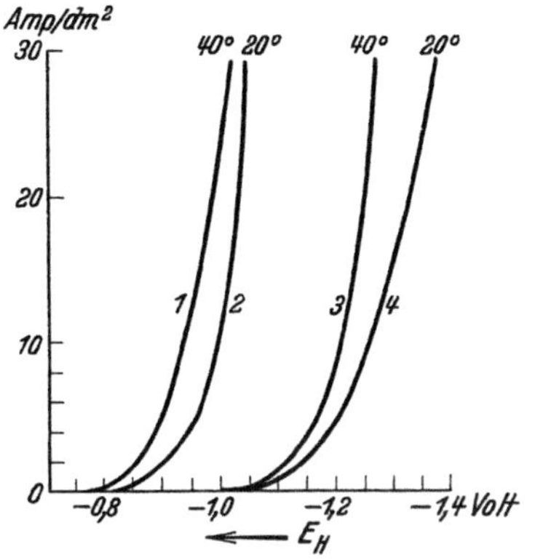

Abb. 65. Kathodenpotentiale an Zinkkathoden.

1 u. 2. 0,31-n. $ZnSO_4$, 3,51-n. H_2SO_4,
3 u. 4. 0,351-n. H_2SO_4 ohne Zinksulfat.

könnte, daß Hemmungen, die bei der Entladung von Zinkjonen zu überwinden sind, bei steigender Temperatur rascher abnehmen als diejenigen, welche der Entladung der Wasserstoffionen entgegenstehen, doch wäre die Zulässigkeit einer solchen Erklärungsweise erst zu erbringen. Praktisch kommen freilich höhere Temperaturen kaum bei der Verzinkung in Anwendung.

Die Verzinkung dient fast ausschließlich der Herstellung von Überzügen auf Eisen und Stahl, die es infolge seiner höheren Lösungstension vor Angriff, insbesondere vor Rost sehr gut zu schützen befähigt ist, wenn es festhaftende Überzüge auf ihnen bildet.

a) Bestandteile der sauren Zinkbäder.

Zinksulfat, $ZnSO_4$ (Molekulargewicht 161,5), das wichtigste Zinksalz, ist in festem Zustand in mehreren Hydratationsformen bekannt. Das normale Salz kristallisiert mit 7 H_2O (Molekulargewicht 289,5) und zählt zu den Vitriolen; doch ist auch die Existenz eines Hexa- und eines Pentahydrats bekannt. Unterhalb 39^0 ist das Heptahydrat stabil, das sich denn bei der Kristallisation bildet. Seine Löslichkeit steigt mit steigender Temperatur, eine gesättigte Lösung enthält:[1]

Temperatur	g $ZnSO_4 . 7 H_2O$ in 100 g H_2O
0,1	41,9
15	50,8
25	57,9
30	61,92
35	66,61

Die elektrische Leitfähigkeit, die sehr oft gemessen wurde, ist infolge unvollständiger Dissoziation in konzentrierten Lösungen relativ nieder (äquivalentes Leitvermögen in rez. Ohm) bei 18°:

$ZnSO_4/2$	Gramm im Liter	Äquivalente Leitfähigkeit, rez. Ohm	$\gamma = \frac{\Lambda}{\Lambda_\infty}$
5-n.	403,5	9,0	0,078
4-n.	322,8	11,9	0,103
3-n.	242,1	15,6	0,136
2-n.	161,9	20,1	0,175
1-n.	80,95	26,2	0,228

Das käufliche Zinksulfat weist gewöhnlich ausreichenden Reinheitsgrad auf. Von Fremdmetallen enthält es zuweilen Spuren von Eisen, einer verhältnismäßig harmlosen Verunreinigung. Von schädlichen Metallen (Pb, Cu) ist es in der Regel frei.

Die Elektrolyse schwach saurer Zinksulfatlösungen ist, soweit sie für die Zinkgewinnung mit unlöslichen Anoden in Frage kommt, recht gründlich untersucht worden, der elektrolytischen Verzinkung sind aber bislang leider noch nicht viele systematische Studien gewidmet worden. Unsere Kenntnis derselben ist noch mangelhaft und muß zum Teil an Hand der Resultate, die von der Zinkgewinnung her bekannt sind, ergänzt werden, obgleich die Arbeitsbedingungen in beiden Fällen verschiedene sind.

Bei der Zinkgewinnung arbeitet man (wenn man von dem mit der Verzinkung nicht vergleichbaren Tainton-Verfahren absieht) in Lösungen, welche 4 bis 10% Zinkmetall neben 9 bis 3% freier Schwefelsäure enthalten; die zunächst schwächer sauren metallreicheren Lösungen werden während der Elektrolyse metallärmer und stärker sauer. Bei der Verzinkung wendet man Lösungen an, die 12 bis 100 g Zink und etwa 0,1 g freier

[1] Barnes, Proc. roy. Soc. Lond. LXII, 147 (1897); Cohen, Z. physik. Chem. XXXIV, 179 (1900).

Schwefelsäure im Liter enthalten. Die Stromausbeute ist in allen Fällen bei Herstellung mittlerer und hoher Stromdichten eine hohe, sie sinkt immerhin merklich mit steigendem Säure- und sinkendem Zinkgehalt.[1]

Bei der Metallgewinnung wendet man Stromdichten von 1,5 bis 3,6 Amp/qdm an, bei der Verzinkung solche von 1 bis 5 Amp/qdm, man kann sie sogar bei lebhafter Elektrolytbewegung auf 10, ja bis auf 50 Amp/qdm steigern.

An Verunreinigungen werden bei der Metallgewinnung die folgenden als die höchst zulässigen angesehen:

Metall	Höchstzulässiger Gehalt im Liter
As	10 mg
Sb	0,3—1 ,,
Co + Ni ...	1 ,,
Ge	1 ,,
Fe	30 ,,
Cd	12 ,,
Cu	10 ,,
Mn	

In Verzinkungsbädern kommen Verunreinigungen durch die so schädlichen Metalle Germanium und Antimon kaum in Frage, sie könnten nur in frisch angesetzten Bädern auftreten und würden durch die Elektrolyse bald entfernt werden, Abwesenheit von Kobalt muß aber beachtet werden. Cadmium fällt mit dem Zink aus, es verursacht aber keine Korrosion, da es sich dem Zink in allem, auch der Überspannung ähnlich verhält.

M. R. Thompson, welcher eine der wenigen systematischen Untersuchungen über die Verzinkung im sauren Bade veröffentlicht hat,[2] empfiehlt die Elektrolyse bei P_H 3,5 bis 4,5 durchzuführen (als Indikator verwendet man dabei wie bei anderen Lösungen z. B. Ni-Lösungen, Bromphenolblau, auch Bromkresolpurpur und -grün sind verwendbar).

Er stellte ferner fest, daß die Kristallstruktur des Zinks, wie es der Regel entspricht, bei niedrigen Stromdichten eine gröbere ist als bei höheren. Bei niederen Stromdichten hat das Zink Neigung in einzelnen Kristallrosen auszufallen, die sich nicht gut schließen und deshalb nur geringe Deckkraft besitzen.

Bei höherem P_H (6) fällt das Metall in grobkörniger, minder erwünschter Form aus, eine Feststellung, welche wir auch Hughes ver-

[1] cf. S. Field, Trans. Faraday Soc. XVI, 3 (1921).
[2] Trans. Amer. electrochem. Soc. L, 193 (1926).

danken.[1] Nach Frölich[2] fällt $Zn(OH)_2$ aus $ZnSO_4$ bei P_H 6,2, nach jüngeren Messungen[3] bei 5 bis 6 aus, nach Thompson (l. c.) bei 6,2 (kolorimetrisch), bzw. bei 5,8 (H_2-Elektroden).

Es ist leider nicht so leicht, gute Schliffbilder von Zink als von manchen anderen Metallen herzustellen und das mag zum Teil die Untersuchung der Einflüsse, welche einzelne Badzusätze ausüben, gehemmt haben.

Derartige Zusätze werden vorgenommen, um ein gewünschtes P_H aufrechtzuerhalten, um die Leitfähigkeit der Badlösung zu erhöhen, um glatteres, glänzenderes, oder, um heller gefärbtes Metall herstellen zu können. Zusätze, welche die Streukraft in nennenswerter Weise erhöhen könnten, wurden bislang für saure Zinkbäder noch nicht aufgefunden.

Die Streukraft aller sauren Zinkbäder ist minimal. Dies steht mit der Geringfügigkeit der beobachtbaren kathodischen Polarisation und noch besonders damit in Einklang, daß die Stromausbeuten mit abnehmender Stromdichte sinken.

Das P_H der Zinkbäder hat die Tendenz, ständig zu steigen, weil die Zinkanoden langsam unter Säureaufbruch in Lösung gehen. Vollkommen chemisch reines Zink löst sich zwar in ganz reiner Schwefelsäure nur langsam oder überhaupt nicht merklich auf, durch Mitwirkung des Luftsauerstoffs wird die Auflösung etwas beschleunigt. Zu rasche Auflösung läßt aber mit Bestimmtheit auf eine Verunreinigung der Anoden schließen und Störungen erwarten.

Die Regelung des P_H ist von Wichtigkeit, weil Zink vermöge seiner großen Affinität zum Sauerstoff in oxydhaltiger, spröder oder selbst schwammiger Form ausfällt, sobald die Badlösung aufhört, deutlich sauer zu sein.

Foerster und Günther haben dargetan,[4] daß die Bildung von Zinkschwamm durch Oxydhydrat hervorgerufen wird und daß man sie durch Aufrechthaltung entsprechender Wasserstoffzahlen im Kathodenfilm verhindern kann. Die früher so gefürchteten Störungen der Schwammbildung lassen sich darnach leicht beheben. Neuerdings hat Selborn[5] gezeigt, daß die Schwammbildung von Stellen ausgeht, an denen $Zn(OH)_2$ in Berührung mit niedergeschlagenem Metall, z. B. an Rändern anhaftender Gasblasen steht.[6] Der Zinkgehalt des Niederschlages sinkt dabei

[1] Hughes, Modern Electroplating (1923).
[2] Trans. Amer. electrochem. Soc. XLVI, 67 (1924).
[3] Trans. Amer. electrochem. Soc. XLIX, 395 (1926).
[4] Z. Elektrochem. V, 20 (1898).
[5] Trans. Faraday Soc. XXIX, 147, 825 (1933).
[6] Es ist nicht unwahrscheinlich, daß Zinkhydroxyd das Haftenbleiben von Gasblasen am Metall in ähnlicher Weise begünstigt, wie etwa das Nickelhydroxyd bei der Nickelabscheidung (s. dort).

auf etwa 95%, nur 75 bis 85 Gew.-% des abgeschiedenen Metalls bestehen aus reinem Zink, der Rest stellt Oxydhydrat vor.

Das P_H muß also entsprechend tief, jedenfalls kleiner als 5 bleiben. Unter dieser Voraussetzung kann es aber innerhalb verhältnismäßig weiter Grenzen schwanken. Es ist freilich nicht leicht, es wirklich (etwa mittels Anwendung von Puffersubstanzen) konstant zu halten. Zu niedriges P_H korrigiert sich zwar bald von selbst durch Anodenauflösung und da man von der Zinkgewinnung her weiß, daß die Elektrolyse auch bei relativ hohem Säuregehalt durchführbar ist, scheint die Gefahr zu starker Ansäuerung nicht groß zu sein. Trotzdem spricht die Erfahrung dafür, daß es nicht ratsam sei, mit kleinerem P_H als 3 zu arbeiten.

Zusatz schwacher Säuren, wie Essigsäure oder Borsäure mögen zwar an sich von guter Wirkung sein, sie vermögen aber nicht ein P_H von 4,5 oder gar ein noch niedrigeres zu erzeugen, weil sie dazu viel zu schwach sind.

Trotzdem ist ein Borsäurezusatz, wie Paweck schon frühzeitig[1] bewiesen hat, bei der Zinkelektrolyse von günstigstem Einfluß. Worauf dessen vorteilhafte Wirkung beruht, die keinesfalls in seiner Pufferwirkung allein gelegen sein kann (Borsäure ist ja noch schwächer als Essigsäure), läßt sich noch nicht angeben.

Die deutlichste Wirkung als Puffersubstanz dürfte ein Zusatz von Aluminiumsulfat ausüben. Nach Thompsons Versuchen (l. c.) bildet sich aus demselben durch Hydrolyse weißes, gelatinöses Aluminiumhydroxyd beim P_H 4. Das Aluminiumsulfat bildet demnach einen Indikator, welcher das Steigen des P_H über 4 anzeigt, gerade im Gebiete, in welchem abnehmender Säuregehalt kritisch zu werden beginnt.

Aluminiumsulfat ist auch aus anderen Gründen als Zusatz empfohlen worden, weil es den Niederschlag heller und, wie es scheint (wohl durch Kolloidwirkung), feinkörniger werden läßt.

Das Aussehen der Verzinkung, der Grad ihres Glanzes, die Nuance ihrer Farbe wird zwar durchaus nicht so hoch gewertet als bei den meisten anderen galvanischen Überzügen, denn die ausschlaggebenden Vorzüge der Verzinkung: der Grad des Korrosionsschutzes, werden von diesem nicht bestimmt, doch wird immerhin eine hellere Verzinkung der stumpferen vorgezogen, wenn die Unterschiede auch von geringer Dauer sind.

An Zusätzen, die Leitfähigkeit der Badlösung zu erhöhen, kommen solche von Natriumsulfat, Kochsalz, Zinkchlorid, Ammoniumchlorid, Ammoniumsulfat u. dgl. m. in Frage, während Magnesiumsulfat (dessen Zusatz ähnliche Wirkungen ausübt wie derjenige von Aluminiumsalzen)

---

[1] Brit. P. 1688 (1902); A. P. 745.378.

und Aluminiumsulfat die Leitfähigkeit der Lösung nur im selben Grad erhöhen wie es die äquivalenten Zinksulfatmengen tun würden.

Thompson hat (l. c.) festgestellt, daß man den etwa 2-n. Zinksulfat- oder Chloridbädern große Mengen von Leitsalzen zusetzen kann, sie z. B. 2-n. an NaCl, 3- bis 4-n. an Natrium- oder Ammoniumchlorid machen kann. Ihr Leitvermögen kann dadurch etwa verdoppelt werden und es lassen sich höhere Stromdichten zur Anwendung bringen, ohne daß die Struktur des Zinks sich verschlechtert.

Im unbewegten Bad sollen 1,5 bis 5, in durch Lufteinblasen bewegtem bis zu 15 Amp/qdm zur Anwendung gebracht werden können.

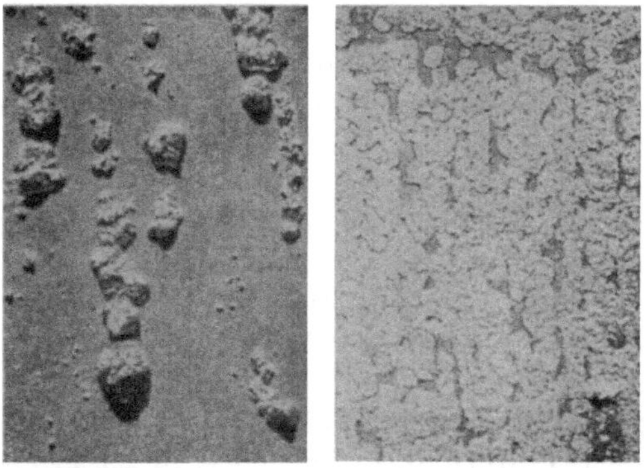

a *b*

Abb. 66. Zinkniederschläge nach Thompson (l. c.) *a* aus saurer Lösung; *b* aus alkal. Zyanidlösung.

Nebenbei bemerkt ist die Badbewegung mittels eingeblasener Luft bei Abscheidung eines so oxydablen Metalls wie Zn mit Vorsicht durchzuführen. Streicht viel Luft an den Kathoden entlang, so erhält man oxydhaltiges, gegebenenfalls sogar brüchiges Kathodenmetall.

Natriumazetat, das als schwach wirkende Puffersubstanz angewendet werden kann, verringert die Leitfähigkeit des Bades.

Zinkchlorid, $ZnCl_2$ (Molekulargewicht 136,3), welches Thompson ebenso gern verwendet hat als Zinksulfat, ist im allgemeinen trotz seines höheren Leitvermögens weniger beliebt und es wird seltener verwendet. Es liefert gute, wenn auch etwas grobkörnigere Zinkniederschläge.

In den Handel kommt es nicht wie Zinksulfat in wohlkristallisierter Form, weil man es als eine geschmolzene Masse herstellt, die in Stücken oder Pulverform verkauft wird. Die ausgesprochene Kristallform, die immerhin eine gewisse leicht erkenntliche Gewähr für Reinheit bildet, fehlt ihm.

Die Leitfähigkeit seiner Lösungen ist bei gleichem Molargehalt rund doppelt so groß wie die S. 152 für $ZnSO_4$ angegebene.

Die Hantierung mit Chlorid ist etwas unbequemer, die Leitungen und Kontakte laufen schneller an. Reste von Chloridlösungen sind zwar eher leichter von den behandelten Stücken durch Spülen zu entfernen als solche von Sulfaten, sie sind aber in kleineren Mengen ungleich schädlicher als Spuren von Sulfaten, die etwa zurückbleiben.

Insbesondere von Eisen — und in der überwiegenden Mehrzahl der Fälle wird ja Eisen oder Stahl verzinkt — sucht man Chloride fernzuhalten, die, in geringen Spuren, etwa in Poren zurückgehalten, das Rosten so sehr beschleunigen.

Diese und ähnliche Erwägungen mögen dafür entscheidend gewesen sein, daß sich der Aufbau der Badlösung fast durchwegs auf Zinksulfat eingestellt hat, ferner daß man auch bei Zusatz von Leitsalzen in der Regel lieber zum Sulfat greift.

Gleichionige Zusätze drängen auch bei Erhöhung der Gesamtleitfähigkeit die Dissoziation, also die $Zn^{\cdot\cdot}$-Ionenkonzentration zurück und haben gewöhnlich kornverfeinernde Wirkung. Es ist kaum zu bezweifeln, daß Sulfatzusätze zum Sulfatbad, Kochsalzzusätze zum Zinkchloridbad die Struktur des unter sonst gleichen Bedingungen niedergeschlagenen Metalls verfeinern; doch scheinen keine exakteren Untersuchungen darüber ausgeführt worden zu sein. Auch die Belastung mit höheren Stromdichten, welche in den besser leitenden Lösungen möglich ist, muß zu einer Kornverfeinerung führen.

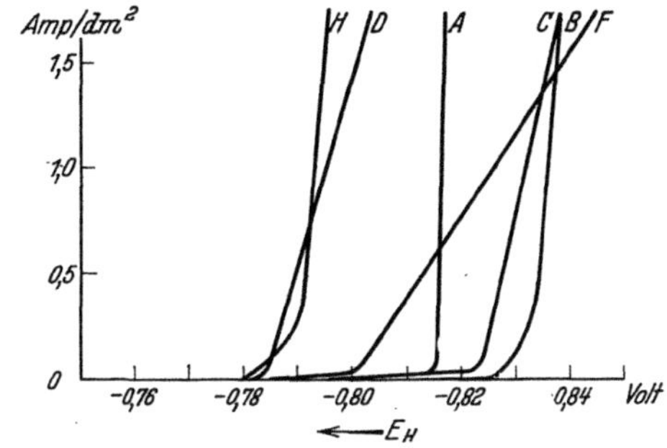

Abb. 67. I-E-Kurven von Zn in verschiedenen Badlösungen nach Thompson (l. c.).

A bei Zusatz von Azetat,
B „ „ „ „ und Natriumsulfat,
C „ größerem P_H als in Borsäurelösung
D „ Zusatz von $ZnSO_4$, NaCl und $AlCl_3$,
F „ „ „ Dextrin,
H „ „ „ β-Naphthol.

Glättende Zusätze bewirken eine weitere Kornverfeinerung. Bei der Gewinnung von Zink aus Erz mit unlöslichen Anoden verwendet man dazu gewöhnlich etwas Gelatine, Leim oder (nach Tainton) Gummi-Tragant in Konzentrationen von etwa 1 mg pro Liter.

Bei der Verzinkung benützt man lieber dazu nach Thompson etwas Dextrin (bis zu 20 g/l) oder auch β-Naphthol, Glyzerin, Tannin, Weinsäure, Süßholzextrakt, Pyridin, das nach Goldberg[1] den Glanz erhöht, nach englischen Vorschlägen für diesen Zweck auch Schwefelkohlenstoff.

Bei seiner elektrolytischen Abscheidung neigt das Zink leicht dazu, vereinzelte knollenartige Gruppen zu bilden, welche die Kathodenfläche

[1] D. R. P. 151.336.

ungleichmäßig bedecken. Erwartungsgemäß tritt diese unerwünschte Abscheidungsform besonders bei niederen Stromdichten und bei hoher Ionenkonzentration hervor, in sauren Lösungen also stärker als in zyankalischen (s. Abb. 66a und 66b). Aber auch aus letzterer Lösung bildet das Zink bei niederen Stromdichten weniger gleichmäßige Überzüge wie etwa Cu oder Ag.

Das einfachste und sicherste Mittel, gleichmäßigere Überzüge zu erhalten, besteht darin, die Stromdichte zu steigern, um dadurch, der allgemeinen Regel folgend, der Ausbildung gröberer Kristalle entgegenzutreten.

Mit mittleren oder hohen Stromdichten aus saurer Lösung gefälltes Zink weist feinfaserige Struktur auf. Stromunterbrechungen führen zur Ausbildung von Trennungslinien, die meist etwas Oxyd enthalten. Die Tendenz, Schwamm zu bilden, tritt nur zutage, wenn Fremdmetalle anwesend sind oder wenn sich ein P_H einstellt, welches für die angewandte Stromdichte zu hoch ist und das die Bildung basischer Verbindungen an der Kathode ermöglicht.

b) Bestandteile der alkalischen Zinkbäder.

Unter den alkalischen Bädern, welche bei der Verzinkung in Frage kommen, sind nur die zyankalischen wichtig geblieben.

Den Hauptbestandteil dieser Bäder bildet das von L. Gmelin entdeckte Kaliumzinkzyanid, dessen Zusammensetzung: $K_2Zn(CN)_4$ von Rammelsberg ermittelt worden ist. Man kann es durch Auflösung von ZnO in KCN neben Zinkat oder durch Auflösung von $Zn(CN)_2$ in KCN zinkatfrei erhalten. Es bildet in dieser Lösung, wie mit Sicherheit ermittelt worden ist, ein Komplexsalz und ist darin nicht in Gestalt gemischter Einzelsalze enthalten.

Die Dissoziation muß in den Stufen:

$$\begin{array}{ll} \text{I.} & K_2Zn(CN)_4 \rightleftharpoons K^{\cdot} + KZn(CN)_4{}' \\ \text{II.} & KZn(CN)_4{}' \rightleftharpoons K^{\cdot} + Zn(CN)_4{}'' \\ \text{III.} & Zn(CN)_4{}'' \rightleftharpoons Zn^{\cdot\cdot} + 4\,(CN)' \end{array}$$

vor sich gehen. Die ersten zwei Stufen der Spaltung erfolgen nahezu vollständig, für die dritte Stufe hat Euler die Gleichgewichtsbedingung:

$$C_{Zn^{\cdot\cdot}} = 1{,}3\,.\,10^{-17} \frac{C_{ZnCy_4}}{C^4_{Cy}}$$

ermittelt.

Wie bei anderen Schwermetalldoppelzyaniden ist die Konzentration des elementaren Metallions eine sehr niedrige. Sie ist immerhin ganz erheblich größer als die des Kupfers in ähnlichen Lösungen und hat etwa die Größenordnung der Konzentration des Silberions in seinen entsprechenden Lösungen. Dies ist insofern von praktischer Bedeutung, als die Potentiale des Kupfers und Zinks sich dadurch in zyankalischen

Lösungen so nahe kommen, daß beide Metalle zusammen abgeschieden werden können. Die verhältnismäßig große Konzentration des Zinkions wird auch dadurch kenntlich, daß sich Zink durch Schwefelnatrium vollständig ausfällen läßt.

Die zwei ersten Stufen I und II der Dissoziation des Zinkdoppelzyanids gehen weiter als die des Zinksulfats und kommen demjenigen des Zinkchlorids sehr nahe; deshalb leitet das Doppelzyanid verhältnismäßig gut (der Grenzwert der Überführungszahl des $ZnCy_4$ ist 0,48, ähnlich dem des $K^{\cdot}$ und des Cl').

Infolge Hydrolyse weist das Doppelzyanid stets schwach alkalische Reaktion auf.

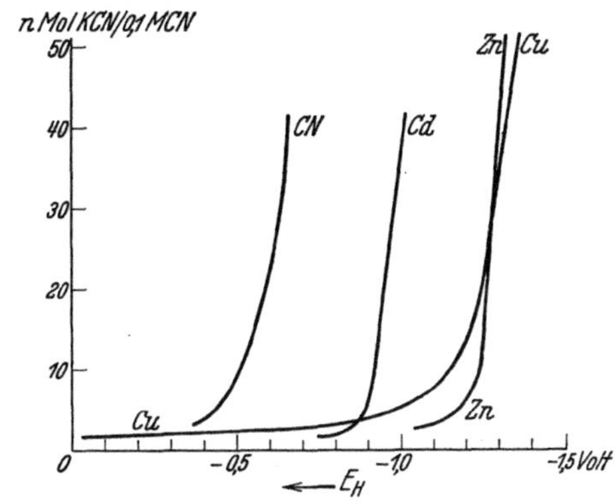

Abb. 68. Kathodenpotentiale von Cu, Zn, Cd und Ag (die Ag-Kurve ist irrtümlicherweise mit CN bezeichnet worden) in Lösungen des betr. Metallzyanides bei wechselnden Mengen von freiem KCN.

Der relativ große Metallgehalt von Zinkzyanidlösungen, ihre relativ gute Leitfähigkeit bei doch niedriger Konzentration der $Zn^{\cdot\cdot}$-Ionen ermöglichen die leichte Abscheidung äußerst feinkörnigen Metalls aus denselben, selbst bei mittelhohen Stromdichten. Die stärkere Polarisation, welche Zinkelektroden in Zyanidlösungen mit steigender Stromdichte aufweisen, bewirkt es, daß die Streukraft des Bades eine ganz ungleich größere ist als die der sauren Bäder.

Das Dissoziationsgleichgewicht verlangt, daß die $Zn^{\cdot\cdot}$-Konzentration mit steigendem CN-Gehalt der Lösung sinkt, dementsprechend wird das Potential des Zinks bei Gegenwart überschüssigen Zyanids negativer. Verdünnt man aber Natrium- oder Kaliumzinkzyanidlösungen, welche geringen KCN-Überschuß aufweisen, ohne ihr gegenseitiges Mengenverhältnis zu verändern, so nimmt die $Zn^{\cdot\cdot}$-Konzentration infolge fortschreitender Aufspaltung des $ZnCy_2$ mit steigender Verdünnung zu! Das Zinkpotential wird positiver:

	Zn / 0,1-n.	$ZnCy_2$,	0,4-n.	KCN :	— 1,182 Volt
auf $^1/_4$ verdünnt:	Zn / 0,025-n.	,,	0,1-n.	,, :	— 1,114 ,,
noch auf $^1/_{10}$ verdünnt:	Zn / 0,0025-n.	,,	0,01-n.	,, :	— 1,029 ,,

Um also die $Zn^{\cdot\cdot}$-Konzentration in Zinkdoppelzyanidlösung zu verringern, muß man Zyanid zusetzen, nicht die Lösung verdünnen.

Die Zinkabscheidung aus reinen Zyanidlösungen ist stets von reichlicher Wasserstoffentwicklung begleitet und liefert keine so hohen Stromausbeuten als die Elektrolyse saurer Zinksalzlösungen, ein Zeichen dafür, daß die Überspannung das Abscheidungspotential des Wasserstoffs nicht in gleich großem Maß über dasjenige des Zinks hebt wie in saurer Lösung.

Enthält die Lösung Zinkat neben dem Doppelzyanid, so erzielt man höhere Stromausbeuten, noch höhere bei Zusatz freien Ätzalkalis, welches die Wasserstoffabscheidung (durch Vermehrung der OH', also weitere Rückdrängung der $H^{\cdot}$-Konzentration) erschwert und die $Zn^{\cdot\cdot}$-Konzentration durch vermehrte Zinkatbildung erhöht.

Ein Gehalt des Bades an Zinkat wird allgemein als sehr vorteilhaft angesehen, man erhält aus gemischten Doppelzyanidzinkatlösungen bessere Niederschläge mit höherer, ja praktisch mit quantitativer Stromausbeute als aus reinen Doppelzyanid- oder gar aus reinen Zinkatlösungen. Aus letzteren fällt das Metall mit dunklerer Farbe aus und neigt zur Schwammbildung, in reinen Zyanidbädern soll es leicht porös werden.

Wenn man auch frühzeitig schon beobachtete, daß sowohl ein zu großer Überschuß an Zyanid wie gar ein solcher an freiem Alkali von nachteiligem Einfluß ist, bestand doch durch lange Zeit keine Einigkeit darüber, welche Konzentrationsverhältnisse besonders empfehlenswert erscheinen.

Wernlund[1]) hielt es für vorteilhaft, mit höherem Zyanid- und geringem Ätzalkaligehalt zu arbeiten und Zusätze von Alkalikarbonat, von Zuckerarten usw. vorzunehmen. Blum hingegen sprach[2] sich dafür aus, daß es günstig sei, mit geringem Zyanid- und größerem Ätzalkaliüberschuß zu arbeiten.

Der Überschuß an NaCN + NaOH betrug bei Wernlund 30%, bei Blum 80% des $Zn(CN)_2$-Gehaltes der Badlösung. In anderen Badvorschriften, die von verschiedenen Seiten empfohlen wurden, schwankt die Menge freien NaCN + NaOH zwischen den Grenzen 15 bis 300%!

A. Kenneth Graham hat neuerdings[3] in dankenswerter Weise die Wirkung des Konzentrationsverhältnisses Zyanid : Ätzalkali und der Menge des Überschusses einer systematischen Prüfung unterzogen. Seine Versuchsresultate führten ihn dazu, bei Verwendung 1-n. $Zn(CN)_2$-Lösungen (60 g/l) Konzentrationen von

NaCN....	37,5	bis	63,7 g/l
NaOH ...	33,8	„	75 „

als die besten anzusehen, insbesonders eine Badzusammensetzung, bei welcher zu 1-n. $Zn(CN)_2$-Lösung je 52,5 g NaCN und NaOH zugesetzt wird, so daß es etwa 200% freien NaCN + NaOH vom $Zn(CN)_2$-Gewicht enthält.

---

1 Wernlund, Trans. Amer. electrochem. Soc. XL, 257 (1921).
2 Bureau of Standard Techn. Paper 195 (1921).
3 Trans. Amer. electrochem. Soc. LXIII, 1, reprint 15 (1933).

Unstimmig waren auch die Ansichten über die Wirkung von Karbonat, das wie in allen zyankalischen Bädern mit der Zeit in steigender Menge auftritt. Die einen erklären es für schädlich, andere messen ihm ähnlich vorteilhafte Wirkung zu, wie etwa im Kupferzyanidbad.

A. Kenneth Graham konnte (l. c.) keinerlei Einfluß eines Zusatzes von 30 g/l Natriumkarbonat, weder einen schädlichen, noch einen vorteilhaften feststellen.

Letzteres ist nicht überraschend; denn der Hauptvorteil des Karbonatzusatzes besteht beim Kupferbade in einer merklichen Erhöhung der Leitfähigkeit. Das Zinzyanid-Zinkatbad leitet aber von Haus aus so viel besser als das Kupferzyanidbad, daß die Herabsetzung des spezifischen Widerstandes durch Karbonatzusatz gar nicht in die Waagschale fällt.

Untersuchungen über den Einfluß der Badzusammensetzung auf die Struktur des Niederschlages sind leider nicht ausgeführt worden. A. Kenneth Graham beurteilte die erzielten Resultate nach dem Aussehen von Niederschlägen, welche mit 2,2 Amp/qdm durch 22stündige Elektrolyse bei 49° hergestellt wurden (die also rund 0,8 mm stark waren) und nach der Stromausbeute, die dabei erreicht wurde. Er fand letztere in Bädern der empfohlenen Zusammensetzung kathoden- wie anodenseitig praktisch 100%ig.

Dem Aussehen nach waren seine Niederschläge hell, sehr eben und feinkörnig; Niederschläge aus Bädern der von Wernlund vorgeschlagenen Zusammensetzung (s. o.) erschienen grobkörniger, solche aus dem Bade Blums (s. o.) an den Ecken rauh.

Vergleichende Angaben über die Änderung der Streukraft und des Korrosionsschutzes stehen noch aus.

Messungen des Zinkpotentiales in derartigen Lösungen, die einen Rückschluß auf die Größe der $Zn^{\cdot\cdot}$-Konzentration ziehen lassen würden, oder solche des Grades der Polarisation, welche mutmaßen ließen, was für Verhältnisse im Kathodenfilm vorliegen, sind leider nicht bekannt geworden.

In Zinkzyanidbädern wird die rein chemische Auflösung der Anoden durch Karbonatgehalt verzögert.

Wenn aber auch die Meinungen darüber auseinandergehen, ob geringere Karbonatmengen vorteilhaft wirken, sind sich doch alle darüber einig, daß zu große — als solche sieht man wohl mehr als 60 g/l an — schädlich wirken. Durch Abkühlen der Bäder auf — 5° C kann man einen zu großen Überschuß auskristallisieren lassen.

Aluminiumsalze, deren Zusatz sich in sauren Bädern bewährt hat, werden oft auch den Zyanidbädern zugesetzt, sie gehen hier zum Teil in Aluminat, zum Teil wohl auch in kolloidales Aluminiumhydroxyd über und erteilen dem Kathodenüberzug eine etwas hellere Farbe.

Empfohlen wird auch ein Zusatz von Fluorid, z. B. NaF (cf. Wernlund l. c.).

Auch Zuckerarten wie Lävulose oder Dextrin, Kolloide, wie Gummi, Tragant und so weiter, welche man im sauren Bade verwendet, können hier Anwendung finden.

Durch diese Zusätze soll man in die Lage kommen, die Stromdichte, welche man in der Regel auf 1 bis 2 Amp/qdm hält, auf 5 bis 6 Amp/qdm zu steigern.

Das Zyanidbad arbeitet besser bei etwas erhöhter Temperatur. Man arbeitet deshalb meist bei 40 bis 50°. Bei weiterer Temperatursteigerung würde die Karbonatbildung zu stark befördert werden.

Der Hauptvorzug des Zyanidbades ist seine ungleich höhere Streukraft und Tiefenwirkung, die es für die Verzinkung profilierter Gegenstände unentbehrlich macht, da die sauren Bäder geringe Streukraft aufweisen.

Die Verteilung des Metalls über die Oberfläche ist gleichmäßiger, die Tendenz, Kristallrosen zu bilden, ungleich geringer, die Kristallstruktur feiner, was schon mit freiem Auge durch den Mattglanz der Oberfläche kenntlich ist, deren Körnung derjenigen eines Silberniederschlages aus Zyanidlösung nahekommt. Beim Liegen an der Luft verliert dieses Zink freilich schneller seine helle Farbe, als das aus saurem Bade gewonnene.

Im reinen oder ganz schwach alkalischen Zyanidbad erzielt man nur kathodische Stromausbeuten von 50 bis 70%, durch Erhöhung der Alkalinität kann man sie nahe an 100% bringen.

Über die Änderung der Haftintensität mit Änderung des Verhältnisses NaOH : NaCN sind anscheinend noch keine systematischen Untersuchungen ausgeführt worden, auch nicht über die Abhängigkeit des Duktilitätsgrades der Niederschläge.

Nach Pfanhauser[1] ist die Haftintensität von Zink auf elektrolytisch verzinktem Eisen:

bei Verzinkung im sauren Bad	217 kg/Zoll²	(33,6 kg/qcm)
„ „ im Zyanidbad	104 „	(16,1 „)
„ „ der Feuerverzinkung	117 „	(18,15 „)

Die Zusammensetzung des Zyanidbades ist aber nicht angegeben, auch nicht die im betreffenden Zyanidbad erzielte Stromausbeute. Die geringere Haftintensität wird auf Mitabscheidung von Wasserstoff zurückgeführt, der sich stellenweise zwischen Eisen und Zink in Bläschen absetzt, welche man im Mikroskope erkennen kann. Darnach

[1] Die elektrolyt. Metallniederschläge, 7. Aufl., S. 632 (1928). Schlötter gibt (Maschinenbau VIII, 542 [1929]) die Haftintensität für Feuerzink 16 kg/qcm, für Elektrolytzink 33,8 kg/qcm an.

könnte die Haftintensität des Niederschlages eine höhere werden, wenn sich die Elektrolyse mit nahezu quantitativer Ausbeute durchführen läßt.

Elektrolytzink schließt immer etwas Wasserstoff ein, das die Eisen- oder Stahlunterlage spröde werden läßt.

Hansen stellte einen Wasserstoffgehalt von 0,1 Gew.-%, v. Schwartz[1] einen solchen von 0,055 Gew.-% fest. Beim Erhitzen auf 150 bis 200° C entwich der größere Teil des Wasserstoffs in kurzer Zeit, die Gewichtsabnahme betrug 0,025 bis 0,04 Gew.-%. Gleichzeitig sank das spezifische Gewicht des Elektrolytzinks von 6,9 auf 6,1. Destilliertes Zink hat ein spezifisches Gewicht von 7,142.

0,05 bis 0,1 Gew.-% entsprechen Wasserstoff-Voluminas, die das 40- bis 80fache des Zink-Volumens betragen. Wenn Zink so große Mengen Gas in adsorbierter oder gebundener Form einschließt, wird die Abnahme seiner Dichte verständlich und es überrascht auch nicht, daß sich Bleche beim Erhitzen krümmen, daß sie blasig werden usf. An mehrere Millimeter starken Kathodenblechen, die man bei der elektrolytischen Zinkgewinnung erhält, beobachtet man sehr oft ein Blasenwerfen beim Lagern, Verbiegungen usf.[2]

Aus den blos 0,01 bis 0,035 mm dicken Zinküberzügen entweicht der zurückgehaltene Wasserstoff leichter, Schäden durch Blasenbildung sind bisher nicht beobachtet worden. Da das Zink schon bei verhältnismäßig niederen Temperaturen rekristallisiert, mag eine schwache Erhitzung (je nach der Niederschlagsstärke durch $^1/_2$ bis 2 Stunden) von Nutzen sein.

Nach Kahlenberg[3] läßt sich der Wasserstoffgehalt des Zinks durch Auflösen desselben in Quecksilber und Messen des entwickelten Wasserstoffvolumens im Eudiometer genau feststellen.

Nach Sutton[4] ist der Gehalt des Zyanidbades an NaOH und an NaCN von ziemlich geringem Einfluß auf die Sprödigkeitszunahme, welche der Stahl bei der Verzinkung erleidet. Sie ist in allen Fällen sehr groß, der Stahl kann nach der Verzinkung meist nur halb so oft hin und her gebogen werden, ehe er bricht. Die Sprödigkeit wird bei Anwendung höherer Stromdichten und besonders bei Steigerung der Badtemperatur auf 60° geringer, also bei Anwendung der Mittel, welche einer Wasserstoffbeladung entgegenwirken.

Je härter der Stahl ist, desto größer ist auch die Sprödigkeitszunahme, eine Erhitzung des Stahls vor der Verzinkung macht ihn nicht immun

---

[1] Z. Elektrochem. XXIX, 198 (1923); Metall u. Erz XXI, 499 (1924).

[2] cf. z. B. Ralston, Trans. Amer. electrochem. Soc. XLVII, 193 (1925); W. Palmaer und A. Wejnarth, Z. Elektrochem. XXIX, 557 (1923).

[3] Trans. Amer. electrochem. Soc. XLVII, 199 (1925).

[4] Trans. Faraday Soc. XXI, 91 (1925).

gegen das Sprödwerden. Langdon und Großmann fanden[1] außerdem, daß der Stahl um so spröder wird, je stärker er vorher kalt bearbeitet worden ist. Nach Ollard wird der Klang nach der Verzinkung oft weniger hell.

Die Sprödigkeitszunahme ist bei der Verzinkung im alkalischen Bad immer größer als bei der Verzinkung im sauren Bade.

Zum Glück verschwindet sie aber bei längerem Lagern oder beim Erhitzen auf 100° in $^1/_2$ bis 2 Stunden (je nach der Niederschlagsstärke) auch dann, wenn die Sprödigkeit zum Teil von unvorsichtigem Beizen des Stahls vor der Verzinkung herrührt.[2]

Sie verschwindet aber nicht so leicht, wenn die verzinkten Stücke noch verkupfert werden.

c) Die Praxis des Verzinkens.

Die elektrolytische Verzinkung dient, gleich der Feuerverzinkung, ausschließlich dem Zwecke, Metalle, vor allem Eisen, vor Korrosion zu schützen. 50% der Weltproduktion an Zink dient zur Herstellung von Überzügen. Der Grad des Schutzes, den der Überzug bietet, bestimmt den Wert der Verzinkung. Durch Erfahrung und durch sorgfältige Probenahmen kann es heute als erwiesen gelten, daß elektrolytisch hergestellte Verzinkung bei gleichem und selbst bei noch etwas geringerem Aufwand an Zink das darunter liegende Eisen besser schützt, fester haftende und duktilere Überzüge liefert, als man sie auf anderem Wege z. B. durch Sherardisieren, Schoopieren oder durch Eintauchen in flüssiges Zink erhält. Zerreißproben ergaben etwa doppelte Festigkeit.[3] Einesteils rührt dies daher, daß das Metall gleichmäßiger und gewöhnlich in dichterer Form über die Oberfläche verteilt ist, andernteils daher, daß das Zink in reiner Form niedergeschlagen wird und nicht (wie besonders bei der Feuerverzinkung) Teile des darunter liegenden Metalls auflöst und mit diesem eine Legierung eingeht, die sich als Zwischenschicht zwischen Eisen und eisenhaltig gewordenem Zink lagert. Reine Metalle sind aber stets korrosionsbeständiger und reaktionsträger.

Ein Zinküberzug bietet dem Eisen zwar auch dann Schutz vor Korrosion, wenn er nicht vollkommen lückenlos ist, weil das Zink so viel unedler ist wie Eisen, daß es beim Eindringen von Feuchtigkeit, Salzlösung o. dgl. in Lokalelementen, die sich bilden, zur Lösungselektrode

[1] Stahl u. Eisen XXXVII, 543.

[2] Daß sich der Wasserstoff aus dem Zink so schnell schon bei so niedriger Temperatur austreiben läßt, dürfte darauf zurückzuführen sein, daß Zink bei dieser Temperatur schon mit merklicher Geschwindigkeit rekristallisiert. Bei der Rekristallisation wird das Gas an die Korngrenzen der Kristalle gedrängt. Der beim Beizen vom Stahl aufgenommene Wasserstoff entweicht langsamer.

[3] cf. v. Schwartz, Z. Elektrochem. XXIX, 198 (1923).

wird. Dadurch wird das Eisen zwar vor Oxydation geschützt, aber nur unter gleichzeitigem Zinkaufbrauch, also auf Kosten der Lebensdauer des Überzuges. Gut zusammenhängende, vollkommen lochfreie Überzüge haben längere Lebensdauer und bieten sichereren Schutz, wenn sie nicht etwa spröder sind oder schlechter haften.

Letztere Einschränkung ist besonders in Fällen zu machen, in welchen das Zink mit größerem Kolloidzusatz, aus Bädern, die Quecksilber enthalten, endlich aus alkalischen Bädern, oder unter Verhältnissen niedergeschlagen worden ist, in welchen es mit geringfügigen Mengen von Oxyd ausfallen kann. Gerade kleine Oxydeinschlüsse veranlassen oft ein Sprödwerden des Niederschlages, das sich nicht, wie die durch Wasserstoff erzeugte Sprödigkeit, beim Arbeiten im sauren Bade, beim Lagern, Ausglühen usw. beheben läßt. Deshalb ist es auch schädlich, das Werkstück während der Verzinkung mit Luft in Berührung zu bringen, sei es daß man Luft zum Zwecke einbläst, die Badlösung zu durchmischen, sei es beim Herausheben aus dem Bade. Aber auch zu große Quecksilberzusätze richten mehr Schaden als Vorteil an, in geringen Mengen sind sie meist vorteilhaft, ein Quecksilbergehalt von etwa 2% oder mehr ist aber von nachteiligem Einfluß auf die mechanischen Eigenschaften des Zinküberzuges.

Bei der Auswahl der Bäder und der Arbeitsweise hat man wohl auch darauf Bedacht zu nehmen; ob eine mechanische Bearbeitung, (Biegen oder Falten) des Produktes in Frage kommt, bei welcher es auf Duktilität und gutes Haften ankommt. Zur Hauptsache werden Bleche und Drähte verzinkt, die eine solche Bearbeitung ohne weiteres vertragen müssen, und deshalb bevorzugt man u. a. wohl die Arbeit im sauren Bade. Sie gestattet die Anwendung höherer Stromdichten und liefert im allgemeinen ein duktileres Produkt von größerer Haftintensität als die, zwar feinkörnigeren und dichteren Niederschläge, aus Zyanid-Zinkatbädern, wenngleich letztere, an und für sich, höheren Korrosionsschutz bieten.

Nach Wernlunds Untersuchungen (l. c.) ist das mittlere Verhältnis der Schutzkraft von Zinküberzügen gegen verschiedene Agentien (die größte Schutzkraft willkürlich = 100 gesetzt), je nach ihrer Herstellungsweise das folgende:

Zinküberzug aus dem Sulfatbad	36[1]
„ „ „ Zyanidbad	82
„ „ „ „ mit Zn-Hg-Anoden	100

Farnsworth und Hocker[2] setzten verzinkte Gegenstände abwechselnd der Einwirkung von Luft und von Chlorammoniumlösung

[1] Überraschenderweise stimmten diesmal die Prüfungsergebnisse im Salzsprühregen mit jenen überein, bei welchen man die Proben dem Angriff der Atmosphärilien aussetzte.

[2] Trans. Amer. electrochem. Soc. XLV, 281 (1924).

durch periodisches Eintauchen und Herausheben aus und zählten, wie viele Tauchproben erforderlich waren, ehe die Probe rostig erschien. Sie fanden:

Verwendetes Bad	Stärke des Zn-Überzuges Milligr./qdm	Zahl der Tauchproben		
		Flaches Blech	Tiefgezogener Teil	Winkel
Sulfatbad	775	559	10	27
Zyanidbad	620	632	168	345
Zyanidbad	155	195	21	97

Wenn die Zahlen auch keinen unmittelbaren Vergleich gestatten, weil die Stärke der Zinkauflage ungleich war und auch deshalb nicht völlig bindend sind, weil die Probe mit Chlorammoniumlösung im allgemeinen kein sicheres Urteil über das Verhalten bei Einwirkung von Atmosphärilien zuläßt, scheinen sie doch darzutun, daß der Zinkniederschlag aus saurem Bade auf flachem Blech kaum geringeren Schutz bietet als ein nahezu gleichstarker aus dem Zyanidbad.

Im allgemeinen nimmt man an, daß ein elektrolytischer Zinküberzug in der Stärke von 0,035 mm (entspricht 2,5 g Zn/qdm) auch bei stärkster Beanspruchung hinreichenden Schutz bietet (z. B. für Bleche, die auf Seefahrzeugen Verwendung finden sollen), daß aber für die meisten anderen Verwendungszwecke etwa die halbe Schichtdicke ausreichend ist.

In sauren Bädern erhält man stündlich Niederschlagsstärken von rund 0,017 mm je 1 Amp/qdm Stromdichte, in Zyanidbädern, etwa 0,012 mm. Bei 5 bis 10 Amp. Stromdichten kann man somit 0,035 mm starke Überzüge in 24 bis 12 Minuten, 0,017 mm starke in 12 bis 6 Minuten herstellen.

Die elektrolytische Verzinkung erfordert etwas größeren Zeitaufwand als die Feuerverzinkung; doch wird dieser kleine Nachteil durch die größere Duktilität und den höheren Korrosionsschutz des Produktes wettgemacht.

Der große Nachteil des Sulfatbades, so geringe Streukraft aufzuweisen, spielt bei der Verzinkung von ebenen Blechen und Drähten kaum eine Rolle, die Verzinkung von profilierten Gegenständen kann man freilich nur im Zyanidbade durchführen.

Paweck und Seihser haben dargetan,[1] daß man bei Aufrechthaltung sehr lebhafter Zirkulation des Elektrolyten selbst Stromdichten von 10 bis 50 Amp. im sauren Bade mit Vorteil zur Anwendung bringen und dadurch die Verzinkung so sehr beschleunigen kann, daß sie ebenso schnell vor sich geht wie beim Eintauchen in geschmolzenes

[1] Zentralblatt d. Hütten- u. Walzwerke XXXI, Nr. 23 u. 24.

Metall. Die Durchführbarkeit dieses Intensivverfahrens hängt von der Zuverlässigkeit guter Kontaktgebung ab.

Zinkbäder.

Bei der Zusammensetzung der Bäder ist man nicht an enge Konzentrationsgrenzen gebunden, auch die Natur der zugesetzten Leitsalze spielt eine nur untergeordnete Rolle; man wählt gewöhnlich die billigen Natriumsalze dazu, weil sie ebenso gut entsprechen wie Ammoniumsalze o. dgl. und setzt etwas Aluminiumsalz und Kolloid oder Zuckerarten zu. So gelangt man, je nachdem man von Chlorid oder Sulfat ausgeht, etwa zu folgenden Zusammensetzungen:

Zinksulfat, 7 H_2O	280—400 g/l	z. B. 400	250
Natriumsulfat	30— 75 „	75	
Aluminiumsulfat oder -chlorid	30— 70 „	25	50
Dextrin	20 „	20	
Borsäure			10
Zinkchlorid	136 (2-n.)		
Natriumchlorid	230 (4-n.)		
Aluminiumchlorid	20		

Auch gemischte Sulfat-Chloridbäder wurden vorgeschlagen, z. B.:

Zinksulfat	360	300
Ammoniumchlorid	30	
Natriumchlorid		160
Aluminiumsulfat		30
Natriumazetat	15	
Glukose	120	

Empfehlenswert ist folgende Badzusammensetzung:

Zinksulfat	300 g/l
Aluminiumsulfat	30 „
Natriumchlorid	120 „
Borsäure	35 „

eventuell glättender Zusatz.

Für alkalische Bäder dürfte folgendes Konzentrationsverhältnis das günstigste sein (s. S. 159):

$Zn(CN)_2$	60 g/l	60 g/l
NaCN	50 „	—
NaOH	50 „	—
KCN	—	60 g/l
KOH	—	65 „

Das Verhalten der Zink-Anoden.

Die Beschaffung von Zinkmetall hohen Reinheitsgrades bietet keine Schwierigkeiten, es ist auch leicht die Verunreinigungen, welche bei der Elektrolyse Anlaß zu Störungen geben würden, bei der Anodenherstellung durch Guß fernzuhalten.

Im sauren Bade geht reines Zn-Metall anodenseitig glatt in Lösung, ohne daß Polarisationen von mehr als 2 bis 4 Zentivolts auftreten, aber die anodische Ausbeute ist etwas größer als die kathodische, sie übersteigt unter Mitwirkung rein chemischer Auflösung sogar meist 100%. Auch während der Betriebspausen löst sich Zink von den Anoden auf. Die Badlösung reichert sich deshalb ständig, wenn auch langsam, an Metall an.

Schwerwiegender als dies ist der Umstand, daß die Anoden sich mit einer, dunkler gefärbten, dünnen Schicht pulverigen Metalls bedecken, die teilweise abfällt und sich als Schlamm im Bade ansammelt, der leicht aufgewirbelt wird und dann Anlaß zur Bildung rauher Kathodenniederschläge liefert.

Diese Mängel lassen sich zum Teile zwar dadurch beheben, daß man die Anoden in Säcke einschließt; wirksamer ist es jedoch, sie dadurch zu beseitigen, daß man statt reiner Zinkanoden solche mit kleinen Zuschlägen von Quecksilber und Aluminium verwendet.

Nach neueren Untersuchungen von Hogaboom und Graham[1] ist es am vorteilhaftesten, Anoden mit einem Gehalt von 0,5% Al und 0,3% Hg zu verwenden, wie dies aus folgender Tabelle hervorgeht.

Elektrolyse von Zinksulfatlösung.
($ZnSO_4 . 7 H_2O$ 240 g/l; $Al_2(SO_4)_3 . 18 H_2O$ 30 g/l; NH_4Cl 15 g/l.)
Stromdichte 2,15 Amp/qdm.

Gehalt der Zinkanoden an		Stromausbeute		Anoden-Polarisation Volt	Anodenoberfläche	Anodenschlamm
% Hg	% Al	anodisch %	kathodisch %			
0	0	106,9	101,7	0,021	schwarz	sehr viel
0	0,27	106,9	101,0	0,023	„	„ „
0	0,37	104,7	—	0,022	„	wenig
0	0,74	101,5	—	0,022	„	„
0,3	0	100,8	99,7	0,030	kein Belag	keiner
0,3	0,5	99,3	99,6	0,025	„ „	„
0,2	1,0	98,4		0,03	„ „	Spur

[1] Trans. Amer. electrochem. Soc. LXII, 49 (1932).

Während das P_H der Badlösung bei Verwendung reiner Zinkanoden ziemlich rasch ansteigt und durch häufigen Säurezusatz stets wieder korrigiert werden muß, steigt es bei Verwendung von Zn-Anoden mit 0,3 % Hg und 0,5% Al nur ganz langsam. Die Gasentwicklung, welche an reinen Zinkanoden deutlich ist, verschwindet bei Verwendung der Hg-Al-Zn-Anoden. Auch während der Betriebspausen findet kein nennenswerter Angriff mehr statt. Es scheint, daß sich Hg beim Stromausschalten als dünne Schutzhaut auf die Anoden niederschlägt und ihre Auflösung hemmt.

Spuren von Hg gelangen beim Zusatz von Quecksilberverbindungen zur Badlösung, oder bei Verwendung quecksilberhaltiger Anoden immer in das Kathodenzink.

In Zyanidlösungen verhalten sich reine Zink-Anoden insofern ganz anders, als sie sehr hohe Polarisation aufweisen und mit niedrigerer Stromausbeute in Lösung gehen. Während sich also das saure Bad an Metall anreichert und säureärmer wird, sinkt im Zyanidbad der Metallgehalt.

Auch im Zyanidbad geben reine Zinkanoden in den Betriebspausen oder bei sehr geringer Strombelastung viel Schlamm ab. Während des Betriebes haftet die Pulverschicht an der Anode, beim Ausschalten des Stromes sieht man sie abfallen und die blanke Anode freilegen.

Beide Mängel lassen sich auch hier durch Hg- und Al-Zusatz beheben, wie man es folgender Tabelle entnimmt:

Verhalten der Anoden bei der Elektrolyse im Zyanidbad.

($Zn(CN)_2$ 60 g/l; NaCN 15 g/l; NaOH 52,5 g/l.)

Gehalt der Zn-Anode an		Stromausbeute		Strom-dichte Amp/qdm	Anoden-Polarisation Volt	Schlamm
Hg %	Al %	anodisch %	kathodisch %			
0	0	88,5	98,4	1,6	3,08	sehr viel
0	0,27	89,4	100,6	1,6	2,88	wenig
0,27	0	89,4	99,8	1,6	3	sehr wenig
0	0	102,1	103,5	1,3	3,2	sehr viel
0,3	0,25	95,4	101,0	1,3	3,17	Spur
0,18	0,42	91,5	99,4	1,3	3,02	keiner

Mit Anoden, die 0,2 bis 0,5% Al enthalten, erhält man glattere Niederschläge als mit reinen Zinkanoden. Offenbar geht also Aluminium anodisch unter Bildung von Aluminat in Lösung und glättet die Kathoden durch Übergang in Kolloid.

V. Cadmium.

Dem Zink nahe verwandt, hat das Cadmium doch erst seit kurzer Zeit breitere Verwendung gefunden. Dies ist darin begründet, daß es trotz seiner weiten Verbreitung doch sehr selten in hoher Konzentration auftritt. Es blieb ein verhältnismäßig teures Metall, dessen Preis erst zu sinken begann, als man es in großen Mengen als Nebenprodukt bei der elektrolytischen Zinkgewinnung isolierte.

Cadmium schmilzt bei 321° (Zink bei 418°) und siedet schon bei 778° (Zink erst bei 930°). In festem Zustand ist es deutlich plastisch. Spring[1] vereinigte Cadmiumplatten bei 295° unter ganz leichtem Druck (Zink erst bei 385°), Tamann[2] konnte sogar die Ausflußgeschwindigkeit des Metalls unter Druck bei Temperaturen zwischen 100 und 250° messend verfolgen. Seine Farbe ist gefälliger als die des Zinks, sie ähnelt mehr derjenigen des Zins oder Silbers, allerdings verliert das Metall an der Luft nach einiger Zeit seinen Glanz. Chemisch ist Cadmium etwas widerstandsfähiger als Zink, es wird im Gegensatze zu diesem von Alkalien nicht gelöst, da es keine, den Zinkaten entsprechende Verbindungen bildet und es wird auch von verdünnter Salz- oder Schwefelsäure langsamer gelöst als Zink, schnell von Salpetersäure.

Seine Dichte 8,6 bis 8,67 übersteigt diejenige des Zinks (6,9 bis 7,2) um Weniges, sein elektrochemisches Äquivalent ist aber nahezu doppelt so groß als das des Zinks; denn es liefert, wie das Zink, nur zweiwertige Ionen vom Atomgewicht 112,4 (gegen 65,4 beim Zink). Die theoret. Niederschlagsmenge pro Amperestunde beträgt 2,096 g (gegen 1,219 g beim Zink). Gleichschwere Niederschläge werden also bei gleicher Stromdichte in nicht viel mehr als der halben Zeit gewonnen.

Ihrer größeren Duktilität entsprechend sind Cadmiumüberzüge gegen Verbiegung noch widerstandsfähiger als Zinküberzüge, ihre größere Weichheit bedingt andrerseits, daß sie mechanisch schneller abgenützt oder verletzt werden. Beim Einschrauben von Gewinden lösen sich Cadmiumüberzüge nicht los, sondern verschmieren sich in den Gewindegängen.

Merklich edler wie Zink, dem Eisen in der Spannungsreihe ganz nahestehend bildet Cadmium in Verbindung mit letzterem doch die Lösungselektrode und schützt es vor Rost, soweit man nach den bisherigen Erfahrungen urteilen kann, sogar noch besser, als das viel unedlere Zink es tut.[3]

[1] Z. physik. Chem. XV, 70 (1894).

[2] Drudes Ann. Physik X, 647 (1903).

[3] Hoff, Trans. Amer. electrochem. Soc. L, 301 (1926); Rawdon, ib. XLIX, 339 (1926); Wernick, J. Electroplater and Depositers Soc. Lond. II, 84 (1927; IV, 100 (1929); VI, 129 (1931); Dobbs, ib. I (1926); Patterson, ib. V, 91 (1930).

Während Zinküberzüge auch durch Eintauchen von Blech in flüssiges Zink herzustellen sind, werden Cadmiumüberzüge nie nach dem Tauchverfahren bereitet, weil das leichtflüchtigere Cadmium schon bei etwa 400° gesundheitsschädliche Dämpfe entwickelt.

Wie Zink, läßt sich auch Cadmium aus sauren oder aus alkalischen bzw. aus Zyanidbädern mit hoher Stromausbeute niederschlagen. In ersteren tritt das Bestreben, gröbere Kristalle zu bilden, noch deutlicher zutage als beim Zink, so daß glatte Niederschläge nur mit Hilfe glättender Zusätze, insbesondere von Kolloiden, erzielbar sind. Aus Zyanidbädern, die man schon wegen ihrer hohen Streukraft häufiger verwendet, läßt sich Cadmium, wie Zink, mit verhältnismäßig hohen Stromdichten in äußerst feinkristallinischer Form als zusammenhängender Niederschlag abscheiden. Dem Aussehen nach ähneln Cadmiumniederschläge aus sauren Bädern mehr dem Zink, solche aus Zyanidbädern mehr dem Silber.

a) Bestandteile der sauren Cadmiumbäder.

Als Hauptbestandteil kommt Cadmiumsulfat, seltener Cadmiumchlorid, neuerdings aber auch das Perchlorat in Betracht. Das Cadmiumsulfat bildet verschiedene Hydrate, deren wichtigstes die überraschende Zusammensetzung 3 $CdSO_4 . 8\,H_2O$ aufweist. Beim Schmelzen des Kryohydrats $CdSO_4 . x\,H_2O$ hinterbleibt $CdSO_4 . 7\,H_2O$ in großen Kristallen. Als Anhydrid kann man Cadmiumsulfat aus konzentrierter Lösung durch Zusatz größerer Schwefelsäuremenge ausfällen.

Die Leitfähigkeit und der Dissoziationsgrad des Cadmiumsulfates steht derjenigen des entsprechenden Zinksalzes sehr nahe.

An Verunreinigungen kommen nach Westbrook[1] 1. Ni, Co, Cu, 2. Al, Zn, Fe, endlich 3. Ag, Pb, Sn, Sb, As in Betracht. Kleine Verunreinigungen durch die Metalle der 1. Gruppe wirken glanzerhöhend, die Metalle der 2. Gruppe sind harmlos, die Metalle der 3. Gruppe sind schädlich; die ersten drei derselben erzeugen grobkristalline bis schwammige, schlecht haftende Niederschläge, sobald die Lösung mehr als 0,05 g/l davon enthält, sie lassen sich aber durch metallisches Cadmium ausfällen. Am schädlichsten sind As und Sb, die schwerer und erst nach längerer Zeit aus der Lösung entfernt werden können und schon in Mengen von 0,005 g/l dunkle, rauhe, schlecht haftende Niederschläge entstehen lassen. Der Schaden wird gemildert, wenn die Lösung Ni enthält.

Bei der Elektrolyse fällt das Metall bei höherem P_H (6 und darüber) in granulierter dunklerer, schlecht haftender Form aus, bei niederem P_H gröber kristallin. Am günstigsten liegen die Verhältnisse für die

[1] Metal Ind. London XXXV, 136 (1929).

Abscheidung nach Wernick[1] bei Wasserstoffzahlen innerhalb der Grenzen 5 bis 5,7. Um das P_H in diesem Intervall zu halten, muß man der Badlösung Pufferstoffe zusetzen, als solche kommen z. B. Aluminiumsulfat, Natriumazetat, Borsäure u. dgl. in Betracht. Nach Wernick läßt sich die Lösung am besten durch ein Gemisch von Bor-

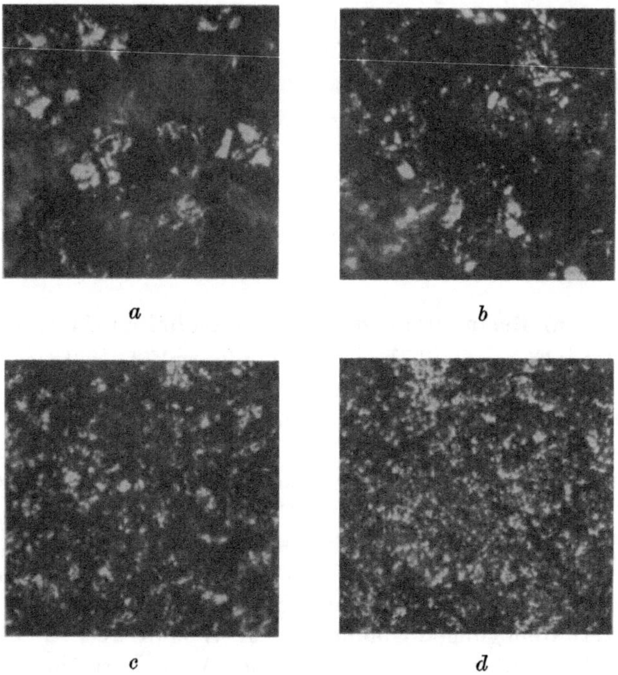

Abb. 69. Cadmiumniederschläge, 350fach, nach Wernick, l. c. bei P_H-Zahlen, welche von *a*—*d* im Inturell von 5—5,7 steigen. Zunahme des Feinheitsgrades mit steigendem P_H.

säure und Chlornatrium puffern. Auch Aluminiumsulfat übt gute Pufferwirkung aus, dies aber nur bei verhältnismäßig hohem P_H.

Der allgemeinen Regel entsprechend erlangt das Metall bei höheren Stromdichten feiner kristallines Gefüge, bei niedrigeren neigt es dazu, grobe, weniger gut haftende Kristalle zu bilden. Die Stromausbeute ändert sich hingegen bei Steigerung der Stromdichte nur wenig, sie beträgt bei 1 Amp/qdm 98,3% und steigt bei höheren Stromdichten auf etwa 99%, solange die Cadmiumkonzentration hoch genug bleibt. Bei zu geringer $Cd^{\cdot\cdot}$-Konzentration sinken die Ausbeuten infolge Verarmung mit steigender Strombelastung.

[1] Trans. Amer. electrochem. Soc. LXII, 27 (1932).

Diese Verhältnisse entsprechen der Stellung des Cadmiums in der Spannungsreihe und der Überspannung, welche der Wasserstoff bei seiner Entladung an Cadmium zu überwinden hat.

Wernick empfiehlt eine Badezusammensetzung von:

$CdSO_4$	1-n.
NaCl.........	0,1-n.
H_3BO_3	30 g/l

in welcher man (l. c.) bei 18° gute, guthaftende helle Cadmiumüberzüge bei Stromdichten von 3 bis 4,5 Amp/qdm erhalten soll, während sie bei niedrigerer Stromdichte dünkler und grobkristalliner, bei höheren Stromdichten aber zu uneben werden und auswachsen, ein Bestreben, das schon bei 4,5 Amp. in Erscheinung zu treten beginnt.

Bei Temperaturen über 40 oder gar 50° erhält man zu grobes Metall.

Auch bei Zimmer- und wenig erhöhter Temperatur erzielt man gut deckende, hinreichend feinkörnige Überzüge nur bei Heranziehung von glättenden bzw. von Kolloidzusätzen. Ein Zusatz von zirka 1% Phenol soll die Tendenz des Metalls, sich in Form loser Kristallhaufen bzw. eines schlecht deckenden Netzwerkes abzuscheiden, hinreichend verringern. Mehr oder minder geeignet erscheinen auch allerhand organische Zusätze von kolloidalem Charakter (Gelatine, Dextrin, Pepton, Saponin[1]) usw.),[2]) wie sie im Zyanidbade Verwendung finden (s. d.).

Die Angaben Wernicks decken sich nicht vollständig mit den Mitteilungen Müllers und Barchmanns[3] über die Abscheidung von Cd aus 1-n. $CdSO_4$-, 0,1-n. H_2SO_4-Lösungen, letztere beobachteten nämlich, daß der Feinheitsgrad mit zunehmender Temperatur steigt. Sie erhielten:

bei 0°	mittelfeine, dichte Metallniederschläge	mit 95,8%	Stromausbeute,
bei 20°	ziemlich feinkörnige, dichte „	„ 98,7%	„
bei 55°	helle, feinkörnige, dichte „	„ 99,2%	„

Die Stromausbeute steigt mit steigender Temperatur wie beim Zink; die paradox scheinende Zunahme der Feinkörnigkeit mit zunehmender Temperatur suchen die Autoren auf Diffusionsverhältnisse zurückzuführen, die bei verschiedenen Temperaturen verschieden wären.

Als Glanzzusatz dient vor allem Nickel in Mengen von 0,4 g/l, ähnliche doch schwächere Wirkung üben Kobalt und Kupfer aus, die gleich dem Nickel die geringe Härte (nach Macnaughtan und Hothersall, s. S. 302, etwa 12° Brinell) des Cadmiums etwas erhöhen.

---

[1] Amer. Smelting and Refining Co., A. Pat. 1,993.854 (1933).

[2] Millian, Bull. Soc. chim. Belg. XXXII, 143 (1923); s. auch Desch und Vellan, Trans. Faraday Soc. XXI.

[3] Z. Elektrochem. XXXIX, 341 (1933).

Ebenso wie kleine Zusätze von Cadmium den Glanz bei der Nickelabscheidung, der Kupferabscheidung usw. erhöhen, wirken kleine Mengen letzterer Metalle, und zwar in annähernd gleichmolarer Konzentration, glanzerhöhend auf Cadmium. Diese gegenseitige Einwirkung läßt auf eine Wechselwirkung schließen, deren Natur noch nicht ermittelt worden ist. Wägbare Mengen des Glanzzusatzes sind in den Metallniederschlägen nicht nachgewiesen worden, seine Konzentration nimmt im Bade kaum merklich mit der Zeit ab.

Die Herstellung von Cadmiumüberzügen aus Sulfatlösungen, welche nach Wernick leicht durchführbar erscheint, hat noch kaum Anwendung gefunden und ist deshalb noch nicht gut bekannt.

Das gleiche gilt für die Herstellung von Cadmiumniederschlägen aus Chlorid-, kieselfluorwasserstoffsauren, Perchlorat-, borfluorwasserstoffsauren Lösungen u. dgl., welche zwar den Gegenstand mancher Untersuchung gebildet haben,[1] ohne aber in die Praxis gedrungen zu sein, obwohl manche dieser Lösungen (insbesondere die zuletzt genannte) vielversprechende Resultate erzielen lassen.

In jüngster Zeit haben z. B. Müller und Barchmann (l. c.) gezeigt, daß man aus Perchloratlösungen mehrere Millimeter dicke, gut aussehende Cd-Niederschläge erhalten kann. Dies steht mit ihrem Befund in Einklang, daß die I-E-Kurve in der Reihenfolge: Perchlorat, Sulfat, Bromid, Chlorid steiler aufsteigt. Alkaliperchlorate, welche man dem Bade zusetzt, ebnen zunächst (wohl infolge Rückdrängung der $Cd^{\cdot\cdot}$-Konzentration) den Niederschlag, vergröbern ihn aber bei zu hoch getriebener Konzentration unter Aufrichtung der I-E-Kurve. Empfohlen wird ein Bad von der Zusammensetzung:

$Cd(ClO_4)_2$	1-n.
$HClO_4$	0,1-n.
$NaClO_4$	1-n.

und die Verwendung von kathodischen Stromdichten von 2 Amp/qdm bei Zusatz von Gelatine. Letztere erhöht die Überspannung, und zwar um so stärker, je höher die Überspannung schon vor dem Gelatinezusatz ist.

b) Die Bestandteile der alkalischen Cadmiumbäder.

Den Hauptbestandteil der alkalischen Cadmiumbäder bildet Natrium- oder Kalium-Cadmium-Zyanid: $NaCd(CN)_3$ bzw. $KCd(CN)_3$, welches man entweder durch Auflösung von Cadmiumzyanid $Cd(CN)_2$ oder von Cadmiumoxyd CdO in Natrium- oder Kaliumzyanidlösung herstellt. Geht man von Cadmiumoxyd aus, so bildet sich nach:

$$CdO + 3\,NaCN + H_2O = NaCd(CN)_3 + 2\,NaOH$$

[1] cf. z. B. Desch und Vellan, Trans. Faraday Soc. XXI, 17 (1925); Senn, Z. Elektrochem. XI, 229 (1905); Planner, ib. XXXVII, 33 (1931).

neben dem Doppelzyanid[1] freies Ätzalkali, das aber, wie oben bemerkt, mit dem Cadmium nicht (wie etwa Zink es tut) in Wechselwirkung tritt. Der Gehalt des Bades an Ätzalkali wird als günstig angesehen, weil er, besonders bei niedrigen Stromdichten, den Glanz des abgeschiedenen Metalls erhöht. Ähnliche Wirkung übt auch ein Überschuß an Alkalizyanid.

Nach den bisherigen, noch nicht sehr ausgedehnten Erfahrungen und den ziemlich spärlichen Veröffentlichungen soll die Cadmiumkonzentration innerhalb der Grenzen 15 bis 30 g Cd/l variiert werden können entsprechend 0,25 bis 0,8-n. Nach Westbrook[2] sinkt aber die kathodische Stromausbeute mit sinkender Cadmiumkonzentration in folgendem Maße:

Cadmiumconc.		Kathodische Stromausbeute in % bei	
Normalität	g/l	2,15 Amp/qdm	3,23 Amp/qdm
0,8	45	98	96
0,53	30	94	88
0,4	22,5	85	80
0,2	11,25	72	70
0,13	7,36	65	60

Am günstigsten sind nach S. Wernick[3] Cadmiumkonzentrationen von 30 bis 40 g/l bei Anwendung kathodischer Stromdichten von 1 bis 2,2 Amp/qdm, nach L. R. Westbrook[4] können bei Herstellung höherer Cadmiumkonzentration aber auch Stromdichten von 3,3 Amp/qdm angewendet werden, wenn genügend überschüssiges Zyanid und wenn glättende Zusätze vorhanden sind.

Als überschüssiges Zyanid ist jene Menge zu verstehen, welche die zur Bildung der Verbindung $NaCd(CN)_3$ erforderliche übersteigt. Erfahrungsgemäß erscheint es empfehlenswert, sie derart zu bemessen, daß

---

[1] Die Komplexkonstante ist nach Euler:

$$K = \frac{c_{Cy^{4''}} \cdot c_{Cd}}{c_{CdCy'}} = 1{,}4 \cdot 10^{-17}$$

Walden ermittelte das Äquivalent-Leitvermögen $^1/_2$ $KCd(CN)_3$ bei 25°:

v	32	64	128	256	512	1024
Λ	110	114,1	116,7	118,4	120,8	125,1

Λ_{1024}—Λ_{32} ist 15,1, beim Zink 14,9, beim Quecksilber aber 21,7. Die Komplexbeständigkeit des Cadmiums ist also, wie die des Zinksalzes zwar groß, immerhin aber doch viel geringer als die des Quecksilbersalzes.

[2] Trans. Amer. electrochem. Soc. LV, 333 (1929).

[3] Trans. Amer. electrochem. Soc. LX, 129 (1931).

[4] Trans. Amer. electrochem. Soc. LX, 129 (1931); LX, 140 (1931).

auf 1 $NaCd(CN)_3$ etwa 1 überschüssiges bzw. „freies“ NaCN oder KCN in Elektrolyten enthalten ist.

Bei zu geringem Gehalt an freiem Alkalizyanid färben sich die Anoden, bei allzu geringem sogar die Kathodenniederschläge dunkler, während sie hell bleiben, wenn man das richtige Mengenverhältnis einhält, dessen Ausmaß freilich, wie eben bemerkt, auch zu der jeweils angewendeten Stromdichte in gewisser Beziehung steht.

Empfohlen wird ferner ein Zusatz von Ätzalkali, das besonders bei niederen Stromdichten zur Abscheidung helleren, duktileren Metalls führt, seine Konzentration soll etwa in den Grenzen 0,4- bis 0,6-n. gehalten werden.

Um glatte Niederschläge zu erhalten, ist es noch erforderlich, der Badlösung Kolloide, wie Leim, Kasein, Sulfitablauge, Türkischrotöl in Mengen bis zu 1% zuzusetzen. Als Glanzzusatz dient (neben Ätzalkali oder Ammoniak) etwa 0,4 g Ni/l.

Die Elektrolyse wird bei Raum- oder nur ganz mäßig erhöhter Temperatur durchgeführt, Steigerung derselben über 35^0 ist von Schaden, sie führt zur Abscheidung schwammigen Produktes (cf. Wernick, l. c.).

Geeignet ist sonach eine Badzusammensetzung in folgenden Mengenverhältnissen:

$Cd(CN)_2$	44 bis 60 g/l	(entspr. 30 bis 40 g Cd)
NaCN.........	49 „ 80 „	(oder die äquivalente Menge KCN)
NaOH	15 „ 40 „	
Ni.................	0,4 „	
Türkischrotöl	12 „	

Anstatt $Cd(CN)_2$ und NaOH heranzuziehen, kann man von der äquivalenten CdO-Menge ausgehen und dieselbe beim Auflösen mit NaCN umsetzen.

Man wendet gewöhnlich Stromdichten von 1 bis 3 Amp/qdm an, kann, wenn sich der Gehalt an freiem Zyanid der oberen Grenze nähert, aber bis zu 5 Amp/qdm gehen.

Die Stromausbeute beträgt etwa 94 bis 96%.

Reine Cadmiumanoden gehen bei Gegenwart freien Zyanids glatt in Lösung; da die anodische Stromausbeute aber die kathodische übersteigt, reichert sich das Bad an Cadmium an und wird zyanidärmer. Um die Zusammensetzung der Badlösung besser konstant zu halten, verwendet man gelegentlich Hilfsanoden aus Stahl oder nichtrostendem Stahl und stellt 25 bis 75% der Anodenoberfläche aus ihnen, den Rest aus Cadmiumanoden her.

Jede Amperestunde pro Quadratdezimeter schlägt eine 0,023 mm starke Metallschicht nieder. Für starke Beanspruchungen wird eine

Cadmiumschicht von 0,025 mm, für schwächere solche von 0,01 bis 0,015 mm als ausreichender Schutz angesehen, sie lassen sich somit rund mit 1 Amperestunde (bzw. 24 bis 36 Ampereminuten) je Quadratdezimeter, bei Stromdichten von 2 bzw. 3 Amp. also in 30 bzw. 20 Minuten (die dünneren Überzüge in entsprechend kürzerer Zeit) herstellen.

Aus Zyanidlösungen gefälltes Cadmium wird beim Lagern und bei mangelnder Luftzirkulation, besonders in warmer, feuchter Atmosphäre, mißfärbig. Die Ursache hierfür scheint in der Zersetzung von zurückgehaltenen Zyanidresten zu liegen, stickstoffhaltige Säuren, z. B. Salpetersäure, verstärken deshalb auch die Änderung, hingegen soll sie nach G. Soderberg[1] durch kurzes Eintauchen in eine Mischung von Chrom- und Schwefelsäure (in Konzentrationsverhältnissen 1 : 1 bis 50 : 1) vor dem letzten Abspülen verhindert werden können.

VI. Die Metalle der Eisengruppe.

Eisen, Nickel und Kobalt, welche einander in chemischer Hinsicht verwandt sind, weisen auch bei ihrer elektrolytischen Abscheidung manche Ähnlichkeiten auf. Alle diese drei Metalle liefern harte, dichte, oft aber spröde Niederschläge von faserigem bis ganz feinem Gefüge, das im

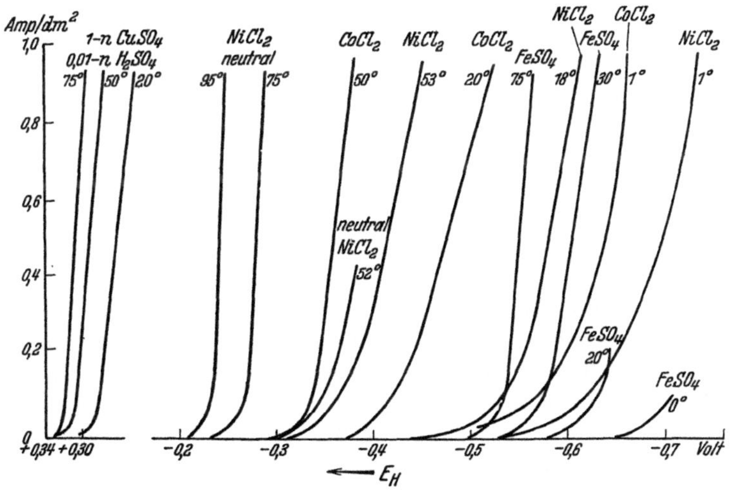

Abb. 70.

Schliffbild unter dem Mikroskop kaum oder gar nicht mehr erkennbar ist und glatte bis glänzende Überzüge, die aber stets feine, nadelstichartige Poren tragen, manchmal bloß in geringer, häufig in großer Zahl.

[1] Trans. Amer. electrochem. Soc. LXII (1932).

Alle drei Metalle bilden unter Umständen pittings. Je nach den eingehaltenen Arbeitsbedingungen können sie größte Haftintensität aufweisen oder sich unter ungünstigen Umständen von dem Unterlagsmetall abheben.

Das langsame Ansteigen der I-E-Kurven dieser drei Metalle (s. Abb. 70 nach Foerster) läßt erkennen, daß Hemmungen bei ihrer Abscheidung zu überwinden sind, welche bei tieferen Temperaturen größer sind als bei erhöhten.

Verglichen mit Zink und Cadmium sind die Stromausbeuten, mit denen sich die Eisenmetalle gewinnen lassen, nieder; denn obgleich erstere Metalle viel unedler sind, lassen sie sich selbst aus 0,1-n. schwefelsaurer Lösung mit nahezu theoretischer Stromausbeute abscheiden, während die Stromausbeuten der Metalle der Eisengruppe bei der Elektrolyse von Sulfatlösungen von 1-n. Metallkonzentration und 0,9 Amp/qdm Stromdichte nach Foerster bloß folgende sind:

	Conc. d. freien H_2SO_4 in Äquivalent/l	Stromausbeute in Prozenten bei				
		1^0	20^0	50^0	75^0	95^0
Ni	0,01	21	40 (16^0)	80	84	87
Co	0,03	76	73	94		
Fe	0,0075		55	60	80	86

Zwar ist die Überspannung des Wasserstoffs an Zink und Cadmium viel größer als an diesen drei Metallen, aber sie kann nicht allein für die Erklärung der Ausbeuteunterschiede herangezogen werden. Obgleich sie z. B. bei höherer Temperatur am Nickel kleiner ist als bei niederer Temperatur, steigt bei diesem Metalle die Stromausbeute bei Steigerung der Temperatur von 21% bei 1^0 auf 87% bei 95^0! Nur ein Reaktionswiderstand, welcher bei niederen Temperaturen groß ist, bei Temperaturzunahme abnimmt, kann es erklären, daß die Stromausbeuten beim Nickel bei niederen Temperaturen so viel geringere sind und er kommt auch in der besonders starken Polarisation zum Ausdruck, welche Ni bei niedrigeren Temperaturen aufweist. Beim Kobalt sind Reaktionswiderstand und Polarisation viel geringer (Kobalt beschlägt sich auch beim Eintauchen in $CuSO_4$-Lösung sofort mit Cu, Nickel erst nach längerer Zeit). Eisen ist viel unedler als Ni und Co, dies zeigt die, trotz verringerten Säuregrades der Lösung, verhältnismäßig niedere Ausbeute an.

Die Stromausbeute läßt sich verbessern, wenn man die $H^{\cdot}$-Konzentration verringert, etwa auf P_H 5 bis 6.

Erhalten die Lösungen der Salze der Metalle der Eisengruppe keinen Säurezusatz, stehen sie also hinsichtlich ihrer $H^{\cdot}$-Ionenkonzentration dem Wasser nahe (P_H 7), so gelangen bei Potentialen, die negativer sind als e_H — 0 41 Volt (dem Gleichgewichtspotential des Wasserstoffs gegen reines Wasser), neben den Metall- wieder Wasserstoffionen zur Entladung. Durch den Entzug von H·-Ionen wird die Lösung alkalisch, es scheiden sich mit dem Metall zugleich auch Metallhydroxyde aus, die Niederschläge werden dunkel, unscheinbar und locker. Da so negative Potentiale infolge der hohen Polarisation an Metallen der Eisengruppe sehr schnell erreicht werden, erhält man gute metallische Niederschläge aus ihren Salzlösungen und gar bei niedrigeren Temperaturen nur bei Wasserstoffzahlen, die niederer sind als 6,5.

Daß das viel unedlere Zink erst aus sehr verdünnter Lösung und besonders bei höherer Temperatur kathodisch als Hydroxyd ausfällt, während die Metalle der Eisengruppe dazu schon in konzentrierten Lösungen und besonders bei niedrigeren Temperaturen stark neigen, ist überraschend. Die große Temperaturempfindlichkeit der Abscheidungspotentiale, die bei niederen Temperaturen so deutliche Polarisation der Eisenmetalle muß zur Erklärung dieses Gegensatzes herangezogen werden.

Die Metalle der Eisengruppe weisen alle die Besonderheit auf, Salze zu bilden, die deutlicher hydrolytischer Spaltung unterliegen und dabei schwerlösliche Hydroxyde bilden, welche in neutraler und in ganz schwach sauren Lösungen ziemlich beständige Kolloide liefern, die zur Kathode wandern; daher liegt es nahe, diese Kolloide sowohl für die Feinheit der Metallabscheidung als auch für die Hemmungen, die bei derselben auftreten, verantwortlich zu machen. Daß positiv geladene Kolloide derartige Wirkungen ausüben, ist ja bekannt, es braucht nur daran erinnert zu werden, daß z. B. Gelatine o. dgl. bei der Kupferabscheidung negativeres Kathodenpotential (s. S. 67) und feinkörnigere Abscheidung bedingt und daß sie in kleinen Anteilen in den Kathodenniederschlag übergeht, ebenso auch das Kathodenpotential beim Zink erhöht (s. z. B. Abb. 63, S. 149) und so fort.

Daß Anteile kolloidalen Hydroxyds auch bei der Abscheidung der Eisenmetalle in den Niederschlag übergehen, wird dadurch wahrscheinlich gemacht, daß es niemals gelingt, diese Metalle in vollkommen sauerstoffreier Form kathodisch abzuscheiden.[1] Die Mengen mit ausgefällten Kolloids sind zwar zu klein, um auf analytischem Wege quantitativ erfaßt werden zu können. Allem Anscheine nach werden sie auch schon während der Elektrolyse zum Teil, und wohl zum größten Teil zu Metall — meist zu solchem von lockerem Gefüge — reduziert, ihre Anwesenheit verrät sich aber doch im Schliffbilde, in dem sie als dunklere Einschlüsse erscheinen, welche an die Korngrenzen geschoben werden, wenn man das Metall rekristallisieren läßt. Sie hemmen die Bildung größerer Kristalle, vor allem das Wachsen der Kristalle in die Breite,

[1] cf. z. B. J. B. O'Sullivan, Trans. Faraday Soc. XXVI, 89 (1930).

man sieht sie dann, sich zwischen die einzelnen Fasern einlagern und das faserförmige Gefüge, an dessen Zustandekommen sie wohl beteiligt sind, deutlicher hervorheben, wie dies wohl aus ähnlichen Gründen auch bei anderen Metallabscheidungen, z. B. beim Zink, gelegentlich der Fall ist. Unter Umständen durchsetzen sie aber das ganze Metall, das dann strukturlos erscheint, etwa wie Kupfer, das mit Gelatinezusatz abgeschieden wird.

Diese kolloidalen Hydroxyde, welche bei entsprechender P_H-Zahl zwangläufig während der Elektrolyse auftreten, bestimmen vor allem die Feinheit und selbst die Art des Metallgefüges, zugleich die damit im Zusammenhang stehende Härte des Produktes. Momente, welche dahin wirken, das Ausflocken der Kolloide zu hindern (z. B. Zusätze, welche zur Bildung löslicher Komplexe führen, stabilisierende Kationen und dergleichen) und die Kolloidkonzentration im Kathodenfilm zu erhöhen, wirken kornverfeinernd und erhöhen die Härte des Metalls. Eine Veränderung der Arbeitsbedingungen, welche das Ausflocken der Kolloide, wenigstens im Kathodenfilm, befördert, begünstigt hingegen das „pitting".

Da der Grad der Beständigkeit der kolloidalen Metallhydroxyde vor allem auch vom P_H bestimmt wird — $Ni(OH)_2$ flockt etwa bei P_H 6,5, Kobalthydroxyd bei etwas niedrigerem, Eisenhydroxyd bei etwas höherem P_H aus —, ist die Einhaltung bestimmter Wasserstoffzahlen mit ausschlaggebend, sowohl für die Härte, wie das „pitting". Bestimmend ist freilich dabei das P_H, welches im Kathodenfilm herrscht, das sich nicht unmittelbar messen läßt, das aber doch in gewisser Beziehung zu der Wasserstoffzahl steht, welche im Inneren des Elektrolyten aufrechterhalten wird, solange man vergleichbare Versuchsbedingungen heranzieht.

Erst seitdem man diese Momente ins Auge faßt und ihre Veränderung während der Elektrolyse verfolgt, ist es möglich geworden, den Zusammenhang der recht komplizierten Erscheinungen, die bei derselben auftreten, zu überblicken. Zur Klärung unserer Anschauungen haben zuerst die klassischen Untersuchungen Foersters, dann in jüngster Zeit besonders die D. J. Macnaughtans und seiner Mitarbeiter[1] das meiste beigetragen. Letztere eröffnen die Aussicht, daß manches, was heute noch unaufgeklärt erscheint, der Forschung bald zugänglich gemacht werden wird.

Von den Metallen der Eisengruppe ist Nickel, soweit es auf die Herstellung galvanischer Überzüge ankommt, beiweitem das wichtigste, seine Abscheidung ist auch am genauesten untersucht worden; weniger

[1] Macnaughtan und Hothersall, Trans. Faraday Soc. XXIV, 497 (1928), 387 (1928); Macnaughtan und Hammond, ib. XXVII, 633 (1931); XXVI, 481 (1930); Macnaughtan und Gardam und Hammond, ib. XXIX, 729 (1933); Gardam und Macnaughtan, ib. XXIX, 755 (1933).

tiefgehend sind die Untersuchungen, die man über die Eisenabscheidung ausgeführt hat, am wenigsten bearbeitet wurde die Abscheidung des Kobalts, die praktisch noch unwichtig geblieben ist.

Aus ihren wäßrigen Salzlösungen fallen die Metalle dieser Gruppe bei der Elektrolyse niemals in völlig reinem Zustande aus, sie enthalten nicht nur, wie schon bemerkt, Spuren von Oxyden, sondern schließen auch Gase, vor allem Wasserstoff, aber auch CO und CO_2 ein, die sich im Vakuum aus ihnen langsam, schneller unter gleichzeitiger Erhitzung austreiben lassen (s. S. 91). Die Verunreinigung durch kohlenstoffhaltige Gase ist meist darauf zurückzuführen, daß die verwendeten Anoden Kohlenstoff enthalten, der in den Elektrolyten gelangt, darin zum Teile suspendiert bleibt und zur Kathode geführt wird.

Die Mengen Wasserstoff, welche die Eisenmetalle aufnehmen, werden vom Eisen zum Kobalt, zum Nickel[1] kleiner. Unter sonst gleichen Bedingungen wird die Wasserstoffaufnahme durch niedere Temperatur begünstigt und sie nimmt ohne Veränderung des Elektrolyten und der Arbeitsbedingungen mit fortschreitender Dauer der Elektrolyse anfangs schneller, dann langsamer ab.

Die Dichte der Metalle wird dadurch schichtenweise beeinflußt, es treten besonders anfangs innere Spannungen, Kontraktionen auf, welche ein Abblättern verursachen können.

Man war bis vor kurzem auch allgemein der Ansicht, daß die besondere Härte, welche die elektrolytisch abgeschiedenen Metalle der Gruppe aufweisen, auf diesen Wasserstoffgehalt zurückzuführen sei. Nach neueren Untersuchungen von Guichard, Clausmann, Billon und Lanthony[2] läßt sich aber der Gesamtwasserstoffgehalt durch hinreichend langes, mäßiges Erwärmen im Vakuum austreiben, ohne daß die Härte des Metalls abnimmt. Darnach kann die Beimengung von Wasserstoff oder von Metallwasserstoffverbindungen an sich für den besonderen Härtegrad der Elektrolytmetalle nicht verantwortlich gemacht werden, wenn es auch nicht unmöglich ist, daß die Metallstruktur und damit die Härte durch mitabgeschiedenen Wasserstoff beeinflußt wird, etwa durch Verfeinerung oder Gleichrichtung von Strukturelementen, durch Begünstigung faserförmigen Gefüges o. dgl.

1. Nickel.

In den Lösungen seiner einfachen, beständigen Salze bildet das Nickel zweiwertige elementare Ionen $Ni^{\cdot\cdot}$. Höhere Oxydationsstufen von Nickel sind bekannt, sie sind aber in wäßrigen Lösungen sehr

[1] cf. Foerster, Abh. d. Bunsen-Ges. II (1909); Raessler, Diss., Dresden (1913); Roemmler, Diss., Dresden (1908).

[2] Compt. rend. CXC, 1417 (1930); CXCII, 623, 1096 (1931); CXCIII, 1084 (1931); CXCVI, 1660 (1933).

unbeständig und kommen deshalb hier nicht in Betracht. Auch in Komplexionen kann Nickel enthalten sein, ohne jedoch zur Komplexbildung in so starkem Maße zu neigen wie das sonst so verwandte Co.

Die $Ni^{\cdot\cdot}$-Ionen zeichnen sich durch ihre charakteristische, schöne, dem smaragdgrün ähnliche Farbe aus, die in ein Blaugrün oder Blau übergeht, wenn ein Teil der Ionen in komplexe $Ni(NH_3)_4^{\cdot\cdot}$- oder in $Ni(NH_3)$-$^{\cdot\cdot}$-Ionen überführt wird.

Durch Basen wird aus Nickelsalzlösungen blaßgrünes $Ni(OH)_2$ gefällt, welches unter günstigen Bedingungen auch in kolloidaler Form gelöst bleiben kann und das im Kathodenfilm eine wichtige, oft entscheidende Rolle spielt. In der Hitze verliert $Ni(OH)_2$ Wasser und geht in graues NiO über, in Alkalien unlöslich, löst es sich in Ammoniak mit lasurblauer Farbe unter Bildung der eben angeführten komplexen Ionen.

Zyankalium fällt aus Nickelsalzlösungen grünliches Nickelzyanür, welches sich in überschüssigem Zyankalium mit gelber Farbe auflöst, die es zweiwertigen $Ni(CN)_4''$-Ionen verdankt. Beim Eindampfen erhält man ein kristallinisches gelbes Salz $K_2Ni(CN)_4 . H_2O$. Mit etwas Salzsäure entwickelt sich aus der Lösung Blausäure und grünliches Nickelzyanür fällt aus.

Grünlich ist auch das Nickelkarbonat, welches gelegentlich zum Abstumpfen freier Säure in Nickelbädern verwendet wird.

Das für die Zusammensetzung von Nickelbädern wichtigste Nickelsalz ist das Sulfat, welches, was bei Vitriolen selten ist, in quadratischen regulären Kristallen mit 6 Hydratwasser vorkommt, aber auch 7 Hydratwasser zu binden vermag.

Dieses Sulfat bildet gegenwärtig geradezu die Basis sämtlicher Nickelbäder. Dem war nicht immer so. Früher benützte man vielfach und sogar mit Vorliebe Nickelammonsulfat: $NiSO_4 . (NH_4)_2SO_4 . 6\,H_2O$, weil sich dieses Doppelsalz damals billiger und meist auch in reinerem Zustande beziehen ließ. Heute zieht man es vor, die Bäder, selbst solche, welche Ammonsulfat enthalten, durch getrennte Auflösung der einzelnen Bestandteile herzustellen, um ihre Zusammensetzung besser kontrollieren zu können.

Nickelchlorür $NiCl_2 . 6\,H_2O$ ließe sich auch verwenden, doch ist es weniger beliebt, weil es Kathodenniederschläge von weniger feinem Gefüge liefert, welche nicht so gut „decken", leicht „pits" bilden und wohl auch weil es kein so alltägliches Handelsobjekt darstellt. Dem Sulfat gegenüber weist es den Vorteil der größeren Löslichkeit auf und ferner die Eigenschaft, das Passivwerden der Nickelanoden zu verhindern und selbst dann sehr zu erschweren, wenn es einer Sulfatlösung in kleinen Mengen zugesetzt wird. Aus letzterem Grunde schlägt man der Nickelsulfatlösung bei der Herstellung des Bades tatsächlich immer etwas Chlorid zu, verwendet dazu aber oft Alkalichlorid an Stelle des

Nickelchlorids. Alkalimetallionen erhöhen, Chlorionen verringern aber die Beständigkeit kolloidalen Nickelhydroxyds.

Da gewisse Verunreinigungen oft schon in sehr geringfügiger Menge nachteilig auf die Qualität des Kathodenniederschlages zu wirken vermögen, ist es stets ratsam, zur Herstellung der Badlösung reine Ausgangsstoffe zu verwenden. Der Reinheitsgrad des im Handel erhältlichen Nickelsulfats, der früher manches zu wünschen übrig ließ, hat sich im letzten Jahrzehnt, in welchem Nickelsulfat ein wichtiges Nebenprodukt der großen, besonders der amerikanischen Kupferraffinerien geworden ist, sehr erhöht. An Verunreinigungen kommen dabei vor allem Cu, Fe, Zn, freie Säure und unlösliche Beimengungen in Betracht.

Unlösliche Beimengungen, die beim Auflösen des Salzes nicht suspendiert bleiben, sondern sich leicht von der klaren Lösung trennen lassen, sind unschädlich. An und für sich harmlos bleibt auch ein Gehalt an freier Schwefelsäure; da man die Säurestufe des Nickelbades ohnedies mit Sorgfalt stellen muß, er bildet aber ein Anzeichen für sorglos ausgeführte Kristallisation welche die Gegenwart auch anderer Verunreinigungen wahrscheinlich macht.

In normaler wäßriger Lösung weist reines Nickelsulfat ein P_H von etwa 6,3 auf, die Verunreinigung durch freie Schwefelsäure sollte niemals größer sein als 0,1%, das P_H normaler Lösung niemals kleiner als 5,5. Diesen Bedingungen entspricht käufliches Nickelsulfat durchaus nicht immer.

Nickelsulfat sollte stets mindestens 21,4% Ni-Metall enthalten. Von Verunreinigungen durch Fremdmetallsalze ist diejenige durch Eisen die verbreitetste. Bis zu einem Gehalte von 0,1% wird die Gegenwart von Fe im Bade als unschädlich angesehen, doch hängt der Grad der Wirkung seiner Beimengung von den Arbeitsbedingungen ab. Arbeitet man nämlich in Bädern von relativ hohem P_H, so wird der größte Teil des Eisens in schwerlösliche Form übergeführt und scheidet sich aus dem Bad um so leichter ab, je besser dafür gesorgt wird, daß das Eisen in Oxydform erhalten bleibt. Von den Arbeitsbedingungen hängt es dann noch ferner ab, wie weit derartige Ausscheidungen bei der Niederschlagsbildung schaden können, wie schnell und wie vollständig es gelingt, sie aus der Lösung zu entfernen. In Lösung lassen sich geringfügige Eisenmengen durch Zusatz von Essigsäure, Zitronensäure, Weinsäure, auch von Flußsäure halten.

Mitabgeschiedene kleine Eisenmengen machen den Nickelniederschlag feinkörniger,[1] aber leichter brüchig (vermutlich Kolloidwirkung) und sie verursachen oft das Abblättern, besonders das Abrollen. Will man duktile Niederschläge herstellen, so ist Eisen unbedingt fernzuhalten.

---

[1] Thompson, Trans. Amer. electrochem. Soc. XLIV, 359 (1923).

Der leichte Übergang von Eisenoxydul- in Oxydhydrat und umgekehrt hat zur Folge, daß oft rasche, schwer zu kontrollierende Änderungen des P_H der Lösung bei Gegenwart von Eisensalzen auftreten.

Vollständig vermeiden läßt sich eine Verunreinigung des Bades durch Eisen praktisch nie; denn die Nickelanoden, welche man verwendet, enthalten so gut wie immer kleine Eisenmengen, welche anodisch in Lösung gehen, an Eisenkathoden — Eisen dient ja meistens als Grundmetall — findet infolge Lokalangriff stellenweise gleichfalls Auflösung oder Bildung kleiner Mengen von Eisenhydroxyd statt. Bei höherem P_H (5 bis 6,3) bleibt das Eisen praktisch ungelöst, seine Abscheidung aus dem Bade ist ein mechanisches Problem. Bei niederem P_H (2 bis 4) wird es gelöst und ionisiert und gelangt kathodisch zur Abscheidung, wenn dies nicht verhütet wird (s. weiter unten).

Eine Verunreinigung des Bades durch Kupfer ist sehr nachteilig, wenn seine Konzentration über 5 mg im Liter steigt. Dementsprechend soll das verwendete Nickelsulfat nicht mehr als 0,02% Cu (bzw. 0,08% $CuSO_4 . 5 H_2O$) enthalten. Arbeitet man freilich mit kupferfreien Nickelanoden, so tritt eine schädigende Wirkung dieser Verunreinigung des Nickelsulfates nur in den ersten Stadien der Elektrolyse auf; denn als viel edleres Metall gelangt das Kupfer selbst in sehr hoher Verdünnung mit dem Nickel kathodisch zur Abscheidung. Die Badlösung entkupfert sich daher bald von selbst, soferne sie aus den Anoden, den Stromverbindungen usw. nicht wieder Kupfer aufnimmt. Da das Nickel aus kupferhaltigen Bädern dunkel ausfällt, ist auf Fernhaltung von Kupfer sorgsam zu achten.

Zink ist im Nickelsulfat und in den Anoden seltener enthalten. An und für sich weniger schädlich als Kupfer hält seine Wirkung doch längere Zeit an, wie bei diesem, weil es als unedleres Metall langsamer aus dem Bade verschwindet. 10 mg Zinkmetall im Liter werden als obere Grenze der zulässigen Verunreinigung angesehen, das verwendete Nickelsulfat soll nicht mehr als 0,05% Zn (bzw. 0,22% $ZnSO_4 . 7 H_2O$) enthalten, andernfalls fällt das Nickel streifig oder dunkel aus, die Wasserstoffentwicklung wird zu lebhaft, die Lochbildung wird befördert, die Zahl der „pittings" wird vermehrt.

Entspricht das Nickelsulfat nicht den Anforderungen, die man an seinen Reinheitsgrad stellt, so kann man Kupfer und Zink daraus durch Behandlung mit Kalziumkarbonat, Kalkmilch oder Ammoniak entfernen. Die letzteren Reagentien wirken schneller, das erstere weist aber den Vorteil auf, schwerer Nickel mit auszufällen. Man behandelt die Lösungen etwa bei P_H 6,2 bis 6,5, läßt die so neutralisierten, trüb gewordenen

[1] Thompson und Thomas, Trans. Amer. electrochem. Soc. XLII, 79 (1922).

Flüssigkeiten absitzen, filtriert oder dekantiert und setzt dem klaren Filtrat wieder die gewünschte Säuremenge zu.

Nennenswerte Mengen von Blei können in Sulfatlösungen nur bei Gegenwart von Cl′, NO_3' o. dgl. auftreten. Über die Wirkung solcher Beimengungen auf den Nickelniederschlag gehen die Ansichten auseinander, die einen halten sie für schädlich, andere für vorteilhaft. Im allgemeinen wird die Benützung von Badgefäßen, die mit Blei ausgekleidet sind, für abträglich gehalten, ich habe solche vielfach ohne Schaden verwendet.[1]

a) Richtlinien für die Zusammensetzung der Bäder.

Wenn das Nickelsulfat auch die Grundsubstanz so ziemlich aller heute praktisch verwendeten Bäder bildet, so wird es doch niemals für sich allein, sondern immer nur im Gemisch mit anderen Stoffen zur Zusammensetzung der Bäder verwendet, weil deren Eigenschaften sich durch Zusätze verbessern lassen. Es wurde schon ausführlich dargetan, daß die Kathodenniederschläge feinkörniger und glatter ausfallen, wenn der Elektrolyt gutleitend ist, und wenn das abzuscheidende Ion im Kathodenfilm nur in sehr niederer Konzentration (neben undissoziiertem Salz) auftritt. Enthält der Elektrolyt dieses Ion in elementarem Zustande, wie dies in Nickelsulfatlösungen der Fall ist, so kann die Lösung des reinen Salzes nicht beiden Forderungen gleichzeitig entsprechen: bei niederer $Ni^{\cdot\cdot}$-Konzentration gut zu leiten.

Dem trägt man dadurch Rechnung, daß man der Badlösung ein Salz zusetzt, welches die Leitfähigkeit erhöht. Zweckmäßigerweise wählt man dazu das Sulfat eines unedlen Metalls, weil es gleichzeitig die Dissoziation des Nickelsalzes infolge der Erhöhung der Konzentration der gemeinsamen SO_4'' in der Lösung zurückdrängt und die $Ni^{\cdot\cdot}$-Ionenkonzentration im Kathodenfilm noch dadurch verringert, daß das unedlere Kation im positiven Belag der Doppelschicht vorherrscht (s. S. 53f.).

[1] Eine vollständigere Reinigung des Nickelsulfates herbeizuführen, empfehlen Macnaughtan und Hothersall (Trans. Faraday Soc. XXIV, 387 [1928]), die Lösung erst mit einer hinreichenden Menge Wasserstoffsuperoxyd zu behandeln, dann mit Nickelkarbonat zu kochen, bis das Eisen ausgefällt sei, abzufiltrieren, das Filtrat so weit anzusäuern, daß das P_H 2,5 erreicht werde und nunmehr Kupfer, Zink usw. durch eingeleiteten Schwefelwasserstoff in unlösliche Form überzuführen, abermals zu filtrieren, einzuengen und Nickelsulfat auszukristallisieren. Das Nickelsulfat enthält dann:

Fe........	0,005%
Cu	0,001%
Zn	Spur
Mn	0,001%
Pb	0,005%
Co........	0,005%

Als derartiges „Leitsalz" verwendet man gewöhnlich Natriumsulfat, Magnesiumsulfat oder auch Ammoniumsulfat, in Ausnahmsfällen Kaliumsulfat. Die verschiedenen Kationen stabilisieren das $Ni(OH)_2$-Kolloid in verschiedenem Grade.

Die Wirkung, die $Ni^{\cdot\cdot}$-Konzentration herabzusetzen, ist beim Ammoniumsulfat, welches (s. S. 182) befähigt ist, die Bildung von Komplexionen und von Komplexen mit $Ni(OH)_2$ herbeizuführen, besonders groß, aber auch die anderen Sulfate erhöhen die kathodische Polarisation (s. Abb. 71) und geben dadurch zu erkennen, daß der gleichionige Zusatz die $Ni^{\cdot\cdot}$-Konzentration verringert — eine Tatsache,

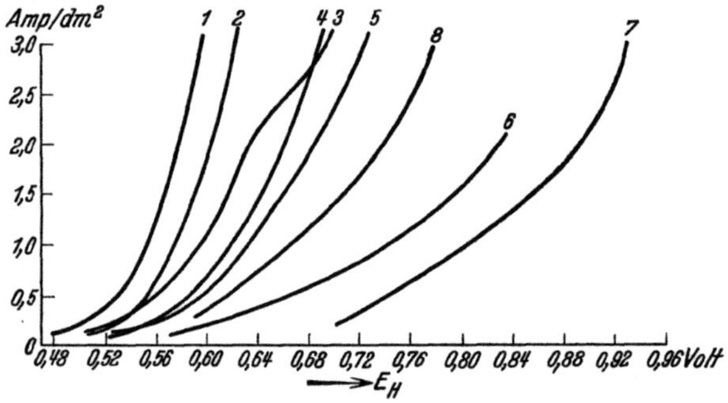

Abb. 71. I-E-Kurven bei der Nickelabscheidung nach Macnaughtan u. Hothersall (l. c.) bei P_H 5,7—5,9, Temp. 35° C.

Kurve 1.	240 g $NiSO_4$,	30 g H_3BO_3,	19 g KCl im Liter,		
„ 2.	120 „ „	30 „ „	19 „ „ „ „		
„ 3.	70 „ „	30 „ „	19 „ „ „ „		
„ 4.	120 „ „	21 „ $(NH_4)_2SO_4$,	8 „ „ „ „		
„ 5.	70 „ „	21 „ „	8 „ „ „ „		
„ 6.	70 „ „	30 „ H_3BO_3,	19 „ „	213 g Na_2SO_4 im Liter	
„ 7.	120 „ „	21 „ $(NH_4)_2SO_4$,	10,7 „ NaF.		

welche zwar nach dem Massenwirkungsgesetz selbstverständlich ist, die sich aber leider nicht quantitativ berechnen läßt, weil wir infolge der Passivität von Nickelelektroden nicht in der Lage sind, die Ionenkonzentration durch direkte Messung zu ermitteln.[1]

Käme es lediglich auf die Vermehrung der Leitfähigkeit der Badlösung an, so müßte die Zugabe von Natriumsulfat besonders günstig erscheinen, weil es gut leitet und am besten löslich ist. Aber wenn das Leitsalz sich auch selten in kontrollierbarer Weise am Prozesse beteiligt, übt fast jeder noch so „indifferent" scheinende Zusatz oft mehr oder minder ausgeprägte spezifische Wirkungen, z. B. durch die bereits er-

[1] Die härtesten, feinkörnigsten Ni-Niederschläge erhält man an ammonhaltigen Lösungen, obwohl die Polarisation auf Kurve 6 wesentlich stärker ist als auf Kurve 4 (Abb. 70).

wähnte Beeinflussung der Stabilität von Kolloiden, ferner das Auftreten innerer Spannungen im Metall usw., aus. Die Streukraft wird von jedem Salz anders beeinflußt. Gegenwart von Ammonsalz erhöht die Härte des abgeschiedenen Nickels, erschwert das „Brennen" des Niederschlages bei höheren Stromdichten usf. Einzelheiten, auf die noch weiter einzugehen sein wird. Manche der Zusätze sind andrerseits auch nicht so indifferent, als man von vornherein annehmen möchte, dies scheint z. B. beim Magnesiumsulfat der Fall zu sein, aus dem sich nach A. Coehn[1] bis zu 2% Mg mit dem Ni (vermutlich infolge Kataphorese eines Kolloids) abzuscheiden vermag.

Bäder aus Gemischen der angeführten Sulfate befriedigen aber noch nicht nach allen Richtungen: die Anoden lösen sich in ihnen träge und unregelmäßig auf und das P_H der Lösung, welches die Stabilität kolloidalen $Ni(OH)_2$ und die Abscheidungsform so deutlich beeinflußt, ist leicht Schwankungen unterworfen, wenn man im Gebiete von zirka 5 bis 6,5 arbeitet; deshalb nimmt man in der Regel noch zweierlei Zusätze vor, um diese Mängel zu beheben: setzt ein Chlorid zu, um der Passivierung der Nickelanode zu steuern und eine Puffersubstanz, um das P_H zu stabilisieren.

Das Passivwerden von Nickelanoden ist eine der vielen Erscheinungen, die noch nicht hinreichend aufgeklärt ist. Sie tritt vorwiegend an reineren Nickelanoden auf, die mehr als 97% Ni enthalten und äußert sich darin, daß nur ein Teil des Stromes anodisch dazu verwendet wird, Nickel in Lösung zu bringen. Es kommt deshalb zur teilweisen Entladung der SO_4''-Anionen, die durch Wechselwirkung mit dem Lösungswasser zur Sauerstoffentwicklung führt, das Bad reichert sich an Säure an (das P_H sinkt) und wird an Nickel ärmer. Man nimmt an, daß ein Oxydüberzug der Anode oder daß ein Sauerstoffilm die Veranlassung zu diesem Vorgange gibt und man hat in dem Zusatz von Chloriden zur Badlösung ein einfaches Mittel gefunden, das Passivwerden der Anoden zu bekämpfen, man kann ihm auch dadurch entgegentreten, daß man Nickelanoden verwendet, denen Oxyde einverleibt werden.

Ein Chloridzusatz in richtigen Konzentrationsgrenzen gehalten, erleichtert das Inlösunggehen der Anoden, er ist aber der Konzentration des Sulfates anzupassen. Die Erfahrung hat gelehrt, daß es von Vorteil ist, etwa 8 bis 10% vom Gewichte des Sulfates an Chloriden zuzusetzen, um die Passivierung der Anoden aufzuheben. Verwendbar sind sowohl die Chloride des Natriums und Kaliums wie Ammonchlorid oder Nickelchlorür. Das betreffende Kation bleibt aber nicht ohne Einfluß auf die Eigenschaften des Produktes. Gegenwart von Ammonionen führt zur

[1] Z. Elektrochem. VIII, 593 (1902). Die meisten Autoren sind im Gegensatze zu obiger Darstellung der Ansicht, daß Legierungsbildung vorliegt (s. S. 284, Fußnote 3).

Abscheidung härteren Metalls, Kaliumionen scheinen die Bildung von pits am wirksamsten zu erschweren, wie es scheint, infolge Stabilisierung des Nickelhydroxyds in kolloidaler Form.[1]

Fluoride werden gelegentlich auch zugesetzt, nicht so sehr, um die Passivierung der Anoden zu bekämpfen, als weil sie das Gefüge verfeinern und hartes Metall liefern. In dieser Hinsicht sind sie aber doch nicht von so großer Wirksamkeit als Ammonsalze und tatsächlich rufen Fluoridzusätze bei Gegenwart von Ammonionen nach Macnaughtan keine nennenswerte Härtesteigerung hervor.[3]

Als Puffersubstanz dient gewöhnlich Borsäure in Zusätzen von 15 bis 30 g/l, aber auch Ammoniumsalze puffern bis zu gewissem Grad, ebenso organische Salze[2] wie: Tartrate, Zitrate, Azetate, die neben schwacher Säure gegenwärtig sind, auch Fluoborate, die sich im Elektrolyten bei Fluorid- und Borsäurezusatz bilden mögen.

In welchem Maß ein Zusatz puffernd wirkt. läßt sich experimentell dadurch feststellen, daß man die Änderung, welche das P_H der Lösung bei Zusatz von Säure oder von Alkali erfährt, ermittelt. Die Abb. 72 zeigt z. B. das Verhalten typischer Badzusammensetzungen des Nickelelektrolyten bei Zusatz von Ätznatron nach Messungen von Macnaughtan.[3]

Während nach Kurve (1) das P_H reiner Nickelsulfatlösung (120 g $NiSO_4 . 7 H_2O$/l) schon bei Zusatz weniger Tropfen Säure nahezu sprungweise absinkt, nimmt es nach Zusatz von 21 g Ammonsulfat (Kurve II) und gar nach Zusatz von 30 g Borsäure nur viel langsamer ab. Auch bei Zusatz von NaOH verzögert zugesetzte Borsäure und in noch höherem Maß ein gemischter Zusatz von Borsäure und Natriumfluorid das Ansteigen des P_H. Daß hier die Pufferwirkung etwas weniger deutlich ins Auge fällt, erklärt sich dadurch, daß Nickelhydroxyd schon bei P_H 6,3 ausfällt. Bei seiner Bildung wird OH′ gebunden. Ist das P_H 6,3, bei welchem Nickelhydroxyd ausfällt, also schon erreicht, so bedarf es größeren NaOH-Zusatzes, um es zu überschreiten. Da es aber von besonderer Wichtigkeit ist, das P_H niedriger zu halten, damit es eben nicht zur Ausfällung von Nickelhydroxyd komme, ist es für den Erfolg der Elektrolyse wichtig, daß die Pufferzusätze, wie aus Abb. 72 zu ersehen ist, das Ansteigen des P_H zwischen 5,5 und 6,5 sehr verzögern, und zwar gilt dies

[1] cf. Tower, J. physic. Chem. XXVIII, 176 (1924).

[2] Organische Zusätze weisen allerdings Nachteile auf: sie werden anodisch oxydiert, wobei kolloidale Abbauprodukte entstehen können, sie befördern die Schimmelbildung und liefern zwar glänzende, helle, aber spröde Niederschläge.

[3] Macnaughtan, J. Iron and Steel Inst. CIX, 409 (1924); Macnaughtan und Hothersall, Trans. Faraday Soc. XXIV, 387 (1928); cf. u. a. auch Blum, Trans. Amer. electrochem. Soc. XXXIX, 472 (1921); Thomas und Blum, ib. XLVIII, 84 (1925).

auch für bloßen Zusatz von Borsäure und eines Gemisches von Borsäure mit Alkalichlorid, die das Absinken des P_H bei Säurezusatz kaum verzögern.[1]

Im Gebiete P_H 5,5 bis 6,5 und im Gebiete 2 bis zirka 3,5 puffern fluoridhaltige Lösungen nicht wesentlich besser als fluoridfreie Borsäurelösung. Da dies aber (s. weiter unten) gerade die bevorzugten Arbeitsgebiete sind, dürften Fluoridzusätze, soweit es bloß auf die Pufferwirkung ankommt, kaum von größerem Einfluß sein.

Die puffernde Wirkung der Borsäure ist zwischen P_H 5 bis 6,5 unverkennbar, wenn die Lösung mindestens 15 g (0,25 Mol) davon im Liter enthält,[2] man setzt deshalb dem Nickelelektrolyten in diesem P_H-Gebiet fast immer mindestens 20, meist 30 g (entsprechend 0,5-n.) Borsäure zu. Bei niederem P_H sollte ein solcher Zusatz, wenn sich die Wirkung der Borsäure lediglich auf ein Regulieren des P_H beschränkt, überflüssig sein. Trotzdem nimmt man sehr häufig auch in stärker saurer Lösung einen solchen Zusatz vor, weil sich allem Anscheine nach die günstige

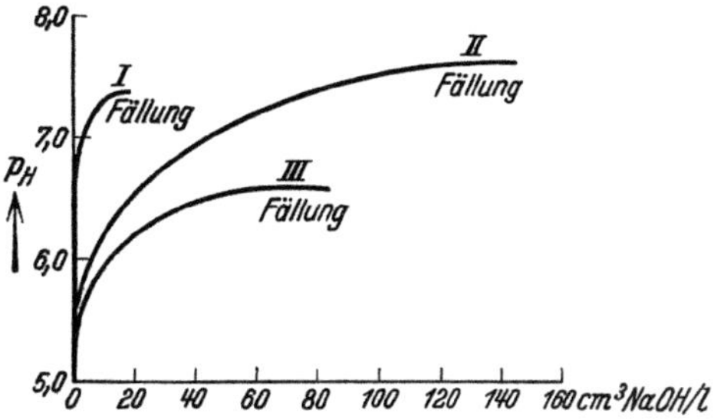

Abb. 72.

I. 120 g $NiSO_4 \cdot 7\,H_2O$/l,
II. 70 „ $NiSO_4$, 21 g $(NH_4)_2SO_4$, 8 g KCl/l,
III. 240 „ „ 30 „ H_3BO_3, 19 g KCl/l.

[1] Blum und Bekkedahl haben (Trans. Amer. electrochem. Soc. LVI, 261 [1929]) festgestellt, daß die kolorimetrische P_H-Bestimmung in Nickelelektrolyten Resultate gibt, welche von jenen abweichen, die man mittels der Chinhydronelektrode ermittelt, diese sind ihrerseits von denen etwas verschieden, welche man mittels der Wasserstoffelektrode erhält. Die letzteren dürften die zuverlässigsten sein; doch ist leider diese Methode der P_H-Messung die unbequemste.

Daß man in konzentrierteren Lösungen — und die Badlösungen stellen ja 1- bis 2-n. Lösungen von Salzen vor — mit der Chinhydronelektrode nicht ganz exakte Werte erhält, ist bekannt, auch die Wirkung höherer Salzkonzentrationen auf den Farbenumschlagspunkt von Indikatoren ist eine geläufige Erscheinung. Kommt es — wie dies praktisch bei der Kontrolle elektrolytischer Prozesse meist der Fall ist — nur auf Vergleichswerte an, so ist eine derartige Ungenauigkeit nur von nebensächlicher Bedeutung, wenn die Zusammensetzung der Lösung von Fall zu Fall nur wenig verschieden ist. Immerhin wird man sich vor Augen halten müssen, daß die Angabe der kolorimetrischen P_H-Bestimmung in Nickelelektrolyten um 0,3 bis 0,6, die der Chinhydronelektrode um zirka 0,05 zu hoch ausfallen.

[2] cf. z. B. Hammond, Trans. Amer. electrochem. Soc. XXX, 103 (1916).

Wirkung der Borsäure auf den Charakter des Niederschlages nicht bloß auf diese eine Funktion beschränkt[1] (s. weiter unten).

Freilich kommt es für den Effekt nicht eigentlich auf das P_H an, welches inmitten der Lösung herrscht, als auf den Wert, welchen dasselbe im Kathodenfilm annimmt. Letzteren zu ermitteln, ist bisher noch nicht gelungen.[2] Aber man wird wohl in der Annahme nicht weit fehlgehen, daß das P_H im Kathodenfilm zwar durchgehends höher ist, daß der Unterschied aber ceteris paribus bei gleicher Stromausbeite ungefähr gleich groß sein, bei steigender Stromdichte aber so lange wachsen wird, bis vermehrte H_2-Entwicklung an der Kathode den Unterschied durch bessere Durchmischung wieder verringert. Man wird also annehmen können, daß man im allgemeinen um so höhere Stromdichten wird anwenden können, je niedriger das P_H in der Lösung ist, ohne die Abscheidung von Nickelhydroxyd an der Kathode befürchten zu müssen.

Der Zusatz der bisher angeführten Stoffe verfolgt also den Zweck:

1. Die Leitfähigkeit und die Streukraft zu erhöhen (Sulfate).

2. Das P_H zu stabilisieren (Borsäure, schwache organische Säuren, bzw. deren Salze).

3. Die Nickelionenkonzentration im Kathodenfilm nieder zu halten (Sulfate, unedlere Kationen, Ammonsalz usw.).

4. Die Anodenauflösung zu erleichtern (Chloride); er wird deshalb fast immer vorgenommen. Gelegentlich setzt man aber dem Elektrolyten noch andere Stoffe zu, um:

5. Den Wasserstoffgehalt des Ni-Niederschlages zu erniedrigen, bzw. die Bildung festhaftender Gasblasen zu erschweren.

6. Den Glanz des Nickels zu erhöhen.

7. Die Härte des Nickels zu beeinflussen.

8. Organische Substanzen im Elektrolyten zu zerstören.

9. Gelegentlich die Farbe zu beeinflussen.

Nickel vermag größere Mengen Wasserstoff (etwa 1 ccm/g Ni) aufzunehmen, welcher bei nachfolgender Erhitzung die Dichte des Metalls von 8,9 auf 8,1 verringern kann. Auf wechselnd große, und zwar abnehmende Wasserstoffaufnahme von Schicht zu Schicht führt man die Kontraktionen, die Spannungen zurück, die im Kathodenniederschlag auftreten[3] (s. S. 181) und die unter ungünstigen Verhältnissen die Haftintensität desselben verringern, ja das Aufrollen und Ablösen desselben hervorrufen können. In der

[1] cf. z. B. Colin Fink, Trans. Amer. electrochem. Soc.

[2] Eigene Versuche, das P_H im Kathodenfilm durch Farbänderung eines Indikators und Beobachtung der Farbe der Flüssigkeitsschicht unmittelbar zu beobachten, schlugen fehl.

[3] Nach Bozorth (Physiologic. Rev. XXIV, 764 [1924]) sind Kontraktionen, also innere Spannungen im Elektrolytnickel schon nachweisbar, ehe dasselbe noch eine Niederschlagsdicke von 0,002 mm erlangt.

Steigerung der Temperatur und der kathodischen Stromdichte hat man zwar ein wirksames Mittel an der Hand, den Wasserstoffgehalt des Kathodenmetalls zu verringern, reichen diese Mittel aber nicht aus, so liegt die Möglichkeit noch vor, dem Elektrolyten oxydierende Stoffe zuzusetzen, um den Wasserstoffgehalt des Kathodenproduktes zu verringern.

Ein Zusatz oxydierender Substanzen hemmt bis zu gewissem Grad auch die Bildung von Wasserstoffblasen, welche an der Kathodenoberfläche so leicht hartnäckig haften bleiben und die Bildung von „pittings", ferner von Grübchen, Unebenheiten, ja Löchern, „pinholes", durch Abschirmung verursachen.

So nützlich ein solcher Zusatz, besonders bei Herstellung stärkerer Schichten, in sehr vielen Fällen ist, darf er doch nur mit Vorsicht vorgenommen werden, weil jedes Oxydationsmittel als Depolarisator wirkt, welcher die kathodische Stromausbeute herabdrückt, weil zu große Zusätze auch den Charakter des Niederschlages schädlich beeinflussen („verbrennen") und weil sie die Streukraft erniedrigen.

An solchen Oxydationsmitteln wird meist Nitrat (Natrium- oder Kaliumnitrat)[1] oder, nach dem Vorschlage Madsens, Wasserstoffsuperoxyd[2] zugesetzt, aber auch Natriumsuperoxyd, Natriumperborat, Kaliumpermanganat usw. kommen, wenn auch seltener, in Betracht.

Nichol und Watts haben[3] festgestellt, daß ein Zusatz von 40 g Natriumnitrat zum Nickelbad die Stromausbeute so sehr verringert (auf zirka 0,5%), daß es praktisch überhaupt nicht mehr zur Ni-Abscheidung kommt. In geringen Mengen zugesetzt, sind aber die durch Natriumnitrat verursachten Ausbeuteverluste erträglich, so sinkt die Ausbeute bei Zusatz von 0,05 g im Liter auf etwa 90% im stehenden, 76% im bewegten Bade; die angestrebte Wirkung ist bei solchem Zusatz aber schon sehr deutlich. Ähnlichen Einfluß haben Spuren von Chromsäure, die oft unabsichtlich ins Bad gelangt, seitdem man vernickelte Waren verchromt. Die genaue fortlaufende Kontrolle des Nitratgehaltes ist schwierig. In dieser Hinsicht ist es bequemer, mit Wasserstoffsuperoxydzusatz zu arbeiten, weil ein Überschuß trotz des höheren Oxydationspotentiales des Superoxyds weniger schädlich ist. Die gute Wirkung oxydierender Zusätze beruht zum Teil auch auf Oxydation bzw. Fällung von Fe. Madsen schreibt (l. c.) vor, dem Elektrolyten von Haus aus 8 ccm 3%ige Wasserstoffsuperoxydlösung pro Liter Badlösung zuzusetzen und den Verbrauch durch Zusatz von je 4 ccm pro Liter nach 24stündiger Elektrolyse auszugleichen. Nach meinen Erfahrungen ist diese Vorschrift eine gute, wenn man auch nicht erwarten darf, die Schwierigkeiten,

[1] cf. z. B. Ballay, Trans. Amer. Chem. Soc. LXIII.
[2] Trans. Amer. electrochem. Soc. XLVIII, 31 (1925).
[3] Trans. Amer. electrochem. Soc. XLVIII, 31 (1925).

welche das Haftenbleiben von Gasblasen verursachen, dadurch überwunden zu haben. Dieselben haften vielmehr so stark, daß man sie nach meinen Erfahrungen bei der Bildung starker Nickelschichten (0,5 bis 6 mm) nur durch Abstreifen auf mechanischem Wege[1] sicher entfernen kann. Ohne eine derartige Maßnahme dürfte es kaum gelingen, vollkommen glatte und dichte Niederschläge von größerer Stärke mit hohen Stromdichten zu erhalten.

Es ist zwar bekannt, daß man die Kathodenniederschläge bei Zusatz von organischen Kolloiden in glatterer, ja spiegelnder Form erhalten kann, aber ein solcher Zusatz ist, wie S. 70, 96 und S. 188, Fußnote 2 ausgeführt wurde nicht unbedenklich, nur mit allergrößter Vorsicht und nur bei Herstellung dünner Überzüge anzuwenden.

Für Nickelbäder wird von manchen Seiten Gummi- oder Tragantzusatz in sehr kleinen Dosen empfohlen, Leim und Dextrin wirken schädlich, die Wirkung des Ersatzes oder des teilweisen Ersatzes von Nickelsulfat durch äthylschwefelsaures Nickel oder durch andere sulfonsauren Salze, welche von Pfanhauser[2] u. a. vorgeschlagen wurde, mag gleichfalls zum Teil dem Gehalte dieser organischen Säuren an Kolloiden oder an Stoffen, die kolloidähnliche Wirkung haben, zuzuschreiben sein.

Die Gegenwart organischer Verbindungen führt oft zur Abscheidung kohlenstoffhaltigen Metalls, das dann auch meist gelblichere Farbe aufweist.

Außer mit absichtlich zugesetzten Kolloiden hat man aber vor allem mit solchen zu rechnen, welche während des Prozesses von selbst entstehen können, im vorliegenden Falle vor allem mit $Ni(OH)_2$, mit Eisenhydroxyd usf. Der Umstand, daß Nickel in verhältnismäßig glatter, äußerst feinkristalliner Form ausfällt, ist geradezu dem Umstande zuzuschreiben, daß immer etwas Nickelhydroxyd oder Eisenhydroxyd, wenn auch nur in Spuren, mitausfällt und vom Niederschlag eingeschlossen wird (s. S. 71) und tatsächlich scheinen Nickelniederschläge fast immer Spuren von Sauerstoff zu enthalten. Diese Hydroxyde scheinen auch durch ihre Kapillarwirkung mit dafür verantwortlich zu sein, daß die Wasserstoffbläschen am Nickel so hartnäckig haften.

Zitrate, Tartrate, Azetate führen Eisen- und Nickelhydroxyde durch Komplexbildung in Lösung, sie klären das Bad und mögen durch beide Wirkungen von Einfluß auf die Nickeloberfläche sein, auch Fluoborate sind befähigt, Komplexe zu bilden und darauf mag ihre noch wenig aufgeklärte Wirkung zurückzuführen sein.

---

[1] Die Ablösung der Gasblasen von der Oberfläche kann man natürlich auch durch zeitweises Herausheben der Kathoden aus dem Bad erreichen; doch bilden sich dann geschichtete Niederschläge, die schlecht aneinander haften.

[2] Galvanotechnik. 7. Aufl., S. 382 (1928).

Benzoesäure und Milchsäure (Jordis, Schlötter) wirken glättend. Glanzerhöhend wirken aber beim Nickel wie auch in manchen anderen Fällen gewisse Metallkationen, vor allem Zink und Cadmium. Proktor und White empfehlen dazu einen Zusatz von 0,07 g $CdCl_2$ im Liter, eine mäßige Steigerung des Zusatzes soll keinen weiteren Vorteil, eine wesentliche Steigerung soll Nachteile herbeiführen. Nach Haring[1] wirkt $Zn^{\cdot\cdot}$ ganz ähnlich wie $Cd^{\cdot\cdot}$, ersteres bei 40 Amp. Stromdichte in Konzentrationen von 0,032 g/l, letzteres von 0,056 g/l. Die Wirkung des $Zn^{\cdot\cdot}$ scheint also größer zu sein.

Da Zink und Cadmium unedler sind als Nickel, müssen sie sich bei hohen kathodischen Stromdichten in etwas höherem (immer noch sehr beschränktem) Maße mit Nickel abscheiden als bei niederen Stromdichten. Man beobachtet aber, daß nicht nur zu hohe Konzentration des Zn- oder Cd-Zusatzes, sondern auch zu niedrige Stromdichte zur Bildung dunkler Niederschläge führt. Worauf die Glättung beruht, ist also noch unaufgeklärt; da man mit Cd leichter dunkle Produkte erhält als mit Zink und da die anwendbaren Konzentrationen bei letzterem größer sind, dürfte ihm der Vorzug zu geben sein. Daß besondere Glätte bzw. Politur der Kathode bei Herstellung dünner Überzüge, daß eine mechanische Glättung (s. S. 75) bei Herstellung dickerer Metallschichten den Glanz erhöhen, braucht kaum abermals hervorgehoben zu werden.

Von großer Bedeutung ist oft die Härte des gewonnenen Elektrolytnickels. Wie man sie durch die bei der Elektrolyse eingehaltenen Arbeitsbedingungen beeinflußt, wird an späterer Stelle erörtert werden, hier möge nur kurz erwähnt werden, welche Bestandteile des Elektrolyten Einfluß auf die Härte des Produktes üben; das sind vor allem Magnesiumsalze, welche die Bildung weicherer Niederschläge hervorrufen, während durch Natriumsulfatzusatz wie durch Ersatz von KCl durch die äquivalente Menge NaF (in borsäurehaltiger Nickelsulfatlösung) die Härte erhöht wird. In keinem Fall ist aber die Härte so groß als bei Gegenwart von Ammoniumsalz. Im Ammoniumsulfatbad ändert ein Ersatz von KCl durch NaF nicht viel an der Härte des Produktes.[2]

b. Mechanismus der Nickelabscheidung.

Um sich die Wechselwirkung der einzelnen Bestandteile und ihre Wirkung auf die Abscheidungsform des Metalls zu vergegenwärtigen, muß man sich vor Augen halten, daß der Kathodenfilm eine Elektrolyt-

[1] Trans. Amer. electrochem. Soc. XLVI, 107 (1924).

[2] cf. u. a. Blum, Trans. Amer. electrochem. Soc. XXXIX, 472 (1921); Thomas und Blum, ib. XLVIII, 84 (1925); Macnaughtan, J. Iron and Steel Inst. CIX, 409 (1924); Macnaughtan und Hothersall, Trans. Faraday Soc. XXIV, 387 (1928) usf.

schicht vorstellt, in welcher die Ni··-Konzentration — besonders bei höheren Stromdichten — viel niedriger, das P_H aber (da die kathodische Stromausbeute niemals volle 100% erreicht) höher ist als inmitten des übrigen Elektrolyten.

Im positiven Belag der Doppelschicht, welcher der Kathode unmittelbar anliegt, reichern sich die unedleren Fremdkationen an (das sind vor allem zugesetzte Alkalimetallionen) und ferner solche, deren Entladungspotential zwar an und für sich niedriger ist, bei deren Entladung aber Hemmungen zu überwinden sind (Wasserstoffionen), endlich positiv geladene Kolloide, wie kolloidales $Ni(OH)_2$.

Auf diesen positiven Belag folgt eine Schicht, in welcher Anionen vorherrschen und die, durch elektrostatische Abstoßung, in einiger Entfernung von der Kathode gehalten werden, ceteris paribus in um so größerer, je größer die elektrostatische Abstoßung ist. Es ist deshalb anzunehmen, daß einwertige Anionen näher an die Kathode heranrücken können als solche, die zwei oder gar drei negative Ladungen tragen.

Der allgemeinen Regel folgend, nimmt der Feinheitsgrad des abgeschiedenen Metalls mit sinkender Konzentration des betreffenden Metallions im Kathodenfilm zu und er wird ganz besonders durch gegenwärtiges positiv geladenes Kolloid erhöht. Nun ist es aus der Kolloidchemie bekannt, daß positive Kolloide durch Kationen stabilisiert, durch Anionen und besonders leicht durch mehrwertige Anionen, ausgefällt werden. Die Beständigkeit kolloidalen Nickelhydroxyds ist im Kathodenfilm deshalb bei Gegenwart von Alkalichloriden im Elektrolyten, deren Kationen sich im Kathodenfilm anreichern, größer als beim Ersatz dieser Chloride durch Nickelchlorid, dessen Kation fortlaufend aus dem Kathodenfilm entfernt wird, worauf zuerst Macnaughtan, Gardam und Hammond (l. c.) hingewiesen haben. Herrscht im Kathodenfilm ein P_H, bei welchen dieses Kolloid existenzfähig ist (zirka 4 bis 6,5), so erhält man deshalb härtere Niederschläge aus alkalichloridhaltigen Elektrolyten, als aus solchen, die bloß Nickelchlorür enthalten.

Kommt es hingegen zur Ausflockung des Kolloids, so entsteht ein Gel, das an und für sich ungeladen ist. Gele besitzen aber ausgesprochenes und für die einzelnen Ionen verschieden großes Adsorptionsvermögen, sie können dadurch wieder eine kleine positive Ladung erlangen, die sie zur Kathode treibt oder wenigstens in größter Kathodennähe hält. An der Kathode werden sie dann entweder teilweise zu lockerem Metall reduziert oder sie werden vom ringsum ausfallenden Metall eingeschlossen. Ehe letzteres geschieht, können sie örtliche Unregelmäßigkeiten in der Zusammensetzung des Kathodenfilms dadurch hervorrufen, daß sie die Gleichmäßigkeit der Flüssigkeitsbewegung stören u. dgl. m., dann rufen sie die Bildung von pits hervor.

Da Chlorionen, wie bemerkt, wahrscheinlich in größere Kathodennähe gelangen als SO_4''-Ionen, können sie die Ausflockung des Kolloids in größerer Kathodennähe bewirken, sobald die Stabilitätsgrenze überschritten wird, und tatsächlich haben Macnaughtan, Gardam und Hammond (l. c.) beobachtet, daß Chlorionen das pitting befördern.

Bei Abwesenheit von Ionen, die zur Bildung stabilerer Komplexe führen (Ammonionen, Zitrat-, Azetationen usw.), wird die Stabilitätsgrenze des $Ni(OH)_2$-Kolloids beim P_H 6,3 erreicht; steigt die Wasserstoffzahl im Kathodenfilm auf diesen Wert, so treten pittings und gröbere Einschlüsse auf. Die so vorteilhafte Wirkung der Puffer (Borsäure oder die eben genannten anderen Zusätze) beruht darauf, das Ansteigen des P_H im Kathodenfilm auf diesen Grenzwert zu erschweren. Noch höher steigt das P_H höchstens lokal, weil die fortschreitende Ausfällung von $Ni(OH)_2$ fortlaufend OH'-Ionen bindet.

Die Wasserstoffzahl des Kathodenfilms läßt sich zwar leider noch durch keine direkte Bestimmungsmethode ermitteln, auf Grund sorgfältiger Messungen der Stromausbeuten haben aber Macnaughtan, Gardam und Hammond (l. c.) es versucht, annähernd zu berechnen, wie groß die Säureabnahme an der Kathode (oder, was auf dasselbe hinausgeht, wie groß die Zunahme der Alkalinität) bei verschiedenen P_H-Zahlen der Lösung sein dürfte. Das Größenverhältnis der Veränderung, welche die P_H-Zahl im Kathodenfilm jeweils erfahren dürfte, läßt sich darnach annähernd schätzen.

Die Berechnung fußt auf folgender Überlegung: Die Entfernung von x Molen $H^{\cdot}$-Ionen aus dem Kathodenfilm kommt in ihrer Wirkung auf die Wasserstoffzahl der Entfernung von x Molen einbasischer starker Säure aus demselben gleich oder, was auf dasselbe hinausgeht, dem äquivalenten Zusatz von Base. Der Stromanteil, welcher nicht auf die Entladung von $Ni^{\cdot\cdot}$-Ionen verbraucht wird, sondern auf die Entladung von $H^{\cdot}$-Ionen, ruft demnach eine Erhöhung des P_H im Kathodenfilm hervor, die (bei Ausschluß von Durchmischungen) jener gleichkommt, welche ein Zusatz der äquivalenten Menge einbasischen Alkalis nach sich ziehen würde. Je weiter die kathodische Stromausbeute unter 100% sinkt, desto mehr Säure wird im Kathodenfilm abgestumpft.

Verfolgt man nun die Größe des Stromanteiles, welcher bei verschiedenen Wasserstoffzahlen im Kathodenfilm auf Säureneutralisation verwendet wird, und andrerseits die gleichzeitige Änderung, welche die Härte, also der Feinheitsgrad des abgeschiedenen Metalls erfährt, so findet man nach den genannten Autoren (l. c. s. auch Abb. 75, S. 205); in mit Borsäure gepufferten Elektrolyten

Der Säuretiter des Kathodenfilms nimmt	Beim Sinken des P_H der Lösung				Die Härte des Elektrolytnickels	
	in Cl'-freier Lösung		in Cl'-haltiger Lösung		in Cl'-freier	in Cl'-haltiger
	von P_H	auf P_H	von P_H	auf P_H	Lösung	
rasch ab	> 6	6	> 6	6	nimmt rasch ab	
langsamer ab	ca. 6	5	ca. 6	5,5	nimmt rasch ab von 230° auf 180° Br.	von 230° auf 130° Br.
ändert sich nur wenig	5	ca. 3,5	5,5	ca. 3	steigt rasch von 180° auf zirka 260°	ändert sich wenig
steigt rasch an	3,5	ca. 2	3	ca. 2	sinkt rasch von 260° auf zirka 170°	ändert sich wenig von 130°—140°

Also:

Sowohl in chloridhaltiger wie in chloridfreier, mit Borsäure gepufferter Lösung nimmt die Härte des abgeschiedenen Metalls beim Sinken des P_H von 6 auf 5 rasch ab, in chloridfreier von zirka 230 auf zirka 180, in chloridhaltiger von zirka 230 auf zirka 130° Brinell. In diesem Gebiete beobachtet man also parallelen Verlauf der Säuremenge, welche abgestumpft wird, und der Härtezunahme des Metalls (s. Abb. 73), die um so größer erscheint, je mehr Säure abgestumpft wird, je mehr kolloidales $Ni(OH)_2$ also im Kathodenfilm vorhanden sein dürfte.

Sinkt das P_H der Lösung noch weiter von 5 bis auf 2, so ändert sich die Härte des abgeschiedenen Metalls in chloridhaltiger Lösung nur mehr wenig, sie steigt nur ganz langsam von zirka 130 auf zirka 140° Brinell (s. Abb. 73). Kurve 2' läuft in diesem Gebiete abermals parallel mit Kurve 2. Anders in chloridfreier Lösung: hier steigt die Härte beim Sinken der Wasserstoffzahl von zirka 5 auf zirka 4 rasch wieder von zirka 180 auf zirka 260° Brinell, erreicht zwischen P_H 4 und 3 ein Maximum und sinkt bei weiter von 3 auf 2 abnehmendem P_H von zirka 260 wieder auf zirka 170 (s. Abb. 73, Kurve 1').

Dieses sonderbare Verhalten ist noch nicht recht aufgeklärt, vermutlich ist mehr kolloidales $Ni(OH)_2$ bei Verwendung chloridfreier Lösung im Kathodenfilm vorhanden. Die Autoren suchen dies darauf zurückzuführen, daß die Änderung des P_H im Kathodenfilm in diesem Gebiete nicht denselben Verlauf nimmt, wie man ihn experimentell bei Zusatz von Alkali zu demselben Elektrolyten verfolgen kann, weil der Kathodenfilm aus viel verdünnterer Lösung besteht, die zudem schlechter gepuffert wird (weil das Anion der Borsäure von der Kathode elektrostatisch abgestoßen wird). Berechnen sie den Grad der Säureabstumpfung im Kathodenfilm unter derartigen Annahmen, so finden sie den Verlauf der auf Abb. 73 oben eingetragenen gestrichelten Kurve 3, die in der Tat der Zunahme der Härte (s. Kurve 1′) von P_H 5 bis 4 parallel läuft und das Durchlaufen eines Härtemaximums verständlich werden läßt.

Denn die rasche Härteabnahme, welche das Metall beim Sinken des P_H der Lösung unter 3 erfährt, ist sehr plausibel: bei so niederem P_H sinkt nämlich die kathodische Stromausbeute sehr rasch und die Wasserstoffentwicklung wird dadurch so lebhaft, daß eine Durchmischung des Elektrolyten Platz greift. Obwohl bei niederer Stromausbeute also mehr Säure im Kathodenfilm neutralisiert wird, muß das P_H in demselben nicht unbedingt steigen, weil die lebhafte Gasentwicklung, welche ständig frische, ausgesprochen saure Lösung heranführt, dies verhindern mag.

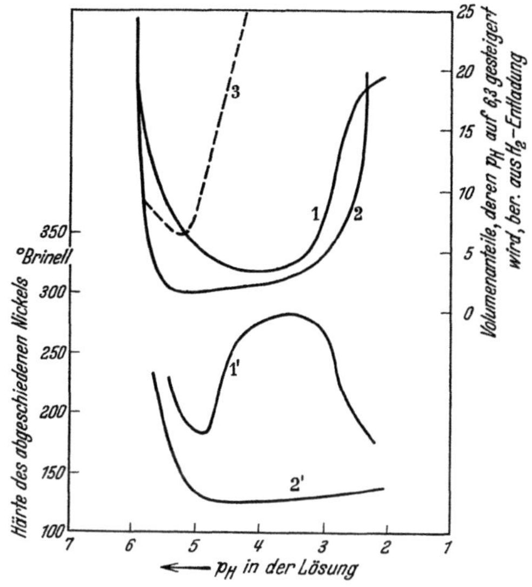

Abb. 73.

Das langsame Wiederansteigen der Härte in chloridhaltiger Lösung entspricht vollkommen der Erwartung.

Steigt das P_H, oder wird das Ausflocken des Kolloids durch andere Einwirkungen (z. B. denen der Cl′-Ionen) herbeigeführt, so stören diese Flocken, als feste Fremdkörper, die Gleichmäßigkeit der Flüssigkeitsbewegung. Kornverfeinernd wirkt ausgeflocktes Kolloid nicht. An vertikalen Kathoden bewirkt — das ist allgemeine Regel — die Verarmung des Elektrolyten wie die Wasserstoffentwicklung ein Aufsteigen der Lösungsschichten, welche der Kathode benachbart sind. Wasserstoffblasen, die an der Kathode haften bleiben, oder feste Stoffe (Trübungen, die im Elektrolyten suspendiert sind und an der Kathode haften bleiben, feste Flocken, die bei der Koagulation des Kolloids entstehen und in Kathodennähe verharren oder gar durch Kataphorese an dieselbe gelangen) hemmen örtlich diese Aufwärtsbewegung, zugleich die Durchmischung bzw. die Heranführung frischer Elektrolytschichten aus dem Inneren der Lösung. Dadurch führen sie örtlich zu weiterer Säureabstumpfung, also zu weiterer Abscheidung festen Hydroxyds, zur Steigerung der Störung.

Ausgeflocktes Hydroxyd bewirkt, daß die Gasblasen hartnäckiger an der Kathode haften bleiben. Gasblasen oder feste Körperteilchen, die an einer vertikalen Kathode haften bleiben, stören das Emporsteigen der Flüssigkeit besonders unter ihrem unteren Rande, oder auch unmittelbar über ihrem oberen Rande, und tatsächlich findet man an diesen Stellen nachträglich auch besonders oft Einschlüsse bzw. deutliche Veränderungen des Metalls. Gewöhnlich sind sie als Schichten schwarzen, lockereren Metalls zu erkennen, die durch kathodische Reduktion haften gebliebenen Metallhydroxyds entstanden zu sein scheinen.

So führt ausgeflocktes Metallhydroxyd in ähnlicher Weise zur Bildung von „pits", von Warzen oder von brüchigen Metallschichten, wie es suspendierte Metallteile (etwa solche, die von dem Anodenzerfall herrühren) tun können. Die mikroskopische Untersuchung hat hier wie dort ihre Entstehungsursache erkennen lassen.

Damit im Zusammenhang steht es nach Macnaughtan, Gardam und Hammond auch, daß Nickelniederschläge in borsäurehaltiger Nickelsulfatlösung im P_H-Gebiet von 4,2 bis 3,4 ein Maximum der Härte aufweisen, während bei Gegenwart von Cl'-Ionen in demselben Gebiete zwar keine nennenswerte Härtezunahme auftritt, wohl aber besonders starkes „pitting". In beiden Fällen entsteht viel $Ni(OH)_2$ an der Kathode, im ersten Fall in kolloidal gelöster, im zweiten Fall aber in ausgeflockter Form, die auf die Härte keinen Einfluß hat. Ebenso tritt in ungepufferter Nickelsulfatlösung ein Härtemaximum zwischen P_H 3,3 und 2,6 auf und im selben Gebiet ein Maximum des „pitting" bei Cl'-Ionenzusatz.

Foerster und Kreuger haben schon[1] beobachtet, daß bei hohem P_H sichtbare Membranen auftreten, welche die Gasblasen einhüllen, und sie wiesen auch schon auf den Zusammenhang des „pittings" mit dem P_H. Macnaughtan, Gardam und Hammond konnten gleichfalls das Auftreten von Membranen in borsäurefreier Lösung beobachten, die sich von der Kathode blattförmig ablösten; sie sind der Ansicht, daß ausgeflocktes Material, das nicht sichtbar zu sein braucht, für das hartnäckigere Haften von Gasblasen verantwortlich sei. Größere Mengen ausgeflockten Materials halten das P_H in ihrer Umgebung hoch, sie wirken als hemmendes Diaphragma und verringern die Stromausbeute — in der Tat ist letztere in reinen Nickelsulfatlösungen höher als in chloridhaltigen. Zu erwarten steht ferner, daß verhältnismäßig um

[1] Z. Elektrochem. XXXIII, 406 (1927).

so mehr basische Bestandteile gebildet werden, je dicker der Kathodenfilm ist und vice versa.

Diese Beobachtungen und Messungen führen also u. a. zu der überraschenden Feststellung, daß sich unter Umständen im Kathodenfilm bei der Elektrolyse stärker saurer Lösungen (solcher von niedrigerem P_H) höhere Wasserstoffzahlen herstellen als bei der Anwendung schwächer saurer Elektrolyten. Die Messung der Wasserstoffzahl der Badlösung gibt also durchaus nicht immer einen Anhaltspunkt über die Größe des P_H, das im Kathodenfilm herrscht. Andrerseits kann diese Feststellung den Zusatz puffernder Borsäure auch beim Arbeiten mit verhältnismäßig niederen P_H-Zahlen, bis zu 3 herab, nützlich erscheinen lassen.

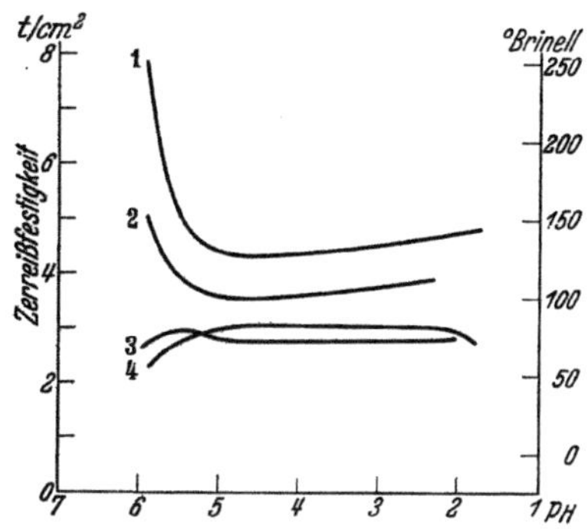

Abb. 74.[1] Änderung der Härte und der Zerreißfestigkeit von Elektrolytnickel mit Änderung des P_H der Lösung (gemessen mit Chinhydronelektrode). 1. Härte vor Erhitzung. — 2. Härte nach Erhitzung. — 3. Zerreißfestigkeit vor Erhitzung. — 4. Zerreißfestigkeit nach Erhitzung des Niederschlages.

Zu beachten ist, daß die Wasserstoffzahlen bei den Untersuchungen Macnaughtans durchwegs durch Messung mit der Chinhydronelektrode ermittelt wurden, welche (s. oben) niedrigere Wasserstoffzahlen liefert als die kolorimetrische Messung (der Unterschied beträgt meist rund 0,5).

Bei der Wertung dieser Untersuchungsresultate darf man nicht übersehen, daß die Verhältnisse bis zu gewissem Grade durch die Versuchsbedingungen, z. B. dadurch beeinflußt werden können, wie stark man während der Elektrolyse rührt, ob man ebene oder profilierte Kathoden verwendet u. dgl. m. und vor allem, daß die hier wiedergegebenen Untersuchungen sämtlich nur bei 35° und nur bei einer Stromdichte ausgeführt wurden, so daß man ihre Resultate (insbesondere die Härte), nicht ohne weiteres auf höhere Temperaturgebiete und Stromdichten übertragen darf.[2]

Beim Nickel ist eine Temperatursteigerung von besonders großem Einfluß. Die seiner Abscheidung entgegenstehenden Reaktionswiderstände, deren Natur noch nicht genügend aufgeklärt sind, die aber ihrerseits mit der Wirkung kolloidalen Hydroxyds in Beziehung stehen dürften, nehmen mit steigender Temperatur besonders stark ab; das geht schon aus der bedeutenden Zunahme der Ausbeute hervor (s. S. 178),

[1] Nach Gardam u. Macnaughtan (l. c.).

[2] Macnaughtan und seine Mitarbeiter verwendeten auch Zellen, in denen die Stromverteilung ungleichmäßig gewesen sein dürfte.

auch scheinen die Stabilitätsverhältnisse des Kolloids bei höherer Temperatur andere zu sein.

Wenn also die Arbeiten Macnaughtans und seiner Mitarbeiter noch einer Ergänzung bedürfen, ehe das Gesamtgebiet der elektrolytischen Vernicklung als erforscht angesehen werden kann, haben sie doch mehr als irgendwelche andere dazu beigetragen, den Mechanismus der Niederschlagsbildung dem Verständnis und der Kontrolle näher zu bringen und zu zeigen, wie man durch Veränderung der Arbeitsbedingungen zielbewußt Einfluß auf die Natur des erhaltenen Produktes nehmen kann. Die Annahme, daß Metallhydroxyd, das im Kathodenfilm in kolloidaler Form enthalten ist, auf die besondere Abscheidungsform des Nickels (wie der anderen Metalle der Eisengruppe) eine entscheidende Rolle spielt, konnte bisher nur als Vermutung gewertet werden; durch diese Untersuchungen kann ihre Richtigkeit als bewiesen angesehen werden. Die Maßnahme, die Härte der Niederschläge zu messen, um den Grad ihrer Feinkörnigkeit zu verfolgen, hat sich als sehr fruchtbar erwiesen. Die Sorgfalt und die Exaktheit, mit der auch die Veränderung anderer Größen und Eigenschaften in jedem Falle berücksichtigt und gemessen wurden, hat erst das Zusammenfassen der einzelnen Wirkungen und Gegenwirkungen ermöglicht. Die angewandte Methodik ist also vorbildlich und es steht nur zu hoffen, daß sie künftig in analogen Fällen Anwendung finden möge.

Nicht immer leicht zu verstehen ist das Auftreten so bedeutender innerer Spannungen im Elektrolytmetall, daß sie oft zur Ablösung des Metalls führen. Daß diese zur Hauptsache auf Wasserstoffaufnahme des Elektrolytmetalls zurückzuführen sind, ist zwar durch die schönen Untersuchungen Foersters[1] dargetan worden, die von Kohlschütter[2] u. a. fortgesetzt worden sind. Diese Wasserstoffaufnahme bewirkt eine Kontraktion, die mit abnehmender Nickelkonzentration und mit steigender Stromdichte steigt, mit steigender Temperatur aber abnimmt. Der Wasserstoffgehalt aufeinanderfolgender Nickelschichten ist verschieden groß, er scheint am Anfang am größten zu sein, mit Fortsetzung der Elektrolyse erst rasch, dann langsamer zu sinken, endlich ziemlich unverändert zu bleiben. Mit dem Rückgang der Wasserstoffbeladung wird auch ein solcher der Polarisation beobachtet. Man nimmt gewöhnlich an, daß eben der Wechsel des Wasserstoffgehaltes Spannungsverschiedenheiten in den aufeinanderfolgenden Nickelschichten hervorruft, die so groß werden können, daß es zur Ablösung des Niederschlages kommen kann (s. S. 181). Der Einfluß, den die Mitabscheidung basischer Nickelverbindungen dabei ausüben dürfte, ist noch nicht genügend untersucht worden. Daß ein solcher Einfluß bestehen dürfte,

[1] Z. Elektrochem. IV, 160 (1897); Elektrochemie, 4. Aufl., 377ff.

[2] Kohlschütter und Vuilleumier, ib. XXIV, 300 (1918).

wird dadurch wahrscheinlich gemacht, daß man bei Wasserstoffzahlen, die unter 3 und gar solchen, die unter 2 liegen, viel seltener solche Metallablösungen beobachtet.

Die Stärke der Kontraktion geht auch nicht immer mit der Tendenz des Niederschlages parallel, sich abzulösen. So hat Macnaughtan festgestellt, daß die Kontraktion in borsäurehaltiger Nickelsulfatlösung durch Natriumsulfatzusatz oder durch Ersatz von KCl durch die äquivalente Menge NaF erhöht wird. Natriumsulfatzusatz erschwert aber andrerseits die Ablösung des Nickelniederschlages.

Kohlschütter und Vuilleumier haben (l. c.) beobachtet, daß die Kontraktion mit steigender Stromdichte und mit abnehmender Nickelkonzentration größer wird, sie ist in neutraler Lösung klein, bei schwacher Azidität der Lösung am größten und vermindert sich mit weiter sinkendem P_H zugleich mit dem Sinken der Stromausbeute. Temperatursteigerung und Überlagerung von Wechselstrom verringern die Kontraktion; bei gleichzeitiger Wasserstoffentwicklung ist die Kontraktion geringer als beim Ausbleiben derselben, sie ist nach den genannten Autoren auch geringer, wenn die Struktur des Nickelniederschlages eine feinere wird.[1]

Ganz besonders befördert wird das Abblättern des Nickelniederschlages durch die Anwesenheit von Eisen im Elektrolyten (s. o. S. 181, 183). Da diese Verunreinigung fast immer aus den Anoden in die Badlösung gelangt, ist ihre Einwirkung sehr unangenehm, sie ist zum Teile auf die Bildung von Eisenlegierungen wechselnder Zusammensetzung, zum Teil auf die Einlagerung basischer Eisenverbindungen zurückzuführen. Bei fortgesetzter Elektrolyse einer eisenhaltigen Lösung gleichbleibender Zusammensetzung sinkt der Eisengehalt der entstehenden Nickeleisenlegierung zunächst schneller, dann langsamer, um schließlich konstant zu werden.[2] Die Unterschiede in der Zusammensetzung der aufeinanderfolgenden Schichten sind bei tieferer Temperatur größer als bei hoher Temperatur. Da der Eisengehalt die mechanischen Eigenschaften des abgeschiedenen Metalls beträchtlich ändert, führt er zu bedeutenden inneren Spannungen. Zusatz von Oxydationsmitteln (z. B. Wasserstoffsuperoxyd), welche die verunreinigenden Eisenverbindungen bei P_H 6 bis 6,5 in schwerer lösliche Oxydform überführen, bzw. dieselben ausfällen, können Abhilfe bringen.

Ist einmal schon zu viel Eisen ins Bad gelangt, so fällt man es am besten aus der neutralisierten Lösung durch Abkochen mit Oxydationsmitteln, z. B. mit Ammoniumperchlorat, läßt absitzen und filtriert.

---

[1] Diese letztere Angabe kann der Autor nicht bestätigen.

[2] Förster, l. c.; Engemann, Z. Elektrochem. XVII, 910 (1911) und Diss., Dresden; Kremann, Suchy und Maas, Wien. Akad. CXXII, 999 (1913).

In eisenfreien Lösungen tritt das Abblättern bei Benützung heißer Lösungen, mittlerer oder hoher Stromdichten bei Wasserstoffzahlen unter 3 höchstens dann auf, wenn die Abscheidungsverhältnisse ungleichmäßige sind, wenn z. B. die Stromdichte stark variiert (sei es zeitlich, sei es von Ort zu Ort), wenn die Zirkulation gestört wird, wenn die Kathodenoberfläche nicht rein war u. dgl. Es tritt nicht immer sofort bei der Abscheidung, sondern manchmal auch erst beim Lagern in Erscheinung, im letzteren Fall ist es aber in der Regel auf unrichtige Vorbehandlung oder auf ungenügende Reinigung der Kathode zurückzuführen.

Das Abblättern verhindert die Bildung brauchbarer Überzüge, aber auch guthaftende, glatte Nickelüberzüge müssen als minderwertig bezeichnet werden, wenn sie von zahlreichen kleinen Löchern oder Poren durchsetzt sind und deshalb das Grundmetall nicht lückenlos bedecken. Zur Entstehung solcher Poren geben Gasblasen Anlaß, die während der Elektrolyse an der Kathode haften und miteingeschlossen werden oder wenigstens die dahinterliegenden Stellen der Kathode durch einige Zeit abschirmen. Fast immer handelt es sich um Wasserstoffbläschen, in Ausnahmsfällen aber auch um Luft- oder Sauerstoffbläschen, die entweder aus dem im Elektrolyten gelösten oder dem anodisch abgeschiedenen Gas dahin gelangen.

Die Beschaffenheit der Kathode ist auch auf diese Störung von Einfluß; an Oxydeinschlüssen, die an der Kathodenoberfläche bloßliegen, an verschmutzten Stellen bleiben Gasblasen erfahrungsgemäß leichter haften und werden größer.

Auf Kupfer niedergeschlagenes Nickel ist weniger porös, man führt dies gewöhnlich auf die größere Überspannung zurück, welche der Wasserstoff bei seiner Entladung an diesem Metall zu überwinden hat, und dies mag richtig sein; stärker in die Waagschale dürfte meines Erachtens aber der Umstand fallen, daß an Kupferoberflächen nicht so leicht basische Bestandteile auftreten, als dies am viel unedleren Eisen oder Stahl der Fall ist, welche das Haftenbleiben der Blasen so sehr fördern. Schichten von 0,006 bis 0,008 mm Kupfer üben schon sehr gute, noch dünnere Schichten nur unvollständige Wirkung aus.

Jedem Praktiker ist es auch wohlbekannt, daß Überzüge, in denen abwechselnd dünne Nickel- und Kupferschichten aufeinanderfolgen, das Grundmetall besser schützen als solche, in denen die gleiche Gesamtniederschlagsstärke bloß durch eine Kupfer- und eine Nickelschicht hergestellt wird. Dies mag einerseits darin seine Erklärung finden, daß Kupfer kleine Poren leichter überbrückt (s. Abb. 53 und 54, S. 114f.), andrerseits in der Tatsache, daß die erste, auf Kupfer niedergeschlagene Nickelschicht von geringerer Anzahl feiner Löcher durchsetzt ist als die darauf folgenden, schon auf Nickel erzeugten Metallagen (weil sich eben wieder auf Nickel stellenweise basische Bestandteile bilden). Dünne, auf Kupfer gefällte Nickelschichten sind eben dichter als auf Nickel gefällte.

Völlig porenfreies Nickel kann bislang auf elektrolytischem Wege noch nicht hergestellt werden; deshalb kann das Grundmetall nur durch verhältnismäßig dicke Nickelschichten hinreichend geschützt werden. Man bezeichnet die Bedeckung im allgemeinen als eine gute, wenn die Ferroxylprobe (s. Abschnitt Prüfung der Niederschläge) nicht mehr als eine Bläuung auf 10 qcm mit freiem Auge erkennen läßt. Dies läßt sich gewöhnlich nur bei Niederschlagsstärken von etwa 0,025 mm und darüber erreichen.

c) Die Praxis der elektrolytischen Vernicklung.

Man kann die heute verwendeten Arbeitsmethoden in drei Hauptarten zusammenfassen, je nachdem die Elektrolyse

1. bei höherem P_H und Raumtemperatur,
2. bei höherem P_H und erhöhter Temperatur,
3. bei niederem P_H und vorzugsweise bei erhöhter Temperatur

durchgeführt wird.

Die erste Arbeitsweise ist die ältere, die zwei folgenden werden heute bei weitem häufiger angewendet.

1. Das Arbeiten bei Raum- oder bei mäßig gesteigerter Temperatur (zirka 35°) empfiehlt sich vorzugsweise bei Verwendung von Nickelelektrolyten, welche ammonhaltig sind. Die einschlägigen Typen von Bädern sind einfach zu behandeln, ihre Wasserstoffzahl ist verhältnismäßig konstant und braucht nicht oft korrigiert zu werden; das ausfallende Metall ist dicht und weist besonders große Härte auf. Die Elektrolyse ist leicht zu führen, solange man sich damit begnügt, verhältnismäßig niedere Stromdichten anzuwenden.

Für die Zusammensetzung der Bäder verwendete man ursprünglich Nickelammoniumsulfat; seine Löslichkeit ist aber gering (je nach der Temperatur 60 bis 75 g/l), das Salz neigt in der kälteren Jahreszeit dazu, auszukristallisieren und ist dann nur mehr schwer wieder in Lösung zu bringen. Reine Nickelammonsulfatlösung enthält nur rund 10 g Ni im Liter und läßt die Anwendung von Stromdichten von bloß 0,2 bis 0,3 Amp/qdm zu. Das Bestreben, höhere Stromdichten zur Anwendung bringen zu können, führte dazu, daß man den Nickelsulfatgehalt des Bades steigerte und schließlich von reinen Nickelsulfatlösungen ausging, denen man Ammonsalz zusetzte. Eine Steigerung des Salzgehaltes auf 250 g/l ermöglicht eine Steigerung der Stromdichte auf 0,5 bis 0,8 Amp.

Das Ammonion erhöht zwar die Stabilität kolloidalen Nickelhydroxyds kaum in merklicher Weise, jedenfalls in viel geringerem Grade als es das

Kalium- und selbst das schwächere Natriumion es tun; es ist aber befähigt, Nickel-Ammoniumkomplexe zu bilden und dadurch das Ausflocken des Hydroxydes, selbst bei verhältnismäßig hohem P_H, zu verhüten: Aus ammonhaltiger Lösung fällt basisches Salz erst bei P_H 7,6 aus, während man in ammonfreier, mit Borsäure gepufferter Lösung schon bei P_H 6,6 das Auftreten einer Trübung beobachten kann.[1]

Darauf gründet sich die Besonderheit des Ammonions, die Härte des abgeschiedenen Metalls in so hohem Maße (bis über 350° Brinell) zu steigern und die Abscheidung rein metallischer, dichter Niederschläge zu erleichtern, solange das P_H nicht über 6 steigt.

Bei zu niederen Temperaturen (unter 20°) treten in den Niederschlägen aber so große innere Spannungen auf, daß die Kathodenniederschläge sehr oft abblättern oder sich aufrollen, wenn nicht für sehr große Haftintensität durch besonders sorgfältige Vorbehandlung des Kathodenmetalls gesorgt wird; selbst dann aber werden oft Haarrisse oder Sprünge sichtbar. Bei einer Steigerung der Temperatur auf 35° werden die Niederschläge nur wenig weicher (etwa 300° Brinell), die innere Spannung und mit ihr die Tendenz abzurollen, wird aber ganz wesentlich herabgesetzt. Auch ein Zusatz von Natrium- und besonders von Kaliumsalz drängt die Tendenz abzurollen zurück (Kaliumsalz kann wegen der beschränkten Löslichkeit des Doppelsalzes, das es mit Nickel bildet, nur in mäßigen Mengen zugesetzt werden).

Ein Zusatz von Chloriden ist erforderlich, weil sich die Anoden sonst zu träge auflösen, man wählt dazu in diesen Bädern meist Ammoniumchlorid, kann aber auch Natrium-, Kaliumchlorid oder Nickelchlorür anwenden. Obwohl das Ammonsalz schon Pufferwirkung ausübt, ist es ferner doch empfehlenswert, noch Borsäure zuzusetzen.

Typische Badzusammensetzungen sind also etwa die folgenden:

$(NH_4)_2SO_4 \cdot NiSO_4 \cdot 6\,H_2O$	zirka 75 g/l (zirka 0,4-n.)	50 g/l
$NiSO_4$		zirka 100 ,,
NH_4Cl	15 ,, (,, 0,25-n.)	15 ,,
H_3BO_3	15 ,, (,, 0,25-n.)	15 ,,

Man bevorzugt heute allgemein die rechts dargestellte Badzusammensetzung und wendet die links aufgeführte nur in Ausnahmsfällen (z. B. bei der kalt auszuführenden Galvanoplastik von Wachsformen), an, weil sie bei Temperaturen von 20 bis 30° nur die Anwendung von Stromdichten von 0,3 bis 0,6 Amp. zuläßt, während man in Lösungen, die reicher an Nickelsalzen sind, die Stromdichte auf 1 bis 1,2 Amp. steigern kann. Das (kolorimetrisch gemessene) P_H wird auf zirka 5,5 gehalten.

---

[1] Macnaughtan nimmt (l. c.) an, daß $NH_4^{\cdot}$ die OH'-Konzentration durch Rückdrängung des Dissoziationsgrades verringert.

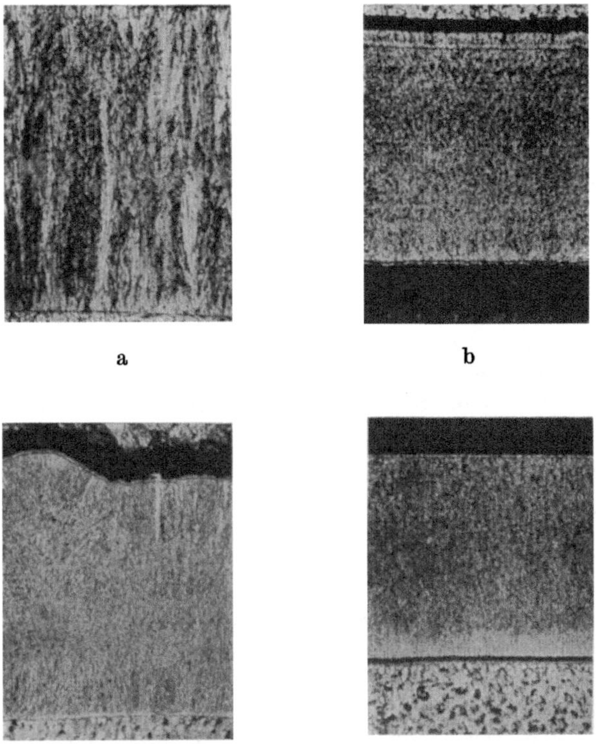

a b c d

Abb. 75. 100fach. Schliffbilder von 0,25 mm starken Nickelniederschlägen auf Stahlkathoden nach Macnaughtan u. Hothersall[1], hergestellt bei 25° C, mit kathodischen Stromdichten von 0,12 Amp/qdm (1,1 Amp/Fuß²).

75a	aus	70 g	$NiSO_4 \cdot 7\,H_2O$,	19 g KCl,	30 g	H_3BO_3/l. P_H 5,75—6,0.
75b	,,	70 ,,	,,	8 ,, ,,	21 ,,	$(NH_4)_2SO_4$/l. P_H 5,5—6,2.
75c	,,	120 ,,	,,	19 ,, ,,	30 ,,	H_3BO_3, 213 g Na_2SO_4/l. P_H 5,7—6,0.
75d	,,	240 ,,	,,	10,7 g NaF,	30 g	H_3BO_3. P_H 6,0—4,9.

Die Härte der Probe 75a war 171° Brinell,
75b ,, 293° ,,
75c ,, 222° ,,
75d ,, 250_2 ,,

Die charakteristische faserige Struktur (75a) bei Gegenwart von Borsäure weicht einer viel feineren bei Anwesenheit von Ammonsulfat, Natriumsulfat und Fluornatrium, während gleichzeitig die Härte ansteigt.

[1] Trans. Faraday Soc. XXIV, 387 (1928).

Das Metall, das aus diesen Bädern gefällt wird, weist besonders feines, im Mikroskop kaum erkennbares Kristallgefüge auf, es enthält aber viele regellos verteilte, im Mikroskop als kleine dunkle Flecken erscheinende Einschlüsse auf, die beim Rekristallisieren des Metalls durch Erhitzen auf 800° oder darüber an die Korngrenzen geschoben werden, wo sie sich zu verhältnismäßig dicken, unregelmäßig geformten Partikeln sammeln. Diese Flecken stellen basische, zum Teil zu Metall reduzierte Einschlüsse vor.

2. Das Arbeiten bei höherem P_H (etwa 5,5 kolorimetrisch bestimmt) und Temperaturen von 50 bis 75° wurde bis vor wenigen Jahren am meisten bevorzugt. Bei Verwendung konzentrierterer Lösungen läßt es (je nach der Höhe der Temperatur) die Anwendung kathodischer Stromdichten von etwa 5 bis 8 Amp/qdm zu, wenn für hinreichende Zirkulation gesorgt wird, von 3 bis 4 Amp/qdm im unbewegten Elektrolyten.

Die inneren Spannungen, welche im kalten Bade so groß sind, nehmen bei einer Temperatursteigerung von 10 auf 35° rasch, dann von 35 bis 60° langsam weiter ab und sie ändern sich bei darüber hinausgehender Temperatursteigerung fast gar nicht mehr.

Die Leitfähigkeit der Lösungen steigt aber von 25 bis 75° fast genau linear mit steigender Temperatur an, die Anwendung höherer Stromdichten bei höheren Temperaturen wird dadurch ermöglicht. Über 70° geht man jedoch selten hinaus, weil der Wärmeverbrauch und die Verdampfung schnell steigt.

Die Anoden werden auch in solchen Bädern leicht passiv, um so leichter, je reiner sie sind; ein kleiner Chloridzusatz erscheint deshalb notwendig zu sein; größere Chloridüberschüsse verstärken das „pitting". Zur besseren Festhaltung des P_Hs ist ein Puffer zuzusetzen, gewöhnlich wird — besonders in ammonfreien Bädern — Borsäure als solcher gewählt.

Die Konzentration des Nickelsulfats kann innerhalb weiter Grenzen, nämlich etwa 180 bis 400 g/l $NiSO_4 \cdot 7\,H_2O$ (bzw. 100 bis 240 g/l auf $NiSO_4$ gerechnet oder rund 38 bis 80 g Ni/l), variiert werden, ihre Leitfähigkeit ändert sich dabei nur in ganz geringem Grade, weil das Sulfat in konzentrierteren Lösungen verhältnismäßig schwach dissoziiert ist. Höherer Nickelgehalt der Lösung dient also lediglich als Reserve gegen Verarmung. Will man die Leitfähigkeit der Lösung erhöhen, so muß man Fremdsalze zusetzen; man wählt dazu (s. oben) meist Natriumsulfat, Magnesiumsulfat o. dgl.

Zusätze von Neutralsalzen empfehlen sich besonders dann, wenn man möglichst hohe Stromdichten anwenden will. Natriumsulfat erhöht die kathodische Polarisation, was wohl hauptsächlich darauf zurückzuführen ist, daß die Natriumionen im Kathodenfilm vorherrschen und die Konzentration der Nickelionen in ihm zurückdrängen (s. S. 54). Dementsprechend verfeinert ein Natriumsulfatzusatz das Gefüge und erhöht die Härte und (in Übereinstimmung mit der größeren Polarisierbarkeit und dem langsameren Anstieg der I-E-Kurve s. Abb. 71) auch die Streukraft des Bades. Die Steigerung der inneren Spannungen durch Na_2SO_4 bleibt bei hohen Temperaturen unerheblich.

Ähnliche Wirkung übt auch ein Fluoridzusatz aus, der besonders von Blum[1] für die Herstellung harter Nickelniederschläge empfohlen wurde, bzw. ein Ersatz des gewöhnlich zugesetzten Chlorids durch die äquivalente Menge eines Alkalifluorids. In fluoridhältigen Bädern lösen sich aber die Anoden viel schlechter auf, deshalb werden Fluoridzusätze nur in Ausnahmsfällen angewendet. Kommt es darauf an, besonders harte Niederschläge herzustellen, so bevorzugt man die unter 1. beschriebenen ammonhältigen Bäder.

Auch der Zusatz von Zitraten, Tartraten, Azetaten, Phosphaten steigert die kathodische Polarisation, veranlaßt langsameren Anstieg der I-E-Kurve. Die Ursache dürfte in einer Erniedrigung der Ni-Ionenkonzentration infolge Komplexbildung zu suchen sein. Die aufgeführten organischen Salze werden deshalb vorzugsweise bei der Vernicklung unedlerer Metalle, z. B. bei der Vernicklung von Zink, zugesetzt. Bei der Elektrolyse werden sie zum Teile durch anodische Oxydation zerstört; Abbauprodukte, die sich aus ihnen durch die Wirkung von Schimmelpilzen bilden, sollen das Abblättern und das Ablösen des Metalls befördern.

Die hellsten Nickelniederschläge erhält man beim Zusatz von Magnesiumsalzen, vermutlich infolge Einschluß geringer Mengen basischer Magnesiumverbindungen (s. S. 187). Aus Elektrolyten, die organische Salze enthalten, besonders aus zitrathältigen Bädern, fällt das Metall mit etwas gelblicherer Farbe aus, welche vielleicht durch mitabgeschiedene Kohlenstoffspuren hervorgerufen wird.

Unter sonst gleichbleibenden Versuchsbedingungen nimmt die Härte des abgeschiedenen Metalls mit steigender Badtemperatur ab, seine Duktilität mit steigender Temperatur zu.

Typische Badzusammensetzungen sind etwa:

$NiSO_4 . 7\,H_2O$	240 g/l	240 g/l	400 g/l
$NiCl_2$		20 ,,	
KCl oder NH_4Cl	24 ,,		30 ,,
H_3BO_3	20 ,,	30 ,,	30 ,,
$Na_2SO_4 . 10\,H_2O$		240 ,,	240 ,,
Natriumzitrat eventuell zirka			10 bis 40 ,,
$CdCl_2$ (Glanzzusatz)			0,07 ,,

P_H (kolorimetrisch) 5,5.

[1] Trans. Amer. electrochem. Soc. XXXIX, 472.

Das Metall, das unter solchen Bedingungen erhalten wird, weist feines, faserförmiges Gefüge auf. Die mikroskopische Untersuchung läßt Einschlüsse erkennen, welche nicht wie unter 1. das ganze Metall durchsetzen, sondern sich zwischen die Fasern lagern, dieselben abgrenzen, also selbst in Linien angeordnet sind, die ungefähr senkrecht zur Kathodenoberfläche gerichtet sind. Bei der Rekristallisation des Metalls

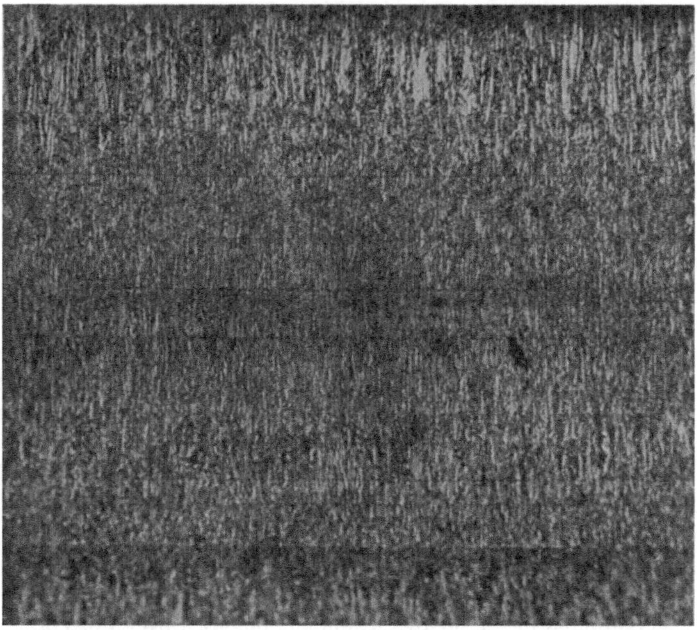

Abb. 76. 200fach. Bei P_H 5,4—5,7 in unterbrochener Elektrolyse mit Glättung und 8 Amp/qdm erzeugte Ni-Niederschläge (Temp. 49—57°). Zwischen den aufeinanderfolgenden Elektrolyseperioden der Luft ausgesetzt. Die Trennungslinien und das faserförmige Gefüge, das durch die Trennungslinie geht, sind deutlich zu erkennen.

werden die Einschlüsse an die Korngrenzen gedrängt und schließen die Kristallelemente in viel gleichmäßigerer Weise ein, als dies bei 1. der Fall ist.

3. Erst seit wenigen Jahren werden auch stärker saure Bäder mit Wasserstoffzahlen 2, ja 1 bei der Vernicklung verwendet, ihre Anwendung scheint aber eine immer allgemeinere werden zu sollen. Nach Phillips[1]

[1] W. M. Phillips, Trans. Amer. electrochem. Soc. LVIII, 387 (1930); LIX, 393 (1931).

liefern solche Bäder Nickelniederschläge von größerer Deckkraft, sie lassen die Anwendung viel höherer Stromdichten zu, ohne daß eine Ab-

Abb. 77. 100fach.

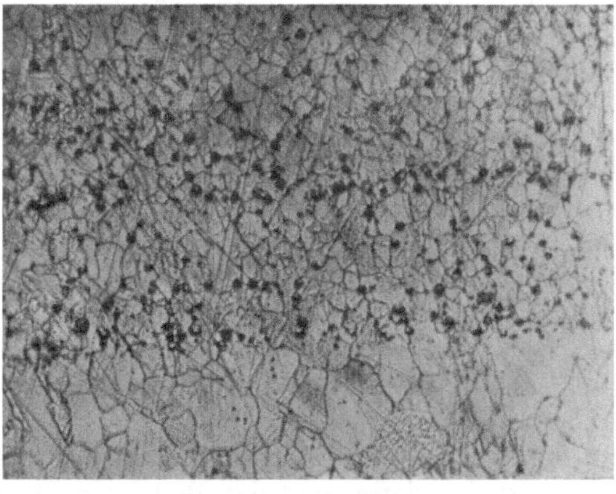

Abb. 78. 500fach.

Niederschlag Abb. 76 nach einstündiger Erhitzung auf 800°; Abb. 77 (100fach) zeigt das Hervortreten der Trennungslinien, die Abb. 78 (500fach) derselben Probe die Auflösung der Linien in einzelne Blasen und die erfolgte Rekristallisation.

lösung erfolgt, oder daß die Überzüge an Ecken und Kanten rissig werden und ohne daß der Niederschlag dort „verbrennt". Die Anoden lösen sich glatter auf, die Nickelkonzentration des Bades ist demnach leichter konstant zu halten.

Auf die Härte des Niederschlages übt die Abnahme der P_H-Zahl in diesem Gebiet (s. Abb. 73) nur geringe Wirkung aus, sie steigt in chloridhältigen Bädern nur ganz langsam an, wenn die P_H-Zahl unter 5 sinkt. Viel größeren Einfluß übt die Temperatursteigerung auf die Härte aus und da man wohl durchwegs bei Anwendung niederer P_H-Zahlen zugleich auch bei hoher Temperatur arbeitet, erhält man etwas gröber kristalline, weichere Niederschläge.

Die Leitfähigkeit der Lösung ändert sich bei Herabsetzung der P_H-Zahl von 6 auf 2 fast gar nicht. Deutlich geringer wird aber die Streukraft des Bades bei geringen oder bei gleich großen kathodischen Stromdichten. Dieser Nachteil ist jedoch selbst bei der Vernicklung unebener Werkstücke deshalb von geringerer Bedeutung, weil der Unterschied gering wird, wenn man zu sehr hohen Stromdichten übergeht. Nun besteht der Hauptzweck der Verwendung niederer Wasserstoffzahlen in der Möglichkeit, höhere Stromdichten zu verwenden. Die geringere Streukraft bei mittleren und kleineren Stromdichten spielt in der Praxis deshalb kaum eine Rolle.

Mit dem Sinken der P_H-Zahl unter 3 sinkt aber auch die kathodische Stromausbeute, rasch bei mittelgroßen, langsamer bei sehr hohen Stromdichten. Gerade die lebhafte Wasserstoffentwicklung, die bei hohen Stromdichten und bei Stromausbeuten von 80 bis 90% die Nickelabscheidung begleitet, scheint die Bildung dichter Metallschichten zu begünstigen, das Haftenbleiben kleiner, porenbildender Gasbläschen zu erschweren, ein kräftiges Durchrühren des Elektrolyten in unmittelbarer Kathodenumgebung ins Leben zu rufen, die nicht nur örtliche Verarmungen schnell ausgleicht und kleine Blasen mitreißt, sondern auch die Abscheidung basischer Bestandteile sehr erschwert. Neben diesen Vorteilen tritt der etwas höhere Energieverbrauch in den Hintergrund, zumal da die Herstellung sehr hoher Stromdichten — nach meinen Erfahrungen lassen sich diese in günstigen Fällen bei guter Elektrolytbewegung bis auf etwa 20 Amp/qdm steigern — eine viel bessere Ausnützung der Anlage zuläßt.

Ein andrer wesentlicher Unterschied besteht beim Arbeiten mit niederen Wasserstoffzahlen darin, daß das Bad länger klar bleibt, daß aber eben deshalb gewisse Verunreinigungen, insbesonders solche durch Eisen, länger in Lösung bleiben und höhere Konzentration darin erreichen können. Um deren schädliche Wirkungen zu bekämpfen, ist es daher besonders bei Verwendung eisenhältiger Nickelanoden wichtig, den Elektrolyten öfters zu reinigen, vor allem das Eisen auszufällen, ehe es Schäden anrichtet.

Die meisten Mißerfolge, über die beim Arbeiten mit Bädern von niederer Wasserstoffzahl berichtet wird, sind darauf zurückzuführen, daß die Arbeitsweise den geänderten Verhältnissen nicht richtig angepaßt war. Bei zweckentsprechender Führung der Elektrolyse erhält man mindestens ebensogute Niederschläge als in Bädern mit höherem P_H, allerdings solche, die etwas stumpfere Farbe, etwas gröbere Struktur aufweisen.

Eine Wasserstoffzahl von 3 ist, so paradox dies von vornherein scheint, schwerer konstant zu halten als eine solche von 5,5, und muß — offenbar infolge der Abnahme der kathodischen Stromausbeute — viel öfter kontrolliert und reguliert werden. Wasserstoffzahlen von 2 und darunter bleiben aber länger unverändert, weil doch verhältnismäßig große Mengen basischer Bestandteile gebildet werden müssen, um sie in deutlicherem Maße zu steigern. Die Korrektur nimmt man, wenn sie erforderlich geworden ist, am besten mit Schwefelsäure vor, nicht mit Salzsäure, um den Chloridgehalt des Bades nicht in zweckloser Weise zu steigern, der leicht (s. oben) ein „pitting" hervorruft.

Ganz vermeiden läßt sich allerdings ein Chloridzusatz nur bei Anwendung von Anoden besonderer Zusammensetzung, gewalzte Nickelanoden erheischen auch in so sauren Bädern einen derartigen Zusatz. Da es, wie oben ausgeführt wurde, immer auch vorsichtig ist, Borsäure zuzusetzen, unterscheiden sich die Bäder, die man beim Arbeiten mit niederer P_H-Zahl zur Anwendung bringt, in ihrer Zusammensetzung kaum von denen, die unter 2. beschrieben wurden.

Unter dem Mikroskop erscheint das Gefüge des so abgeschiedenen Metalls faser- bis nahezu säulenförmig. Eine Tendenz der Bestandteile, sich mit zunehmender Niederschlagsdicke konisch zu erweitern, tritt deutlich (wenn auch lange nicht in so hohem Grade wie etwa beim Kupfer) in Erscheinung. Steigerung der Stromdichte verfeinert das Gefüge. Einschlüsse sind auch hier immer vorhanden, sie lagern sich zwischen die Faserelemente, werden bei der Rekristallisation, wie es auch sonst die Regel ist, an die Korngrenzen geschoben, wo sie als verhältnismäßig dünne, verhältnismäßig gleichmäßig verteilte Häutchen erscheinen.

d) Die Anoden.

Ob man nun die eine oder die andre der hier beschriebenen drei Hauptarten zur Ausführung bringt, immer spielt auch die Natur der Anoden eine bei der Elektrolyse wichtige Rolle. Da sich dieselben niemals völlig glatt auflösen, ohne zu kleinen Teilen zu zerfallen oder Schlamm zu bilden[1], hüllt man sie grundsätzlich in Säcken aus Filtertüchern (die frei von Appreturstoffen sein müssen!) ein. Die Haltbarkeit dieser Säcke ist aber eine beschränkte.

---

[1] Pfanhauser hat (Z. Elektrochem. VII, 700 [1901]) dargetan, daß in reinen Sulfatlösungen anodisch erst Nickelbisulfit, dann Nickelsuperoxydhydrat gebildet wird, das ein schwarzes pulveriges Produkt darstellt.

Daß die Anoden keine unedlen Fremdmetalle enthalten sollen, liegt auf der Hand; unschädlich sind Zinn und Silizium, die in den Anodenschlamm übergehen. Zur Verwendung ist sowohl gegossenes wie gewalztes Nickel, endlich auch Elektrolytnickel gelangt. Die Art und Weise, in der die Anoden in Lösung gehen, ist nicht nur eine Funktion ihres Reinheitsgrades, sondern auch der mechanischen Behandlung, der sie unterzogen worden sind. Das Gefüge von Walzanoden ist gleichmäßiger als dasjenige gegossener Anoden, sie gehen schwerer, aber etwas gleichmäßiger in Lösung, zerfallen freilich oft in Blätter; gegossene Anoden geben mehr Schlamm und werden oft mürb. Elektrolytnickel liefert viel abfallende Schlammteile. Auch die Art des Gusses bleibt nicht ohne Einfluß. Wird beim Guß Graphit verwendet, so befördern die davon in die Anoden gelangenden Anteile die Auflösung.[1]

Die Unterschiede werden dann besonders groß, wenn man in Bädern von geringem Nickelgehalt, bei tieferer Temperatur und bei höherer Wasserstoffzahl arbeitet. Gegossene Kathoden steigern leicht das P_H, gewalzte lassen das Bad schneller an Nickel verarmen und erniedrigen das P_H der Badlösung, während sich an den Kathoden zu hohe P_H-Zahlen herstellen können.

Da weder die eine noch die andere Anodenart recht befriedigt und da die Unregelmäßigkeiten, welche sie hervorrufen, einander entgegengesetzt sind, hat man durch lange Zeit einen Teil der Anoden aus gegossenem, einen Teil aus gewalztem Metall hergestellt. Aber das war nur ein Notbehelf, die Unregelmäßigkeiten ließen sich dadurch verringern, behoben konnten sie nur werden, wenn es gelang, Anoden herzustellen, die in den gebrauchten Badlösungen nicht passiv werden. Man versuchte dieses Ziel zunächst dadurch zu erreichen, daß man gegossenes Metall nachträglich mechanisch bearbeitete,[2] z. B. hämmerte, aber eine viel bessere Lösung fand man schließlich darin, dem Metall Oxyde beizumengen, welche seine Passivität aufheben, seine gleichmäßige Auflösung ermöglichen. Dazu genügt es freilich nicht, die Oxyde dem Metall einfach einzuverleiben, es muß dies auch in einer Art geschehen, welche dazu führt, daß das Metall eine homogene Struktur erlangt; jedes Kristallindividuum muß an kleine Mengen geeigneten Oxyds grenzen.

Die International Nickel Co.[3] hat dies dadurch erreicht, daß sie dem Nickel Oxyde (z. B. solche von Ni, Co, Cr, Mb, Ag, Vd, Zn o. dgl.) in solchen Mengen zufügt, daß der Sauerstoffgehalt der Mischung 0,05 bis 0,025% beträgt, dann aber das Gemisch durch thermische und mechanische Behandlung (z. B. durch Hämmern bei Temperaturen von

---

[1] Thomas und Blum, Trans. Amer. electrochem. Soc. XLV, 193 (1924); cf. zur Anodenfrage auch u. a. Dorrance und Gardiner, ib. LIV, 303 (1928).

[2] cf. z. B. Frankenschwert, D. R. P. 461.300.

[3] E. P. 314.667, Ö. P. 123.835.

925 bis zirka 1300°) einem durchgreifenden Rekristallisationsprozeß unterwirft, bei welchem die alten Korngrenzen verschwinden und sich neues, gleichmäßiges Gefüge bildet. Dies wird nur erreicht, wenn man die mechanische Behandlung so lange fortsetzt, bis starke Querschnittsreduktionen eintreten. Die Außenmaße müssen dazu allermindestens im Verhältnisse 3 : 1, besser, in noch höherem Maße verändert werden, dann erst erscheint das Metall vom Eutektikum so innig und gleichmäßig durchsetzt, daß das Gefüge undeutlich wird, daß die Korngrenzen im Schliffbild unter dem Mikroskop nur schwer zu erkennen sind, weil das Eutektikum jedes Korn gleichmäßig mit feinen Mebranen umgibt. Derart hergestellte Anoden (die leider nur in bestimmten Größen mit ovalem Querschnitt hergestellt werden) lösen sich sehr gleichmäßig und leicht auf, sie werden in allen modernen Großanlagen in England und Amerika benützt.

Jüngere Patente der Int. Nickel Co. (Erfinder G. F. Geiger) besagen, daß gewalzte oder gegossene Nickelanoden mit 0,002 bis 0,0075% S- und entsprechendem O-Gehalt glatt anodisch in Lösung gehen, ohne Schlamm zu bilden.[1]

e) Arbeitsweise in Großanlagen.

Die Stromdichten, welche man in der Praxis verwendet, sind von Anlage zu Anlage sehr verschieden; im großen und ganzen hält man sie beim Arbeiten bei Raumtemperatur in den Grenzen 0,5 bis 1,2 Amp/qdm, bei 50 bis 60° steigert man sie auf 2 bis 4 Amp., in einigen Anlagen, besonders Frankreichs und Belgiens, aber (vorzugsweise bei Herstellung niederer P_H-Zahlen) sogar auf etwa 10 Amp.

Die meisten Großanlagen wenden Wasserstoffzahlen von 5 bis 6 bei Temperaturen von 35 bis 60° an. Indes sind eine Reihe gerade der allergrößten Anlagen (z. B. die der General Motors Corp.) zur Erniedrigung der Wasserstoffzahl auf 1 bis 2 übergegangen, sie halten die Temperatur auf etwa 44 bis 55°.

Bei dem Intensivverfahren mit 10 Amp/qdm verwendet man in Frankreich konzentrierte Nickelsulfatlösung (400 bis 450 g/l) mit 22 g $NiCl_2 \cdot 6\,H_2O$ und 22 g Borsäure/l und setzt zum Liter je 1 ccm 20%iger Nickelnitratlösung zu. Vorsicht ist hierbei am Platze, weil ein Nitratüberschuß nicht nur die Stromausbeuten herabsetzt, sondern brüchige, an den Kanten „verbrannte" Niederschläge erzeugt.

Die Wasserstoffzahl wird gewöhnlich kolorimetrisch mittels Bromphenolpurpur oder Bromphenolblau bestimmt, bei niederem P_H (1 bis 2,5) aber einfach durch Titration.[2]

---

[1] A. Pat. 1,941.257 u. 1,941.256 (1933).

[2] cf. z. B. L. C. Pan, Trans. Amer. electrochem. Soc. LIX, 385 (1931).

Die Stärke der erzeugten Nickelschichten richtet sich nach dem Verwendungszweck. Auf hauchdünn vorverkupfertem Eisenblech kann man mit Niederschlagsstärken von 0,0028 mm (entspricht zirka 25 g/qm) auskommen, um aber dichte, haltbare Überzüge herzustellen, muß man ihre Dicke auf etwa 0,025 mm bemessen. Sehr häufig stellt man Cu-Ni- oder Ni-Cu-Ni-Schichten her. Im ersteren Falle verkupfert man erst leicht im Zyanidbad, im letzteren fällt man die Kupferschicht sehr oft auch aus sauren Bädern.

Die älteren Betriebe verwenden meist Holzwannen, die innen mit Bleifolie ausgekleidet sind (nur Zypressenholzwannen verwendet man ohne Innenüberzug), die moderneren werden vorzugsweise mit hartgummierten oder auch mit verbleiten Stahlwannen ausgerüstet.

Die Heizung nimmt man mittels Heizschlangen aus Blei vor, die entweder im Bade selbst angeordnet sind, oder neuerdings auch in einem mit dem Bade kommunizierenden Hilfsgefäß, das sowohl als Thermostat wie als Thermosiphon dient.

Die größeren amerikanischen, französischen und deutschen Werke haben ihren Betrieb automatisch eingerichtet und verwenden Wanderbäder, deren Konstruktion aus der Literatur und aus Prospekten wohlbekannt ist. Die Bedienung wird dadurch wesentlich vereinfacht, die Gleichmäßigkeit der Produkte erhöht.

Zur fortlaufenden Reinigung der Lösungen von darin enthaltenen Trübungen dienen in Amerika und in Frankreich vielfach Klärzentrifugen, welche sich gut bewährt haben. Ihre Lebensdauer soll trotz der hohen Tourenzahlen hinreichend groß sein, die in die Bäder rückgeleitete, von feinsten Luftblasen durchsetzte kristallklare Lösung belebt die Zirkulation.

Besonderes Augenmerk wird allerorts auf wirksame Vorreinigung der zu galvanisierenden Werkstücke verwandt. Vielfach werden organische Lösungsmittel, wie Trichloräthylen, in Apparaten verschiedener Konstruktion zur Entfettung verwendet, in Waschmaschinen wird das Gut kräftig wirkenden Strahlen heißer Alkali- oder Sodalösung ausgesetzt. Die elektrolytische Vorreinigung in alkalischen, meist wasserglas-, seltener kupferzyanürhaltigen Bädern findet recht allgemeine Anwendung. Stahl und Eisen wird nach dem Abspülen durch kräftige, heiße Wasserstrahlen dann in der Regel vor dem Vernickeln in Schwefelsäure anodisch polarisiert. Kupferlegierungen taucht man bloß wenige Minuten lang in 10%ige Salzsäure oder man reinigt sie kathodisch unter Zusatz von Natriummetasilikat im alkalischen Bad, spült und führt sie entweder unmittelbar oder erst nach kurzer Säurebeize in das Nickelbad ein.

Zink und Aluminium müssen besonders behandelt werden. Von mancher Seite wird eine kathodische Vorbehandlung des Zinks in Trinatriumphosphatlösung unter Zusatz von etwas Kochsalz empfohlen, dann eine kurze Säurebehandlung in 1- bis 2%iger Fluß- oder 5- bis 10%iger Salzsäure.[1]

Aluminium wird in Amerika meist ohne Stromwirkung in heiße sodahaltige Trinatriumphosphatlösung getaucht, dann bloß 10 bis 15 Sekunden lang in 10%ige Flußsäure (zur Entfernung von Si), endlich in salzsaure Nickelchlorürlösung. Für Duraluminium wendet man statt ihrer eine salzsaure Mangansulfatlösung an, für Aluminiumguß eine Mischung von Salpetersäure und Flußsäure.

M. Ballay[2] hat mit gutem Erfolg bei Aluminium und bei Legierungen dieses Metalls eine Beize aus 1 Vol. HCl von 1,18 spez. Gew., 3 Vol. Eisenchloridlösung 45° Bé in 100 Vol. Wasser bei Temperaturen, die der Siedetemperatur nahekommen, verwendet. Auch Zinkbeizen aus 30 g Zinksulfat, 50 g Ätznatron im 1. sind empfohlen worden.[3]

Der auch sonst bei der Galvanisierung unedlerer Metalle verwandte Kunstgriff, das Metall im ersten Stadium der Elektrolyse durch Anwendung besonders hoher Stromdichte (durch „Deckstrom") möglichst rasch zu bedecken, ist hier zu erwähnen, obwohl er in Großanlagen wenig Anwendung findet.[4]

Seit der Einführung der elektrolytischen Verchromung sind Nickelüberzüge etwas außer Mode gekommen, da sie weniger hart sind, Glanz und Farbe weniger lang unverändert bewahren als Chromschichten es tun. Indessen hat die Vernicklung hierdurch nur größere Bedeutung gewonnen, weil Nickel zwar jetzt seltener als Außenschicht, um so häufiger aber als Unterlagsschicht bei der Verchromung herangezogen wird.

f) Analytische Untersuchung der Badlösungen.

Der Nickelgehalt der Lösung wird am besten auf elektroanalytischem Wege bestimmt. Man wendet dazu etwa 25 ccm Badlösung, setzt starken Überschuß an Ammoniak, allenfalls auch Ammoniumsulfat zu, bringt das Volumen auf 150 bis 200 und elektrolysiert zweckmäßigerweise mit rotierender Kathode und 2 Amp/qdm oder in ruhender Lösung mit 0,4 bis 0,5 Amp/qdm bis zur Erschöpfung des Bades an Ni, welche durch Entfärbung angezeigt und mittels Tüpfelprobe kontrolliert wird.

---

[1] M. R. Thompson empfiehlt (Trans. Amer. electrochem. Soc. XLVII, 163 [1925]), Zink in einer Lösung von 140 g Nickelsulfat, 13 g Ammoniumchlorid, 16 g Borsäure und 107 bis 213 g Natriumsulphat zu vernickeln, das P_H dabei auf 5,5 bis 5,8 bei etwa 1,5 Amp/qdm Stromdichte zu halten. — Nach H. K. Work soll man zur Vernicklung von Aluminium 140 g Nickelsulphat, 75 g Magnesiumsulphat und je 15 g Chlorammonium und Borsäure im Liter auflösen (ib. LIII, 361 [1928]).

[2] Compt. rend. CXC, 305 (1930).

[3] cf. z. B. La Revue du Nickel, April 1930.

[4] cf. hierzu Graham, Trans. Amer. electrochem. Soc. XLIV, 347 (1923); Thompson, ib. XLVII, 163 (1925).

NH_4 wird durch Austreiben mittels Ätzalkali und Auffangen des Gases in Salzsäure bestimmten Titers ermittelt.

K wird als Kaliumplatinchlorid gefällt.

Mg wird nach Ausfällen des Nickels und Eisens in üblicher Weise als Magnesiumammonphosphat gefällt und als Magnesiumpyrophosphat gewogen.

Cl wird in Abwesenheit von F als AgCl gefällt, F in Abwesenheit von Cl als AgF oder auch als PbFCl.

SO_4 wird kaum gravimetrisch ermittelt, sondern aus dem Metallgehalt berechnet.

Über die Bestimmung von Borsäure und von Zitronensäure in Nickelbädern cf. E. Vincke.[1]

2. Kobalt.

Kobalt ist aus seinen Sulfat- und Chloridlösungen noch leichter und mit noch besserer Stromausbeute abzuscheiden als Nickel. Die elektrochemischen Äquivalente beider Metalle sind annähernd dieselben, die Leitfähigkeit der Kobaltsalzlösungen ist wenig von derjenigen entsprechender Nickelsalzlösungen verschieden. Hingegen wird Kobalt viel schwerer passiv als Nickel, man kann mit niedrigerer Anoden-, somit mit geringerer Badspannung höhere Stromdichten als bei Nickel herstellen und schöne feinkörnige Niederschläge gewinnen. Unter solchen Umständen sind die erhaltenen Kobaltüberzüge etwas härter als Nickelüberzüge. Aber der viel höhere Preis des Kobalts, die größere Schnelligkeit, mit der es, seinem aktiveren Zustand entsprechend, oxydiert, von Säuren gelöst wird, mit Salzlösungen reagiert, die weniger ansprechende Farbe u. dgl. m., haben dazu geführt, daß es als Überzugsmetall bisher noch keine technische Anwendung gefunden hat, wiewohl es sich etwa aus Kobaltammonsulfatlösung, z. B. 175 g/l $CoSO_4 . (NH_4)_2 SO_4 . 6\,H_2O$, mit 4 Amp/qdm kathodischer Stromdichte oder einem, dem Nickelbad entsprechenden Kobaltsulfatbad:[2]

$CoSO_4 . 7\,H_2O$	504 g/l
NaCl	17 „
H_3BO_3	45 „

bei ähnlichen Wasserstoffzahlen wie Nickel gar mit 17,5 Amp/qdm kathodischer Stromdichte leicht mit nahezu quantitativer Stromausbeute gewinnen läßt.

Größere Bedeutung könnte die Herstellung von Kobaltüberzügen erlangen, wenn es gelänge, sie in dichterer, von kleinen Löchern nicht

[1] Chem.-Ztg. LVII, 695 (1933).

[2] cf. Kalmus, Harper, Savell, Trans. Amer. electrochem. Soc. XXVII (1915); Montillon und Cassel, ib. XLV, 259 (1924).

so durchsetzter, also lückenloser Form herzustellen. Hierzu ist, soweit ich nach eigenen Tastversuchen urteilen kann, aber nicht viel Aussicht vorhanden.

Zum Überziehen von Kupferdruckplatten könnte es allenfalls wegen seiner ein wenig größeren Härte und der (gleich dem Eisen) größeren Leichtigkeit, es durch verdünnte Säure abzulösen, in Frage kommen.

Kobalt läßt sich aus gemischten Salzlösungen gleichzeitig mit Nickel abscheiden, es verändert dessen Farbe und ist mehrfach als Zusatz zum Nickelbade zur Herstellung von Kobalt-Nickellegierungen usw. vorgeschlagen worden.[1]

3. Eisen.

Zur Herstellung von Schutzüberzügen gegen Korrosion kommt Eisen kaum in Betracht. Seine Bedeutung als Überzugsmetall zur Härtung von Kupferdruckplatten, Klischees o. dgl. ist gering geworden, seitdem man Nickel oder gar Chrom für diesen Zweck anwendet, welche noch härtere Überzüge liefern. In der Galvanotechnik nimmt Eisen deshalb gegenwärtig wohl nur einen bescheidenen Platz ein. Es wird hauptsächlich in der Galvanoplastik herangezogen, z. B. dazu, unterdimensionierte oder abgenützte Stahl- oder Eisenteile durch einen elektrolytischen Überzug wieder zu verstärken u. dgl. m.[2]; doch wird auch für diese Zwecke oft Nickel verwendet.

Von den zahlreichen, im Laufe der Zeit für die Eisenabscheidung vorgeschlagenen Badlösungen kommen hauptsächlich jene in Betracht, deren Hauptbestandteil durch Eisensulfat, Eisenchlorür oder Eisenperchlorat gebildet wird und in denen das Eisen zweiwertig ist.

Der Verlauf der Elektrolyse ist demjenigen der Abscheidung des Nickels oder Kobalts verwandt, doch wird er noch durch die Fähigkeit des Eisens, leicht in die dreiwertige Stufe überzugehen, und dadurch beeinflußt, daß unlösliche Hydroxyde schon bei niedrigerer Wasserstoffzahl, nämlich etwa bei $P_H = 5$ ausfallen, wenn dies nicht durch komplexbildende Zusätze erschwert oder verhindert wird.

Die Sulfat- bzw. die Eisenammonsulfatbäder sind die ältesten. Die Elektrolyse wird in ihnen bei gewöhnlicher Temperatur vorgenommen — was bei der Galvanoplastik die Verwendung von Matrizen aus leichter schmelzendem Material (z. B. Wachs) ermöglicht —, die anwendbaren Stromdichten können aber kaum über 2 Amp. gesteigert werden.

Die Chlorür- und die Perchloratbäder werden bei 90 bis 110° bzw. bei 75 bis 80° verwendet und lassen die Anwendung sehr hoher Stromdichten zu.

[1] cf. Fink und Lah, Trans. Amer. electrochem. Soc. LVIII, 373 (1927).
[2] cf. z. B. D. R. Kellog, The Electric J. XIX, 249 (1922).

Das Kristallgefüge des Elektrolyteisens ist in allen Fällen ein sehr feines bis faserförmiges, am feinsten im Metall, welches aus dem Ferroammonsulfat oder dem Doppeloxalatbad abgeschieden wird.

Es gelingt unter geeigneten Arbeitsbedingungen mehrere Millimeter starke Eisenniederschläge in dichter, ziemlich glatter Form herzustellen; wesentlich ist dabei die Einhaltung entsprechender Wasserstoffzahlen, widrigenfalls man spröde oder schwammige Niederschläge erhält.

Am stärksten sauer wird das Perchloratbad gehalten, das Chlorürbad auf etwa $P_H = 2$, das Eisenammonsulfatbad auf 3 bis 4,5.

Ein Bad, das durch Auflösung von etwa 350 g $FeSO_4 \cdot (NH_4)_2SO_4 \cdot$ $\cdot 6 H_2O$ und 0,25 g Schwefelsäure bereitet ist, kann zur Herstellung von Klischees, zur galvanoplastischen Wiedergabe von Wachsmatrizen o. dgl. bei Zimmertemperatur mit kathodischen Stromdichten von 2 Amp. verwendet werden und arbeitet zufriedenstellend, wenn sein Säuregrad fortlaufend kontrolliert und reguliert wird. Es liefert ziemlich hartes (150° Brinell), feinkörniges Metall. Zusatz von 3 g Natriumnitrat, eventuell von Chlorammonium als Leitsalz wird von vielen empfohlen.

Die Anoden sollten in allen Eisenbädern in Diaphragmen (aus säurefestem Ton, Alundum, Kieselgur o. dgl.) eingeschlossen werden, um zu verhindern, daß die Verunreinigungen des Anodenmetalles (vor allem C, dann S, P, Si usf.) Störungen verursachen.

Ein gutes Eisenbad ist von Schlötter angegeben worden:[1]

250 g	Ferroperchlorat	im Liter,
2 ,,	freie Überchlorsäure	,, ,, .

Man benützt es bei 75° (die Überchlorsäure entweicht bei dieser Temperatur noch nicht) und kann Stromdichten bis zu 12 Amp/qdm kathodisch wirken lassen.

Das daraus gewonnene Elektrolyteisen ist äußerst feinkörnig, eine Struktur ist, selbst bei starker Vergrößerung, kaum zu erkennen.

Am meisten verwendet wurde das von F. Fischer eingeführte Chlorürbad, mit Zusatz großer Mengen von Chlorkalzium, das sich allenfalls durch Kochsalz, Chlormagnesium u. dgl. ersetzen läßt.

Fischer empfahl[2] folgende Badzusammensetzung:

Eisenchlorür ($FeCl_2 \cdot 4 H_2O$)	450 g	zirka 300 g/l Lösung
Kalziumchlorid ($CaCl_2$), wasserfrei	500 ,,	,, 333 ,, ,,
Wasser	750 ,,	

Der Zusatz so großer Mengen von Kalziumchlorid soll einerseits die Anwendung von Temperaturen über 100 Grad ermöglichen, dann dazu dienen, die Verdampfung zu verzögern, die Eisenionenkonzentration zu erniedrigen und die Leitfähigkeit zu verbessern.

[1] D. R. P. 305.156.
[2] D. R. P. 212.994.

In diesem Bade können Stromdichten von 10 bis 20 Amp/qdm zur Anwendung gelangen; bei Stromdichten von 10 bis 12 Amp. beträgt die kathodische Stromausbeute etwa 95%.

Nach Hughes[1] wird der Niederschlag bei 35⁰ dunkel glänzend und hart, mit steigender Temperatur heller, matter und weicher. Er empfiehlt Temperaturen von 90 bis 110⁰ bei Stromdichten von 10 bis 13 Amp/qdm anzuwenden, die Lösung zirkulieren zu lassen oder, wenn möglich, noch besser die Kathoden zu bewegen.

Verdampftes Wasser ist ständig durch destilliertes zu ergänzen, die Lösung klarzuhalten und dazu häufig zu filtrieren.

Eine gewisse Neigung des Eisens, „pittings" zu bilden, aber auch rissige, abblätternde oder schwammige Niederschläge zu liefern, dürfte auf ähnliche Ursachen zurückzuführen sein wie beim Nickel. Eine systematische Untersuchung steht bei diesem Metall aber noch aus. Der Wasserstoffgehalt des Elektrolyteisens wird in hohem Maße von den Bedingungen beeinflußt, unter denen man die Elektrolyse vornimmt; er schwankt etwa zwischen 0,003 und 0,07 Gew.-% (s. S. 13). Das Metall, welches am meisten Wasserstoff enthält, ist aber durchaus nicht das härteste, sondern, wie beim Nickel, anscheinend das Metall, welches aus ammoniumhaltiger Lösung ohne Erwärmung abgeschieden wird.

Im Vakuum läßt sich der Gesamtwasserstoff unterhalb 250⁰ austreiben, ohne daß die Härte abnimmt; schneller, aber unter gleichzeitiger Abnahme der Härte bei höherer Temperatur, bei welcher auch CO und CO_2 entweichen. Letztere entstehen durch Wechselwirkung mitabgeschiedenen — vermutlich durch Kataphorese an die Kathoden geführten — Kohlenstoffs mit stets vorhandenen Spuren von Oxyden. Die Erhitzung im Vakuum bedeutet somit auch eine Reinigung des Metalls, doch haben sich die Hoffnungen, auf diesem Wege Metall von höchster Reinheit mit hervorstechenden Änderungen der magnetischen Eigenschaften erhalten zu können, technisch nicht verwirklicht. Ein Nachteil, besonders des aus Chlorürlösungen hergestellten Elektrolytnickels, besteht darin, daß es stark rostet. Chlorideinschlüsse, zum Teil solche, die in kleinen Mengen an mitausgefälltes kolloidales Eisenhydroxyd gebunden sind, dürften das schnelle Rosten veranlassen.

Dieser Nachteil und die Empfindlichkeit, mit welcher das abgeschiedene Metall auf alle kleinen Änderungen der Arbeitsbedingungen reagiert, haben die Hoffnungen, die man daran setzte, Halbfertigprodukte,

[1] Hughes, Electrodeposition of iron, Dept. Science and Industrie Res. Lond., Bull. VI, 373 (1922). Modern Electroplating; in deutscher Übersetzung: Leipzig, Akad. Verlagsges. 1927.

etwa Fein-Eisen-Bleche, -Rohre u. dgl., auf galvanischem Wege herstellen zu können, herabgesetzt, ohne sie noch ganz aussichtslos erscheinen zu lassen. Ein abschließendes Urteil wird darüber erst nach Erforschung des Elektrolyseprozesses gefällt werden können.

VII. Chrom.

Das Chrom zeichnet sich durch große Härte, Temperaturbeständigkeit und durch die besondere Leichtigkeit aus, in den passiven Zustand überzugehen und in diesem zu verharren. Dem verdankt es die Eigenschaft, sein Aussehen an der Luft unverändert zu bewahren. Noch viel langsamer als Nickel verliert es in Berührung mit wäßrigen Lösungen sein an der Luft angenommenes, edleres Potential und die ihm dadurch eigene Trägheit chemischer Betätigung. Seine Stellung in der Spannungsreihe konnte deshalb auch noch nicht sicher ermittelt werden. An frischen Bruchflächen oder nach elektrolytischer Beladung mit Wasserstoff zeigt es das Verhalten eines unedlen Metalls und ein, bei Luftabschluß, ziemlich konstantes Potential von $e_h = -0,48$ Volt. Es dürfte also in der Spannungsreihe dem Eisen nahestehen, es ist aber elektrolytisch viel schwerer abzuscheiden als dieses.

Als Ausgangsstoffe für die elektrolytische Abscheidung des Chroms könnten die Salze des zweiwertigen Chromions $Cr^{\cdot\cdot}$ (die Chromosalze), die Salze des dreiwertigen Chromions $Cr^{\cdot\cdot\cdot}$ (die Chromisalze) in Betracht kommen, endlich das Chromtrioxyd und die davon abgeleiteten Säuren $H_2Cr_2O_7$, H_2CrO_4, die Chromsäuren.

Tatsächlich hat Bunsen 1854 als erster Chrom aus Chromchlorürlösung, die durch Chromichlorid verunreinigt war, auf elektrolytischem Weg in metallischer Form abzuscheiden vermocht, aber die so gewonnenen Niederschläge sind niemals frei von basischen Beimengungen und deshalb von schlechtem Aussehen und brüchig. Die Neigung des Chromoions, in das dreiwertige Chromiion überzugehen, ist so stark ausgeprägt, daß Chromosalze zu unbeständig sind, um technisch als Ausgangsstoffe für die Chromabscheidung dienen zu können, sie vermögen unter Umständen selbst Wasser unter Wasserstoffentwicklung zu zersetzen.

In dieser Hinsicht würden Chromiverbindungen entsprechen, die vollkommen beständig sind und das violett gefärbte $Cr^{\cdot\cdot\cdot}$-Ion enthalten, welches leicht auch Komplexe bildet, die teils violett, teils grün gefärbt sind. Aus einfachen Chromisalzen fallen unlösliche basische Verbindungen aber gleichfalls schon bei verhältnismäßig niederem P_H (zirka 5,3) aus und dies hat abermals zur Folge, daß die Eigenschaften, daraus kathodisch abgeschiedenen Metalls nicht entsprechen.

Um günstigere Bedingungen herzustellen, lag es nahe, zu komplexen Verbindungen zu greifen; zugesetzte Salze der Essigsäure, Oxalsäure,

Weinsäure o. dgl. erschweren in der Tat das Ausfallen basischer Bestandteile, erhöhen das P_H, bei welchem sie in 2- bis 3-n. Lösungen auftreten, auf 6 bis 7. Im allgemeinen sind aus derartigen Elektrolyten aber trotzdem keine guten Niederschläge zu erhalten.

Tartratzusätze sind wirksamer als Azetatzusätze, weitaus besser wirken aber noch Oxalatzusätze. Mazzuchelli erhielt aus Ammonium-Chromi-Oxalatlösungen bei Stromdichten von 25 bis 150 Amp/qdm gute glänzende Chromniederschläge, aber die Stromausbeuten betrugen nur 1 bis 4%.[1] H. T. S. Britton und O. B. Westcott bestätigten dies[2] und stellten fest, daß die Gegenwart des Ammonions von besonderem Einfluß ist. Ersetzt man es durch das Natriumion, so erhält man überhaupt keine metallische Abscheidung, hingegen ist es anscheinend gleichbedeutend, ob man vom Chromisulfat oder -chlorid ausgeht. Die Untersuchung ergab, daß selbst Niederschläge von bestem Aussehen durch Oxyde verunreinigt waren, die beim Ablösen des Metalls mittels Salzsäure auf Nickel- und Kupferkathoden als Rückstand haften blieben, die also wohl im ersten Stadium der Elektrolyse entstanden sein dürften. Eine Temperaturerhöhung oder die Abnahme der P_H-Zahl erniedrigen noch die Stromausbeuten; Steigerung der Konzentrationen (verwendet wurden z. B. Lösungen, die hinsichtlich Chromisulfat 0,5-, hinsichtlich Ammonoxalat 2,0-molar waren), Steigerung der Stromdichte, Verwendung eines Diaphragmas waren von gutem Einfluß. In 24stündiger Elektrolyse mit 50 Amp. Stromdichte gelang es, stärkere Niederschläge herzustellen, die, abgesehen davon, daß sie zu Rißbildung neigten und an den Ecken blasig waren, ebenso gut aussahen als die dünnen. An der Kathode wurde das Auftreten von Kohlenwasserstoffen beobachtet.

Diese Resultate, so mager sie sind, schließen die Möglichkeit nicht aus, daß der hier erst versuchsweise beschrittene Weg nicht doch noch weiter führen wird; zur Zeit können sie aber noch keine praktische Bedeutung erlangen, weil man in der Chromsäure über einen Elektrolyten verfügt, der viel bessere Resultate liefert.

Als erster hat A. Geuther schon im Jahre 1856 Chrom aus Chromsäurelösungen elektrolytisch abzuscheiden versucht, Bruni und Papasogli stellten 1883 Chromüberzüge in sehr glänzender Form aus solchen Lösungen her. Varveth und Curry dürften zuerst[3] Chrom mit höheren Stromausbeuten (14,28%) abgeschieden haben, als sie durch etwas Schwefelsäure verunreinigte Chromsäure als Elektrolyten benützten, und auch als die ersten die Elektrolyse von Chromsäurelösungen mit Nitrat- und mit Chlorid- oder Borsäurezusätzen versucht haben, obgleich schon

[1] Atti Acad. naz. Lincei XII, 587 (1930).

[2] Trans. Faraday Soc. XXVII, 809 (1931); J. Electrodepos. Techn. Soc. VII, 33 (1932); VIII, 5—1 (1933).

[3] Trans. Amer. electrochem. Soc. VII, 115 (1905); IX, 327 (1906).

Reese[1] beobachtet hatte, daß man Chrom aus Chromsäure erst beim Zusatz kleiner SO_4''-Mengen abscheiden kann, während aus der reinen Säure kein Metallniederschlag ausfällt. Askenasy und Revai bestätigten dies[2] 1913.

Die Arbeiten, die Salzer 1906 ausführte,[3] hatten schon technisches Ziel, aber obwohl auch Baum wenige Jahre später[4] die Elektrolyse von 10%igen Chromsäurelösungen mit 0,5 bis 1% Fremdsäure, z. B. Borsäure oder Weinsäure, in einer Weise beschrieb, die einen gangbaren Weg wies,[5] blieb ein durchschlagender technischer Erfolg erst Sargent und Liebreich im Jahre 1920 beschieden.

Die letztgenannten Autoren, die gleichzeitig und unabhängig voneinander arbeiteten, ermittelten die genaueren Versuchsbedingungen, unter denen man glänzende, guthaftende Chromüberzüge herzustellen vermag, den Einfluß der Veränderungen einzelner Faktoren, sie suchten, zu verfolgen, wie die Elektrolyse verläuft und gelangten beide dazu, anzunehmen, daß die Chromabscheidung über $Cr^{\cdots}$-Ionen geht, welche während der Elektrolyse durch teilweise Reduktion der Chromsäure gebildet werden und die sich stets in geringen Mengen im Elektrolyten auch nachweisen lassen.[6] E. Müller und seine Mitarbeiter, welche diese Frage später untersuchten,[7] nahmen hingegen an, daß die Chromsäure direkt an der Kathode zu Metall reduziert wird, das also unmittelbar sechswertigen Ionen entstammt, ohne über die dreiwertige Form zu gehen.

Welche der beiden Ansichten den Erscheinungen besser gerecht wird, bildet heute noch eine offene Frage. Die Besonderheiten, welche die elektrolytische Abscheidung des Chroms, aus Chromsäurelösungen sowohl, wie aus Chromisalzen aufweist, sind noch durchaus nicht aufgeklärt. Beide Elektrolysearten weisen aber Berührungspunkte auf: sie sind nur mit äußerst niedriger Stromausbeute durchführbar, sie liefern nur dann glänzende, guthaftende Metallniederschläge, wenn die $Cr^{\cdots}$-Konzentration klein ist und wenn man hohe Stromdichten zur Anwendung bringt; in beiden Lösungen kann es zur Abscheidung dichterer Schichten

[1] Amer. Chem. J. XXII, 158 (1899).

[2] Z. Elektrochem. XIX, 344 (1913).

[3] D. R. P. 22.147 (1910); F. P. 386.258 (1908).

[4] E. P. 16.865 v. 17. IV. 1913.

[5] Schneidewind bestätigte, daß man nach Baums Vorschrift unter günstigen Bedingungen glänzende Chromniederschläge erhält (Bull. Eng. Res. Univ. Michigan 1927, Nr. 8, S. 29).

[6] Sargent, Trans. Amer. electrochem. Soc. XXXVII, 479 (1920); E. Liebreich, Z. Elektrochem. XXVII, 94, 452 (1920); XXX, 186 (1924); D. R. P. 357.866, 390.271, 398.054, 401.779; E. Liebreich und Duffek, Ber. LXII, 2527 (1929).

[7] Müller, Z. Elektrochem. XXXII, 399 (1926); Müller und Essin, ib. XXXVI, 2 (1930); Ekwall, ib. XXXV, 84 (1929).

basischer Chromoxyde an der Kathode kommen, doch ist gute Metallabscheidung nur zu erzielen, wenn diese Oxydhaut dünn bleibt und sich nachträglich leicht abspülen läßt, nur dann auch, wenn sie gleichzeitig von reichlicher Wasserstoffentwicklung begleitet ist. Die besten Niederschläge erhielt man bisher stets bei Verwendung von Lösungen, in denen die Chromionen in komplexen Anionen (Ammonoxalat bzw. Chromsäure) enthalten sind.

In dieser Hinsicht ist die Elektrolyse jener vergleichbar, bei welcher etwa Metall aus Zyanidkomplexen abgeschieden wird und nicht durch die einfache Entladung von Kationen, die in nennenswerter Menge zugegen sind. Allerdings lassen sich bei der Elektrolyse von Doppelzyaniden ungleich höhere Stromausbeuten erzielen als bei der Chromabscheidung.

Die Bildung basischer Chromoxyde geht an der Kathode schon bei geringerer Polarisation vor sich als die Metallabscheidung. Bei Aufnahme der I-E-Kurve in Chromsäurelösung, die etwas Fremdsäure enthielt, beobachtete E. Liebreich drei Knickpunkte; die Kurve besteht also aus vier Ästen, und Liebreich meint,[1] daß

der erste Ast dem Vorgange	$Cr^{\cdot\cdot\cdot\cdot\cdot\cdot} \rightarrow Cr^{\cdot\cdot\cdot}$,
„ zweite „ „ „	$2\,CrO_3 + 6\,H^{\cdot} \rightarrow Cr_2O_3 + 3\,H_2O$,
„ dritte „ „ „	$Cr_2O_3 + 2\,H^{\cdot} \rightarrow 2\,CrO + H_2O$
u. „ vierte „ der Cr-Abscheidung	$CrO + 2\,H \rightarrow Cr + H_2O$
neben der Wasserstoffbildung	$2\,H^{\cdot} \rightarrow H_2$

zuzuordnen sei.

Auch E. Müller beobachtete das Auftreten von drei Knickpunkten. Er ist der Ansicht, daß nach dem ersten Knickpunkt $Cr^{\cdot\cdot\cdot}$-Ionen entstehen,[2] die mit überschüssiger Chromsäure ein lösliches Chrom-Chromat bilden. Mit zunehmender Stromdichte wächst seine Bildungsgeschwindigkeit, bis seine Löslichkeitsgrenze erreicht wird, bei welcher es die Kathode als eine Membran zu bedecken beginnt, deren Dichte und Dicke von den vorhandenen Bedingungen abhängt (Natur der Kathode, Zusammensetzung der Lösung, Temperatur usf.), beim zweiten Knickpunkt tritt Wasserstoff auf, beim dritten beginnt die Metallabscheidung.

Nach dieser Auffassung sollte der erste langsame Anstieg der I-E-Kurve bis zum ersten Knickpunkt auf Restströme zurückzuführen sein.

Der Verlauf der I-E-Kurven ist sehr eigentümlich und charakteristisch und sehr verschieden vom Gepräge anderer I-E-Kurven. Bei Abwesenheit von Fremdsäure beobachtet man nur einen Knickpunkt. Statt eines kontinuierlichen Aufsteigens bei zunehmender Polarisation beobachtet man bei Gegenwart von Fremdsäure nicht

---

[1] Z. Elektrochem. XXVII, 94 (1921).

[2] Z. Elektrochem. XXXII, 399 (1926); M. u. Essin, ib. XXXVI, 2 (1930).

nur vielfache Schwankungen, sondern geradezu Diskontinuitäten. Mit kontinuierlich zunehmender kathodischer Polarisation steigt die Stromintensität — je nach den Versuchsbedingungen — in einem Zuge oder mit Schwankungen erst langsam, dann rascher an, bis sie einen Punkt erreicht, an welchem geringe Steigerungen der kathodischen Polarisation keine Zunahme der Stromintensität hervorruft (hier dürfte der Film entstehen). Erst nach Steigerung der kathodischen Polarisation um 0,5 bis 1 Volt steigt die Stromintensität mit zunehmender Polarisation wieder kontinuierlich und nunmehr rasch an und es scheidet sich Metall an der Kathode ab. Der Metallabscheidung geht also ein Potentialsprung voran, der bei niedereren Temperaturen größer, bei höheren Temperaturen kleiner ist[1] und der, allem Anscheine nach, durch einen Übergangswiderstand hervorgerufen wird, den wohl basische Chromverbindungen erzeugen.

Die Bildung basischer Chromoxyde, welche bei der Elektrolyse chromsalzhaltiger Lösungen in neutralen oder ganz schwach sauren Lösungen an der Kathode entstehen und sich auf dieselbe in Form einer Membran abscheiden, ist schon lange bekannt. Man hat vielfach von ihr (z. B. bei der Hypochlorit-, der Chlorat-, der Perboratherstellung) Nutzen gezogen, um die kathodische Reduktion oxydierter Elektrolyseprodukte zu hemmen. Nach ihrer Zusammensetzung sind sie als Verbindungen von Oxyden oder Hydroxyden des dreiwertigen Chroms mit Chromsäure angesprochen worden. Sie sind rotbraun bis braun oder braungelb gefärbt und tragen kolloidalen Charakter. Geuther stellte die Formel $Cr_2O_3 . CrO_3$[2] Traube $Cr_2O_3 . 3\,CrO_3$,[3] Mans $Cr_2O_3 . 4\,CrO_3$[4] für derartige Verbindungen auf. Müller und Ekwall schreiben dem Kathodenfilm die Zusammensetzung:

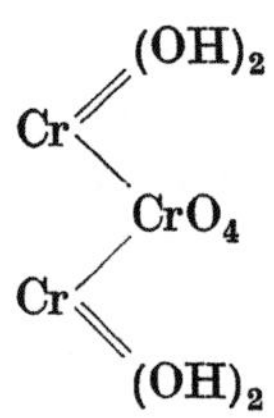

zu und nehmen an, daß er mit Chromsäurelösung nach:

$$Cr_2(OH)_4CrO_4 + 2\,H_2CrO_4 \rightarrow 2\,Cr^{\cdots} + 3\,CrO_4'' + 4\,H_2O$$

unter Rückbildung löslicher Chromverbindungen zu reagieren vermag.

---

[1] cf. Pfanhauser und Elssner, Z. Elektrochem. XXXVII, 881 (1932).
[2] Geuther und Merz, Jahresber. 1864, S. 870.
[3] Ann. Chem. LXVI, 692.
[4] Ann. Chim. LIV, 586.

Unterwirft man reine Chromsäurelösung der Elektrolyse, so tritt an der Kathode zunächst nur Reduktion, dann die Bildung einer Membran aus gelatinösen oxyd- oder hydroxydhaltigen Chromverbindungen auf, welche einen Übergangswiderstand erzeugt. Steigert man die Stromdichte, so wird das Kathodenpotential immer negativer, die Wasserstoffentwicklung gewöhnlich, aber nicht immer, lebhafter. Man kann nämlich zuweilen beobachten, daß die Wasserstoffentwicklung zeitweise stark zurückgeht, ja scheinbar ganz ausbleibt, während die Stromstärke gleichzeitig abnimmt. In solchen, öfter periodisch auftretenden Phasen wird ein größerer Stromanteil auf Reduktion und Bildung stärkerer Membranschichten verwandt, es folgt dann wieder stürmischere Wasserstoffentwicklung, und bei weiterer Steigerung der Stromstärke kommt es in der Regel schließlich zur Metallabscheidung.

Auch aus reinen Chromsäurelösungen kann man mit hinreichend hohen kathodischen Stromdichten Metall abscheiden; doch erzielt man nur ganz geringe Stromausbeuten, das Metall ist in der Regel unrein und deshalb unansehnlich, zudem lassen sich die Versuchsergebnisse schwer reproduzieren. Hebt man die Kathoden nach dem Versuche aus dem Bade, so findet man sie mit einer dickflüssigen, klebrig, fast gallertartig scheinenden, nahezu undurchsichtigen dunkelrotbraunen Haut überzogen, die sich mittels Wasser verhältnismäßig schwer abspülen läßt.

Die Wirkung des Zusatzes fremder Anionen, insbesondere von SO_4''-Ionen, äußert sich zunächst darin, daß die Metallabscheidung ceteris paribus schon bei viel niedrigeren kathodischen Stromdichten einsetzt, daß die Abscheidungsform des Metalls eine zufriedenstellendere ist und daß das Versuchsergebnis reproduzierbar wird. Hebt man die Kathoden jetzt aus dem Bade, so findet man sie mit einer braunen bis gelbbraunen, dünneren, durchscheinenden Haut bedeckt, die sich viel leichter mittels Spülwasser entfernen läßt.

Daß die Gegenwart kolloidaler Chromverbindungen in nächster Kathodennähe und auch die Art ihrer Konsistenz bestimmenden Einfluß auf die Abscheidungsform des metallischen Chroms ausübt, ist wohl sicher anzunehmen. Eine derartige Annahme wird durch viele Analogiefälle gestützt, die von besser bekannten Vorgängen bei der elektrolytischen Abscheidung anderer Metalle her bekannt sind. Die Struktur der Chromniederschläge gehört zu den allerfeinsten, die wir kennen, und schon dies weist darauf hin, daß die Niederschläge unter dem kornverfeinernden Einfluß von Kolloiden entstehen.

Auch daß fremde Anionen auf positiv geladene Kolloide einwirken und dadurch den Charakter der Metallabscheidung beeinflussen können, ist eine Erscheinung, welche z. B. am Nickel genauer studiert und sichergestellt worden ist. Bei der Nickelelektrolyse (s. dort) kommt vor allem die Beförderung der Ausflockung des kolloidalen Hydroxyds durch Anionen in Betracht. Die deutliche Kataphorese der kolloidalen Chromverbindungen, welche, bei der Elektrolyse von Chromsäure sowohl, wie von Salzen des dreiwertigen Chroms auftreten, läßt keinen Zweifel darüber zu, daß sie positive Ladung tragen. Ob sie aber durch fremde Anionen (etwa in einiger Entfernung der Kathode) ausgeflockt und durch die lebhafte Elektrolytbewegung (welche die den Prozeß begleitende, starke Wasserstoffentwicklung unterhält) schnell mit unverbrauchtem Elektrolyten in Wechselwirkung gebracht und wieder in lösliche Verbindungen übergeführt werden, oder ob sie unmittelbar durch SO_4'' o. dgl. wieder unter Bildung von $Cr^{\cdots}$ aufgelöst werden o. dgl. m., das sind Fragen, die bisher unerforscht geblieben sind, so wichtig ihre Beantwortung für das Verständnis der Chromelektrolyse auch wäre. Sicher steht nur, daß die an der Kathode haftende Membran bei der Erzielung glänzender Chromniederschläge dünner erscheint und sich durch Spülwasser leichter entfernen läßt, als wenn man unscheinbare Chromniederschläge erhält oder wenn jede Metallabscheidung ausbleibt. Für die Erzielung schöner Chromniederschläge scheint es also wesentlich zu sein, daß die kolloidalen Chromverbindungen an der Kathode leichtflüssig bleiben und nicht in pektöse oder gelatinöse Form übergehen. Da man schöne Chromniederschläge immer nur erhält, wenn die Metallabscheidung von lebhafter Wasserstoffentwicklung begleitet wird, erscheint es nicht unwahrscheinlich, daß die ausgiebige Heranführung unverbrauchten Elektrolyten, der in Wechselwirkung mit der an der Kathode haftenden Haut tritt, es verursacht, daß letztere dünn bleibt.

Der Grad, in welchem fremde Anionen die Konsistenz von Kolloiden beeinflussen, ist allgemein auch eine Funktion der Konzentration, welche sie in der Lösung erlangen. Bei der Chromelektrolyse hat man festgestellt, daß die Wirkung vom Konzentrationsverhältnis:

Fremdanionkonzentration/Chromsäurekonzentration

in besonders hohem Grade beeinflußt wird. Dies drückt sich z. B. in der Änderung der Stromausbeute mit der Änderung dieses Konzentrationsverhältnisses aus. In welchem Grade diese wechselt, wird durch die Abb. 79 nach Messungen von Haring und Barrows[1] illustriert. In dieser Abbildung sind auf der Ordinate die Stromausbeuten aufgetragen, welche bei der Elektrolyse von Lösungen erzielt wurden, die 250 g Chromsäureanhydrid im Liter und wechselnde Schwefelsäuremengen enthielten. Die jeweiligen SO_4''-Konzentrationen sind in Normalitäten auf der Abszissenachse aufgetragen. Kurve 2 wurde bei 10 Amp/qdm Stromdichte und 33°, Kurve 1 bei derselben Stromdichte und 45°, Kurve 3 bei 5 Amp/qdm und 38° ermittelt.

---

[1] Bureau of Standards Nr. 346 v. 10. VI. 1927.

Die Stromausbeute steigt mit zunehmender SO_4'' Konzentration erst sehr rasch an, erreicht ein Maximum, um bei weiterem Schwefelsäurezusatz wieder rasch auf ganz kleine Werte zu sinken. Das Maximum wird in einer an SO_4'' zirka 0,05-n. Lösung erreicht, die 2,5 g H_2SO_4/l enthält, also beim Konzentrationsverhältnis:

Chromsäure/Schwefelsäure = 100

(oder Mol. $Cr^{\cdot\cdot\cdot\cdot\cdot\cdot}/SO_4'' = 50$),

welches von den meisten Autoren als das günstigste Mengenverhältnis angesehen wird.

Solange die SO_4''-Konzentration zu nieder bleibt, erhält man zu dichte gelatinöse Membranen an der Kathode, es fällt gar kein oder nur braun geflecktes Metall aus. Läßt man die SO_4''-Konzentration

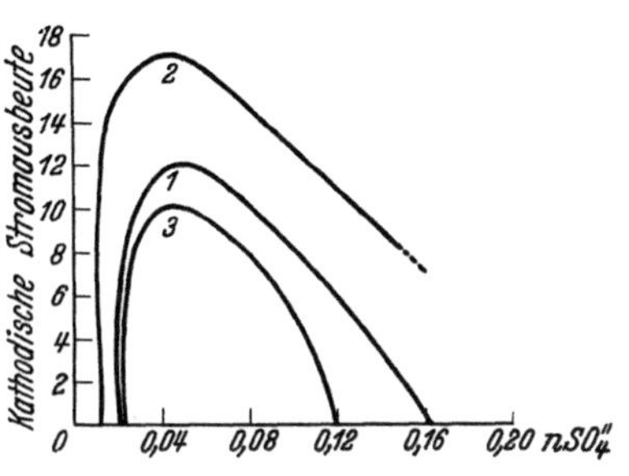

Abb. 79.

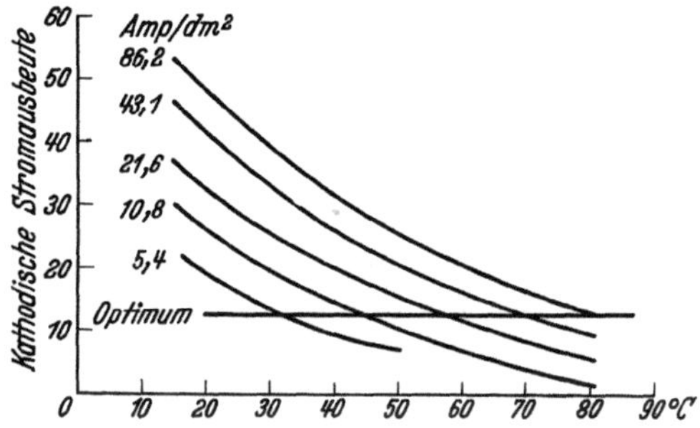

Abb. 80.

aber zu hoch ansteigen, so kommt es anscheinend überhaupt nicht mehr zur Bildung einer geeigneten Membran und es wird abermals kein Metall abgeschieden.

Die Gegenwart einer kolloidalen Membran von entsprechender Konsistenz scheint nicht nur die Abscheidungsform zu beeinflussen bzw. zu bestimmen, sondern die Abscheidung des Metalls (besonders oxydfreien Metalls) überhaupt erst zu ermöglichen.

Die Bedingungen, unter denen das Metall aber in besonders harter und glänzender Form ausfällt, sind nicht dieselben, unter denen man es mit bester Stromausbeute gewinnt, sie liegen vielmehr im Gebiet, in welchem die Ausbeuten mit zunehmendem Konzentrationsverhältnis CrO_3/H_2SO_4 wieder abnehmen, nach Schneidewind, Urban und Adams[1] bei Stromausbeuten von etwa 13%. Dies ist um so merkwürdiger, als die Stromausbeute, wie dies durch Abb. 80 veranschaulicht wird, in hohem Maße von der Temperatur und der jeweils angewandten Stromdichte beeinflußt wird, sie steigt durchwegs und regelmäßig mit steigender

[1] Bull. Eng. Res. Univ. of Michigan Nr. 10 (1928); Trans. Amer. electrochem. Soc. LIII, 499 (1928).

Stromdichte[1] und sinkt schnell mit steigender Temperatur. Je höhere Temperatur man anwendet, desto höhere Stromdichten muß man also herstellen, um gleich hohe Stromausbeuten zu erhalten. Dennoch liegen

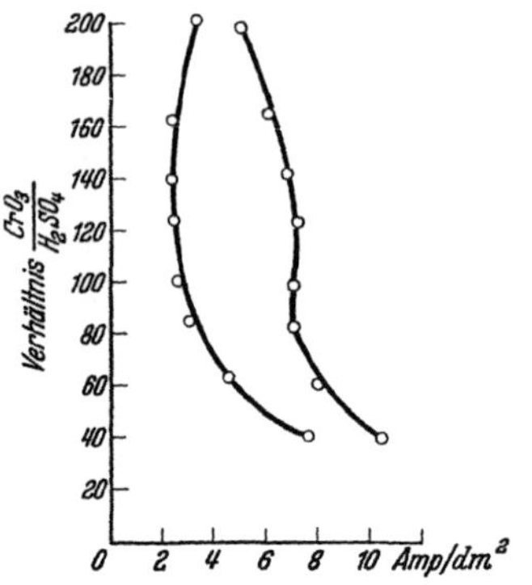

Abb. 81a.

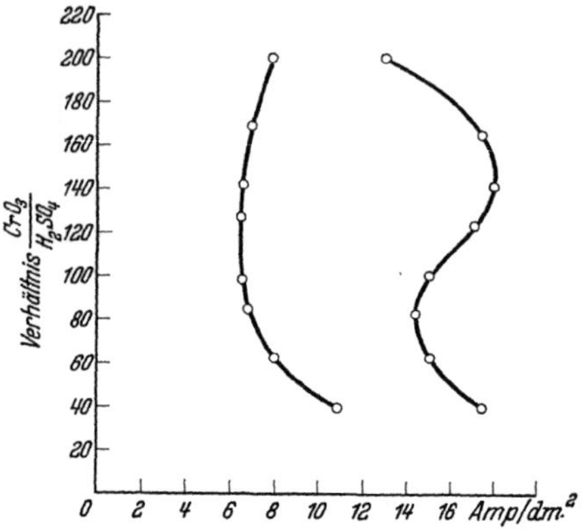

Abb. 81b.

im Diagramm Abb. 80 die jeweils für die Abscheidung des Metalls in harter, glänzender Form günstigsten Bedingungen nach den genannten Autoren auf einer Geraden, die parallel zur Abszissenachse verläuft, und in einer Höhe, die 13% Stromausbeute entspricht, wenn man die Elektrolyse in einer Lösung durchführt, die 243 g CrO_3 im Liter beim Konzentrationsverhältnis $CrO_3/H_2SO_4 = 100$ enthält. Dies könnte geradezu vermuten lassen, daß die Bedingungen für die Abscheidung des Chroms in glänzender dichter Form dann am günstigsten liegen, wenn die Mengen gleichzeitig entladenen Wasserstoffs zu der Menge des abgeschiedenen Metalls in einem bestimmten Verhältnis stehen.

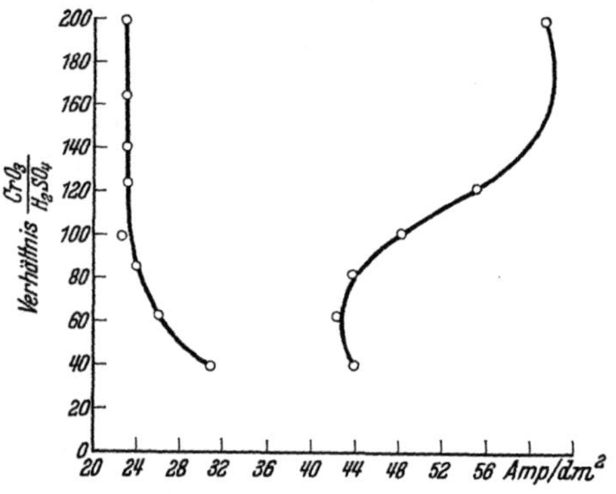

Abb. 81c.

Die Abb. 80 faßt eine große Zahl von Versuchsergebnissen in übersichtlicher Weise zusammen und ist deshalb als Wegweiser bei der Chromelektrolyse sehr nützlich.

---

[1] Stromausbeute und Stromdichte stehen nach den genannten Autoren in logarithmischer Beziehung zueinander; cf. auch Z. Elektrochem. XXXIV, 265 (1928).

Das Intervall, innerhalb dessen man jeweils die Stromdichte variieren und trotzdem noch glänzende Niederschläge erhalten kann, ist immer verhältnismäßig eng. Ausführliche Untersuchungen von Schneidewind,[1] Macchia[2] u. a. kann man entnehmen, daß dieses Intervall mit steigender Temperatur breiter wird. Bei Temperaturen von 20 bis 30^0 ist es am engsten, breiter bei 40 bis 50^0, am breitesten bei 60^0 (s. Abb. 81 a bis 81 c aus der zitierten Abhandlung Macchias). Man entnimmt den Abbildungen zugleich, daß die Breite des Intervalls eine Funktion des Konzentrationsverhältnisses CrO_3/H_2SO_4 ist und daß die in dieser Hinsicht günstigsten Konzentrationsverhältnisse bei höheren Temperaturen höher liegen als bei tieferen.

Für die Erzielung allerorts glänzender Chromüberzüge bei ungleichförmiger Verteilung der Stromdichte ist es praktisch von großer Bedeutung, unter Bedingungen zu arbeiten, unter denen die Stromdichten stärker variiert werden können, ohne daß der Niederschlag aufhört, glänzend zu erscheinen. Nach dieser Hinsicht würde die Anwendung möglichst hoher Temperaturen vorteilhaft erscheinen. Leider fällt die Stromausbeute (s. Abb. 80) und auch die Streukraft mit steigender Temperatur so schnell, daß man praktisch kaum über 50 bis 60^0 gehen kann.

Die Lage und die Breite des Stromdichteintervalls innerhalb dessen man glänzende Niederschläge erhält, ist auch von der Natur des Kathodenmetalls abhängig. Das ist nicht überraschend, wenn man von der Vorstellung ausgeht, daß die Konsistenz einer Kolloidschicht an der Kathode von maßgebendem Einfluß ist. An Kupfer- und Messingkathoden ist es nach Haring und Barrows (l. c.) breiter als an Nickel und Stahl (s. Abb. 82). Das Adsorptionsvermögen des Metalls für Kolloid dürfte neben der Höhe der Überspannung den Unterschied bedingen.

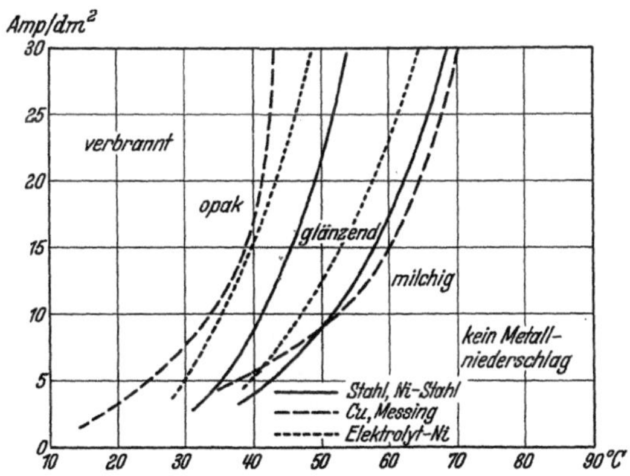

Abb. 82.

Ersetzt man die SO_4''-Ionen durch andere Anionen, so findet man im allgemeinen, daß deren Einwirkung dem Wesen nach gleich, dem Grade nach aber etwas verschieden ist. Haring und Barrows haben

[1] l. c.
[2] L'Elettrotecnica XVII, 625 (1930).

(l. c.) z. B. gefunden, daß Fluorid ganz analog wirkt wie Sulfat. Während letzteres in den Konzentrationsgrenzen 0,002- bis 0,15-n. SO_4'' wirksam ist, dehnt sich die Wirkung von Fluoriden über das Konzentrationsintervall zirka 0,05- bis 0,6-n. aus.

Der Unterschied soll dadurch begründet sein, daß der Dissoziationsgrad des Fluorids ein viel geringerer ist, äquivalente Ionenkonzentrationen von F' und $SO_4''/2$ sollen gleichstarke Wirkung ausüben. Borsäure bleibt ohne Wirkung, dies ist wohl gleichfalls dem äußerst geringen Dissoziationsgrad der schwachen Säure in Gegenwart stärkerer Chromsäure zuzuschreiben.

E. Müller und O. Essin verglichen (l. c.) die Wirkung eines Zusatzes von je 0,0008 Äquivalenten der Salze Na_3PO_4, $NaClO_4$, Na_2SO_4, NaF, $NaNO_3$, $NaClO_3$ und NaCl zu 30%iger Chromsäurelösung. Na_3PO_4 und $NaClO_4$ wirken nur als Depolarisatoren für Wasserstoff, die anderen Salze führen hingegen alle zur Abscheidung metallischen Chroms. Der Stromdurchgang beginnt in der Reihenfolge Na_2SO_4, NaF, $NaNO_3$, $NaClO_3$, endlich NaCl bei immer negativeren Kathodenpotentialen.[1]

Rassow und Wolf haben beobachtet,[2] daß Chromniederschläge, die in Gegenwart komplexer Fluoride gefällt werden, in ihren Eigenschaften in mancher Hinsicht von denen abweichen, die bei Gegenwart von SO_4'' erhalten werden. Während sich letztere z. B. leicht mit Zn o. dgl. legieren, ist dies bei ersteren nicht der Fall.

Die Unterschiede im Wirkungsgrade der einzelnen Anionen sind vermutlich ähnlichen Ursachen zuzuschreiben wie jene, welche bei der Nickelelektrolyse (s. S. 194ff.) jedem Anion spezifische Eigenschaften erteilen. Wie dort, dürfte auch die Natur des Kations Unterschiede hervorrufen, obwohl diese so sehr zurücktreten, daß heute die Meinung vorherrscht, die Natur des zugesetzten Fremdkations sei ohne jeden Einfluß auf den Gang und den Verlauf der Elektrolyse und es käme nur darauf an, ein Fremdanion in entsprechender Konzentration zuzusetzen, gleichgültig, ob dieses als Chromsalz, als Säure oder als Salz eines fremden Kations zur Anwendung gebracht werde.

Daß dem nicht ganz so ist, dafür spricht schon der Umstand, daß die Streukraft, wie hier vorgreifend erwähnt werden mag, erhöht wird, wenn man die Schwefelsäure durch die äquivalente Menge von Nickel-, Kobalt-, Zink- oder Cadmiumsulfat ersetzt, und zwar steigt diese Wirkung von Metall zu Metall in der angegebenen Reihenfolge.[3] Die größte Wirkung ist bei Mengenverhältnissen $CrO_3/MeSO_4$ = von 150 bis 200 vorhanden.

---

[1] cf. auch E. Müller und J. Stscherbakow, Z. Elektrochem. XXXV, 222.

[2] Z. angew. Chem. XLVI, 142 (1933).

[3] E. Stout und J. Carol, Industr. and Eng. Chem. XXII, 1325 (1930).

Da die aufgeführten Fremdmetalle nicht mit dem Chrom mit ausfallen — selbst das viel unedlere Kupfer tut dies überraschenderweise nicht — scheint ihre Wirkung in einer Veränderung der Konsistenz des Kolloides, wohl in einer Stabilisierung desselben zu beruhen. Für die Aufstellung einer derartigen Vermutung kann der Umstand ins Treffen geführt werden, daß Chromniederschläge, die mit derartigen Zusätzen hergestellt sind, viel größere Widerstandskraft gegen die Einwirkung von Salzsäure aufweisen, sie lösen sich in vielen Fällen erst einige Stunden nach dem Eintauchen in Salzsäure auf, während solche, die mit Schwefelsäurezusatz hergestellt sind, äußerst rasch in Lösung gehen. Dies weist auf eine dichtere Form der Metallabscheidung oder auf geringeren Oxydgehalt — die hier schwer meßbare Härte wurde leider nicht bestimmt — und es ist auch wahrscheinlich, daß ein derartiger Effekt bei Zusatz von Kationen erzielt wird, welche das Kolloid stabilisieren.

Sehr viele Beobachtungen sprechen also dafür, daß kolloidale Chromverbindungen bei der elektrolytischen Abscheidung des Metalls einen ausschlaggebenden Einfluß spielen, sie verhindern die Metallabscheidung, wenn sie pektöse, gelatinöse Form an der Kathode annehmen, sie scheinen die Metallabscheidung, welche sonst ausbleibt, überhaupt erst zu ermöglichen, wenn sie weniger konsistente Form bewahren. Man könnte vermuten, daß sie in geeigneter Konsistenz eine dünne Membran in größter Kathodennähe bilden, welche den Kathodenfilm vor der Einwirkung des übrigen Elektrolyten schirmt, bis sich Metall aus ihm abscheiden kann, während die Wechselwirkung zwischen dem Kathodenfilm und dem durch die lebhafte Gasentwicklung ständig herangeführten unverbrauchten Elektrolyten ohne eine solche Schirmwirkung so schnell vor sich geht, daß die Reduktion nicht bis zum Metall fortschreitet. Wahrscheinlich handelt es sich dabei nicht um einen gleichsam stationären Prozeß, nicht um eine unverändert bleibende Membran, sondern um solche, die in stetem Werden und steter Wiederauflösung begriffen sind. Daß das Fremdanion dabei die Bildung von $Cr^{\cdots}$ vermitteln kann, wird (z. B. von Sargent) als entscheidend angesehen.[1] Die äußerst feine Abscheidungsform, der Umstand, daß das abgeschiedene Metall stets Spuren von Oxyden einschließt, deutet darauf hin, daß kolloidale, sauerstoffhaltige Verbindungen, wenn auch nur in verschwindend kleinen Mengen, mit in den Kathodenniederschlag übergehen, wie dies etwa beim Nickel der Fall ist.

[1] Für sich allein kann letztere Wirkung aber keine Rechenschaft darüber geben, warum die Wirkung des SO_4 an ein so enges Konzentrationsverhältnis CrO_3/SO_4 gebunden bleibt. Auch Colin Fink spricht von einer „katalytischen" Wirkung des Fremdanions; da er mit keinem Wort andeutet, was er unter „Katalyse" versteht, ist damit leider nichts gesagt.

Eine solche Annahme kann freilich nur als Arbeitshypothese gewertet werden, solange nichts Konkreteres über die Art der Veränderungen

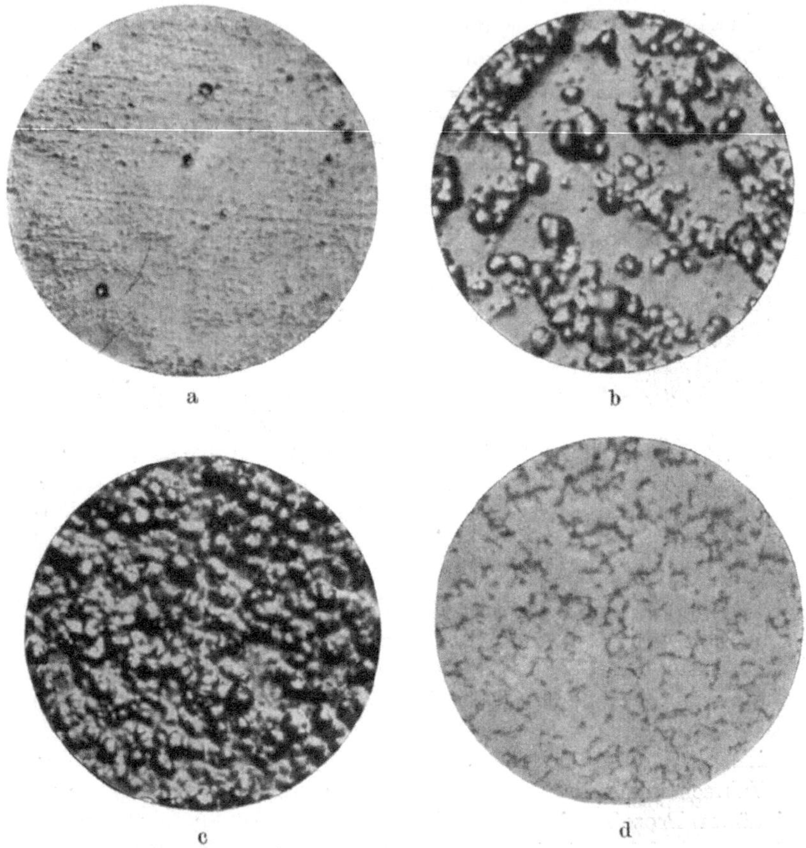

Abb. 83. Chromniederschläge,[1] 2000fach.

a Spiegelblanke Verchromung. Das Schliffbild läßt einige Bläschen erkennen. Die Zunahme ihrer Zahl auf:
b läßt das Chrommetall milchig, wenn auch noch glänzend erscheinen. Bedecken die Bläschen die ganze Fläche, wie etwa auf:
c so erscheint das Metall matter, kann aber noch durch Polieren in die glänzende Form:
d gebracht werden.

ermittelt worden ist, welche die betreffenden Kolloide bei verschiedenen Arbeitsbedingungen erfahren, sie stützt sich nur auf Analogien, die recht unsicher sind.

[1] Nach Portevin u. Cymboliste, Revue de Métallurgie XXX, 335 (1933).

Die feine Abscheidungsform wird noch dadurch erleichtert, daß der Kathodenfilm immer nur verschwindend kleine Mengen von $Cr^{\cdot\cdot\cdot}$- bzw. von $Cr^{\cdot\cdot}$-Ionen enthält. Dreiwertige Chromionen treten zwar durch teilweise Reduktion der Chromsäure im Elektrolyten immer auf, doch steigt ihre Konzentration bei normaler Arbeitsweise (s. weiter unten) nicht über etwa 3 g/l, so daß die Konzentration im Kathodenfilm bei den hohen, bei dieser Elektrolyse angewendeten Stromdichten (die niedersten Stromdichten kommen den allerhöchsten gleich, die man bei anderen Prozessen anwendet) stets verschwindend klein bleibt. Die Möglichkeit, daß das Chrom zur Hauptsache aus den chromhaltigen Anionen geliefert wird, welche im Belag der Doppelschicht vorhanden sind (vermutlich in vergleichbar großer Entfernung wie die Kolloidschicht), liegt vor.

Es ist kein Beobachtungsmaterial vorhanden, welches dartun würde, daß die Metallabscheidung nicht diesen Weg geht, geht sie ihn, dann ähnelt sie in gewisser Hinsicht (s. S. 41) einer Metallabscheidung aus Zyanidkomplexen.

Bemerkenswert ist der Umstand, auf den schon kurz hingewiesen wurde, daß man unter den Bedingungen, unter denen man die höchsten bisher bekannten Stromausbeuten — etwa 40% — erzielt, rauhes und so weiches Metall erhält, daß es durch harten Stahl geritzt wird, während man glänzendes, sehr hartes Chrom nur bei einer Arbeitsweise herstellen kann, bei welcher die Stromausbeute 12 bis 14% beträgt. Das weiche, unscheinbare Chrommetall scheint größere Mengen von Oxyden zu enthalten (völlig sichergestellt ist dies freilich noch nicht), unter dem Mikroskop findet man in demselben Einschlüsse. Die Möglichkeit, daß diese Art von Metall zum Teile durch Reduktion von Kolloid entstanden sei, kann nicht von der Hand gewiesen werden, wenn sie auch durch keine positive Beobachtung gestützt wird.

Ohne sich zu weit auf hypothetisches Gebiet vorzuwagen, kann wohl angenommen werden, daß sich unter niedrigeren Stromdichten, also unter Bedingungen, unter denen die Reduktion der Chromsäure nur teilweise erfolgt, pektöse, gelatinöse Verbindungen vom Typus des chromsauren Chromats an der Kathode bilden. Kommt es dann, bei erhöhter Strombelastung, zur Metallabscheidung, so fällt Chrom mit Steigerung der kathodischen Stromdichte erst in trüber, milchiger, dann in glänzender Form aus. Weitere Stromdichtesteigerung bewirkt zwar eine Verbesserung der Stromausbeute (die dem Logarithmus der Stromdichte im allgemeinen proportional ist), aber das Metall wird wieder matt, etwas weicher, endlich verbrannt.

Ob eine Veränderung der Konsistenz des Kolloids, ob die Verlangsamung seiner Bildung (infolge abnehmender Wasserstoffionenentladung), ob der Rückgang der Zirkulationsgeschwindigkeit bei verlangsamter Gasentwicklung dies zur Folge hat u. dgl. m., sind Fragen, deren Beantwortung sehr viel zur Klarstellung des Prozesses der Metallabscheidung beitragen würde, wie es auch nützlich wäre, zu verfolgen, wie sich der Reinheitsgrad des Metalls mit zunehmender Stromausbeute ändert.

Bei Abwesenheit von Fremdanionen bleibt die Metallabscheidung immer spärlich, sie dürfte dann bloß in den engen Gebieten erfolgen, in welchen die Stromausbeute besonders hoch ist.

Es liegt kein Anlaß vor, anzunehmen, daß die Elektrolyse der Chromsäurelösung wesentlich von derjenigen von Chromsalzen, z. B. von komplexen Chrom-Ammoniumoxalaten, verschieden sei, bzw. daß die Chromabscheidung in beiden Fällen auf verschiedene Art vor sich gehe.

a) Die Zusammensetzung des Bades.

Man verwendet gegenwärtig nur Chrombäder, deren Hauptbestandteil durch Chromsäure gebildet wird, man setzt ihr ein Salz oder eine Säure su, die ein anderes Anion enthalten. Als solchen Zusatz wählt man fast durchwegs Schwefelsäure, seltener Sulfate, fast niemals Chloride oder Fluoride.

Die Chromsäure des Handels enthält etwa 98% CrO_3, sie ist meist durch 0,5% Schwefelsäure verunreinigt. Für die Herstellung frischer Badlösung ist dieser Reinheitsgrad zureichend, für die fortlaufende Ergänzung der verbrauchten Chromsäure eines Bades ist es aber vorteilhafter, Chromsäure zu verwenden, welche etwas weniger Schwefelsäure enthält, um die SO_4-Konzentration besser konstant halten zu können. Durch Umkristallisation läßt sich der Schwefelsäuregehalt der CrO_3 dazu leicht auf 0,2% und darunter, also auf einen Betrag bringen, der vernachlässigt werden kann.

Die CrO_3-Konzentration der Lösung läßt sich innerhalb ziemlich weiter Grenzen variieren, ohne daß die Qualität des abgeschiedenen Metalls darunter leidet. Die Stromausbeute steigt mit von 100 g/l bis auf 300 g/l mit steigender CrO_3-Konzentration um etwa 25%, erreicht ungefähr bei letzterer Konzentration ein Maximum und nimmt dann mit weiterer Konzentrationssteigerung wieder derart ab, daß sie bei zirka 500 g CrO_3/l etwa denselben Wert erreicht, den sie bei 100 g/l aufweist.[1]

Die Leitfähigkeit der Lösung steigt mit steigender Konzentration bis zu 220 g/l annähernd linear, weiterhin langsamer an, obwohl sie ihr Maximum erst bei zirka 500 g/l erreicht.

Die Verwendung sehr hoch konzentrierter Lösungen bringt also nur geringe Vorteile, aber die Nachteile mit sich, daß man beim Herausheben der verchromten Gegenstände relativ große Mengen CrO_3 und SO_4

[1] cf. Schischkin und Gerneth, Z. Elektrochem. XXXIV, 57 (1928); Haring und Barrows, l. c.

mit anhaftenden Lösungsresten aus dem Bad entfernt. Außerdem ist die Streukraft in verdünnteren Lösungen größer, sie nimmt mit steigender Konzentration erst langsam, dann schneller ab, wenn man die Konzentration von 250 g überschreitet. Da die Tiefenwirkung der Chrombäder ohnedies sehr gering ist, macht sich dieser Unterschied sehr bemerkbar.

Mit zunehmender Konzentration nimmt die Dichte der Lösungen schnell genug zu, daß man die Konzentration unter Zuhilfenahme eines Aräometers leicht mit hinreichender Genauigkeit kontrollieren kann. Abb. 84 (nach Schneidewind, l. c.) stellt die Änderung des spezifischen Gewichtes reiner oder schwefelsäurehaltiger Lösungen mit Änderung des CrO_3-Gehaltes graphisch dar.

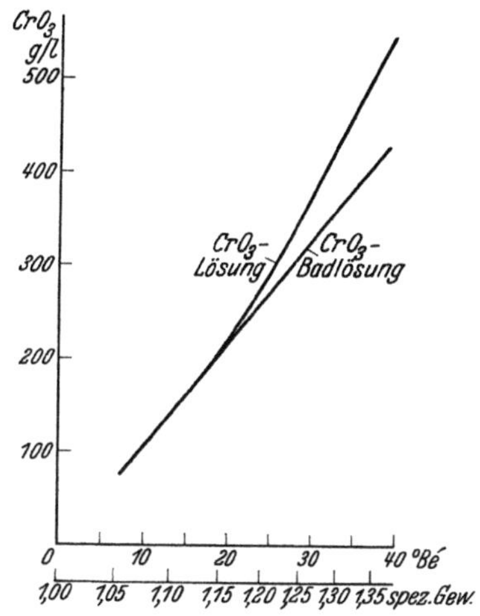

Abb. 84.

Durch die zugesetzte Fremdsäure wird die Leitfähigkeit bei den praktisch in Frage kommenden Konzentrationsverhältnissen kaum merklich beeinflußt; der Ersatz von H•-Ionen durch Metall-, insbesonders durch Schwermetallionen erniedrigt die Leitfähigkeit ein wenig, verbessert aber etwas das Streuvermögen.[1]

Nach Haring und Barrows[2] erzielt man die höchsten Stromausbeuten bei Schwefelsäurezusatz, wenn man ein Gewichtsverhältnis $CrO_3/SO_4 = 100$ herstellt. Nach Farber[3] ist aber die Tiefenwirkung eine etwas bessere bei halb so großem Schwefelsäurezusatz, bei doppelt so großem Zusatz ist sie hingegen viel geringer.

Ohne Veränderung dieses Gewichtsverhältnisses nimmt das Intervall, innerhalb dessen man die Stromdichte variieren und dabei glänzende Niederschläge erhalten kann (das „Glanzchromgebiet"), von 100 bis 235 g/l rasch, dann von 235 bis 350 g/l langsam an Breite zu, um bei weiterer Konzentrationssteigerung erst langsam, dann über 500 g/l wieder rasch abzunehmen.[4] Das glänzendste Metall erhält man bei Gewichtsverhältnissen von zirka 80 bis 160 (CrO_3/SO_4).

Mit steigender Temperatur steigt sowohl die Leitfähigkeit (in annähernd linearem Maße) als die Breite des Glanzchromgebietes, aber die

[1] cf. Haring und Barrows, Bureau of Standards Technolog. Paper 1927, 346; Blum und Moore, ib.; Research Paper Nr. 198, 263 (1930); Schneidewind, l. c. usw.

[2] Unter [1] zitiert.

[3] Bureau of Standards J. of Research IV, 27 (1930).

[4] Schneidewind, Eng. Res. Bull. X (1928).

Stromausbeute und die Tiefenwirkung nehmen ab. In welchem Maße man die Stromdichte steigern muß, um bei höheren Temperaturen gleichhohe Stromausbeuten zu erzielen, veranschaulicht Abb. 80, während die Abb. 81 a—c, die ungefähre Verbreiterung des Glanzchromgebietes, dessen Grenzen sich freilich nicht scharf ziehen lassen, veranschaulichen.

Im Verlaufe der Elektrolyse wird ein Teil der Chromsäure zu dreiwertigen Chromverbindungen reduziert, welche ihrerseits wieder an der Anode teilweise aufoxydiert werden, zum Teil aber Chrom-Chromate bilden, die in wahrer oder in kolloidaler Lösung verteilt bleiben.

Das Auftreten von $Cr^{\cdot\cdot\cdot}$ im Bad ist mit einer Widerstandserhöhung verbunden, das Glanzchromgebiet wird enger, hingegen wird die Streukraft ein wenig erhöht. Ein Einfluß auf die Stromausbeute konnte nicht sicher festgestellt werden.

Ähnliche Wirkung übt eine Verunreinigung des Bades durch $Fe^{\cdot\cdot\cdot}$ aus, welche etwa aus den Anoden, den Badgefäßen usw. in die Lösung gelangen. Auch diese Ionen verringern die Leitfähigkeit des Bades (langsamer zwar als $Cr^{\cdot\cdot\cdot}$); da sie aber unter Umständen viel größere Konzentration annehmen können als die $Cr^{\cdot\cdot\cdot}$, können sie Spannungserhöhungen von 1 bis 1,5 Volt verursachen. Noch fühlbarer als dies ist aber die Verengerung des Glanzchromgebietes, die sie verursachen.

In größeren Mengen wirken $Fe^{\cdot\cdot\cdot}$-Ionen somit in schädlichem Sinne, in kleinen Mengen ist ihre Wirkung aber zu vernachlässigen. Auch $Fe^{\cdot\cdot\cdot}$ erhöht zwar die Streukraft, aber in so geringem Maße, daß diese Wirkung erst bei höherem Fe-Gehalt der Lösung merklich wird.

Im allgemeinen ist man daher der Ansicht, daß es vorteilhaft ist, die $Cr^{\cdot\cdot\cdot}$-, sowohl wie die $Fe^{\cdot\cdot\cdot}$-Konzentration nieder zu halten. Ist die $Cr^{\cdot\cdot\cdot}$-Konzentration aus irgendeinem Grunde zu hoch angestiegen, so kann man sie durch elektrolytische Aufoxydation der Badlösung verringern. Man läßt etwa nach dem Vorschlage Lukens[1] über Nacht Strom durch die Zelle zwischen Bleianoden und Hilfskathoden fließen, die man in poröse Tonzellen anordnet, um die Badlösung vor kathodischer Reduktion zu schützen.

Die Wirkung andrer Zusätze zum Bad ist noch wenig bekannt. Die Streukraft kann (s S. 230) durch kleine Zusätze von Cd oder Zn in geringerem Maße auch durch Co oder Ni etwas erhöht werden. Von mancher Seite sind Zusätze von Kupferkarbonat,[2] von Kupfersulfat,[3] von kleinen Mengen von Cersalzen usf. empfohlen worden. Nach Appel[4] soll ein Zusatz von 0,5 g Natriumjodat das Haftvermögen des Chromüberzuges

[1] Trans. Amer. electrochem. Soc. LIII, 491 (1928).
[2] Macnaughtan und Gardam, E. P. 258.724 (1926).
[3] Würker, D. R. P. 467.025 (1925).
[4] A. P. 1,713.514 (1929).

erhöhen, nach Auerbach[1] soll die Tiefenwirkung durch Kieselsäure verbessert werden, Alter und Mathers fanden hingegen, daß Silikagel ohne Einfluß blieb.[2]

Organische Kolloide, deren Verwendung von der Elektro-Chromium A. G.[3] und von E. Sundberg[4] vorgeschlagen wurde, sieht man allgemein, schon infolge der Vermehrung der $Cr^{\cdot\cdot\cdot}$-Konzentration, durch die reduzierende Wirkung des Zusatzes als schädlich an. Aus ähnlichem Grunde schaden auch Zusätze von Wasserstoffsuperoxyd o. dgl.

Sehr merkwürdig ist es, daß unedlere Metalle, wie Cu, im Bad in kleinen Mengen enthalten sein können, ohne kathodisch mitabgeschieden zu werden. Die Erklärung dafür steht noch aus, es wäre denkbar, daß das Kupfer undissoziierte Verbindungen eingeht.

Die Elektrolyse wird gegenwärtig durchwegs mit unlöslichen Anoden durchgeführt, weil Anoden aus Chrom oder Chromlegierungen wegen ihrer bisher nicht überwundenen Passivierung nicht herangezogen werden können.[5] Der Chromsäuregehalt des Bades sinkt demnach im Maße der Chrommenge, die daraus kathodisch abgeschieden wird, und er muß von Zeit zu Zeit ergänzt werden; Verluste entstehen außerdem durch Verspritzung, durch Tröpfchen, welche von den entwickelten Gasen mitgerissen und mit diesen abgeführt werden, durch die Flüssigkeitshaut die an behandelten Werkstücken haften bleibt und mit diesen herausgehoben wird usf. Diese Verlustquellen führen auch SO_4 aus dem Bade. Würde man demselben also lediglich reine Chromsäure nachsetzen, so würde das Gewichtsverhältnis CrO_3/SO_4 mit der Zeit immer weiter ansteigen; ein ganz geringer Schwefelsäuregehalt ist somit nützlich, wenn er dazu hinreicht, die SO_4-Verluste auszugleichen. Da die Einhaltung dieses Gewichtsverhältnisses in richtigen Grenzen so ausschlaggebend ist, bildet seine Kontrolle eine der Hauptaufgaben der Betriebsüberwachung, deren Erfüllung für gleichbleibend gute Elektrolyseresultate von größter Wichtigkeit ist.

Überschüssiges SO_4 kann am besten mittels der richtig bemessenen[6] Menge $Ba(OH)_2$ oder $BaCO_3$ beseitigt werden. Nach Sizelove[7] ist hierzu mit Rücksicht auf die Löslichkeit von Bariumchromat doppelt soviel Bariumkarbonat zuzusetzen, als überschüssiges SO_4 vorhanden ist. Auch Bariumchromat kann verwendet werden; doch ist dies weniger empfehlenswert, weil es eine Anreicherung an $Cr^{\cdot\cdot\cdot}$ zur Folge hat. Er-

[1] A. P. 1,705.954 (1929).
[2] Trans. Amer. electrochem. Soc. LVI, 363 (1929).
[3] D. R. P. 461.987 (1926).
[4] E. P. 274.913 (1925).
[5] Dem Vernehmen nach strebt Schlötter trotzdem an, lösliche chromhaltige Anoden zu verwenden.
[6] cf. Soc. Electrométaux, F. P. 660.050 (1928).
[7] Metal Ind. (New York) XXVIII, 339 (1930).

folgen die Zusätze in der Wärme unter anhaltendem guten Umrühren, so fällt das gebildete Bariumsulfat über Nacht zu Boden, ohne dort zu stören. Bemerkt man, daß die SO_4-Konzentration zu hoch gestiegen ist, ohne die Größe des Überschusses zu kennen, oder ist man darüber im Zweifel, ob der SO_4-Gehalt zu groß oder zu klein ist, so fällt man am besten alles SO_4 quantitativ, etwa mit möglichst geringem Bariumüberschuß aus und setzt die richtige Menge frischer Schwefelsäure zu.

Da Chrom passiv wird, Kohle und Graphit aber anodisch aufgezehrt werden, kommt praktisch nur Blei, Stahl oder Eisen als Anodenmaterial in Betracht. Nickel und Ferrosilizium, selbst Duriron sind zu löslich und sie oxydieren die Lösung schlechter auf. Auch Stahl und Eisen sind etwas löslich, ihre Lösungsgeschwindigkeit scheint mit ihrem C-Gehalt in Beziehung zu stehen, Elektrolyteisen gibt am wenigsten Eisen an die Badlösung ab. Verwendet man Stahlanoden, so empfiehlt es sich, eine Stahlsorte mit geringem Kohlenstoffgehalt auszuwählen. Trotzdem gelangt dann nicht nur Eisen ins Bad, es wächst auch sein Gehalt an $Cr^{\cdots}$, weil die anodische Oxydation der Badlösung weniger vollständig erfolgt, wie nachfolgende Versuchsergebnisse Schneidewinds (l. c.) dartun:

Anodenmaterial	Cr_2O_3-Gehalt der Lösung		Badspannung	
	zu Beginn	nach 25,5 Stunden	zu Beginn	nach 25,5 Stunden
Stahl	0	3,74 g/l	3,22 Volt	3,81 Volt
Platin	0	1,68 „	3,22 „	3,32 „
Blei	0	0,55 „	3,22 „	3,24 „

Es ist daher besser, Bleianoden als Stahl- oder Eisenanoden zu verwenden, zumal da Eisensalze, die in die Badlösung gelangt sind, aus derselben nicht auf so einfache Art ausgefällt werden können, wie etwa überschüssige SO_4''-Ionen. Man kann sich vielmehr nur dadurch helfen, daß man die Badlösung teilweise oder zur Gänze erneut und den Hauptteil der Chromsäure durch Kristallisation daraus wieder gewinnt.

Manche sind der Ansicht, daß es vorteilhafter ist, Hartbleianoden mit etwa 6% Antimongehalt zu verwenden, als Anoden aus reinem Blei; andere sind wieder der entgegengesetzten Anschauung, noch andere halten die Verwendung von Hartblei beim intermittierenden, die Verwendung von Reinblei beim kontinuierlichen Betrieb für günstiger. Nicht ohne Einfluß scheint auch die Struktur und die Dicke der verwendeten Bleianoden zu sein: manche Anoden bedecken sich im Verlaufe der Elektrolyse mit festhaftenden schlechtleitenden Krusten aus Bleichromat und Bleisuperoxyd, welche hohe Übergangswiderstände bilden und von Zeit zu Zeit (etwa durch Eintauchen der Anoden in hypochlorithaltige, gesättigte Kochsalzlösung oder in Ätznatronlauge) entfernt werden müssen. Arbeitet man mit Badlösungen die Fluorionen enthalten, so muß man Legierungen aus Blei und zirka 25—30% Antimon zur Herstellung der Anoden verwenden.

b) Die Streukraft der Bäder.

Es ist bereits erwähnt worden, daß die Stromausbeute bei der Chromabscheidung unter sonst gleichbleibenden Bedingungen mit steigender Stromdichte recht regelmäßig steigt. Innerhalb des Intervalls, in welchem man die Stromdichten variieren kann, ohne matte Chromniederschläge zu erhalten, wird das Kathodenpotential nur wenig negativer, die an und für sich relativ hohe kathodische Polarisation nimmt mit steigender Stromdichte also nur in ganz geringem Maße zu. Diese beiden Umstände bewirken, daß die Streukraft der Chromsäurebäder äußerst gering ist. Nach dem gegenwärtigen Stande unserer Kenntnisse ist auch eine wesentliche Änderung dieser Verhältnisse durch Änderung der Arbeitsbedingungen, der Badzusammensetzung o. dgl. nicht zu erwarten. Man kann durch solche Maßnahmen nur verhältnismäßig kleine Änderungen herbeiführen, welche immerhin bei Bädern von so schlechter Streukraft in die Wagschale fallen.

Nach den Untersuchungen Farbers[1] wird die Streukraft — wie von vornherein zu erwarten stand — umso kleiner, je größer die Zunahme der Stromausbeute mit steigender Stromdichte ist. Bei tieferen Temperaturen nimmt die Stromausbeute langsamer mit steigender Stromdichte zu, deshalb streuen kalte Bäder besser.

Bei gleichbleibender Temperatur steigt die Streuung mit steigender Stromdichte. Die Steigerung der Stromdichte hat größere Wirkung als die entgegengesetzte der Temperatursteigerung. Um eine entsprechende Stromdichtesteigerung herbeizuführen, ist allerdings mit stark vermehrtem Spannungsaufwand zu rechnen.

In verdünnteren Chromsäurelösungen ist zwar die Streukraft größer, aber auch der Spannungsaufwand infolge geringerer Leitfähigkeit größer. Bei Anwendung gleicher Badspannung erhält man nach Farber in konzentrierteren Bädern größere Tiefenwirkung als in verdünnteren.

Natriumbichromat erhöht die Streukraft eines Bades, in welchem das Konzentrationsverhältnis $CrO_3/SO_4 = 100$ ist. Dies ist aber möglicherweise der Verringerung der verfügbar bleibenden SO_4-Menge zuzuschreiben, da auch Bäder mit $CrO_3/SO_4 = 200$ besser (Bäder mit $CrO_3/SO_4 = 50$ hingegen schlechter) streuen.

An polierten Metallen erhält man bessere Tiefenwirkung, an Stahl und Messing bessere als an Kupfer und Nickel. Pfanhauser und

[1] Bureau of Standards, J. of Research IV, 27 (1930).

Elssner (l. c.) fanden, daß letztere Feststellung nur für Chromsäurelösungen mit 0,5% Schwefelsäuregehalt zutrifft, daß hingegen die Tiefenwirkung bei 0,7 bis 1,2% Schwefelsäuregehalt umgekehrt an Nickel größer ist als an Stahl und Messing.

An rauhen, z. B. im Sandstrahlgebläse behandelten Stücken ist die Tiefenwirkung besonders klein. Dies mag mit der veränderten Adsorptionsfähigkeit und vielleicht mit der geringen Erniedrigung der Überspannung im Zusammenhang stehen.

Chromsulfat und Eisensulfat haben bei geringen Konzentrationen keinen nennenswerten Einfluß, bei höheren Konzentrationen steigern sie die Streukraft, Eisen stärker als $Cr^{\cdot\cdot\cdot}$; da aber die gleichzeitig auftretenden schädlichen Wirkungen viel stärker in die Waagschale fallen als diese geringe Erhöhung der Streukraft, werden derartige Zusätze als unvorteilhaft angesehen. Entsprechende Nebenwirkungen von Zink- oder Cadmiumsulfat, welche die Streukraft (s. S. 230, 236) in verhältnismäßig hohem Maße steigern, sind nicht beschrieben worden.

Diese Feststellungen können als allgemeine Richtschnur dienlich sein. Um in praktischen Fällen Konkreteres zu ermitteln, verwendet man aber mit Vorteil die S. 87 ff. beschriebenen Hilfsmittel, z. B. Probekathoden der von Pan angegebenen Form.

c) Härte der Chrom-Niederschläge.

Einen der Hauptvorzüge elektrolytisch hergestellter Chromüberzüge bildet ihre außerordentliche Härte. Es wäre deshalb sehr wichtig, genau feststellen zu können, in welchem Maße sie durch die eingehaltenen Arbeitsbedingungen verändert wird. Der Einfluß, den das weichere Unterlagsmetall bei der Ermittlung der Härte dünner Überzüge spielt, erschwert leider die Messung. Ob aber die Härte dickerer Schichten dieselbe ist wie diejenige dünner Schichten, ist noch ungewiß. Aus den bisherigen Messungen kann man nur ungefähre Anhaltspunkte gewinnen. Glänzende Niederschläge sind härter als rauhe, Oxydeinlagerungen rufen aber leicht Fehlresultate hervor. Macnaughtan fand, daß die Brinell-Härte zwischen 500 und 900° schwankt. Die Skleroskop-Härte bestimmte Pfanhauser zu 110 und darüber (Nickel 30 bis 50), die reziproke Ritzhärte zu 150 bei Cr, das aus kaltem bis zu 250 bei Cr, das aus einem auf 45° erwärmten Bade gewonnen war.

Es wirkt überraschend, daß das Chrom aus heißeren Bädern härter ausfällt. Wenn der Reinheitsgrad, insbesondere der Oxydgehalt der verglichenen Proben derselbe war, möchte man diese Abweichung von der Regel damit erklären, daß die Elektrolyse bei höherer Temperatur mit höheren Stromdichten durchgeführt werden muß und daß die Steigerung der Härte durch die gesteigerte Stromdichte eine umgekehrte Wirkung der Temperaturzunahme überwiegt und verdeckt.

In Übereinstimmung damit steht der Befund Piersols, daß sich Chrom bei 50° in einer Form abscheiden läßt, welche der Abnützung gegen Reibung länger widersteht als solches, das bei 45° abgeschieden wurde, dieses länger als solches, das bei 40° gefällt wurde, daß die Widerstandsdauer aber in noch viel höherem Grade von der Größe der Stromdichte bestimmt wurde, die bei der Elektrolyse Anwendung fand.[1]

Bei diesen Untersuchungen wurden 0,025 mm starke Chromniederschläge auf Kupfer verwendet; sie wurden gegen eine mit 365 cm Umfangsgeschwindigkeit/Min. rotierende Schleifscheibe von 6 cm Durchmesser und 6 mm Stärke aus Norton emery mit 1 kg Druck gepreßt. Um den Zeitpunkt zu bestimmen, in welchem der Chromüberzug eben abgeschliffen worden war, schnitt man alle 2 Sekunden ein kleines Stück der Probe ab. So konnte die für die Abnützung erforderliche Zeitdauer mit 5% Genauigkeit ermittelt werden. Der Grad der Widerstandskraft gegen die Abnützung wurde durch das Verhältnis der zum Abschleifen erforderlichen Zeiten ausgedrückt.

Die nachstehende Zahlenreihe zeigt, in welch hohem Maße die Abnützungsdauer durch die bei der Elektrolyse angewendete Stromdichte beeinflußt werden kann. Bei der Erprobung diente ein Chromniederschlag, der bei 49° aus einem Elektrolyten gewonnen worden war, welcher 250 g CrO_3 und 3 g $Cr_2(SO_4)_3$ im Liter enthielt.

Kathodische Stromdichte	Verhältnis der Abnützungszeiten	
16 Amp/qdm	1	(läßt sich durch harten Stahl ritzen)
31 „	6	
49 „	9	
62 „	43	(härter als Feilenstahl)
78 „	26	
93 „	24	
109 „	23	

Die Widerstandskraft steigt zunächst sehr rasch mit steigender Stromdichte, erreicht ein Maximum und sinkt dann wieder, aber langsamer. Das Maximum wurde bei:

	Kathodische Stromdichte	Verhältnis der Abnützungszeit
40° bei rund	50 Amp/qdm	63
45° „ „	60 „	70
50° „ „	78 „	76

[1] Chem. Metallurg. Eng. XXXVIII, 386, 445 (1931); Metal Ind. Lond. XXXV, 619 (1929).

erreicht. Die Abnahme bei weiterer Stromdichtesteigerung glaubt Piersol etwa einer Sprödigkeitszunahme, vielleicht infolge zu starker Wasserstoffabsorption zuschreiben zu sollen.

Die Rolle, welche der Wasserstoffgehalt auf die Härte des Elektrolytmetalls ausübt, ist noch nicht geklärt, darauf ist im vorhergehenden schon mehrmals hingewiesen worden (s. z. B. S. 91). Nach Guichard, Clausmann, Billon und Lanthony[1] ist die Härte des Elektrolytchroms (ebenso wie die der Metalle der Eisengruppe) unabhängig von ihrem Wasserstoffgehalt. Sie steht in keinem direkten Zusammenhang mit der Größe des Wasserstoffgehaltes — härteres Chrom enthält oft weniger Wasserstoff. Der Wasserstoff läßt sich aus Elektrolytchrom bei mäßiger Temperatur im Vakuum nahezu quantitativ austreiben, ohne daß die Härte des Metalls abnimmt.

Eine aus chromsulfathaltiger Lösung von 240 g Cr_3/l mit 26 Amp. kathodischer Stromdichte hergestellte Probe schloß z. B. 320 ccm Wasserstoff pro 1 g Cr ein und wies eine Härte von 485° Brinell auf. Der Wasserstoff ließ sich bei niederer Temperatur im Vakuum nur bei mehrtägiger Behandlung allmählich und wohl nur darum nicht quantitativ austreiben, weil das Ende nicht abgewartet wurde. Bei einer Temperaturerhöhung begann die Härte etwas vor 300° abzunehmen, sie betrug aber bei 320° noch immer 435°, obwohl 95% des Wasserstoffs ausgetrieben war. Die Härte war bei dieser Temperatur noch höher als die ursprüngliche Härte einer zweiten Probe, die mehr Wasserstoff einschloß (400 ccm/g). Bei Erhitzung auf hohe Temperaturen sank die Härte auf 168° Brinell.

Der Wasserstoffgehalt von Chromüberzügen ist so groß, und ein Teil derselben ist so leicht auszutreiben, daß man Gasblasen, wie in Sodawasser, aufperlen sieht, wenn man einen Streifen verchromten Metalls unter Wasser biegt.

d) Die Praxis der Verchromung.

Von den Besonderheiten, welche die elektrolytische Verchromung aufweist, sind die markantesten: die Notwendigkeit, unlösliche Anoden zu verwenden, während die Galvanostegie gewöhnlich mit löslichen Anoden durchgeführt wird, die damit verbundene Abnahme der Chromsäurekonzentration bei länger andauernder Elektrolyse, die hohen Stromdichten, die zur Anwendung kommen müssen, die sehr geringe Streukraft der Bäder, die sehr niederen Stromausbeuten, mit denen sich glänzende, harte Niederschläge gewinnen lassen, endlich die hohe Empfindlichkeit des Prozesses gegen Veränderungen der Arbeitsbedingungen, insbesondere des Konzentrationsverhältnisses der Fremdanionen zur Chromsäure, der Temperatur und der Stromdichte.

[1] Compt. rend. CXCVI, 1660 (1933).

Die meisten der Fehlresultate, die man anfangs erzielte, waren darauf zurückzuführen, daß man, die Schwierigkeiten der Herstellung so hoher Stromdichten unterschätzend, nicht genug Sorgfalt auf Kontaktgebung verwandte und daß man bei einem Bade von so schlechter Tiefenwirkung keine hinreichend gleichmäßige Stromverteilung über die ganze Kathodenfläche herstellte. Verhältnismäßig kleine Potentialdifferenzen, welche durch zu wenig innige Kontaktverbindung der stromführenden Teile mit dem Werkstück oder durch die Anwendung zu wenig zahlreicher Kontaktstellen an den Kathoden von Stelle zu Stelle auftreten, spielen bei einem Prozeß, dessen Ergebnis in so hohem Maße von der Höhe der Stromdichte beeinflußt wird, eine ungewöhnlich große Rolle. Allerbeste Kontaktgebung, möglichst genaue Anpassung der Anoden- an die Kathodenform und die richtige Bemessung der Größe der Anoden bilden besonders bei der Verchromung größerer oder profilierter Kathoden eine Grundbedingung für die Erzielung gleichmäßiger Resultate. Selbst auf ebenen, beiderseitig von parallelen Anoden eingeschlossenen Kathoden ist (s. S. 78f.) die Stromverteilung keine ganz gleichförmige und bleibt bei so mangelhafter Streukraft unkorrigiert. Da die Chromniederschläge aber noch dazu in viel geringeren Schichtstärken erzeugt werden, als andere elektrolytische Überzüge, weil ihre Hauptvorzüge, die Härte und der unverändert bleibende Glanz, schon durch ganz dünne Bedeckung zu erzielen sind, kommt es infolge ungleichförmiger Stromverteilung leicht dazu, daß Teile der Kathode ganz ungedeckt oder doch nur so schwach gedeckt werden, daß der Schutz des Überzuges unzureichend ist.

Die Fehler der Galvanisierung lassen sich aber nachträglich nicht wieder gutmachen, weil elektrolytische Niederschläge auf Chrom nicht haften. Man kann also verchromte Stücke nicht wieder verchromen. Hat man ein Fehlresultat erhalten, so bleibt nichts übrig, als die Verchromung erst vollständig wieder zu entfernen und das Werkstück frisch in Arbeit zu nehmen.

Daß eine besonders sorgfältige Entfettung und Reinigung der Verchromung vorauszugehen hat, braucht nicht erst unterstrichen zu werden, aber auch auf gut vorgereinigten Oberflächen erhält man nicht immer guthaftende Chromüberzüge. An vielen Stahlsorten, insbesondere solchen, die Chrom enthalten oder kohlenstoffreich sind, an Aluminium und so weiter haftet Chrom meist nur schlecht. Um sicher guthaftende Überzüge zu erhalten, verkupfert oder vernickelt man die Werkstücke vor der Verchromung.

Die besten Chromüberzüge erhält man, wenn man erst schwach vernickelt, dann eine Verkupferung aufbringt, die stark genug ist, daß man sie polieren oder „kratzen“ kann, um sie in alle kleinsten Unebenheiten und Fugen zu verschmieren. Nach einer Entfettung und Reinigung vernickelt man abermals und verchromt erst diese zweite Nickelschicht.

Größere innere Spannungen führen in dünnen, guthaftenden Chromüberzügen zur Bildung zahlreicher Haarrisse, bei stärkeren oder bei schlechthaftenden Überzügen gelegentlich zur Ablösung. Der Schutzwert der Chromüberzüge nimmt deshalb in keinem einfachen Verhältnis mit der Dicke der Chromschicht zu. Mit dem Dickenwachstum vergrößert sich anfangs die innere Spannung, weil die aufeinanderfolgenden Schichten, in ähnlicher Weise, wie dies beim Nickel, beim Eisen usw. der Fall ist, verschiedene Spannung besitzen. Angaben, die man in der Literatur darüber findet, daß etwas stärkere Chromschichten infolge solcher Haarrißbildungen schlechter decken als bloß 0,0005 bis 0,001 mm starke, darf man indessen nicht generalisieren, denn die Größe der inneren Spannungen und der Grad ihrer Änderung von Schicht zu Schicht wechselt mit den jeweils eingehaltenen Arbeitsbedingungen.

Um zu prüfen, ob die Arbeitsbedingungen solche sind, daß größere innere Spannungen auftreten oder nicht, beobachtet man entweder den Grad und die Richtung der Ausbiegung, den dünne Probekathoden erfahren, im Kontraktometer (s. S. 95) mittels eines kleinen Mikroskops — eine Beobachtungsmethode, welche sich mit großer Präzision durchführen läßt — oder man verchromt Kupferstreifen im Bade, löst dann das Kupfer mittels Salpetersäure und gewinnt aus der auftretenden oder ausbleibenden Formveränderung einen ungefähren Anhaltspunkt über die Kontraktion, die vorhanden ist, zugleich auch über Duktilität und Dichte der Chromschicht.

Zellengefäße und Anoden.

Anfangs wurde die Verchromung wohl vorwiegend in Eisengefäßen mit Eisen- oder Stahlanoden durchgeführt. Von der Chloratelektrolyse her war es bekannt, daß Eisengefäße gegen chromat- bzw. bichromathaltige, schwach saure Lösungen hinreichend widerstandsfähig sind. Auch daß man sie ohne besondere Vorsichtsmaßnahmen von außen heizen, die Zellenwände gelegentlich sogar als Anoden verwenden kann, ist sehr bequem.

Die Erfahrung lehrte aber bald, daß Eisen- und Stahlanoden nicht nur Eisenmengen an das Bad abgeben, welche die Arbeitsbedingungen merklich verschlechterten, sondern daß auch der $Cr^{\cdots}$-Gehalt der Lösung bei Verwendung solcher Elektroden ansteigt, was gleichfalls als ungünstig angesehen wird. Deshalb ging man fast allgemein zur Verwendung von Bleianoden über, die man (s. o.) aus reinem Blei oder mit 6% Antimonzusatz herstellt und vorzugsweise in Form stärkeren Blechs verwendet, wenn es sich um die Verchromung von Blechen handelt.

Die Anpassung der Form der Anoden an die Form der zu verchromenden Stücke, die Bemessung und Einordnung von Hilfsanoden bei der Verchromung profilierter Stücke erfordert Übung und Geschick.

Auch die Badgefäße werden gegenwärtig innen meist mit Bleifolie oder mit Glasplatten ausgekleidet oder man verwendet Zellen mit Hartgummiüberzug, deren Inhalt man aber dann entweder durch Innenheizung mit Heizschlangen aus Blei o. dgl. anheizt oder mittels eines Wassermantels.

An einer oder zwei Seiten des Bades werden die Säuretröpfchen, welche der Gasstrom aus dem Bade reißt, durch einen starken Luftstrom abgesaugt, den ein Exhaustor erzeugt. Dazu hält man das Niveau der Badlösung mindestens 20 bis 25 cm unter dem Zellenrand und ordnet die Saugrohre (von 25 bis 50 mm ∅) knapp unter dem Zellenrand an. Die Saugwirkung erstreckt sich bei gutem Zug auf 40 bis 50 cm Abstand. Statt bei breiten Zellen von beiden Seitenwänden aus zu saugen, kann man von der Mitte aus beiderseitig absaugen.

Badlösungen.

Zumeist wird ein Elektrolyt aus

250 bis 300 g CrO_3/l
2,5 „ 3 „ H_2SO_4/l

verwendet. Bei geringerem Schwefelsäuregehalt streut das Bad zwar besser, aber man erhält leicht fleckige Niederschläge. Die Bevorzugung der angeführten Chromsäurekonzentration gründet sich auf die Erfahrung, daß sowohl der Glanzbereich, als die Streuung in diesem Konzentrationsintervall ihr Maximum erreichen. Je schwerer es ist, die Stromdichte im Einzelfall über die ganze Kathodenfläche gleichmäßig zu verteilen, um so wichtiger wird es, unter Bedingungen zu arbeiten, unter denen der Glanzbereich möglichst groß ist und die Durchschnittsstromdichte derart zu bemessen, daß sie etwa in die Mitte des Glanzbereiches fällt. Die Abb. 80, 81 und 82 können dabei als Führer dienen.

Ein Ersatz der Schwefelsäure durch Sulfate findet selten statt, auch nicht durch Zink- oder Cadmiumsulfat, obwohl diese (s. S. 236) befähigt wären, die Tiefenwirkung etwas zu verbessern. Die zu geringe Kenntnis andrer Nebenwirkungen, welche mit der Heranziehung fremder Metallkationen verbunden sein kann, mag dies motivieren. Fremdkationen gelangen aber auch aus den Werkstücken ins Bad, besonders wenn man die Stromverbindung — was nicht empfehlenswert ist — erst herstellt, nachdem man sie ins Bad einführt, wenn man bei höheren Temperaturen arbeitet usf.

Von den anderen Badzusätzen, die gelegentlich empfohlen worden sind, macht die Technik keinen Gebrauch, sondern wendet rationellerweise die einfachst mögliche Badzusammensetzung an.

Ein indifferenter Zusatz, der die Nebel- und Tropfenbildung verringern oder gar verhindern würde, wäre wertvoll, doch ist kein Stoff bekannt, der diesem Zweck entsprechen könnte. Die Badlösung mit Petroleum oder Öl zu überschichten, bringt keine nennenswerte Hilfe, aber den Schaden, daß die Werkstücke beim Ein- und Ausheben verunreinigt werden.[1]

Bei keiner anderen Elektrolyse wird das Aussehen und die Qualität des Niederschlages durch Veränderungen der Arbeitstemperatur und der Stromdichte so schnell und so stark verändert wie bei der Verchromung. Da jeder Temperatur eine andre günstige Stromdichte entspricht, läßt sich von vornherein weder angeben, welche Temperatur oder welche Stromdichte zu empfehlen ist. Wenn die eine Variable gewählt ist, läßt sich aber den Abb. 80, 81 und 82 entnehmen, wie die andre Variable zu regeln ist.

Bei der Verchromung profilierter Stücke wird man in Gebieten größeren Glanzbereiches, aber doch nicht zu geringer Streuung zu arbeiten suchen, also meist einen Mittelweg zwischen höherer Temperatur (bei welcher der Glanzbereich breiter, die Streuung und Stromausbeute kleiner sind) und jenen Bedingungen (größere Verdünnung, tiefere Temperatur) wählen, bei welchem Streuung und Stromausbeute steigen. Bei der Verchromung ebener Bleche lassen sich leichter höhere Temperaturen anwenden.

Eine Steigerung der Temperatur von 45 auf 60° läßt die Vervierfachung der Stromdichte und damit eine wesentliche Verkürzung der Elektrolysedauer zu. Die Steigerung der Stromdichte bewirkt, daß die Stromausbeuten in beiden Fällen voneinander nur wenig abweichen; dennoch ist der Energieverbrauch bei höherer Temperatur infolge vermehrter Badspannung größer.

Nach Piersol (s. S. 241) kann man bei 50° härtere Chromschichten erhalten als bei 45°, bei dieser Temperatur härtere als bei 40°, doch nimmt die Breite des Stromdichtenintervalls, innerhalb dessen man gute, harte Niederschläge erhält, mit steigender Temperatur ab.

Die Praxis geht gewöhnlich der Anwendung besonders hoher Temperaturen aus dem Wege. Am häufigsten wird die Elektrolyse bei 45 bis 55°, selten bei 60°, fast niemals bei noch höherer Temperatur durchgeführt. Es empfiehlt sich, die Werkstücke vor dem Einhängen auf die Badtemperatur zu bringen. Auf Konstanthaltung der Temperatur ist viel genauer zu achten als bei irgendeinem andern galvanostegischen Prozeß; dem kann man aber bei höheren Temperaturen, bei welchen man viel höhere Stromdichten anwendet, schwerer nachkommen als bei mittelhohen Temperaturen.

[1] Bei der Zinkraffination hat Tainton den Zusatz von Stoffen empfohlen, die einen haltbaren Schaum auf der Badoberfläche bilden. Bei der Verchromung haben derartige Stoffe bislang keine Verwendung gefunden.

Neuerdings wird der Kaltverchromung wieder mehr Aufmerksamkeit gewidmet. Sie ist insofern schwerer durchzuführen, als das „Glanzchromgebiet" bei 16 bis 20^0 (s. oben) enger ist, man kann bei tieferen Temperaturen auch nur geringere Stromdichten zur Anwendung bringen (s. Abb. 80), aber der Energieverbrauch ist ein etwas geringerer, die Streukraft und die Stromausbeute werden etwas erhöht, die Kosten und die Unbequemlichkeit der Heizung werden erspart und es werden vor allem viel weniger ätzende Dämpfe entwickelt, welche das Arbeiten so unangenehm gestalten und die Anwendung besonders wirksamer Ventilatoren erheischen.[1]

Von verschiedenen Seiten ist es empfohlen worden, die Stromdichte im Beginn anders zu bemessen, um eine gleichmäßigere Bedeckung zu erzielen. Die einen empfehlen, einen kurzen, starken Deckstrom zu verwenden, die andern empfehlen hingegen, mit niedrigerer Stromdichte zu beginnen und sie dann zu steigern. Eine solche Arbeitsweise, die im Laboratorium oft viel verspricht, ist im Betrieb nicht nur sehr unbequem, sondern mit Rücksicht auf innere Spannungen, Schichtenbildungen usw., welche in den Niederschlägen auftreten können, nicht ganz unbedenklich.

Von der Verchromung wird allgemein verlangt, daß sie hohen Glanz aufweist. Eine nachträgliche Glanzerhöhung matt ausfallender Stücke ist bei einem so harten Metall unbequem (s. indes Abb. 83 d), bei sehr rauhem oft praktisch gar nicht durchzuführen. Umso wichtiger ist es, die Elektrolyse derart zu leiten, daß sie allerorts glänzende Niederschläge liefert, die sich, wenn es noch notwendig ist, ohne Schwierigkeit polieren lassen. Erleichtert wird dies durch entsprechende Bearbeitung der Metalloberflächen vor der Galvanisierung. Das Vorpolieren bildet denn auch meist einen Teil der Vorbereitung, der noch dadurch an Wichtigkeit gewinnt, daß die Tiefenwirkung erfahrungsgemäß auf polierten Stücken eine größere ist.

Verchromungen werden vorwiegend nur in ganz dünnen Schichten hergestellt. Kommt es zur Hauptsache auf den Glanz an, so genügen Schichtstärken von etwa 0,001 mm. Man stellt zwar noch viel schwächere Verchromungen her, doch können diese nicht als sehr beständig angesehen werden. Für die Verwendungszwecke, bei denen die Härte des Metalls und sein Widerstand gegen mechanische Abnützung ausschlaggebend sind, muß man entsprechend stärkere Niederschläge herstellen. Niederschläge von 0,025 mm gelten schon als sehr starke Überzüge.

Eine exakte Kontrolle der erzeugten Niederschlagsstärke ist, besonders bei nicht ganz gleichförmiger Stromverteilung, kaum möglich. Sie wird noch dadurch erschwert, daß die Stromausbeute um so tiefer sinkt, je länger man die Elektrolyse fortsetzt. Man verwendet gewöhn-

---

[1] cf. hierzu z. B. Macchia u. Raffaeli, Ind. Meccanica XV, 793 (1933).

lich empirisch aufgestellte Tabellen, um zu berechnen, wie lange man bei bestimmter Temperatur und Stromdichte die Elektrolyse fortzusetzen hat, um die gewünschte Niederschlagsstärke zu erhalten.

Bei Herstellung starker, etwa millimeterdicker Chromüberzüge bildet das Metall, besonders an Kanten und Spitzen leicht Knospen und Rosen.

Die erzielbaren Stromausbeuten bewegen sich praktisch innerhalb der Grenzen 10 bis 20% (die obere Grenze wird etwa bei 25° und 12 Amp/qdm erreicht) meist halten sie sich zwischen 12 und 13%, so daß man pro Amperestunde mit der Abscheidung von rund 0,04 g zu rvchnen hat (bei 100%iger Stromausbeute würden 0,3234 g pro Amp.-Stunde abgeschieden werden). Das spezifische Gewicht des Chroms beträgt 6,5. Pro Amperestunde werden also auf dem Quadratdezimeter Kathodenfläche bei 13% Stromausbeute rund 0,0006 mm starke Niederschläge erzeugt. Da man Stromdichten von 10 bis 60 Amp. praktisch zur Wirkung bringt, lassen sich schwache Verchromungen in 3 bis 15 Minuten herstellen, mittelstarke in etwa 30 Minuten.

e. Die analytische Kontrolle der Badzusammensetzung.

Die Analyse der Bäder erstreckt sich auf die Bestimmung des Gehaltes an CrO_3, SO_4, vor allem des Verhältnisses CrO_3/SO_4 und der Konzentration an $Cr^{\cdots}$, allenfalls $Fe^{\cdots}$.

Zur ungefähren Bestimmung der CrO_3-Konzentration kann, wie S. 235 angedeutet wurde, die Messung des spezifischen Gewichtes mittels eines Aräometers dienen, die jeweilige Konzentration reiner, bzw. 1% Schwefelsäure enthaltender Lösungen läßt sich dann bei 15° nach Abb. 84 abschätzen. Für Lösungen, die mehr als 500 g/l enthalten, wendet man besser ein Piknometer als ein Aräometer an; doch kommt dieser Fall praktisch, wo in der Regel Lösungen von 200 bis 350 g/l verwendet werden, kaum vor. Innerhalb letzterer Grenzen nimmt das spezifische Gewicht von 1,14 auf 1,27 zu, es verändert sich also schnell genug, um größere, nicht aber um kleinere Konzentrationsänderungen verfolgen zu lassen, solange die Konzentration der Schwefelsäure sich nicht ändert und keine größeren Mengen von Reduktionsprodukten oder von Eisen ins Bad gelangen. Tritt letzteres ein, oder handelt es sich darum, das Verhältnis CrO_3/SO_4 genauer zur kontrollieren, so reicht die Dichtebestimmung nicht aus. Man bestimmt die CrO_3-Konzentration dann auf titrimetrischem Wege. Man reduziert dazu z. B. die Chromsäure durch überschüssige Ferroammonsulfatlösung bestimmter Konzentration und ermittelt die Menge unverbraucht gebliebenen Ferrosalzes durch Titration mittels Kaliumpermanganat. Nach:

$$2\,CrO_3 + 6\,FeSO_4 + 6\,H_2SO_4 = Cr_2\,(SO_4)_3 + 3\,Fe_2\,(SO_4)_3 + 6\,H_2O$$

werden 3 Mol Ferrosulfat zur Reduktion eines Mols Chromsäure verbraucht.

Die Ferroammonsulfatlösung wird durch Auflösung von zirka 40 g $FeSO_4 . (NH_4)_2 SO_4 . 6 H_2O$ im Liter unter Zusatz von 75 ccm Schwefelsäure vom spezifischen Gewicht 1,84 bereitet. Ihr Titer wird mit Kaliumbichromatlösung gestellt, die man durch Auflösung von 5,884 g des in der Hitze getrockneten Bichromats in einem Liter gewinnt, sie ist hinsichtlich CrO_3 0,04-n.

Zur Titerstellung verdünnt man 25 ccm letzterer Lösung, die 0,001 Mol, oder 0,1 g CrO_3 enthält auf 300 ccm, setzt 25 ccm konzentrierte Schwefelsäure zu, läßt abkühlen, fügt 50 ccm der zu stellenden Ferroammonsulfatlösung zu und bestimmt den Überschuß an Ferrosalz mit Kaliumpermanganatlösung, die 3,2 g $KMnO_4$ im Liter enthält, bis zum Auftreten der Rosafärbung.

Hat man derart den Titer der Ferroammonsulfatlösung gestellt, so verwendet man zur Analyse 10 ccm der Badlösung, filtriert sie erforderlichenfalls durch Asbest, verdünnt auf 500 ccm und verwendet 25 ccm dieser Lösung für die Titration, setzt wieder Schwefelsäure und 50 ccm der Ferrosalzlösung zu und titriert den Überschuß mit Kaliumpermanganat zurück.

Statt die Titration in der beschriebenen Art durchzuführen, kann man CrO_3 auf ebenso genaue Art jodometrisch bestimmen oder man versetzt 1 ccm der entsprechend verdünnten Badlösung mit 10 ccm Phosphorsäure vom spezifischen Gewicht 1,37 (1 : 1) und 6 bis 8 ccm einer Lösung von 0,1 g Diphenylbenzin in 10 ccm konzentrierter Schwefelsäure, die mit Eisessig auf 100 ccm gebracht wurde. Man setzt nach einigen Minuten zirka 3 g kristallisiertes Natriumazetat zu und titriert mit 0,2-n. Ferroammonsulfatlösung bis zum Verschwinden der aufgetretenen Blaufärbung. 1 ccm 0,2-n. Ferrosulfatlösung entspricht 0,00666 g CrO_3. Diese Titration ist schneller durchzuführen als die erstbeschriebene und ihre Genauigkeit reicht für technische Zwecke aus.

Viel weniger bequem ist die Bestimmung des SO_4. Die direkte Fällung mit Chlorbarium ist zu ungenau, weil das ausfallende Bariumsulfat stets kleine Mengen von Bariumchromat einschließt. Das SO_4 läßt sich deshalb erst nach Reduktion der Lösung zu Salzen des dreiwertigen Chroms mittels Chlorbarium bestimmen. Man nimmt dazu etwa 10 ccm Badlösung, verdünnt auf 100 bis 150 ccm, setzt 10 ccm Salzsäure (1,18 spezifisches Gewicht) und 10 ccm Äthyläther zu und erhitzt so lange zum Sieden, bis das erstgebildete, charakteristisch riechende Aldehyd völlig ausgetrieben ist, setzt dann in der Hitze Chlorbariumlösung zu, filtriert nach völligem Absetzen, das, selbst in der Hitze, viele Stunden in Anspruch nimmt, trocknet und wägt. Man erhält immer zu niedere Resultate, um so niedrigere, je schneller man die Bestimmung durchführt, die Größe des Fehlers wird erst erträglich, wenn man die Einwirkung einen Tag lang dauern läßt.

Schneller und genauer läßt sich die Bestimmung nach Reduktion mittels Hydroxylamins durchführen. Man wendet dazu 10 bis 20 ccm Badlösung an, setzt nach mäßiger Verdünnung 25 ccm Eisessig und 2 ccm konzentrierter Salzsäure zu und läßt dann vorsichtig unter stetem Schwenken salzsaures (schwefelsäurefreies!) Hydroxylamin in geringem Überschuß zu. Man verdünnt dann auf 150 ccm, erhitzt zum Sieden, um die Stickoxyde auszutreiben, fällt mit Chlorbarium, läßt etwa eine Stunde lang in der Hitze absitzen, filtriert, wäscht zur Entfernung rückgehaltenen Chromsalzes mit 1%iger Salzsäure, dann mit Wasser nach, trocknet, glüht und wägt.

Statt mit Hydroxylamin, kann man die Reduktion auch durch Wasserstoffsuperoxydzusatz vornehmen.

Derartige gravimetrische Bestimmungen nehmen immer viel Zeit in Anspruch. In kürzerer Zeit lassen sich hinreichend genaue Resultate durch Ausschleudern erzielen. Man schleudert dazu die, nach der Fällung mittels Bariumchlorids, trübe Lösung in einer Zentrifuge aus und verwendet dabei Röhren, die in einen engen, graduierten Ansatz auslaufen. Unter der Wirkung der Zentrifugalkraft sammelt sich das schwere Bariumsulfat dort an und seine Menge kann durch Ablesen an der Gradeinteilung abgeschätzt werden.

Eine andere schnell durchführbare Bestimmungsmethode mittels des Turbidometers ist von Willard und Schneidewind[1], Stout und Petchaft[2] ausgearbeitet und beschrieben worden. Nach ersteren wird das Bariumsulfat erst nach einer Reduktion der Lösung gefällt, während letztere die Fällung ohne weitere Vorbehandlung mittels Chlorstrontiums vornehmen. In einer von Parr angegebenen Anordnung wird dann die trübe Lösung nach und nach bis zu solcher Höhe in ein von unten mittels einer kleinen Lampe erleuchtetes Rohr eingefüllt, daß der, anfangs deutlich sichtbare Lichtkreis verschwindet. Die Höhe, bis zu welcher man das Rohr dazu auffüllen muß, gibt ein Maß für die Trübung und also für den SO_4-Gehalt der Lösung.

Der $Cr^{\cdot\cdot\cdot}$-Gehalt der Badlösung wird nach Bestimmung der ursprünglich vorhandenen CrO_3, Aufoxydation und nochmaliger Bestimmung des CrO_3 aus der Differenz ermittelt.

VIII. Silber.

In der Elektroraffination wird Silber kathodisch in reinster Form aus verdünnter, schwach saurer Silbernitratlösung gewonnen. Für die Versilberung eignet sich ein solcher Elektrolyt aber nicht, weil er keine glatten, dichten Niederschläge liefert und auch weil die Konzentration

[1] Trans. Amer. electrochem. Soc. LVI, 333 (1929).
[2] Trans. Amer. electrochem. Soc. LVI, 351 (1929).

der Silberionen darin eine so hohe ist, daß Kathoden aus unedlem Metall Silber aus der Lösung schon ohne äußere Stromwirkung in lockerer, unscheinbarer Form daraus fällen würden. Durch Kunstgriffe, wie äußerst lebhafte Bewegung, Zusatz von Kolloid u. dgl. kann man es zwar erreichen, daß das Silber auch aus Silbernitratlösungen nicht in der bekannten verästelten, sondern in kompakterer Form ausfällt, ohne doch Niederschläge daraus herstellen zu können, welche den Ansprüchen der Galvanostegie genügen. Aus komplexen Salzlösungen, in welchen die Konzentration der Silberionen ganz außerordentlich nieder bleibt, ist es hingegen ein leichtes, glatte, dichte, guthaftende Silberüberzüge herzustellen; auch die Verdrängung des Silbers durch unedlere Metalle tritt in solchen Lösungen, in den praktisch in Betracht kommenden Fällen, nicht in Erscheinung.

Das Silberion bildet mit einer Reihe von Radikalen, z. B. mit Ammoniak und seinen Derivaten, Thiosulfat-, Zyan-, Rhodanion, auch mit Jod- und Nitrition, komplexe Ionen von großer Beständigkeit. Die Leichtigkeit, mit welcher sie entstehen, erkennt man daran, daß schwerlösliche Silbersalze, wie Zyansilber, Chlorsilber usw., von den Salzlösungen, welche die angeführten Anionen enthalten, glatt gelöst werden. Bodländer hat[1] aus dem Löslichkeitsgrade und seiner Beeinflussung durch Konzentrationsänderung des Komplexbildners einerseits, aus der Bestimmung der Konzentration des freien Silberions anderseits (durch Messung des Potentials der Silberelektrode) u. a. die folgenden komplexen Silberionen in Lösung nachgewiesen:

$$Ag(CN)_2{}',\ Ag(CN)_3{}''$$
$$Ag(NH_3)_2{}^{\cdot}$$
$$Ag(S_2O_3)_2{}''',\ Ag(S_2O_3)_3{}'''''$$
$$Ag(CNS)_2{}',\ Ag(CNS)_4{}'''$$

Für die Versilberung hat man bisher fast ausschließlich Lösungen der Alkali-Silber-Doppelzyanide: $KAg(CN)_2$, $NaAg(CN)_2$ mit überschüssigem Zyanid und gelegentlich mit Zusätzen verwendet. Solche Lösungen enthalten die Komplexsilberionen der ersten Reihe. Das Silber tritt also ins Anion, und Silberionen $Ag^{\cdot}$ werden aus diesen nur in sehr geringer Menge durch schwache Dissoziation nach:

$$Ag(CN)_2{}' \rightleftarrows Ag^{\cdot} + 2\,CN'$$
$$Ag(CN)_3{}'' \rightleftarrows Ag^{\cdot} + 3\,CN'$$

gebildet. Durch gleichionige Zusätze, also durch Vermehrung der Konzentration an freiem Zyanid, muß nach diesen Gleichgewichtsbedingungen die Silberionenkonzentration verringert werden.

---

[1] Bodländer und Fittig, Z. physik. Chem. XXXIX, 605 (1902); Bodländer, Ber. XXXVI, 2878 (1903).

Während Silber in Lösungen, welche an $Ag^{\cdot}$ 1-n. sind,

bei 25° C das Potential von	+ 0,79 Volt	aufweist, ist dasselbe
in 0,25-n. $KAg(CN)_2$-Lösung	+ 0,15 Volt	
„ 0,25-n. $KAg(CN)_2$ + 0,25-n. KCN	— 0,217 „	
„ 0,25-n. $KAg(CN)_2$ + 0,25-n. KCN	— 0,369 „	

Die Konzentrationen der $Ag^{\cdot}$-Ionen berechnen sich daraus im ersten Falle zu rund 10^{-11}, sie sinken bei Zusatz von 0,025-n. KCN auf 10^{-17}, beim zehnfachen Zusatz auf 10^{-20}.

Bei Verdünnung von Silberdoppelzyanidlösungen, welche nur wenig oder gar kein überschüssiges Zyanalkalisalz enthalten, steigt die Silberionenkonzentration rascher an, als dies bei bloßem Vorhandensein der einfachen Komplexverbindungen und bei Ausschluß von Nebenreaktionen möglich wäre. Um die Silberionenkonzentration zu verringern, setzt man der Lösung besser überschüssiges Alkalizyanid zu.

Die aufgeführten Zahlen zeigen an, daß die Metallionenkonzentration zwar äußerst gering, immer aber noch merklich größer ist als in den entsprechenden Kupfersalzlösungen. Die Stromdichtespannungkurve steigt viel steiler an als bei Kupfer (s. Abb. 61, S. 132), ein Zeichen dafür, daß geringere Hemmungen bei der Metallabscheidung zu überwinden sind. Dies steht mit den S. 38f erwähnten Versuchen Leblancs im Einklang, welche keine Verzögerung bei der Bildung neuer Silberionen nachweisen ließen.

So klein die Silberionenkonzentration in Lösungen ohne Zyanidüberschuß auch ist, bleibt sie doch groß genug, daß Silber daraus durch Schwefelwasserstoff als Sulfid ausgefällt, und daß es durch Eisen, Stahl und gar durch Zink in metallischem Zustand verdrängt wird. Bei Zusatz überschüssigen Zyanids erlangt Silber aber ein unedleres Potential als Stahl und Eisen. Man kann deshalb Eisen und Stahl mit genügendem Zyanidüberschuß direkt versilbern, erhält aber ohne solchen Überschuß keine darauf guthaftenden glatten Niederschläge.

Ein oft verwendeter Kunstgriff, die Metallabscheidung durch Verdrängung aus Silbersalzlösungen zu hemmen, besteht darin, das betreffende Kathodenmetall zu verquicken, ehe man es ins Silberbad einhängt.

In der Spannungsreihe wird Silber zwar zwischen Quecksilber und Platin aufgeführt, es besitzt aber in Zyanidlösungen ein unedleres Potential als Quecksilber. Deshalb können auch unedlere Metalle Silber nicht ausfällen, wenn sie mit einer nur hauchdünnen, aber zusammenhängenden Quecksilberschicht bedeckt sind.

Derartige Quecksilberschichten fallen auf den gut vorgereinigten Kathodenmetallen: Kupfer, Messing, Zink, Neusilber (einer Zink-Kupfer-Nickellegierung), Blei aus, wenn man sie einige Sekunden lang in eine Lösung taucht, welche:

$$5 \text{ bis } 10 \text{ g } KHg(CN)_2 \text{ und } 10 \text{ bis } 45 \text{ g } KCN^{1}$$

im Liter enthält.

Eine längere Einwirkung ist zu vermeiden, weil der Silberniederschlag nur dann gut haftet, wenn die Quecksilberschicht bloß hauchdünn ist. Auf unvollkommen vorgereinigten Metallen fällt das Quecksilber ungleichmäßig und fleckig aus. Die Verquickung ist somit zugleich eine Probe für die Vorreinigung[2].

Eisen, Stahl und Nickel lassen sich in der Zyanidlösung nicht verquicken. Mit Messing erhält man Mißerfolge, wenn das Werkstück nicht absolut frei von Sprüngen und kleinen Haarrissen ist, weil diese durch die Verquickung nachträglich verbreitert werden.

Die dünne Quecksilberschicht schützt die überzogenen Metalle auch vor einer Oxydation vor dem Einhängen in das Silberbad, ein Vorzug, der zuweilen von Wert ist. Aus der zyanidhaltigen Verquickungslösung lassen sich die Kathoden ohne weiteres in das Silberbad bringen.

Die Haftintensität des Silbers wird durch schwache Verquickung nicht erniedrigt, auf manchen Kathodenmetallen soll sie durch Amalgambildung sogar erhöht werden; doch liegen hierüber keine zahlenmäßigen Angaben vor.

In ihrer Zusammensetzung ähneln die Silberbäder den Kupferdoppelzyanidbädern, das Alkalidoppelzyanid bildet in beiden den Grundbestandteil des Bades. Verwendbar sind sowohl das Kalium- wie das Natriumsalz. Letzteres ist billiger, es wird in Amerika bevorzugt, während man in Europa vorwiegend Kaliumsalz verwendet.

Zum Unterschiede von den Kupferbädern ändert sich im Silberbade die Kathodenpolarisation nur langsam mit schwankendem Doppelzyanidgehalt. Bevorzugt wird immerhin ein Bad, das 22 bis 25 g Ag im Liter in Form von Doppelzyanid enthält.

Überschüssiges Natrium- oder Kaliumzyanid wird zugesetzt, um die Leitfähigkeit des Bades zu erhöhen und um die $Ag^{\cdot}$-Ionenkonzentration herabzudrücken. Das Kaliumzyanid liefert, ceteris paribus, besser leitende Lösungen. Dies und der Umstand, daß Kaliumkarbonat, in welches das Zyanid an kohlensäurehältiger Luft mit der Zeit übergeht, besser löslich ist, als die entsprechende Natriumverbindung, motiviert die Bevorzugung des Kaliumsalzes bei der Versilberung.[3] Anderseits soll

[1] Brauchbar, aber für vorliegenden Zweck weniger zu empfehlen, weil sie das Silberbad verunreinigen können, sind schwach saure Sublimat oder Quecksilbersulfat enthaltende Lösungen.

[2] Ist der Quecksilberüberzug ungleich oder fleckig, so muß man ihn durch Erhitzen über 360° wieder entfernen und das Metall abermals reinigen, ehe man die Verquickung wiederholt.

[3] Sanigar, Trans. Faraday Soc. XXIV, 45 (1928).

man nach Mesle[1] bei höheren Stromdichten im Natriumsalzbade schwerer dunkle, „verbrannte" Niederschläge erhalten als bei Anwendung der Kaliumverbindungen; doch wird dies von anderen bestritten.

Der Zyanidüberschuß kann in viel weiteren Grenzen gehalten werden als beim analogen Kupferbad. Nach Sanigar (l. c.) soll das Kathodensilber bei steigendem Zyanidzusatz (bis zu 200% vom Silberdoppelzyanid) weicher, bei noch größeren Zusätzen aber härter ausfallen.

Die Streukraft zyanidreicherer Bäder soll (in Analogie mit dem entsprechenden Kupferbad) größer sein.

Der Hauptunterschied des Silberbades vom analogen Kupferbade besteht darin, daß die kathodische Stromausbeute in ersterem — wohl infolge des edleren Potentials des Silbers — eine nahezu quantitative ist, während es im Kupferbade selbst bei kleinen Stromdichten nicht möglich ist, Kupfer ohne gleichzeitige Wasserstoffentwicklung abzuscheiden. Deshalb kann man bei der Silberelektrolyse höhere Konzentrationen an freiem Zyanid und auch etwas, wenn auch nur wenig, höhere Stromdichten anwenden. Wenn aber die Silberabscheidung auch in sehr zyanidreichen Lösungen kathodisch noch mit guter Stromausbeute durchführbar ist, empfiehlt es sich bei Verwendung von Silberanoden nicht, die Zyanidkonzentration allzu hoch zu treiben, weil sich Silber in Zyanidlösung auch ohne Stromwirkung auflöst. Gewöhnlich wendet man Lösungen an, die 2 KCN auf 1 $AgK(CN)_2$ enthalten. Dieses Mengenverhältnis ist u. a. von Barclay[2] als das günstigste bezeichnet worden. Ein höherer Zyanidgehalt ist nur dann zweckmäßig, wenn man die Verdrängung von Silber durch unedleres Metall erschweren will, wenn es sich z. B. darum handelt, das Kathodenmetall zunächst rasch mit einer ganz dünnen Silberschicht zu überziehen, es zu „decken" bzw. „vorzudecken", oder wenn man härtere Silberniederschläge erhalten will.

Die Wirkung des, nach und nach, von selbst ins Bad gelangenden, meist aber auch von Haus aus dem Bade absichtlich zugefügten Karbonates ist derjenigen beim Kupferbade völlig analog. Sein guter Einfluß besteht darin, die Leitfähigkeit und die Streukraft zu erhöhen und etwas härtere Niederschläge zu bilden. Man kann die Konzentration des Karbonates auf 100 g im Liter und sogar etwas darüber steigen lassen. Zu große Karbonatmengen können durch Ausfrieren oder durch Bariumzyanidzusatz ausgefällt werden.

---

[1] Mesle (Amer. Electroplaters Soc. XV [1928]) gibt an, daß man im Kaliumsalzbad leichter dunkle, „verbrannte" Niederschläge bei höheren Stromdichten erhält. Sanigar ist im Gegenteil der Ansicht, daß man im Zyankaliumbade höhere Stromdichten anwenden kann als im Zyannatriumbade (Metal Ind. XXXIV [1929]).

[2] Trans. Faraday Soc., Sheffield Meeting Vol. XVI, 515 (1921).

Unschädlich bleibt auch eine Beimengung durch Zyanat, ferner die Verunreinigung des Bades durch Chlorid. Letzteres gelangt in dasselbe, wenn man bei der Herstellung des Silberdoppelzyanids von Chlorsilber ausgeht, welches durch Einwirkung von KCN nach:

$$AgCl + 2\,KCN \rightarrow KAg\,(CN)_2 + KCl$$

neben dem gewünschten Doppelsalz auch Chlorkalium bildet.

Die Chloridbeimengung soll dazu führen, daß das Silber heller ausfällt, sie erhöht die Leitfähigkeit des Bades.

Unzweckmäßig erscheint es hingegen, bei der Bereitung des Silberdoppelsalzes von Silbernitrat auszugehen, weil die kathodische Stromausbeute bei Anwesenheit von Nitraten verringert[1] wird. Von allzu langer Dauer ist eine solche schädigende Wirkung freilich nicht, weil das Nitrat mit der Zeit reduziert wird und nach und nach verschwindet.

Erhöhte Temperatur wird bei der Silberelektrolyse, wenn überhaupt, nur in sehr mäßigen Grenzen angewendet. Mit steigender Temperatur sinkt die Streukraft des Silberbades, höhere Temperaturen als zirka 30° C wendet man kaum an. Bevorzugt wird diese Temperatur bei Anwendung höherer Stromdichten, als deren obere praktische Grenze man in schwach bewegten Bädern 1 bis 1,2 Amp/qdm ansieht, während man die Kathoden im kalten ruhenden Bade nur mit etwa 0,3 Amp/qdm belastet.

Aus allen zyankalischen Bädern fällt das Silber in so feinkristalliner Form aus, daß eine Kristallstruktur im Schliffbilde nicht zu erkennen ist. Gleichwohl zeigen Verschiedenheiten der Dichte, der Politurfähigkeit, der Härte (soweit man auf letztere aus dem Verhalten beim Polieren einen Rückschluß ziehen kann; denn exakte Härtebestimmungen sind nicht mitgeteilt worden) an, daß die Korngröße durch die Änderung der Arbeitsbedingungen beeinflußt wird.

So erhält man, wie schon erwähnt, aus sehr zyanidreichen Bädern härtere Niederschläge, und auch bei gesteigerter Stromdichte und mit zunehmendem Karbonatgehalt des Bades fällt härteres, also feinkörnigeres Metall aus, wie es der Regel entspricht (s. I. Abschnitt g und k).

Dichter und härter ist besonders aber das Silber, das aus Bädern mit Glanzzusätzen abgeschieden worden ist. Solche Zusätze werden oft verwendet, weil das Silber, trotz seines feinkristallinen Gefüges, selbst in Form dünner, auf poliertes Metall niedergeschlagener Schichten niemals glänzend, sondern immer nur als samtartiger Belag ausfällt. Es bedarf somit fast stets einer mechanischen Nachbearbeitung, um ihm den gewünschten Glanz zu verleihen. Beim Polieren der fertig versilberten Gegenstände wird immer etwas vom niedergeschlagenen Metall wieder entfernt, die im Bade erzeugte Silberschicht muß also stärker sein

[1] cf. Nichols und Watts, Trans. Amer. electrochem. Soc. XLVIII, 33 (1925).

als sie die fertig polierte Ware aufweisen soll, um so stärker, je rauher das Silber ausfällt, je stärker man also polieren muß. Glanzzusätze ermöglichen es, die Silber- und die Zeitverluste beim Polieren zu verringern, sie sind besonders wirksam, wenn es gilt, Gegenstände zu versilbern, welche auch in Fugen glänzen sollen.

Der älteste, lange hindurch der einzig verwendete Glanzzusatz, ist Schwefelkohlenstoff, dessen glanzerhöhende Wirkung von Elkington schon frühzeitig entdeckt worden ist. Auch aus Lösungen, die etwas Schwefelkohlenstoff enthalten, fällt zwar das Silber nicht mit Hochglanz aus, es wäre denn, daß man es bloß in hauchdünner Schicht auf poliertes Metall mit sehr geringer Stromdichte niederschlägt. Eine Nachbehandlung ist also trotzdem fast immer noch erforderlich, sie ist aber leichter und in kürzerer Zeit durchzuführen.

Worauf die glättende Wirkung des Schwefelkohlenwasserstoffes beruht, ist noch nicht ermittelt worden. Im Bade scheint er keine chemische Verbindung einzugehen, sondern nur gelöst oder suspendiert zu sein; denn er verschwindet aus demselben durch Verdunstung und muß zeitweise wieder nachgesetzt werden. Durch Erwärmen des Bades, durch Luftdurchblasen u. dgl. kann man ihn leicht austreiben. Man vermutet deshalb, daß er eine feine Emulsion bildet, die in ähnlicher Weise glättend wirkt, wie Kolloide es tun, ohne dafür bestimmte Argumente ins Treffen führen zu können. In Silberniederschlägen, die aus schwefelkohlenstoffhaltigem Bade gewonnen wurden, lassen sich Spuren von Schwefel nachweisen, ob sie aber mitausgefälltem, eingeschlossenem oder adsorbiertem Schwefelkohlenstoff oder, ob sie chemisch an Silber gebundenem Schwefel entstammen, ist bisher nicht ermittelt worden.

Verschiedene Kolloide wurden von mehreren Seiten auch als Glanzzusätze empfohlen, ohne sich einbürgern zu können. In jüngerer Zeit hat aber Pan über gute Resultate mit Natriumthiosulfat (das auch im Kupferbade verwendet wird, s. S. 135) als Glanzzusatz berichtet[1], es ist besonders bei gleichzeitigem Zusatz von etwas Ammoniak wirksam. Am besten setzt man dem Bade 0,7 bis 1 g Thiosulfat und zirka 0,6 g NH_3 im Liter zu. Weniger Thiosulfat ist unwirksam, mehr ist schädlich. Größere Mengen Ammoniak sind zwar unschädlich, aber ohne fördernde Wirkung.

Die Glanzwirkung des Thiosulfats ist etwas schwächer als die des Schwefelkohlenstoffes. Beide Glanzzusätze sind bei höheren Stromdichten (1,5 Amp. und darüber) wirksamer als bei niederen.

Ammoniak wurde schon früher vielfach, z. B. in Verbindung mit Schwefelkohlenstoff, als Glanzzusatz verwendet. Aus ammoniakhaltigen Bädern setzt sich aber mit der Zeit etwas Knallsilber als dunkler Boden-

[1] F. P. 740.663; Oberflächentechnik 1933, S. 165. Pan, Trans. Amer. elektrochem. Soc. LIX, 329 (1921).

körper ab, der aufgewirbelt wird, wenn man das Bad nicht rechtzeitig und regelmäßig filtriert.

Äther, der oft auch, besonders in Amerika, in Verbindung mit Ammoniak und Schwefelkohlenstoff als Glanzzusatz verwendet wird, soll nach Pfanhauser[1] die Trübungen und Ausscheidungen befördern. Alle diese Glanzzusätze verflüchtigen sich mit der Zeit und müssen stets wieder ergänzt werden. Hat man aus Versehen den Bädern zuviel davon zugesetzt, so läßt sich der Überschuß durch Luftdurchblasen, oder durch Erwärmen auf 60° austreiben (eine Ausnahme davon bildet das Thiosulfat).

Die durch die Glanzzusätze bewirkte Verfeinerung des Kornes bedingt gleichzeitig eine Härtung des Niederschlages. Härtende Wirkung üben aber auch gewisse Metallzusätze aus, vor allem Nickelsalze, wie dies schon von der Kupferraffination her wohlbekannt ist, sie erklärt sich dadurch, daß ein wenig Nickel mitabgeschieden wird. Nach einem Vorschlage Marshalls wird bei der Versilberung gelegentlich ein Zusatz von Zyannickelkalium vorgenommen, um die Polierfähigkeit des Silbers zu erhöhen. Die stärkste derartige Wirkung erzielt man durch gleichzeitige Verwendung von Glanzzusätzen und von Nickelsalz.

Die Praxis des Versilberns.

Von Elkington in England fast gleichzeitig mit de Ruolz in Frankreich zuerst praktisch durchgebildet, hat die galvanische Versilberung sehr schnell breite Verwendung gefunden und dieselbe ist von Dauer geblieben. Jetzt, nach nahezu 100 Jahren, dient noch ebenso wie damals das Kaliumsilberzyanid als Grundbestandteil des Bades und nur in der perzentuellen Zusammensetzung desselben sind Variationen eingetreten. Als Badgefäße wurden früher vorwiegend Steinzeugwannen verwendet, seltener solche aus emailliertem Blech oder aus Gußeisen; gegenwärtig bevorzugt man mit Recht Blechwannen mit Hartgummiüberzug, die man in allen in Betracht kommenden Dimensionen in tadelloser Ausführung herzustellen versteht.

Die Elektrolyse wird fast durchwegs bei Raumtemperatur, die aber nicht unter 15° sinken soll, durchgeführt. Aus zu kalten Bädern erhält man schlechtere, ja sogar poröse Niederschläge und sie bilden sich infolge des erhöhten Badwiderstandes viel langsamer. Eine Temperaturerhöhung auf etwa 30° C ist nur erforderlich, wenn man die höchsten anwendbaren Stromdichten herstellen will (1 bis 1,2 Amp. pro qdm). Noch höhere Temperaturen anzuwenden, ist bei normaler Arbeit nicht empfehlenswert, wenn man auch gelegentlich auf 60 bis 80° geht, um sehr dünne Silberniederschläge bei möglichst kurzer Elektrolysedauer herzustellen.

[1] Pfanhauser, Galvanotechnik, 7. Aufl., S. 480.

Die Bäder bleiben bei Anwendung mittlerer Temperaturen außerordentlich lange verwendbar. Es sind mir Fälle bekannt, in denen ein und dasselbe Bad 12, ja 15 Jahre klaglos in Verwendung geblieben ist.

Der Arbeitsgang richtet sich vornehmlich nach der Natur des zu versilbernden Metalls und der Stärke des herzustellenden Überzuges.

Kupfer und Kupferlegierungen können ohneweiters direkt versilbert werden, wenn sie eine stärkere Silberauflage erhalten. Bei zu dünnem Silberüberzug scheint aber die Farbe des Kupfers durch. Um sie zu decken, wird das Kupfer in solchen Fällen, zuerst mit einer dünnen Messingschicht versehen, oder besser verquickt.

Auch Zink, Zinn, Blei und Legierungen dieser Metalle untereinander können direkt versilbert werden; doch zieht man es gewöhnlich vor, sie erst zu verkupfern oder zu vermessingen. Eisen, Stahl, Nickel und Nickellegierungen pflegt man vorher mit einem Kupfer- oder Messingüberzug zu versehen, oder man verquickt sie in der S. 253 angegebenen Lösung, aber unter Anwendung des Stromes.

Will man Eisen, Stahl, Nickel usw. ohne Anwendung solcher Vorsichtsmaßregeln versilbern, so muß man die Versilberung in zwei oder drei Stufen vornehmen: in einem sehr silberarmen Bade mit großem Zyanidüberschuß beginnen und erst nach dem „Decken" des Grundmetalls in das gewöhnliche Fällbad gehen.

Blum und Hogaboom[1] empfehlen Stahl dementsprechend zuerst in einer Lösung, die bloß

1,5 g $Ag(CN)_2$ (zirka 2 g $KAg(CN)_2$)
neben 15,0 g $CuCO_3$
und 15,0 g NaCN (oder 68 g KCN)

im Liter enthält, vorzuversilbern, dann in ein Bad der Zusammensetzung:

6,5 g Ag(CN), (zirka 9 g $KAg(CN)_2$)
51 g NaCN (oder 68 g KCN)

zu bringen und erst an dritter Stelle im Bade gewohnter Zusammensetzung fertig zu versilbern.

Auch bei Messing, Nickel, Nickellegierungen (Neusilber, Alpakka usw.) ist es, wenn man ohne Verquickung arbeitet, vorsichtig, erst eine Vorversilberung in dem an zweiter Stelle genannten Bade herzustellen, ehe man die Gegenstände in das eigentliche Silberbad bringt.

Offenbar wird dabei angestrebt, in dem ersten, kupferhaltigen Bade einen etwas kupferhaltigen Silberüberzug herzustellen, um das Haften am Stahle zu erleichtern. Diese Schicht sieht freilich rein weiß aus.

Aluminium und Zink werden zweckmäßigerweise zunächst verkupfert und dann wie Kupfer weiter behandelt.

---

[1] Principles of Electroplating, 2. Aufl., New York 1930, S. 355.

Statt ein Vorversilberungsbad zu verwenden, kann man Kupfer, Zinn, Nickel, Nickellegierungen auch verquicken (s. o.) und dann ohneweiters in dem gewöhnlichen Silberbade versilbern. Die Verquickung dieser Metalle erfolgt am besten durch sekundenlanges Eintauchen in Quecksilberzyanidlösung, oder auch in einer Lösung, die aus je 2 g Sublimat und Ammoniumchlorid und 12 g Natriumzyanid im Liter hergestellt wird. Beim Eintauchen in diese Lösungen bekleiden sich die Werkstücke sofort mit einer glänzenden zusammenhängenden blauweißen Metallschicht, woher die englische Bezeichnung „blue dip" für dieselbe stammt.

Bei der Bereitung des Bades geht man entweder von käuflichem Silberzyanid oder Kaliumsilberzyanid aus, oder auch von Chlorsilber und von metallischem Silber (Silberabfälle), gegebenenfalls von Silberoxyd.

Silberchlorid, -zyanid und -oxyd kann man ohneweiters durch Zyankalium in Lösung bringen, es spielen sich dabei die Vorgänge ab:

$$AgCl + 2\,KCN = KAg\,(CN)_2 + KCl$$
$$AgCN + KCN = KAg\,(CN)_2$$
$$Ag_2O + 4\,KCN + H_2O = 2\,KAg\,(CN)_2 + 2\,KOH$$

Veränderlich ist also die anzuwendende Zyankaliummenge, sie ist bei Auflösung von Chlorsilber doppelt, bei Auflösung von Silberoxyd viermal so groß als bei Verwendung von Silberzyanid. Im ersten Falle erhält man Chlorkalium, im letzten Ätzkali als unschädliches Nebenprodukt, man hat aber den CNK-Zusatz entsprechend höher zu halten, um dem Bade den gleichen Zyanidüberschuß zu erteilen.

Für die eigentliche Versilberung empfiehlt sich die Verwendung von Bädern folgender Zusammensetzung:

AgCN	24 bis 36 g/l	(entsprechend zirka 20 bis 30 g Ag).
Gesamt KCN	25 „ 38 „	(entsprechend 12 bis 19 g freiem KCN).
K_2CO_3	30 „ 40 „	(nach längerem Gebrauch des Bades bis zirka 100 g).

Der Ersatz des Zyankaliums durch die äquivalente Menge Zyannatrium ist tunlich, aber nicht zu empfehlen.

Gearbeitet wird bei Temperaturen von 18 bis 24° mit Durchschnittsstromdichten von: maximal 1 Amp/qdm, besser mit 0,8 Amp/qdm oder noch weniger bei Versilberung ebener Gegenstände und bei nur langsamer Bewegung derselben, mit entsprechend kleineren Stromdichten im ruhenden Bad und bei der Versilberung profilierter Gegenstände. Als Richtlinie hat hierbei zu dienen, daß die Stromdichte an keiner Stelle über 1 bis 1,2 Amp. steigen darf.

Ruhig hängende Werkstücke versilbert man mit nur etwa halb so großer Stromdichte. Die Bewegung der Werkstücke ist aber nur bei ganz leichter Versilberung entbehrlich.

Bei einer Steigerung der Badtemperatur auf 30^0 lassen sich um 50% höhere Stromdichten anwenden. Dieselbe Stromdichtesteigerung wird auch durch Glanzzusätze ermöglicht.

Für letztere stellt man sich vorteilhafterweise Standlösungen her, von denen man den Bädern kleine Partien zusetzt.

Solche Standlösungen bereitet man sich z. B.:

a) Durch kräftiges Schütteln von 0,5 g Schwefelkohlenstoff mit 8 g Zyankalium pro Liter und nachträglichem Filtrieren her. Von dieser Standlösung setzt man dem Bad in regelmäßigen Intervallen 6 Tropfen (0,3 ccm) pro Liter zu.

b) Aus 0,5 g Schwefelkohlenstoff und ebenso viel Äther mit 5 bis 8 g Zyankalium. Verwendung wie unter a.

c) Aus 100 g Natriumthiosulfat im Liter. Zusatz 7 bis 10 ccm zum Liter Badlösung nebst zirka 3 ccm konzentrierter Ammoniaklösung.

Den Zyanidüberschuß bemißt man gewöhnlich derart, daß etwa ebenso viel freies, als gebundenes Zyanid jeweils vorhanden ist. Dies ist der Fall, wenn das Bad dem Gewichte nach etwa 1,3mal so viel KCN als Ag-Metall enthält.

Von Zeit zu Zeit ist etwas Zyanid, im Maße seiner Überführung in andere Verbindungen nachzusetzen; denn bei zu kleinem Zyanidgehalt bedecken sich die Silberanoden mit Silberoxyd und Silbersuperoxyd und gehen schwerer in Lösung, das Bad verarmt dann an Silber. Gegenwärtiges Karbonat verzögert und erschwert noch das Inlösunggehen der Anoden bei unzureichendem Zyanidgehalt.

Einen Mangel an Zyanid erkennt man daran, daß die Anoden, die im glatten Betrieb hellgrau aussehen, dunklere, stumpfe Farbe annehmen, während ihre Farbe bei zu hohen Zyanidkonzentrationen der des ausfallenden Silbers immer ähnlicher wird.

Seitdem man festgestellt hat, daß die Gegenwart gewisser Mengen von Pottasche von guter Wirkung ist, setzt man frisch angesetzten Bädern von Haus aus Kaliumkarbonat (etwa 30 bis 50 g pro Liter) zu.

Lokale Verarmungen der Badlösung an $Ag^{\cdot}$ führen zu ungleichmäßiger, streifiger oder fleckiger Silberabscheidung. Eine mäßige Bewegung der Badlösung oder der Kathoden ist deshalb vorzusehen, sie kann nur bei ganz leichter, dünner Versilberung entbehrt werden.

Da die Badlösungen ziemlich gut leiten und nur mit niedrigen Stromdichten belastet werden, sind die in Frage kommenden Klemmenspannungen nieder, sie bewegen sich meist zwischen 1 und 2 Volt (bei 10 bis 15 cm Elektrodenabstand).

Die Elektrolyse geht mit nahezu quantitativer Stromausbeute vor sich, sodaß man die erzielten Niederschlagsmengen ohne weiteres aus der angewendeten Amperestundenzahl berechnen kann. In runden Zahlen rechnet man mit einer Silberabscheidung von 4 g (theoretisch 4,026 g) pro Amperestunde. Man darf freilich nicht außer acht lassen, daß Silber nicht nur auf die zu versilbernden Gegenstände, sondern auch auf deren Träger bzw. auf die Kontaktzuführungen niedergeschlagen wird und muß eine entsprechende Korrektur anbringen. Um letztere Silbermenge möglichst gering zu halten, verwendet man mit Vorteil Träger, die mit Hartgummi überzogen sind und der Badlösung so wenig blanke Metalloberfläche bieten wie nur möglich.

Silberüberzüge werden immer nur in geringer Stärke hergestellt, die meisten Handelsgegenstände erhalten Auflagen von bloß etwa 0,005 mm Dicke. Gebrauchsgegenstände müssen mit stärkeren Schichten des doch weichen Metalls, das sich sonst zu schnell durchreiben würde, versehen werden, etwa 0,015 bis 0,03 mm.[1] Die allerschwersten Versilberungen sind etwa 0,055 bis 0,06 mm stark. Die Durchführung der Versilberung nimmt somit je nach der angewandten Stromdichte und der hergestellten Niederschlagsstärke von etwa 10 Minuten bis zu 5 Stunden in Anspruch.

Die schöne Farbe des Silbers ändert sich leider bei Einwirkung der geringsten Spuren von Schwefelwasserstoff, es läuft an, oder es bräunt sich. Vielfach ist es versucht worden, die Versilberung durch mitausgefälltes Zn oder Cd dagegen zu schützen. Die Ähnlichkeit der Abscheidungspotentiale dieser Metalle in Zyanidlösungen liefert hierzu eine Möglichkeit. In der Praxis hat sich dies bisher nicht bewährt, es hat sich als zu schwierig erwiesen, die Bäder dabei ständig zu kontrollieren und zu korrigieren, um halbwegs gleichmäßige Niederschläge erhalten zu können.[2] Eher scheint noch Aussicht dafür vorhanden zu sein, das Silber durch nachträgliches Überziehen mit einer hauchdünnen Cadmiumschicht vor Anlaufen zu schützen. Von allen unedlen Metallen kommt das Cadmium dem Silber am nächsten, so daß dessen Aussehen durch Cadmium am wenigsten beeinträchtigt wird.

Einen sicheren Schutz gegen das Anlaufen bietet ein dünner Überzug aus Rhodium, der auch in der Farbe dem Silber nahezu gleichkommt.

Analytische Kontrolle und Korrektur der Badlösung.

Die Kontrolle beschränkt sich auf die Ermittlung der Konzentrationen des Silbers, des freien Zyanids, des Karbonates, allenfalls des Chlorids.

[1] Tafelsilber erhält gewöhnlich eine Auflage von 0,02 mm Stärke, Teller und Hohlwaren für dekorative Zwecke 0,015. An Spitzen, Zinken o. dgl. verstärkt man zuweilen den Überzug durch Nachversilberung auf 0,03 mm. 0,01 mm entspricht in runden Zahlen einem Silbergewicht von 1 g pro Quadratdezimeter.

[2] Aten und Putten haben (Rec. Trav. chim. Pays-Bas XLIV, 861 [1925]) festgestellt, daß ein Gehalt von 3% die Silberfarbe schon durch einen gelben Stich beeinträchtigt. Sie äußern die Ansicht, daß die zulässigen Kadmiummengen zu klein sind, um wirkungsvoll sein zu können.

Silber kann gravimetrisch als Chlorid bestimmt werden oder volumetrisch in zyanidfreier Lösung. Zur Ausführung beider Bestimmungsmethoden kocht man die Probe mit überschüssiger konzentrierter Schwefelsäure bis zur völligen Zerstörung des Doppelzyanids und dem restlosen Austreiben der entstehenden Blausäure. Man verdünnt dann und fällt aus der Lösung, welche das Gesamtsilber in Form von Sulfat enthalten muß, mit sehr geringem Überschuß an Salzsäure, oder man titriert mittels Rhodankaliumlösung unter Benützung von Ferriammonsulfatlösung als Indikator bis zur auftretenden Rosafärbung.

Das „freie" Zyanid wird durch direkte Titration der verdünnten Probe mittels Silbernitratlösung ermittelt; 1 ccm 0,1-n. Silbernitratlösung entspricht 0,013 g KCN oder 0,0098 g NaCN.

Zur ungefähren Ermittlung des Karbonatgehaltes fällt man nach Brook und Holmes[1] mittels Bariumnitrat, filtriert, wäscht mit heißem Wasser, bis das Waschwasser neutral reagiert, löst den gewaschenen Rückstand in überschüssiger Salzsäure bekannten Gehaltes und titriert nach vollständiger Auflösung die frei gebliebene Säure. In den Waschwässern führt man dieselbe Ermittlung getrennt durch.

Will man den Silbergehalt der Badlösung um 1 g/l erhöhen, so kann man dazu 3,33 g Kaliumsilberzyanid mit 30% Ag-Gehalt, 1,85 g $KAg(Cn)_2$ oder 1,33 g AgCl zusetzen.

Zur Steigerung des Zyanidgehaltes um 1 g KCN pro Liter setzt man 1,29 g käufliches 50%iges Bariumzyanid oder 7,25 g 20%iger Lösung desselben zu. Der Karbonatgehalt des Bades sinkt dementsprechend.

Durch Zusatz von 1 g AgCl werden 0,6 g freies KOH bzw. 1,2 g freies KCN gebunden.[2]

IX. Gold.

Aus den Lösungen seiner einfachen Salze fällt Gold in grobkristalliner Form bei der Elektrolyse aus und neigt dazu, Kristallaggregate zu bilden. Goldanoden lösen sich in Goldchloridlösung nicht auf, es entwickelt sich an ihnen gasförmiges Chlor neben Sauerstoff. Setzt man der Lösung aber Salzsäure zu, dann wird das Gold anodisch vom Chlor angegriffen und geht in Lösung. Der Elektrolyt enthält dann Goldchlorwasserstoffsäure, welche in Ionen $H^{\cdot}$ und $AuCl_4{}'$ gespalten ist, das Metall tritt also im Anion auf.

Die Goldchlorwasserstoffsäure kann in Form wohlausgebildeter Kristalle der Zusammensetzung $AuCl_3 . HCl . 4\,H_2O$ oder $HAuCl_4 . 4\,H_2O$ gewonnen werden. Die reinen Kristalle enthalten 48 Gew.-% Au und dienen oft als Ausgangsmaterial für die Herstellung der Bäder.

[1] Trans. Faraday Soc. XVI, 527 (1921).
[2] Mitt. Forschungsinst. Edelmet. 1933, S. 24.

Viel feinkörnigere Goldniederschläge erhält man bei der Elektrolyse von Doppelverbindungen mit Zyaniden oder Blutlaugensalz. Diese Elektrolyte werden deshalb bei der elektrolytischen Vergoldung bevorzugt und man wendet Goldchlorwasserstoffsäurelösungen nur in Ausnahmsfällen an, in denen man etwa, erst in komplexeren Salzlösungen hergestellte, dünne Überzüge nachträglich verstärken will.

Bei der Badherstellung geht man aber meist von Goldchlorwasserstoffsäure oder von Goldchlorid aus, welches man durch Auflösung reinen Goldes in Königswasser unter mäßiger Erwärmung herstellt. Eine Temperatursteigerung über 100° ist zu vermeiden, weil sie zur Bildung schwerlöslichen Aurochlorids AuCl oder sogar zum Zerfall des Chlorids in seine Elemente führt.

Aus dem Goldchlorid läßt sich das Doppelzyanid durch Behandlung mit Alkalizyanid unter gleichzeitiger Reduktion nach:

$$AuCl_3 + 4\,KCN = KAu(CN)_2 + (CN)_2 + 3\,KCl$$

und unter Entwicklung von Zyangas in Mischung mit KCl herstellen, das Gold geht in diese Doppelverbindung in einwertiger Form ein. Ob das beigemengte Kaliumchlorid bei der Elektrolyse eine Rolle spielt, ist noch nicht sicher ermittelt worden, manche sind der Ansicht, daß es gelegentlich das Auftreten rötlicherer Flecke verursacht. Will man Elektrolyte herstellen, welche kein KCl enthalten, so fällt man Zyangold: AuCN durch Zyanidzusatz aus, filtriert und löst in Kaliumzyanidlösung auf oder man geht von käuflichem AuCN aus, das in reinem Zustande 88 Gew.-% Au enthält, und bringt es durch KCN in Lösung. Man kann auch Knallgold mittels Ammoniak ausfällen und nach dem Dekantieren und Waschen das Doppelzyanid daraus durch Behandlung mit KCN bilden, bei welcher das Ammoniak ausgetrieben wird. In trockenem Zustand ist Knallgold sehr explosiv, unter Wasser läßt es sich aber in gefahrloser Weise handhaben. Pro 1 Amperestunde können theoretisch 7,3 g Au aus $Au^{\cdot}$, 2,43 g Au aus $Au^{\cdot\cdot\cdot}$ abgeschieden werden.

Zusammensetzung der Bäder.

Bäder, deren Hauptbestandteil ein Doppelzyanid bildet, sind lange die einzigen und heute noch die meist verwendeten geblieben. Das Kaliumdoppelzyanid ist bei Verwendung löslicher Goldanoden dem Natriumdoppelzyanid vorzuziehen, weil Natriumionen die Anoden passivieren, ihre Auflösung verzögern und den Goldgehalt des Bades daher sinken lassen, wie durch die Untersuchungen Coehn und Jacobsens dargetan worden ist.[1] Diese Wirkung eines Kations auf das anodische Verhalten des Metalls führen die genannten Autoren auf die Bildung einer schwer löslichen Deckschicht von Natriumaurozyanid zurück. Die

[1] Z. anorg. u. allg. Chem. LV, 321 (1907).

Natur des Natriumsalzes, das die $Na^{\cdot}$ liefert, soll demnach ohne Einfluß sein, soweit sie die Löslichkeit des Natriumaurozyanides nicht ändert.

Der Goldgehalt der Bäder kann innerhalb weiter Grenzen variiert werden, praktisch wird er immer ziemlich nieder gehalten, etwa innerhalb der Grenzen 0,4 bis 8,5 g Au/l. Bei Verwendung unlöslicher Anoden wird der Goldgehalt eines Bades sogar im letzten Stadium der Elektrolyse nahezu erschöpft. Auch aus Lösungen, deren Goldgehalt so gering ist, lassen sich feinkörnige, dichte Goldniederschläge noch gewinnen; doch wird die Schattierung des Goldes durch die Konzentration, daneben auch durch die Stromdichte und Temperatur beeinflußt.

Je goldärmer, je kälter das Bad ist, je höhere Stromdichten man unter sonst gleichen Bedingungen anwendet, (ohne sie indes so weit zu steigern, daß man schwammige oder dunkle Niederschläge erhält), desto kälter, grünlicher wird die Farbe des Goldes und vice versa. Allgemein gesprochen scheinen die Bedingungen, die der Regel gemäß zur Abscheidung des Metalls in feinerer Form führen, die Farbe aufzuhellen, während man unter den Bedingungen, welche für die Abscheidung gröber kristallinen Metalls günstiger sind, rötlichere Töne erzielt.

Der Zyanidüberschuß wird in der Regel niedrig bemessen, meist gerade nur so hoch, daß sich die Anoden nicht zu schwer auflösen.

Coehn und Jacobsen haben (l. c.) gefunden, daß sich Goldanoden quantitativ auflösen, wenn der Elektrolyt 1 bis 3% freies Zyankalium enthält, daß man aber keine quantitativen anodischen Stromausbeuten erzielt, wenn der Zyankaliumgehalt kleiner oder wenn er größer ist. Beträgt er weniger als 1%, so wird ein Teil des Stromes anodisch zur Entladung von Sauerstoff verbraucht, die Anoden färben sich dunkler; ist er größer als 3%, so färbt sich hingegen die Lösung in Anodenumgebung wohl infolge Parazyanbildung dunkel, das Gold wird nur träge aufgelöst, obwohl wenig Gas an der Anode auftritt.

In der Praxis hält man gewöhnlich die Konzentration an freiem Zyanid noch unter der Grenze, bei welcher eine quantitative anodische Stromausbeute erreicht wird, weil auch die kathodische Stromausbeute niemals quantitativ ist. Selbst bei Stromdichten von weniger als 0,05 Amp/qdm erreicht dieselbe nur etwa 95% und sie sinkt bei einer Steigerung der Stromdichte auf 0,1 bis 0,2 Amp/qdm auf etwa 65% und darunter. Sie nimmt unter sonst gleichbleibenden Bedingungen mit sinkender Goldkonzentration ab. Vermehrung des freien Zyanids führt zur Abscheidung blasseren Metalls.

Höhere Stromdichten als 0,1 bei gewöhnlicher, von 0,2 Amp/qdm, bei höherer Temperatur sind bei der Goldelektrolyse kaum herzustellen, ohne daß das Gold in schwammiger Form ausfällt. Auch dies tritt ceteris paribus um so leichter ein, je niedriger der Goldgehalt sinkt und bei je tieferen Temperaturen man arbeitet. Um die anwendbaren Stromdichten etwas steigern zu können, ohne daß Schwammbildung eintritt, setzt man dem Elektrolyten meist Leitsalz zu, etwa Alkaliphosphat oder -sulfit, und zwar vorwiegend die Natriumsalze, obgleich sie die Anodenauflösung erschweren. Ein solcher Zusatz bewirkt eine etwas blassere Färbung des ausfallenden Goldes.

Da es kaum möglich ist, Bedingungen festzuhalten, unter denen die anodische Stromausbeute der kathodischen gerade die Waage hält, ändert sich der Goldgehalt der Lösung während des Betriebes. Meist nimmt er zu, das hat manche veranlaßt, nur einen Teil der Anoden aus Gold herzustellen und daneben Graphitanoden einzuhängen, was aber zur Verschmutzung des Bades führen kann. Besser sind Platinanoden. Ganz schwache Vergoldung wird zuweilen sogar mit Ausschluß von Goldanoden und ausschließlicher Verwendung unlöslicher Anoden in Bädern durchgeführt, deren Goldgehalt nur eben so hoch bemessen wird, daß er fast völlig erschöpft wird.

In der Regel zieht man es aber vor, goldreichere Bäder zu benützen, um die Elektrolyse mit etwas höheren Stromdichten, also in kürzerer Zeit durchführen zu können. Will man ohne Leitsalz arbeiten, so löst man dazu etwa 4 bis 5 g Gold in Form von Goldzyanid (oder allenfalls von Knallgold) in 15 bis 18 g Kaliumzyanid auf. Bei gesteigerter Temperatur, etwa 60°, liefert ein solches Bad gute Goldniederschläge bei kathodischen Stromdichten von zirka 0,2 Amp/qdm.

Wendet man Leitsalze an, so kann man den Goldgehalt niedriger bemessen, Bäder etwa folgender Zusammensetzung verwenden:

Gold	2 g/l	2 g/l
KCN	15 ,,	2 ,,
$NaHPO_4 . 12 H_2O$	4—8 ,,	40 ,,
Na_2SO_3		20 ,,

und die Stromdichte bei 60 bis 80° auf 0,4 bis 0,5 Amp/qdm steigern.

Um härtere Niederschläge zu erhalten oder dem Gold besondere Schattierungen zu erteilen, setzt man dem Bade manchmal kleine Mengen von Fremdmetallsalzen zu.

Kleine Nickelzusätze führen zur Bildung härterer Goldüberzüge, ohne deren Farbton merklich zu ändern, da Nickel unter diesen Umständen nur in ganz geringen Mengen mit dem Gold abgeschieden wird. Man setzt es etwa in Form seines Karbonates in Mengen von 0,6 bis 1 g/l zu.

Kupfer wird in höherem Grade mit ausgefällt, es färbt das Gold rötlich und härtet es ein wenig. Man setzt es gleichfalls vorteilhafterweise in Form seines Karbonates oder seines Doppelzyanids und in Mengen von 0,6 bis 1 g/l zu.

Arsenige Säure oder Bleikarbonat, die man nach Auflösung in NaOH dem Bade zusetzt, färben hingegen das Metall grünlich.

Weißgold kann durch Erhöhung des Nickelzusatzes auf 4 bis 5 g Ni/l, durch Zusatz von Silberdoppelzyanid, durch Zinn- oder Chromzusätze erhalten werden u. dgl. m.

In allen diesen Fällen werden kleine Mengen fremder Metalle mit dem Gold oder es werden Legierungen beider Metalle ausgeschieden. Man ist noch nicht in der Lage, Legierungen auf elektrolytischem Weg aus gemischten Salzlösungen in bestimmter und gar in gleichbleibender Zusammensetzung abzuscheiden.[1] Bei der Vergoldung achtet man vor allem auf den Farbton und man beeinflußt die Nuancierung durch derartige Zusätze auf bloß empirische Art.

Ferrozyankalische Bäder sind neben den Doppelzyanidbädern öfter in Vorschlag gebracht, aber viel seltener verwendet worden.[2] Es mag dies zum großen Teile daran gelegen haben, daß sich die Goldanoden unter den eingehaltenen Arbeitsbedingungen so schlecht auflösten, daß man meist zur Verwendung unlöslicher Anoden schreiten mußte. Neuerdings haben aber Paweck und Weiner[3] Arbeitsbedingungen angegeben, unter denen die anodische Stromausbeute nur wenig hinter der kathodischen Stromausbeute zurückbleibt und unter denen die Goldabscheidung mit ungleich höheren Stromdichten, nämlich solchen von 4 bis 6 Amp/qdm, durchgeführt werden kann.[4]

Die Badlösungen werden durch Eintragen von Chlorgold oder von Goldchlorwasserstoffsäure in Ferrozyankaliumlösung hergestellt, dabei fällt Berlinerblau aus, das durch Natriumkarbonatzusatz in basisches Eisenkarbonat übergeführt wird. Man läßt in der Wärme absitzen und filtriert.

Die Autoren empfehlen folgende Mengenverhältnisse:

Goldchlorwasserstoffsäure	50 g/l
Natriumkarbonat, kalz.	50 ,,
Ferrozyankalium	200 ,,

und kathodische Stromdichten von 4 bis 6 Amp. bei 70° anzuwenden. In der Kälte scheiden sich Kristalle aus der Lösung aus, die sich beim Erwärmen wieder auflösen. Bei 4 bis 6 cm Elektrodenentfernung

[1] Etwas besser definierte Produkte kann man erhalten, wenn man verschiedene Metalle schichtenweise nacheinander niederschlägt und die Legierungsbildung nachträglich herbeiführt. In diese Richtung fällt auch ein neues Verfahren Winklers in Pforzheim, ähnliches durch pulsierenden Gleichstrom zu erzielen.

[2] Beutel hat eine Reihe vorgeschlagener Badzusammensetzungen (Z. angew. Chem. XXV, 996 [1912]) zusammengestellt.

[3] Z. Elektrochem. XXXVI, 972 (1930).

[4] Nach Armstrong, Himsworth u. Butler (Proc. Roy. Soc. Amer. CXLIII, 89 [1933]) bildet sich an Goldanoden ein Sauerstoffilm, der durch reduzierende Substanzen, darunter auch durch Ferrozyankalium, dank ihrer depolarisierenden Wirkung, beseitigt wird.

bei 70^0 Stromdichten von 4 bis 6 Amp/qdm mit Badspannungen von 1,2 bis 1,5 Volt herstellen. Die erhaltenen Goldniederschläge sind glatt und bleiben selbst dann noch glatt, wenn man die Elektrolyse eine Stunde lang mit hoher Stromdichte fortsetzt und also verhältnismäßig starke (etwa 0,09 mm dicke) Goldniederschläge herstellt.

Bei noch weiterer Steigerung der Stromdichte fällt der Niederschlag in bräunlicher Farbe, aber noch immer in festhaftender Form aus. Poliert man ihn, so erlangt er wieder die normale Goldfarbe. Durch Herabsetzen der Stromdichte gegen Ende der Vergoldung kann die Farbe eines durch zu hohe Stromdichte zu dunkel gewordenen Niederschlages allenfalls noch korrigiert werden.

Das Gold ist in diesen Bädern zum Teil in dreiwertiger Form enthalten. Es ist nicht bekannt, in welchem Verhältnis dreiwertiges und einwertiges Gold zur Entladung gelangt, da der Kathodenprozeß nicht näher studiert, der auf Wasserstoffentladung verwendete Stromanteil usw. nicht bestimmt wurde. Auf Auri-Goldabscheidung berechnet, bewegen sich die unter den angegebenen Arbeitsbedingungen erzielten Stromausbeuten in den Grenzen 150 bis 190% (also 50 bis 63% auf Aurogold gerechnet). Die anodischen Stromausbeuten sind niedriger, etwa 115 bis 180%, die Lösung verarmt daher an Gold; mit sinkender Goldkonzentration sinkt die kathodische, steigt die anodische Stromausbeute.

Die anodische Stromausbeute sinkt ferner mit steigender Anodenstromdichte; um sie hoch zu halten, empfiehlt es sich daher Anoden zu verwenden, die mehrmals (etwa fünfmal) so groß dimensioniert sind als die Kathoden.

Die kathodische Stromausbeute steigt hingegen anfangs mit steigender Stromdichte, erreicht ein Maximum und sinkt bei noch weiter zunehmender Strombelastung. Folgende Versuchsreihe illustriert dies:

Stromdichte	6,5	4,4	2,3 Amp/qdm
Anodische Stromausbeute	13	77	90%
Kathodische Stromausbeute	65	118	43%

Wenn man die anodische Stromdichte etwa fünfmal niedriger bemißt als die kathodische, läßt sich die Differenz der Ausbeuten in folgendem Ausmaße verringern:

Anodische Stromdichte	1,4	1,2	1,2 Amp/qdm
Kathodische Stromdichte	7	6	6 ,,
Anodische Stromausbeute	110	119	145%
Kathodische Stromausbeute	153	173	190%

Immer bleibt also noch die anodische Stromausbeute kleiner, das Bad verarmt mit Fortsetzung der Elektrolyse zunehmend an Gold. Zur Aufrechthaltung guter Badzusammensetzung muß von Zeit zu Zeit

Goldsalz nachgesetzt werden, mit diesem führt man aber auch Anionen ein, die Zusammensetzung muß sich ändern. Die Änderung der Arbeitsbedingungen, die dies nach sich zieht, die Art und Häufigkeit einer erforderlichen Regenerierung oder Erneuerung des Bades ist nicht beschrieben worden.

Von den Goldniederschlägen wird vor allem verlangt, daß sie guthaftend seien, das darunter liegende Metall in lückenloser glänzender Schicht bedecken und entsprechende Farbe aufweisen.

Systematische Untersuchungen darüber, wie sich die Dichte der Goldüberzüge mit Änderung der Arbeitsbedingungen verändert, sind leider nicht bekannt geworden. Aus den Lösungen seiner Doppelzyanide fällt Gold in einem Grade der Feinkörnigkeit und der Dichte aus, welcher demjenigen an die Seite zu stellen ist, in welchem man Kupfer und Silber aus analogen Bädern erhält.

Da man sich in der überwiegenden Mehrzahl der Fälle damit begnügt, äußerst dünne Goldüberzüge herzustellen, bereitet es keine Schwierigkeiten, diese in glänzender Form zu gewinnen, wenn man das Grundmetall vor der Vergoldung hoch poliert. Einer mechanischen Nachbehandlung geht man wegen der dabei unvermeidlichen Verluste an wertvollem Metall nach Möglichkeit aus dem Wege. Sie ist dennoch bei Herstellung stärkerer Überzüge kaum zu vermeiden. Da sich in den Lösungen der Doppelzyanide nur sehr niedere Stromdichten verwenden lassen, pflegte man stärkere Vergoldungen durch Verstärkung dünner, (in Zyanidbädern hergestellter) Goldüberzüge in einem Bade durchzuführen, das etwa 16 bis 32 g Gold in Form von Goldchloridsäure enthielt. Das eben beschriebene ferrozyankalische Bad Paweck und Wolfs eröffnet eine Möglichkeit, auch stärkere Niederschläge in einem einzigen Arbeitsgang in einer Form zu gewinnen, die nur geringer Nachbearbeitung mehr bedarf.

Der Farbton, in welchem man die Goldniederschläge erhält, läßt sich erfahrungsgemäß bis zu gewissem Grade durch die Modifikation der Arbeitsbedingungen regeln, er wird aber bei dünner Vergoldung auch von der Farbe des überzogenen Metalls beeinflußt, durch welche die rote Farbe des Kupfers, die weiße des Nickels, Silbers usw. durchschimmert. Sehr dünne Goldüberzüge stellt man deshalb oft auf Messing her oder man überzieht das zu vergoldende Metall auf elektrolytischem Wege zuerst mit Messing.

Analytische Kontrolle der Bäder.

Zur Bestimmung des Goldes zerstört man das Zyanid der Doppelzyanidlösungen und fällt das Gold entweder in metallischem Zustand aus oder führt es in Goldchlorid über, dessen Menge man auf jodometrischem Weg ermittelt.

Man erhitzt z. B. etwa 50 ccm der Badlösung mit überschüssiger Salzsäure, fällt das Gold mittels überschüssiger, etwa halbnormaler Ferrosulfatlösung aus, läßt absitzen, filtriert, glüht und wägt das Goldmetall, oder man dampft nach der Behandlung mit Salzsäure zur feuchten Salzmasse (Goldchlorwasserstoffsäure) ein, wobei zu hohe Erhitzung zu vermeiden ist (s. S. 263), versetzt mit überschüssiger Jodkaliumlösung und titriert das dabei gemäß:

$$AuCl_3 + 3\,KJ = AuJ + J_2 + 3\,KCl$$

in Freiheit gesetzte Jod nach Stärkezusatz mit Natriumthiosulfatlösung bekannten Titers zurück.

Das freie Zyanid kann in ähnlicher Weise bestimmt werden wie in den entsprechenden Kupfer- oder Silberbädern.

X. Blei.

Das Bestreben des Bleis, aus den meisten seiner Salzlösungen in grobkristalliner, rauher, ja spießiger oder schwammiger Form auszufallen, hat lange Zeit bei der elektrolytischen Verbleiung erhebliche Schwierigkeiten verursacht. Verbleite man in Bleiazetat-, -zitrat-, -formiat-, -nitratlösungen, so sah man sich gezwungen, die Werkstücke periodisch aus den Bädern zu heben und mit Drahtbürsten zu glätten, um halbwegs brauchbare Überzüge herstellen zu können. Durch Kolloidzusätze ließ sich die Tendenz des Metalls, Auswüchse oder Bärte zu bilden, nur in ganz unzureichendem Grade verringern.[1]

Bessere Resultate erhielt man dann bei der Verwendung von kieselwasserstoffsauren oder von überchlorsauren Lösungen, die sich ja bei Zusatz von Leim für die elektrolytische Bleiraffination als brauchbare Badlösungen erwiesen haben und die auch bei der elektrolytischen Verbleiung bei Zusatz von etwa 10 g Leim bzw. Gelatine pro Liter glattere Überzüge als in den zuerst genannten Lösungen herstellen lassen,[2] aber doch nicht allen Ansprüchen genügen. Die besten Niederschläge gewinnt man aus Borfluoridlösungen, welche zwar (wie die kieselfluorwasserstoffsauren) schon 1886 von Leuchs empfohlen,[3] doch erst Verwendung gefunden haben, seitdem sie von Blum und dessen Mitarbeitern[4] angewendet und etwas näher beschrieben worden sind.

[1] cf. z. B. Marc, Z. Elektrochem. XIX, 431 (1913); Mathers und Mc. Kinney, Trans. Amer. electrochem. Soc. XXVII, 131 (1915).

[2] cf. Senn, Z. Elektrochem. XI, 229 (1905); Betts, Electrochem. Ind. I, 407; D. R. P. 198.288.

[3] D. R. P. 38.193.

[4] Trans. Amer. electrochem. Soc. XXXVI, 243 (1919). Diese Beschreibung ist weniger ausführlich und eingehend, als man es von diesem hervorragenden Autor sonst gewohnt ist.

Das auf elektrolytischem Wege niedergeschlagene Blei hat ein spezifisches Gewicht von 11,2 bis 11,4; es wird durchwegs aus Salzen abgeschieden, in welchen das Metall zweiwertig ist, die kathodischen Stromausbeuten sind in kolloidfreien Lösungen nahezu quantitativ,[1] in kolloidhaltigen nur um etwa 5 bis 10% niedriger. Es gelangen somit pro Amperestunde 3,6 bis 3,865 g (letzteres die dem elektrochemischen Äquivalent entsprechende Menge) zur Abscheidung. Bei der Herstellung glatter Niederschläge werden Überzugsstärken von zirka 0,03 bis 0,034 mm pro Amperestunde und Quadratdezimeter erhalten.

Die elektrolytische Verbleiung ist von Bedeutung, wenn es sich darum handelt, Grundmetalle zu überziehen, die sich nach dem Eintauchverfahren schlecht oder infolge Legierungsbildung gar nicht verbleien lassen, also vor allem z. B. bei der Verbleiung von Gußeisen, Aluminium oder etwa von Metallen, wie Platin, das sich beim Eintauchen in geschmolzenes Blei teilweise auflöst.

Kupfer und Kupferlegierungen sind schwer zu verbleien und werden deshalb vorher besser schwach vernickelt oder verzinnt.

Während Elektrolytmetalle gewöhnlich größere Härte aufweisen als das umgeschmolzene Metall, sind die auf elektrolytischem Wege hergestellten Bleiüberzüge weicher als die durch Eintauchen in geschmolzenes Blei bereiteten. Sie unterliegen deshalb einer schnelleren Abnützung und müssen in verhältnismäßig dicker Schicht hergestellt werden, um sicheren Schutz zu bieten.

Nach Blum (l. c.) ist zwar eine Niederschlagsstärke von 0,075 mm für viele Zwecke schon hinreichend, um einen undurchlässigen Überzug zu bilden, gegen stärker korrodierende Angriffe bieten aber doch erst Niederschlagsstärken von 1,25 bis 1,75 mm verläßlichen Schutz, wenn auch Überzüge von mehr als 0,25 mm Stärke fast immer schon porenfrei sind.

Zur Untersuchung verbleiter Eisenstücke auf Porosität wäscht man sie zunächst mit verdünnter Schwefelsäure, um etwa anhaftendes Eisen zu entfernen und läßt dann eine Lösung von 10 g Kaliumferrizyanid im Liter 2%iger Schwefelsäure einwirken. Die nicht geschützten Eisenpartien erscheinen dann als blaue Flecke.

Zur Bereitung des Elektrolyten stellt man sich zuerst die Borfluorwasserstoffsäure durch partienweises Eintragen von Borsäure in Flußsäure unter Umrühren her:

$$4\,HF + H_3BO_3 = HBF_4{}^{2} + 3\,H_2O$$

[1] Die Bleiabscheidung wird ja geradezu zu Präzisionsmessungen in Blei-Coulometern verwendet; cf. Betts und Kern, Trans. Amer. electrochem. Soc. VI, 67 (1904).

[2] Die Säure ist wahrscheinlich weitgehend polymerisiert, die Formel entspricht demgemäß nur den Mengenverhältnissen, nicht der wirklichen Zusammensetzung.

und bringt darin Bleikarbonat oder Bleihydroxyd nach dem Abkühlen vorsichtig zur Auflösung.

Für die Herstellung dünnerer Bleiüberzüge bis zu etwa 0,125 mm empfiehlt Blum (l. c.) folgende Badzusammensetzung:

Basisches Bleikarbonat	142 g/l	
HF	120 „	(bzw. 240, 50%iger Flußsäure)
H_3BO_3	106 „	
Leim	0,2 g/l.	

Diese Lösung weist ein spezifisches Gewicht von 1,17 (21° Bé) auf, dünnere Überzüge lassen sich aus ihr mit 2 bis 3, dickere nur mit 1 Amp/qdm Stromdichte herstellen.

Für die Herstellung dickerer Überzüge oder die Anwendung höherer Stromdichten empfiehlt Blum doppelt so hohe Konzentrationen zu wählen; das spezifische Gewicht der Badlösung steigt dann auf 1,34 entsprechend 37° Bé.

Überschüssige Borfluorwasserstoffsäure erhöht die Leitfähigkeit des Bades, die Feinkörnigkeit des niedergeschlagenen Bleis und sie verzögert das Auswachsen (treeing), ein 50%iger Überschuß verdoppelt schon die Leitfähigkeit. Die oben angegebene Badzusammensetzung sieht deshalb einen solchen Säureüberschuß vor, sie entspricht einer an Blei ungefähr 1-n., an Säure ungefähr 1,5-n. Lösung.

Nach Foerster bzw. Blum sind die Potentiale:

	Foerster	Blum
	Volt ($e_H = O$)	
$Pb/PbNO_3$ 1-n.	— 0,148 — 0,151	— 0,156
$Pb/Pb^{\cdot\cdot}$-1-n.	— 0,120	—
$Pb/Pb^{\cdot\cdot}$ 0,1-n.	— 0,149	—

Bei wechselnder Badzusammensetzung ändern sich die wichtigsten Konstanten nach Blum (l. c.) in folgendem Maße:

Konzentration in Normalitäten		Spez. Gewicht	Widerstand Ω/cm	Potential Volt
Pb	HBF_4			
1	1	1,16	9,2	— 0,146
1	1,5	1,17	4,5	— 0,167
1,5	1,5	1,23	6,8	— 0,143
1,5	2,25	1,25	3,5	— 0,168
2	2	1,32	5,6	— 0,145
2	3	1,34	3,1	— 0,173

Für die meisten Zwecke ist die angeführte Badzusammensetzung mit 0,4 g Leimzusatz zu empfehlen. Man arbeitet im ruhenden Bade mit Stromdichten von 1 bis 2 Amp/qdm, kann im bewegten Elektrolyten aber die kathodische Stromdichte leicht auf 3 bis 8 Amp. erhöhen. Die Badbewegung ist sehr vorteilhaft, wenn man sie durch mechanische Mittel vornimmt, also etwa durch Bewegung der Elektroden, durch Zirkulation der Lösung, oder durch Betätigung von Rührern aus hartgummiertem Eisen, allenfalls aus Holz. Sie darf aber auf keinen Fall durch Lufteinblasen hervorgerufen werden, welche das Blei in eine höhere Oxydstufe überführt und Schwammbildung an der Kathode verursacht.

Steigerung der Stromdichte führt, der allgemeinen Regel entsprechend, zu einer Kornverfeinerung, aber auch leicht zum Ausblühen (threeing) des Kathodenbleis.

Die Streukraft des Bleibades ist gering, die Haftintensität nur bei sorgfältigster Reinigung der Kathodenoberfläche und nur auf Metallflächen, die wasserstofffrei sind, entsprechend. Deshalb darf man Stahl- und Eisengegenstände, die verbleit werden sollen, nicht in Säure beizen oder sie vorher kathodisch polarisieren, denn bei diesen Prozeduren nehmen sie stets Wasserstoff auf, der das Haften darauf niedergeschlagenen Bleis beeinträchtigt, ja seine Ablösung bei nachträglicher Erhitzung verursachen kann. Am besten reinigt man die Kathoden im Sandstrahlgebläse. Ist die Säurebeize unerläßlich, so muß man die Werkstücke vor der Verbleiung entgasen.

Die Bleiniederschläge sind die weichsten von allen Metallniederschlägen, welche man laufend auf elektrolytischem Wege gewinnt; sie durch Badzusätze o. dgl. härten zu können, wäre wichtig und wünschenswert. Härtende Badzusätze sind aber noch nicht aufgefunden worden.

Die Elektrolyse wird am besten in Gefäßen vorgenommen, die mit Hartgummi ausgekleidet sind. Stehen solche nicht zur Verfügung, so kann man sich mit hölzernen oder mit Steinzeuggefäßen behelfen, die man mit Asphalt auskleidet.

Man verwendet Anoden aus Walzblei, die glatt in Lösung gehen. Der Bleigehalt des Bades verändert sich auch bei Kolloidzusatz nur äußerst langsam.

Frisch gefälltes Elektrolytblei ist hellgrau, doch geht seine Farbe mit der Zeit in Dunkelgrau bis Schwarz über.

Da Frölich, Clark und Aborn[1] das Perchloratbad als das beste ansprechen, soll auch die Zusammensetzung dieses Elektrolyten angegeben werden, wenngleich es nach eigenen Erfahrungen lange nicht so empfehlenswert ist als das Borfluoridbad.

---

[1] Z. Elektrochem. XXXII, 295 (1926); Trans. Amer. electrochem. Soc. XLIX, 369 (1926).

Bleiperchloratbäder

	nach Mathers	Hughes	Siemens & Halske
Bleiperchlorat	40—70 g/l	42 g/l	80 g/l
Überchlorsäure		22 „	25 „
Pepton	0,5 „	0,5 „	
Nelkenöl			einige Tropfen

Stromdichte 1—2 Amp/qdm.

Ein Zusatz von Leim, welcher den Kathodenniederschlag im Bleifluoridbad in so wirksamer Weise glättet, die Haftintensität aber verringern muß (besonders wenn man die Kathoden schon vor der Einführung ins Bad in eine dünne Leimlösung taucht[1]; s. S. 28 und 76), ist nach Mathers[2] im Perchloratbade schädlich, während Pepton, oder besser Nelkenöl günstig wirken. In Azetat- oder Laktatbädern wirken alle diese Zusätze nicht gut.

Die Elektrolyse wird sowohl im Borfluorid- als im Perchloratbad gewöhnlich bei Zimmertemperatur durchgeführt, weil eine Temperatursteigerung auf etwa 50° das Korn vergröbert.

Der Bleigehalt des Bades wird am besten durch Ausfällen mittels Schwefelsäure bestimmt. Der Niederschlag wird entweder gewogen oder durch Ausschleudern in kalibrierten Röhrchen bestimmt.

Mathers, welcher die Raffination des Bleies aus Perchloratlösungen seinerzeit wohl als erster näher studiert und vorgeschlagen hat, beschreibt neuerdings[3] die Abscheidung dieses Metalls aus Unterschwefelsäure-(Dithionsäure-)Lösungen. Er hält dieses Bad für mindestens ebensogut als die oben genannten; doch ist die Herstellung des Bades (nach der alten wohlbekannten Methode von Meyer) kostspielig und sehr umständlich.

Aus einer Lösung, welche zirka 4,6% unterschwefelsaures Blei (PbS_2O_6) und zirka 1,7% freie Unterschwefelsäure ($H_2S_2O_6$) enthält, fallen bei Zusatz von Leim mit Kresol oder β-Naphthol o. dgl. sehr gute Kathodenniederschläge mit Stromdichten von etwa 1 Amp/qdm bei Zimmertemperatur aus. Anodische und kathodische Stromausbeute weichen nur wenig von 100% ab. Mit der Zeit reichert sich aber das Bad etwas an Blei an und verarmt an Säure, dies läßt sich leicht durch entsprechenden Zusatz von etwas Schwefelsäure korrigieren.

[1] cf. Marie u. Thon l. c.

[2] Trans. Amer. electrochem. Soc. XXIII, 153 (1913).

[3] Batemann u. Mathers, Trans. Amer. electrochem. Soc. LXIV, 283 (1933).

XI. Zinn.

Verzinnungen sind nach dem Eintauchverfahren so leicht und schnell durchzuführen, daß das Anwendungsgebiet für elektrolytische Verzinnung von Haus aus ein eng begrenztes sein dürfte und wohl nur in Fällen praktisches Interesse beansprucht, in welchen die Feuerverzinnung nicht zur Anwendung kommen kann, sei es, daß eine Erwärmung nicht zulässig ist, daß eine Legierungsbildung zu leicht eintritt o. dgl. m. Es wird zwar für die elektrolytische Verzinnung ins Feld geführt, daß sie eine lückenlose Bedeckung des Grundmetalls mit geringerem Aufwand an Zinn ermöglicht, aber der Unterschied ist zu klein, um wirtschaftlich in die Waagschale zu fallen, zumal da die elektrolytischen Zinnüberzüge matt und unansehnlich sind, während das Eintauchverfahren glänzendes Produkt, z. B. spiegelblankes Weißblech liefert. Durch nachträgliches Erwärmen in geeigneten Mitteln kann man zwar auch dem elektrolytischen Überzug einen Glanz erteilen, welcher dem feuerverzinnter Gegenstände nahekommt (ohne ihn freilich ganz zu erreichen), doch verliert der elektrolytische Prozeß dadurch den Reiz der Einfachheit. Die elektrolytische Verzinnung hat deshalb bisher immer nur vorübergehend Anwendung gefunden und besitzt zurzeit keine besondere praktische Bedeutung, obgleich es gelingt, glatte oder samtartige, dichte Überzüge aus Elektrolytzinn selbst in größeren Schichtstärken herzustellen.

Die Elektrolyse kann sowohl in alkalischer wie in saurer Lösung durchgeführt werden. In alkalischer Lösung neigt der Niederschlag bei ungünstigen Arbeitsverhältnissen leichter zur Schwammbildung, in saurer Lösung ist die Tendenz des Zinns, Nadeln zu bilden, so ausgeprägt, daß man es lange Zeit für aussichtslos hielt, glatte Niederschläge aus solchen Lösungen erhalten zu können.

Die alkalischen Elektrolyte enthalten Zinn in vierwertiger Form, die sauren in zweiwertiger, in alkalischen Bädern lassen sich kaum höhere Stromdichten als zirka 2 Amp/qdm verwenden, in sauren Elektrolyten hat man sie auf 6 bis 10 Amp/qdm steigern können. Dagegen weisen die alkalischen Bäder überraschend große Streukraft und den Vorzug größerer Unveränderlichkeit auf, wenngleich sie dazu neigen, zu altern, nämlich β-Zinnsäure zu bilden und deshalb trüb zu werden.

Anfangs wurde die Elektrolyse in Stannitlösungen mit Ätznatronüberschuß durchgeführt, denen man glättende Zusätze erteilte oder auch Zyanid zufügte.[1] Man konnte in derartigen Bädern bei 50 bis 70° und Stromdichten von etwa 1 Amp/qdm ziemlich gute, dünne, nicht aber stärkere Zinnüberzüge herstellen.

Lottermoser und Brehm[1] setzten Bäder aus Zinnchlorür, Ätznatron und Natriumpyrophosphat an, um nach:

---

[1] Z. Elektrochem. XXVII, 573 (1921).

$$Na_4P_2O_7 + SnCl_2 = Na_2SnP_2O_7 + 2\,NaCl$$

Stannipyrophosphat zu bilden, das infolge Komplexbildung glattere Niederschläge liefert.

Die Erkenntnis, daß es die Stannoionen sind, welche das Rauhwerden und die Schwammbildung verursachen,[1] führte zu der Verwendung von Bädern, denen ein Oxydationsmittel zugesetzt wurde, um sie frei von Stannoverbindungen zu halten, z. B. von Peroxyden oder von Persalzen,[2] wie sie auch für die elektrolytische Entzinnung von Laugen mit unlöslichen Anoden verwendet werden.

Geeignet erscheinen Badzusammensetzung folgender Art:

Natriumstannat	80	bis	240 g/l
Ätznatron	10	,,	50 ,,
Wasserstoffsuperoxyd	2	,,	4 ,,

Kolloidzusätze erleichtern die Abscheidung in glatter Form, sie sind aber nicht unbedingt erforderlich.

Wie E. Näf gezeigt hat,[3] geht Zinn anodisch vorzugsweise in Form von Stannoionen in Lösung, die nachträglich an der Anode zum Teil zu Stanniionen oxydiert werden. Das Mengenverhältnis Stanno-/Stanniionen, welche anodisch in die Lösung gelangen, wechselt demnach mit den Arbeitsbedingungen.

Man vermag zwar die Stannoionenkonzentration in der Lösung durch Zusatz von Oxydationsmitteln nieder genug zu halten, daß sie die Bildung glatter samtartiger Kathodenniederschläge nicht verhindern, es gelingt aber doch nicht, den Prozeß derart zu führen, daß die anodisch gebildeten Stanniionen den kathodenseitig entladenen eben die Waage halten.

Die Badzusammensetzung muß deshalb häufig korrigiert werden sie ändert sich in weniger regelmäßiger Weise beim Arbeiten mit löslichen Anoden, als bei Verwendung unlöslicher Anoden (Fe oder Ni). Letztere sind daher vorzuziehen.

In beiden Fällen erhält man die besten Resultate bei Badtemperaturen von 60 bis 70°. Zinn-Niederschläge, die man unter diesen Bedingungen herstellt, decken gut bei Niederschlagsstärken von 0,015 bis 0,02 mm.

Die Stromdichten, mit denen man derartige Bäder belasten kann, sind zu nieder, die Verzinnung schnell genug durchführen zu lassen, daß sie etwa für die Herstellung von Weißblech technisch benützt werden

---

[1] Stannoionen zerfallen in Staniionen und in Metall, das sich an der Kathode absetzt und dieselbe rauh bzw. schwammig werden läßt.

[2] Verf. Siemens & Halske, der Zinn-Abscheidung mit unlöslichen Anoden; Proctor, Metal Ind. (New York) 1929, S. 267; Oplinger, ib. 1931, S. 529 mit Zinn-Anoden.

[3] Diss. Dresden. 1911.

könnte. Mehr Aussicht ist dafür bei der Anwendung saurer Bäder vorhanden, seitdem man die Erfahrung gemacht hat, daß die so starke Tendenz des Zinns, darin nadelförmig auszuwachsen, durch aromatische Sulfonsäuren fast vollkommen beseitigt werden kann.[1]

Foerster und seine Mitarbeiter haben durch schöne Versuchsserien dargetan, daß nicht die Sulfonsäure selbst diese Wirkung ausübt, sondern eine Beimengung, die sie in geringer Menge enthält und deren chemische Natur nicht näher festgestellt werden konnte. Diese, wohl kapillaraktive Verunreinigung, welche allem Anschein nach bei der Sulfonierung in Mengen entsteht, die von der Temperatur und der Dauer beeinflußt werden, gelangt in Spuren in den Zinn-Niederschlag. Sie verschwindet also mit der Zeit aus dem Elektrolyten, dessen Eigenschaften sich demnach bei lange andauernder Elektrolyse ändern.

Gute Resultate erhält man nach Foerster[2] in Elektrolyten, welche aus:

$SnSO_4$	54 g/l	(0,25-n.)
H_2SO_4	15 „	(0,15-n.)
Kresolsulfonsäure	30 „	(0,16-n.)

bestehen. Von den Kresolsulfonsäuren eignet sich die Metasäure am besten. Zu ihrer Herstellung mischt man Metakresol und konzentrierte Schwefelsäure im molaren Verhältnis. Beim Zusammenbringen erhitzen sich die Flüssigkeiten von selbst auf 80 bis 90°. Um die Reaktion zu vervollständigen, steigert man die Temperatur auf 100 bis 110° und hält sie etwa eine Stunde lang auf dieser Höhe. Das so gewonnene Produkt kann nach dem Erkalten ohne weiters der Zinnsulfatlösung zugesetzt werden; es ist rotbraun, wenn man von technischem Kresol ausgeht, nahezu farblos, wenn man reines Kresol behandelt. Im ersteren Fall erhält man ein Bad, aus welchem zunächst dunkelgraues Zinn ausfällt, nach kurzer Benützung aber dichtes, silberweißes Metall. Das aus reinem Kresol bereitete Bad liefert von Anfang an helles, dichtes Metall.

Dünne Verzinnungen kann man in derartigen Bädern mit 4 Amp/qdm Stromdichte ausführen. Für die Herstellung dickerer Überzüge muß man aber die Stromdichte mäßigen. Eine starke Bewegung des Bades, Zusatz von Gelatine o. dgl. gestatten es, entsprechend höhere Stromdichten zur Wirkung zu bringen. Unter günstigen Umständen konnte ich dieselben bis auf zirka 10 Amp/qdm steigern, ohne daß unebenes oder dunkler gefärbtes Metall ausfiel. Wie lange sich das Bad unverändert aber benützen läßt, ist noch nicht bekannt.

---

[1] Mathers, Trans. Amer. electrochem. Soc. XLV, 449 (1924); Schlötter D. R. P. 299.792.

[2] Foerster und Fischer, Z. Elektrochem. XXXII, 525 (1926); Foerster und Klemm, ib. XXXV, 409 (1929) Foerster und Deckert, ib. XXXVI, 901 (1930).

Theoretisch können pro Amperestunde 2,22 g Zinn aus zweiwertiger (die Hälfte aus vierwertiger Stannat-) Lösung gewonnen werden. Praktisch erhält man aus kresolsulfonsauren Lösungen etwa 2 g pro Amperestunde.

Die elektrolytische Verzinnung wird nur sporadisch, dann meist zum Verzinnen von Kupferdrähten, welche nachträglich mit Gummi isoliert werden sollen, verwendet. Das Zinn schützt das Kupfer vor dem Angriff des im Gummi enthaltenen Schwefels. Die elektrolytische Herstellung von Weißblech ist immer wieder versucht worden, doch dürfte sie nirgends recht Fuß gefaßt haben. Unter günstigen Umständen gelingt es, den Quadratmeter Blech mit zirka 12 g Zinn auf elektrolytischem Wege dicht zu bekleiden, während bei der Feuerverzinnung in der Regel etwa 20 bis 30 g aufgebracht werden.

XII. Die Metalle der Platin-Gruppe, ferner Palladium, Rhodium, Wolfram, Wismut, Antimon, Arsen usf.

Die wertvollen Eigenschaften des Platins, insbesondere seine Eigenschaft, dem Angriff nahezu aller Agentien mit Ausnahme von Königswasser und Fluor zu widerstehen, würden ihm in der Galvanostegie eine hervorragende Stelle sichern, gelänge es, dünne, vollkommen dichte Überzüge aus diesem Metall auf elektrolytischem Wege niederzuschlagen. Leider kennt man noch keinen Elektrolyten, aus welchem sich Platin auch nur in so dichter Form abscheiden ließe wie Silber und Gold aus den Lösungen ihrer Doppelzyanide. Die große Legierungsfähigkeit des Platins, die Leichtigkeit, mit welcher es aus den meisten in Frage kommenden Salzlösungen durch unedlere Metalle, auch ohne Stromwirkung, in unansehnlicher bis schwammiger Form ausgeschieden wird, schränken das Feld noch ein, verringern die Zahl der Grundmetalle, die man ohne eine Vorverkupferung oder Vorversilberung verplatinieren kann.

Zwar gelingt es, ganz dünne Platinniederschläge in gut aussehender bis glänzender Form aus einer Reihe von Platinbädern herzustellen, aber diese Überzüge sind nicht dicht genug, um das darunterliegende Metall zu schützen, geschweige denn einen Angriff desselben bei starker Beanspruchung zu verhüten, etwa verplatinierte Kupferbleche oder -drähte herstellen zu lassen, die als Ersatz für Platinanoden bei elektrochemischen Prozessen dienen könnten.

Dies könnte sich ändern, wenn es gelänge, Elektrolyte zusammenzusetzen, in denen das Platin in Komplexe eintritt, welche ähnliche Konstanten aufweisen wie etwa die Doppelzyanide des Kupfers, Silbers und Goldes.

Zur Zeit sind derartige Platinbäder aber nicht bekannt und deshalb findet die Verplatinierung nur noch ganz geringe Verwendung, z. B.

in der Schmuckindustrie. Für derartige Zwecke sind eine ganze Reihe von Elektrolyten geeignet.

Schon Roseleur hat vor Jahrzehnten ein ganz gutes Phosphatbad für solche Zwecke angegeben:

Platin (als Chlorid)	5 g/l	(zirka 0,1-n.)
$(NH_4)_2HPO_4$	45 ,,	(,, 1-n.)
$Na_2HPO_4 \cdot 12\,H_2O$	240 ,,	(,, 2-n.)

Anstatt des Natriumphosphates kann man 15 g Borsäure verwenden. Bis vor kurzem wurden vorwiegend Bäder dieser Art angewendet, obwohl von anderer Seite noch viele andere Badzusammensetzungen angegeben wurden, z. B. solche, die Laktate, Zitrate, Oxalate o. dgl. m. enthalten.

Neuerdings werden Badlösungen bevorzugt, welche Doppelnitrite enthalten und die in der Tat etwas glattere, aber doch nur für die Schmuckindustrie genügend dichte Überzüge liefern. Eine geeignete derartige Badzusammensetzung ist z. B.:

Platin (als Diammon-nitrit $Pt(NH_4)_2(NO_2)_2$)	10 g/l	(zirka 0,2-n.)
Ammoniumnitrat	100 ,,	(,, 1,25-n.)
Konzentriertes Ammoniak	50 ,,	

der man noch etwas Natriumnitrit zusetzen kann.

Zur Herstellung des Bades wird eine konzentrierte Lösung von Platinnatriumchlorid mit überschüssiger konzentrierter Natriumnitritlösung versetzt und so lange erhitzt, bis die Entwicklung von Stickoxyddämpfen aus der hellgelben Lösung völlig aufhört. Man fügt etwas überschüssiges Ammoniak zu, filtriert nach dem Abkühlen den nahezu weißen Niederschlag und bringt ihn mittels 100 Ammoniumnitrat oder Ammonsulfat und 50 ccm konzentriertes Ammoniak in Lösung.

Die Elektrolyse wird in Platinbädern vorzugsweise mit hoher Stromdichte (5 bis 20 Amp/qdm) bei hoher Temperatur, etwa 90^0, durchgeführt. Die Streukraft des Bades ist gut, aber es lassen sich nur äußerst niedere Stromausbeuten erzielen, etwa ebenso niedere als bei der Chromabscheidung. Der anfangs glänzende Niederschlag wird bald grau und matt, wenn er an Stärke zunimmt.

Man arbeitet gewöhnlich mit Platinanoden, sie werden aber passiv; man hat deshalb im Laufe der Elektrolyse Platinsalz zuzusetzen.

Iridium kann gleichfalls aus ähnlich zusammengesetzten Bädern unter ähnlichen Bedingungen abgeschieden werden wie Platin, es wird aber noch viel seltener als Überzugsmetall herangezogen.

Palladium bietet als Überzugsmetall nur wenig Interesse. Hinsichtlich seiner chemischen Unangreifbarkeit steht es hinter Platin zurück, dem Aussehen und seinem Reflexionsvermögen nach hinter Rhodium. Es kommt deshalb höchstens als Platinersatz für die Schmuckindustrie in Betracht, wo es seiner Farbe zuliebe beschränkte Anwendung findet.

Auch Palladium läßt sich aus Natriumphosphatbädern in gut aussehender Form bei der Elektrolyse abscheiden, solange man sich damit begnügt, hauchdünne Überzüge herzustellen. Seine Salze sind besser löslich als die entsprechenden Platinsalze, man kann deshalb auch mit Bädern arbeiten, die kein Leitsalz enthalten.

Rhodium findet als Überzugsmetall mit Recht steigende Anwendung. Man kann es aus einer Reihe von Salzlösungen mit guter Stromausbeute in hochglänzender Form kathodisch abscheiden. Sowohl dem Aussehen als dem Reflexionsvermögen nach kommt es von allen Metallen dem Silber am allernächsten. Vor diesem bietet es aber den Vorteil, chemisch weniger angreifbar zu sein, vor allem auch in schwefelwasserstoffhaltiger Atmosphäre nicht anzulaufen. Es ist deshalb u. a. besonders zur Bekleidung von Reflektoren, von optischen Spiegeln usw. geeignet. Sein Reflexionsvermögen ist nicht viel kleiner als das des Silbers, deutlich größer als das des Chroms, Nickels, Platins, und es ändert sich im Gegensatz zu Nickel und Platin und ganz besonders zum Chrom mit der Wellenlänge fast genau im gleichen Verhältnis wie beim Silber — einem Umstand, welchem es die so große Ähnlichkeit der Farbe verdankt.

Die Elektrolyse salzsaurer Rhodiumverbindungen ist schon frühzeitig von Joly und Leidié,[1] die Elektrolyse phosphorsaurer Lösungen von Smith[2] untersucht worden. Neuerdings ist die Rhodiumabscheidung auch in amerikanischen Patenten,[3] dann von Colin Fink und Lambros[4] und fast gleichzeitig von Grube und Kesting, und zwar von letzteren am ausführlichsten, beschrieben worden.[5]

C. Fink und Lambros wandten bei ihren Versuchen viel höhere Stromdichten an als Grube und Kesting, und dem ist es wahrscheinlich zuzuschreiben, daß die Angaben beider Autoren in manchen Details voneinander abweichen.

Nach Fink und Lambros ist es empfehlenswert, Lösungen zu verwenden, die etwa 4 g Rhodium im Liter als Sulfat enthalten, ihnen 30 g Ammonsulfat oder 30 g Natriumsulfat (wasserfrei) und soviel freie Schwefelsäure zuzusetzen, daß ihr Titer auf 80 g/l steigt. Sie empfehlen ferner, die Badlösung anzuheizen, weil man bei 50^0 viel schönere, glän-

---

[1] Compt. rend. CXII, 793 (1891).
[2] Chem. Zentralbl. 1891, I, 811.
[3] Z. B. Keitel, A. Pat. 1,779.436; Zschiegner, A. Pat. 1,779.457.
[4] Trans. Amer. electrochem. Soc. LXIII, preprint 11; daselbst auch eine Literaturzusammenstellung.
[5] Z. Elektrochem. XXXIX, 948 (1933).

zendere Niederschläge erhalten soll als bei Zimmertemperatur; dabei können kathodische Stromdichten von 9 Amp/qdm bis herunter auf 0,47 Amp/qdm verwendet werden, es wird aber davon abgeraten, praktisch höhere Stromdichten als 9 Amp/qdm anzuwenden. Die Menge des Natriumsulfats bzw. Ammonsulfats muß nach diesen Autoren zu der Menge freier Säure in bestimmtes proportionales Verhältnis gesetzt werden. Bei geringer Azidität des Bades sollen, besonders in Gegenwart von Natriumsulfat, basische Rhodiumverbindungen an der Kathode entstehen.

Nach Grube und Kesting erhält man auch bei 20° in schwefelsauren Rhodiumsulfatbädern sehr schöne, festhaftende Überzüge mit 80 bis 85% Stromausbeute bei Stromdichten von 0,2 bis 0,35 Amp/qdm. Sie verwenden Bäder mit 1 bis 10 g Rhodiummetall im Liter und finden, daß die Ergebnisse von der Zusammensetzung der Badlösung kaum beeinflußt werden, insbesondere nicht von der Größe der überschüssigen Schwefelsäuremenge (bis zu 30 g/l). Da man mit unlöslichen Anoden arbeitet, ist diese Besonderheit praktisch von großem Vorteil, man kann das stärker sauer und metallärmer gewordene Bad stets wieder durch Zusatz von frisch gefälltem $Rh(OH)_3$ regenerieren. Auch in schwach sauren Lösungen von Natrium-, Kalium- oder Ammonium-Rhodiumsulfaten erhält man ausgezeichnete Niederschläge.

Nach Grube und Kesting geht frisch gefälltes Rhodiumhydroxyd in NaOH, HCl, HNO_3, H_2SO_4, H_2SiF_6, HBF_4, $H_2C_2O_4$ leicht in Lösung, unter Erwärmen auch in Phosphorsäure und Milchsäure, hingegen nur schwer in Essigsäure, Weinsäure und Zitronensäure, vorausgesetzt daß man das frisch gefällte Hydroxyd bloß abnutscht und wäscht. Es löst sich nur mehr in den ersten acht der aufgeführten Säuren, wenn man es filtriert hat, so schnell geht die Alterung dieses Hydroxyds vor sich. Die Autoren empfehlen die Fällung in einer Lösung, die 12 bis 13 g Rhodiumchlorid (entsprechend 2 g Rh-Metall) im Liter enthält, bei 80° durch tropfenweisen Zusatz konzentrierter Kalilauge vorzunehmen, bis die Weinfarbe der Lösung in Gelb umschlägt. Das gelbe Rhodiumhydroxyd setzt sich gut ab, ein KOH-Überschuß bringt einen Teil davon wieder in Lösung und ist deshalb nach Tunlichkeit zu vermeiden.

Ausgezeichnete Niederschläge erhält man nach Grube und Kesting auch aus phosphorsauren oder aus überchlorsauren Lösungen. In letzteren wären die günstigsten Arbeitsbedingungen: Temperatur 20°, Metallkonzentration 2 g Rh/l. Das Bad zeigt sich in seiner Arbeitsweise sehr unabhängig vom Grade der Azidität, die auf 80 g freie Säure/l gesteigert werden kann; empfohlen wird, etwa 8 g freie Säure/l zu verwenden. Die Stromausbeute steigt mit steigender Stromdichte von 0,1 bis 0,5 Amp/qdm.

Wie eingangs bemerkt, dürfte manche Differenz in den Angaben durch die ungleichen Stromdichteverhältnisse zu erklären sein, welche zur Anwendung gelangten, besonders die Empfindlichkeit der Bäder, die C. Fink bei geringer Azidität beobachtete, dürfte nur bei hohen Stromdichten auftreten.

Das elektrochemische Äquivalent des Rhodiums beträgt 1,28 g/Amp.-Std., rund $^1/_3$ des Silberäquivalents. Da es die Dichte 12,4 hat, lassen sich bei 80% Stromausbeute stündlich 0,008 mm starke Schichten je 1 Amp/qdm Stromdichte abscheiden.[1]

Wolfram, Indium und Molybdän werden verhältnismäßig langsam von Salzsäure angegriffen, Überzüge aus diesen Metallen könnten, wenn sie sich leicht und sicher genug herstellen ließen, von praktischem Nutzen sein.

Nach Angaben der Patentliteratur[2] soll die Abscheidung von Wolfram aus Perwolframsäure bei 20 bis 25° mit Kohle- oder Graphitanoden aus wäßriger, salz- oder schwefelsäurehaltiger Lösung möglich sein. Mann und Halvorsen[3] berichten aber über Mißerfolge in sauren, wäßrigen Lösungen. Hingegen soll es nach Fink und Jones gelingen, Wolframüberzüge aus alkalischen Lösungen von Alkaliwolframaten herzustellen.[4]

Indium läßt sich nach Schucht[5] aus der Lösung seines Sulfats bei Gegenwart von ameisensaurem Ammon kathodisch in kompakter kristallinischer Form, nach Thiel[6] aus einer Lösung, die etwa 4 g Indium und 80 g Schwefelsäure im Liter enthält, nur in verästelter, silberähnlicher Form abscheiden.

Die elektrolytische Abscheidung des Molybdäns ist aus seinen wäßrigen Lösungen nicht gelungen.

Die von Foerster[7] beschriebene Abscheidung des Thalliums erfolgt unter Bildung von Blättern und Nadeln.

Wismut wird seit Jahrzehnten auf elektrolytischem Wege raffiniert. Für die Raffination kommen die Lösungen seines Chlorids, Silikofluorids und Borfluorids vor allem in Betracht, starker Säureüberschuß ist in allen derartigen Lösungen erforderlich, um das Ausfallen basischer, schwerlöslicher Wismutverbindungen zu verhindern. Bei der Raffination wird aus wirtschaftlichen Gründen die Lösung des Chlorids bevor-

---

[1] Nach den von Fink l. c. mitgeteilten Zahlen berechnen sich freilich nur Stromausbeuten von zirka 40% bei 8 Amp/qdm Stromdichte.

[2] Wolframlampen A. G. D. R. P. 231.657, 237.014 (1910).

[3] Trans. Amer. electrochem. Soc. XLV, 493 (1924).

[4] Trans. Amer. electrochem. Soc. LIX, 461 (1931); A. Pat. 1,885.700, 1,885.701; F. P. 724.038.

[5] Berg- u. Hüttenmännische Ztg. XXXIX, 122 (1880).

[6] Z. anorgan. Chem. XL, 280 (1904).

[7] Z. anorgan. Chem. XV, 71 (1897).

zugt, aus der man bei Gegenwart von 100 g Bi/l und etwa 100 g freier HCl/l bei Zimmertemperatur dichte, aber grobkristalline Wismutniederschläge erhält. In dieser Form ist das Metall zur Herstellung galvanischer Überzüge nicht geeignet.

Die Perchloratlösungen des Wismuts kommen für die Raffination nicht in Betracht, weil eine Metalltrennung darin nicht möglich ist, alle Metalle sind ja mit Ausnahme des Kaliums in Perchlorsäure leicht löslich. Die Perchloratlösungen des Wismuts weisen aber die Besonderheit auf, daß aus ihnen, auch bei starker Verdünnung, keine basischen Wismutverbindungen ausfallen, sie erscheinen deshalb für die Herstellung feinkörniger galvanischer Überzüge sehr geeignet und tatsächlich gelingt es nach Harbaugh und Mathers,[1] glatte, dichte Niederschläge bei Zimmertemperatur mit etwa 3 Amp/qdm kathodischer Stromdichte aus den Perchloratlösungen des Wismuts zu gewinnen. Empfohlen wird eine Badlösung, die aus 4 g Wismutoxyd und 10,4 g Überchlorsäure pro Liter hergestellt ist. Durch Zusatz von 0,03% Leim und 0,08% Kresol kann der Niederschlag noch geglättet werden.

Es ist anzunehmen, daß das Ausfallen basischer Wismutverbindungen durch die Bildung löslicher Komplexe verhindert wird. Dafür sprechen Beobachtungen, die Smith[2] mitgeteilt hat. Harbaugh und Mathers konnten feststellen, daß die Kathodenniederschläge 0,39 bis 0,47% an Perchlorat enthielten. Die löslichen Komplexe dürften daher kolloidähnlichen Charakter haben, die Bildung grober Kristalle hindern und wie andere Schutzkolloide kathodisch unter Mitführung von Salz mitabgeschieden werden.

Praktische Bedeutung besitzt die Herstellung von Überzügen aus dem weichen, spröden, chemisch leicht angreifbaren Wismut zur Zeit wohl nicht.

Antimon- und Arsen-Niederschläge lassen sich auf elektrolytischem Weg unschwer in dünner Schicht herstellen. Sie dienen nicht zur eigentlichen Bekleidung, sondern zur Färbung von Metallen oder zur Herstellung trennender Zwischenschichten, z. B. bei der Galvanoplastik. Metalle, welche man darauf niederschlägt, haften nur schwach und können leicht von der Matrize abgelöst werden. Die Eigenschaft des Arsens, Eisenoberflächen zu härten — allerdings zugleich auch spröder zu machen — könnte möglicherweise dort eine Nutzanwendung finden, wo die Verchromung nicht in Betracht kommt.

Arsenniederschläge fällt man meist aus etwa 10%iger Lösung von arseniger Säure mit Sodazusatz, Antimonniederschläge am besten wohl aus Thioantimoniatlösungen, denen man gleichfalls vorteilhafterweise etwas Soda zusetzt.

---

[1] Trans. Amer. electrochem. Soc. LXIV, preprint 15 (1933).

[2] J. Amer. chem. Soc. XLV, 360 (1923).

Aluminium und Magnesium sind zu unedel und zu reaktionsfähig, als daß man sie aus wäßrigen Lösungen abscheiden könnte. Manche Publikationen beschreiben Möglichkeiten, diese Metalle aus nichtwäßrigen Lösungen in glatter, dichter Form niederzuschlagen, zu praktischen Anwendungen ist es aber noch nicht gekommen.

XIII. Galvanische Überzüge aus Legierungen, Messing, Bronze oder dgl.

In der Einleitung (s. S. 12) ist bereits ausgeführt worden, daß sich eine kathodisch polarisierte Elektrode mit allen in der Lösung enthaltenen Kationen ins Gleichgewicht setzen muß. Je negativer das Abscheidungspotential einer Ionenart ist, desto kleiner ist die Menge, deren kathodische Abscheidung zur Herstellung dieses Gleichgewichtes erforderlich ist. Für sehr unedle Ionen liegt sie weit unterhalb der wägbaren Grenze. Trotzdem muß man annehmen, daß ein gewisser Anteil aller in der Lösung enthaltenen Kationen an der Kathode abgeschieden werden, und es ist in sehr vielen Fällen unter Zuhilfenahme von Prüfungsmethoden, welche viel empfindlicher sind als die Wägung, gelungen, Anzeichen dafür zu finden, daß tatsächlich, selbst sehr unedle, Kationen bei Gegenwart edlerer kathodisch mitabgeschieden werden.

Es gibt aber Umstände, unter denen sich viel größere Mengen eines unedleren Metalls kathodisch abscheiden, als dem Gleichgewicht bei diesem Potential für das betreffende Metall im reinen Zustand entsprechen würde. Prüft man das elektromotorische Verhalten einer Metallelektrode, auf welche vorher unter solchen Umständen Spuren eines unedleren Metalls niedergeschlagen worden ist, so zeigt sie Potentiale an, welche edler sind als das Potential des auf ihr abgeschiedenen unedlen Metalls. Mit Hilfe des Oszillographen hat Reichenstein[1] z. B. gezeigt, daß man bei der Abscheidung von Zink auf einer Palladiumkathode den stetigen zeitlichen Anstieg des Kathodenpotentials bis auf die dem Zink entsprechende Höhe verfolgen kann. Daß sich selbst Natrium aus ätznatronhaltigen Lösungen, und zwar in überraschend großen Mengen auf Kathoden aus Blei, Zinn, Wismuth, Thallium usw. abscheidet, ist von Haber und Sack[2] dargetan worden.

Blei gibt mit Natrium Legierungen, die bei Natriumgehalten bis zu zirka 6% Na mit Wasser nur träge reagieren, also ein überraschend edles Potential aufweisen. Blei-Natriumlegierungen mit 8% Na reagieren aber so lebhaft mit Wasser, daß Wolken feinverstäubten Bleis in der Flüssigkeit dabei auftreten.

[1] Z. Elektrochem. XVI, 935 (1910).

[2] Z. Elektrochem. VIII, 251 (1902); Sack, Z. anorg. u. allg. Chem. XXXIV, 286.

Polarisiert man eine Bleikathode in Ätznatronlösung, so beginnt der Stromdurchgang erst bei Potentialen, welche um rund 0,75 Volt negativer sind als das Potential einer Wasserstoffelektrode in derselben Lösung. Bei anhaltendem Stromdurchgang beobachtet man, daß die Kathode rauh wird. Steigert man die kathodische Stromdichte auf 30 bis 50 Amp/qdm, so steigt das Kathodenpotential auf Werte, die um zirka 1,5 Volt negativer sind als die Wasserstoffelektrode (das ber. Potential von Natrium ist um 2,7 Volt negativer als das der Wasserstoffelektrode) und die Bleikathode zerstäubt unter Bildung dunkler Wolken aus feinverteiltem Blei. Sie verhält sich also wie eine Legierung, die durch Zusammenschmelzen von 8% Natrium mit Blei erhalten worden ist. Offenbar ist dies darauf zurückzuführen, daß an der Kathodenoberfläche tatsächlich eine derartig natriumreiche Legierung gebildet wird, die sich alsbald wieder unter Wechselwirkzng im Wasser zersetzt.[1] Aus ähnlichen Gründen überzieht sich Platin,[2] besonders bei starker Strombelastung, als Kathode in Ätzalkalilösungen allmählich mit Platinschwarz, unter langsamem Zerfall. Auf ähnliche Ursachen dürften gewisse Schwammbildungen in stark alkalischen Lösungen bei hohen kathodischen Stromdichten zurückzuführen sein u. dgl. m.

Arbeitet man nicht mit starren Metallkathoden, sondern mit solchen aus flüssigem Metall, so findet das abgeschiedene Natrium die Möglichkeit, sich im Kathodenmetall zu verteilen, statt nur in die Oberfläche einzudringen. Und da kommt es denn auch zur Abscheidung von Mengen, welche so groß sind, daß man sie leicht gravimetrisch erfassen kann. Das Potential derartiger, mit Quecksilberkathoden erzeugter Natriumamalgame, die einige Promille Natrium enthielten, fanden Haber und Sack (l. c.) um rund 1 Volt unedler als das der Wasserstoffelektrode, um rund 1,7 Volt edler als das des reinen Natriummetalls.

Es kann also ein Metall auch unterhalb des von ihm im reinen Zustand angenommenen Gleichgewichtspotentials auf einem Fremdmetall in verhältnismäßig großen Mengen vom Strom abgeschieden werden, wenn es sich mit ihm legiert.[3]

---

[1] Bredig und Haber, Ber. dtsch. chem. Ges. XXXI, 2741.

[2] F. Haber, Z. anorg. u. allg. Chem. XVI, 447 (1898).

[3] Die im Abschnitt Nickel (S. 187) erwähnte, von Coehn aufgefundene, überraschende Tatsache, daß aus magnesiumhaltigen Nickelsalzlösungen ein Metall kathodisch abgeschieden wird, das bis zu 2,6% Mg einschließt, wird vielfach als Beispiel der kathodischen Bildung einer Legierung mit einem verhältnismäßig unedlen Metall, welches sich aus wäßrigen Lösungen sonst nicht abscheiden läßt, angesehen. Obgleich Engemann (Diss., Dresden 1911, S. 44) gezeigt hat, daß der Magnesiumgehalt des kathodisch abgeschiedenen Metalls konstant bleibt, wenn man Stromdichte und Zusammensetzung des Elektrolyten unverändert erhält und obgleich die Existenz einer Verbindung Ni_2Mg bekannt ist, welche die kathodische Bildung einer Magnesium-Nickel-Legierung möglich erscheinen läßt, steht der Beweis, daß wirk-

In solchen Fällen spielt das Kathodenmetall eine Rolle, welche derjenigen eines Depolarisators in einiger Hinsicht ähnelt. In der gebildeten Legierung hat das unedlere Metall eine geringere Lösungstension als im reinen Zustand.

Daß eine Legierungsbildung bei der elektrolytischen Abscheidung eines Metalls auf ein andres auch bei niederen Temperaturen eintreten kann, ist als sichergestellt anzusehen und diese Legierungsbildung kann auf gewisse Eigenschaften des Produktes, z. B. auf die Haftintensität des Überzugsmetalls, einwirken.[1] Auf starren Kathodenmetallen können aber auf diese Art immer nur verschwindend kleine Mengen von Legierungen gebildet werden. Die entstandenen Legierungen enthalten zuweilen, zwar, perzentuell genommen, überraschend große, an sich aber doch immer nur geringfügige Mengen viel unedlerer Metalle. Größere Mengen derartiger Legierungen lassen sich aber erhalten, wenn man die betreffenden Metalle aus gemischten Salzlösungen gleichzeitig zur Abscheidung bringt.

Durch Legierungsbildung kann dabei das unedlere Metall wieder bei verhältnismäßig edlen Kathodenpotentialen zur Abscheidung gelangen. Zweckmäßigerweise wählt man dazu Lösungen, in welchen die Ionenkonzentration des unedleren Metalls viel größer ist als die des edleren Metalls, um die Potentiale beider ungleich edler Metalle einander zu nähern.

Belastet man z. B. eine Kathode in Lösungen, die viel Zinksulfat neben wenig Kupfersulfat enthalten, mit Stromdichten von zirka 10 Amp/qdm, so erhält man graue, lockere, meist sogar schwammige Niederschläge, deren Farbe mit sinkendem Kupfergehalt der Lösung nacheinander von rötlich schimmerndem zum Dunkel-, zum nahezu Schwarzgrau, endlich zum Hellgrau spielt. Die Analyse ergibt, daß die Niederschläge aus Zink bestehen, das Kupfer in um so größeren Mengen enthält, je größer der Kupfergehalt der Lösung ist. Man kann so beide Metalle gleichzeitig zur Abscheidung bringen. Aus Lösungen, in denen das Verhältnis $Zn^{\cdot\cdot} : Cu^{\cdot\cdot}$ von 1 : 1 bis 20 : 1 wechselt, lassen sich Produkte erhalten, deren Zinkgehalt sich in den Grenzen 20 bis 80% bewegt. Die nähere Untersuchung zeigt, daß es sich hierbei keineswegs um Gemische handelt, sondern um deutlich kristallisierte Gebilde von atomarer Durchdringung. Die zinkärmeren Produkte weisen ein Potential auf, das wesentlich edler ist als das des reinen Zinks. Die zinkarmen sowohl, wie die zinkreicheren

lich eine derartige Legierung im Kathodenniederschlag vorliegt, noch aus. Das Magnesium kann auch durch Kataphorese seines Hydroxids in den Niederschlag gelangt sein. Eine Entscheidung darüber könnte wohl durch eine Untersuchung mit X-Strahlen erbracht werden.

[1] Ob die Haftintensität durch solche Legierungsbildung gesteigert oder verringert wird, darüber gehen die Meinungen zurzeit noch auseinander (vgl. hierzu z. B. die Diskussion Trans. Faraday Soc. XX, 199 [1924] und S. 111).

erlangen messingähnliche Farbe, wenn man sie preßt, glättet oder poliert; sie stellen also Legierungen vor, freilich Legierungen, die keine für Überzüge brauchbare Struktur haben, weil sie eben nicht unter Bedingungen hergestellt worden sind, unter welchen man glatte, dichte, festhaftende Überzüge erhalten kann.

Viel günstiger liegen die Dinge in dieser Hinsicht, wenn man Elektrolyte verwendet, in welchen beide Metalle Abscheidungspotentiale annehmen, die nahe beieinander liegen oder unter gewissen Bedingungen sogar einander gleich werden.

Ein solcher Fall liegt z. B. in entsprechend zusammengesetzten gemischten Nickel-Kobaltsalzlösungen vor, in denen die Abscheidungspotentiale beider Metalle so nahe beieinander liegen, daß es Schwierigkeiten bereitet, die Metalle auf elektrolytischem Wege voneinander zu trennen. Nimmt man bei höherer Stromdichte die Elektrolyse von Silber-Goldsalzlösungen vor, so zeigt schon die Farbe des Goldniederschlages (s. S. 265) Mitabscheidung von Legierungen, oft solcher mit viel unedleren Metallen an.

Eine ziemlich allgemeine Erscheinung bildet aber der Umstand, daß die Zusammensetzung der Legierungen keine konstante bleibt, sondern daß sie sich schon durch geringfügige Änderung der Versuchsbedingungen oder auch zeitlich durch nicht immer kontrollierbare Änderung der Verhältnisse an der Kathode verschiebt. Besonders deutlich wird dies bei gleichzeitiger Abscheidung zweier Metalle, deren I-E-Kurven verschieden steil verlaufen, wenn also bei der Metallabscheidung Hemmungen zu überwinden sind, welche für beide Metalle ungleich groß sind und die sich bei veränderten Arbeitsbedingungen ungleich stark ändern.

So fallen aus 0,5-n. Nickelsulfat-, 0,5-n. Zinksulfat-, 0,01-n. schwefelsaurer Lösung bei 18° und 0,4 bis 7 Amp/qdm Kathodenstromdichte zinkähnlich aussehende Legierungen mit 9 bis 14% Ni aus, während dieselbe Lösung bei 80° und 1 Amp/qdm Kathodenstromdichte nickelähnlich aussehende Legierungen mit 70 bis 80% Nickel liefert. Im ersteren Falle stellen sich die Kathodenpotentiale auf Werte ein, die ungefähr der Zinkabscheidung entsprechen, im zweiten Falle auf solche, welche wenig von denen verschieden sind, bei welchen sich reines Nickel abscheidet. Der Unterschied wird dadurch bedingt, daß die Hemmungen der Metallabscheidung beim Nickel geringere werden, wenn man die Temperatur erhöht.[1]

Bei der Elektrolyse gemischter Eisensulfat- und Zinksulfatlösungen beobachtet man aus gleichem Grunde Verschiebungen in derselben Richtung, aber von geringerer Größe.

---

[1] cf. z. B. Toepffer, Z. Elektrochem. VI, 342 (1899); Schoch und Hirsch, ib. XIV, 162 (1908); Treadwell, ib. XVII, 883 (1914); Foerster, ib. XXII, 93 (1916).

Die Abscheidung des unedleren Bestandteils wird durch Steigerung der Strombelastung befördert: Aus 1,8-n. Eisensulfat-, 0,2-n. Zinksulfat-, 0,01-n. schwefelsaurer Lösung fällt bei 90⁰ und 2 Amp/qdm Stromdichte ein Eisen aus, das 3 bis 6% Zn enthält; steigert man die Stromdichte unter sonst unveränderten Bedingungen auf 2,5 Amp/qdm, so erlangt die Kathode nahezu das Zinkpotential und es fällt jetzt ein Zink mit 10 bis 20% Fe-Gehalt aus. Das Eisen wirkt also zuerst depolarisierend auf Zink ein, mit zunehmendem Zinkgehalt des ausfallenden Metalls eilt aber das Potential bei steigender Stromdichte bis auf das des reinen Zinks hinauf.

Die Zusammensetzung der erhaltenen Legierung ändert sich bei diesen Metallen, bei peinlicher Erhaltung unveränderter Arbeitsbedingungen, zeitlich nur wenig. Nicht so bei gleichzeitiger Abscheidung von Eisen und Nickel! Obgleich Nickel edler und leichter abzuscheiden ist als Eisen, erhält man eine Nickel-Eisenlegierung, welche weit mehr Eisen enthält, als dem in der Badlösung vorhandenen Mengenverhältnis beider Metalle entspricht.[1] Der Eisengehalt der Legierung ist aber zeitlich stark veränderlich, er sinkt erst rasch, dann langsamer und scheint sich endlich einem Grenzwert zu nähern. Z. B. fallen aus einer Lösung, welche 0,98 Grammäquivalent Nickelsulfat, 0,02% Eisensulfat enthält und 0,03-n. schwefelsauer ist, bei 20^0 und 1,25 Amp/qdm die ersten 0,04 g auf den Quadratdezimeter Kathodenfläche mit einem Eisengehalt von 24,6% aus. Schlägt man aber die zehnfache Menge nieder, so weist sie nur einen Eisengehalt von 12,2% auf.

Die Hemmungen, welche der Metallabscheidung entgegenstehen, nehmen nun bekanntlich beim Nickel schneller ab als beim Eisen; demgemäß nähert sich mit steigender Temperatur der Eisengehalt der erhaltenen Legierung dem, der in der Badlösung vorhanden ist. Auch seine zeitliche Abnahme tritt zurück. (Bekanntlich erblickt man hierin die Ursache für das Abblättern von Nickelniederschlägen, die in eisenhaltiger Lösung hergestellt werden und die Abnahme dieser Tendenz bei höherer Badtemperatur; s. S. 200 ff.)

Die Gründe für die zeitliche Änderung der Zusammensetzung der Legierung, welche sich kathodisch abscheidet, das Maß und die Ursache der Änderungen des Kathodenpotentials, die mit einhergehen dürften, sind im Einzelnen noch nicht erforscht, auch die metallographische Untersuchung steht noch aus.

Wenn nicht exzeptionell einfache Verhältnisse vorliegen, bereitet also die elektrolytische Herstellung von Legierungen gleichmäßiger und gar gewollter Zusammensetzung erhebliche Schwierigkeiten. Sie zu über-

[1] Foerster, Z. Elektrochem. IV, 162 (1897); u. Engemann, Diss., Dresden 1911; ib. XVII, 910 (1911); Kremann, Suchy, Maas, Wien. Akad. CXXII, 999 (1913).

winden, reichen die heutigen Kenntnisse nicht aus. Noch viel komplizierter liegen die Verhältnisse bei der Herstellung ternärer oder gar quaternärer Legierungen. Wenn auch vielerlei Metallegierungen, darunter auch solche, die technisches Interesse beanspruchen, auf elektrolytischem Wege hergestellt worden sind, z. B. Blei-Thallium-, Kupfer-Nickellegierungen gelingt die zielbewußte Abscheidung bestimmter Legierungen erst in jenen Fällen, die besonders einfach und günstig liegen, z. B. dann, wenn die Abscheidungspotentiale zweier Metalle in der betref fenden Badlösung gleich sind oder wenigstens sehr nahe beieinander liegen.

Einen solchen Fall kann z. B. die Abscheidung von Bronze aus Lösungen, die Kupfer- und Zinnsalz enthalten, vorstellen. Aus einer Lösung, die im Liter

$CuSO_4$	16 g
KCN	52 ,,
KOH	28 ,,

enthält, scheidet sich Kupfer bei einem Kathodenpotential ab, das bei gleicher Stromdichte nur um einige Zentivolts von demjenigen differiert, bei welchem Zinn aus einer zehntelnormalen Lösung von $SnCl_2$, $K_2C_2O_4$ abgeschieden werden kann, der man soviel KOH zugesetzt hat, daß sie klar geworden ist. Mischt man beide Lösungen zu gleichem Volumen, so kann man aus ihnen bei 40^0 rotgelbe, glatte Bronzeniederschläge, die homogen erscheinen, mit 0,1 bis 0,2 Amp/qdm Stromdichte niederschlagen.

Auch aus einer Lösung, die gleichzeitig Kaliumcuprozyanid und Natriumsulfostannat enthält (gleiche Volumina m/10 [$CuSO_4$, 8 KCN, 5 KOH] und m/10 [$SnCl_4$, 10 Na_2S], kann man gute Bronzeniederschläge von zirka 80% Cu-Gehalt mit 1,2 bis 2,4 Amp/qdm Stromdichte erhalten. Bei niedrigerer Stromdichte wird Zinn oder sehr zinnreiche Legierung abgeschieden.[1]

Weniger einfach ist die Abscheidung von Messing, welche in gemischten Bädern von Kaliumzink- und Cuprokaliumzyanid vorgenommen wird. Die Komplexbildung des Kupfers geht weiter als die des Zinks. Dazu kommt, daß durch die besonders großen, der Abscheidung des Kupfers aus zyankalischen Lösungen entgegenstehenden Hemmungen bei gewöhnlicher Temperatur und bei Stromdichten von 0,1 bis 0,3 Amp/qdm das Abscheidungspotential des Kupfers dem des Zinks noch weit nähergerückt wird, so daß es in Lösungen, die hinsichtlich des Cupro- und

[1] Treadwell und Beckh, Z. Elektrochem. XXI, 374 (1915); Kremann, Suchy, Lorber und Maas, Wien. Akad. CXXII, 1479 (1914); D. R. P. 267.718; Currey zeigte (J. physik. Chem. X, 515 [1906]), daß man bei gewöhnlicher Temperatur auch aus gemischten Oxalaten Bronze gewinnen kann.

des Zinksalzes je 0,1-n., hinsichtlich KCN 0,4-n. sind, nur mehr um etwa 0,2 Volt bei diesen Stromdichten differiert. Bei der Elektrolyse gewinnt man aus der äquimolaren Zn-Cu-Lösung eine schöne, messinggelbe Legierung, die etwa 80% Cu und 20% Zink enthält. Daß es sich um eine wirkliche Legierung und nicht um ein Gemisch handelt, ist durch die Untersuchung mittels Röntgenstrahlen erwiesen worden. Die Potentiale, bei welchen die Abscheidung erfolgt, sind edler als das Zinkpotential. Das Zink erfährt somit durch die Legierungsbildung eine Depolarisation, welche die letzten 0,2 Volt überbrückt.

Verändert man das Mengenverhältnis Zn : Cu im Elektrolyten, so ändert sich die Zusammensetzung der erhaltenen Legierung im gleichen Sinne, aber langsamer. Aus kupferreicheren Lösungen erhält man rötlichere, aus Lösungen, in welchen Zink sehr stark vorherrscht, grünlicher gelbe, und bei einer gleichzeitigen Steigerung der Stromdichte auf zirka 12 Amp/qdm grauweiße bis silberweiße Niederschläge, die überschüssiges Zink enthalten. Selbst wenn derselbe bis auf zirka 50% steigt, hat aber die erhaltene Legierung ein viel edleres Potential als Zink, während im Schmelzfluß erhaltenes Messing dieser Zusammensetzung das Zinkpotential aufweist.[1]

Erniedrigt man die Stromdichte von 0,3 auf 0,1 Amp/qdm, so erhält man Niederschläge von rötlicherem Aussehen und geringerem Zinkgehalt (etwa 10%), weil die Hemmungen, welche einer Kupferabscheidung entgegenstehen, entsprechend niedrigere sind und weil demgemäß mehr von diesem edleren Metall in den Niederschlag übergeht. Niederschläge von typischer messinggelber Farbe erhält man also nur unter Strombedingungen, unter denen die Kupferabscheidung aus zyankalischer Lösung mit deutlicher Polarisation vor sich geht. Bei höherer Temperatur nimmt die Polarisation des Kupfers in derartigen Lösungen ab (s. S. 132 u. Abb. 61), und deshalb mißlingt die Vermessingung bei Temperaturen, die erheblich über der Zimmertemperatur liegen (cf. z. B. Brunner, l. c.).

Steigert man bei Zimmertemperatur die Stromdichte über 0,3 Amp/qdm, so erhält man Niederschläge von grünlicherer, unerwünschter Farbe, bei noch weiterer Steigerung auf etwa 2 Amp/qdm sinkt die Stromausbeute sehr tief und die Niederschläge sehen dann rötlicher aus. Den Farbänderungen, welche bei diesen höheren Stromdichten auftreten, entsprechende Änderungen des Verhältnisses Zn : Cu in der Legierung hat man nicht nachweisen können.

Zunehmender Überschuß an Zyankalium verringert die Stromausbeuten so rasch, daß man nur mit kleinen freien CNK-Mengen arbeiten kann und deshalb von der Vereinfachung nicht Nutzen ziehen kann, welche die Annäherung des Zinks- an das Kupferpotential in zyanid-

[1] cf. hierzu bes. Spitzer, Z. Elektrochem. XI, 172 (1905); Brunner, ib. XI, 345; Brunner, Diss., Zürich (1907).

reicherer Lösung herbeiführen könnte. Die betreffenden Potentiale ändern sich ja wie folgt (s. auch Abb. 1):

Zusammensetzung des Elektrolyten.

	0,1 Mol Kalium-Me-Zyanid		
	0,2	0,4	1,0 Mol KCN/l
Zn......	— 1,033 Volt	— 1,182 Volt	— 1,231 Volt
Cu......	— 0,61 „	— 0,964 „	— 1,169 „

Aber die Stromausbeute, welche schon in Lösungen der Zusammensetzung 0,1-n. K_3CuCy_4, 0,1-n. $K_2Zn(CN)_4$ nur etwa 20% beträgt, sinkt mit zunehmendem Zyankaliumzusatz bald auf nahe Null. Bessere Stromausbeuten lassen sich in metallreicheren Bädern erzielen, etwa solchen, die hinsichtlich CuCN 0,3-n., hinsichtlich $Zn(CN)_2$ 0,15-n. sind[1] und einen Überschuß von 20 bis 40% der gebundenen CNK-Menge enthalten. Es sollen dann bei Zimmertemperatur Stromausbeuten von etwa 65%, bei zirka 40° gar solche von 85 bis 90% erzielbar sein. Höhere Temperaturen als diese anzuwenden, ist aus den angegebenen Gründen unzweckmäßig, man erhält dann auch Legierungen, die zu wenig Zink enthalten.

Die Bäder werden durch Auflösung von

CuCN.........	zirka	30 g/l
$Zn(CN)_2$	„	10 „
KCN	„	70 „

(eventuell die äquivalente Menge NaCN) hergestellt oder durch Auflösung äquivalenter Mengen basischen Kupferkarbonats und Zinkkarbonats.

Im Verlaufe der Elektrolyse wird, wie bei jeder Elektrolyse, in zyankalischer Lösung etwas Ammoniak gebildet und es entsteht Karbonat. Empfohlen wird, dem Bad von Haus aus etwa 30 g Karbonat/l, wohl als Leitsalz, zuzusetzen, wie man dies oft auch sonst in zyankalischen Bädern tut.

Von mancher Seite wird ein Zusatz von Natriumbisulfit empfohlen. Als Glanzzusätze sind kleine Mengen von Nickelkarbonat, Ammoniak, Phenol (0,3 bis 0,4 g/l) oder auch von arseniger Säure (0,01 g/l) wirksam.

Als Anoden werden gewöhnlich, verhältnismäßig zinkreiche, Messingbleche verwendet.

Messingniederschläge, die etwa 20% Zn enthalten, kommen in der Farbe derjenigen gewöhnlichen Messings mit zirka 35% Zink nahe.

Die galvanische Vermessingung erfordert zu ihrer guten Durchführung die Einhaltung ziemlich eng umgrenzter Bedingungen. Mit

---

[1] Da Zn im Bade in zweiwertiger, Cu in einwertiger Form enthalten ist.

einiger Übung gelingt es, Überzüge von ziemlich gleichmäßiger Farbe, kaum aber solche von stets gleichbleibender Zusammensetzung herzustellen; doch kommt es praktisch hauptsächlich auf das Aussehen und den Farbton des Niederschlags an, den man immer nur in dünnen Schichten aufbringt.

Um Legierungen bestimmter und gleichbleibender Zusammensetzung auf elektrolytischem Wege herzustellen, kann man derart verfahren, daß man die Metallkomponenten in reinem Zustand abwechselnd nacheinander in entsprechend dünnen Schichten auf elektrolytischem Wege niederschlägt und sie erst nachträglich durch Erhitzung in eine Legierung überführt.

Einen Mittelweg beschreitet das bereits kurz erwähnte Verfahren Winklers (s. S. 266), nach welchem ein schnell pulsierender Gleichstrom aus gemischten Salzlösungen abwechselnd hauchdünne Schichten von Metall bzw. Legierungen aufeinander niederschlägt.

XIV. Die Prüfung der Metallüberzüge.

Das Ziel aller Prüfmethoden ist es, in abgekürzter Zeit zu ermitteln, ob ein Metallüberzug seinem Zwecke sicher entspricht und ob man erwarten kann, daß er dauerhaft sein wird.

Durch bloßen Augenschein lassen sich nur gröbere Fehler entdecken, die Zuhilfenahme stärkerer Vergrößerungsgläser oder des Mikroskops läßt zwar noch kleinere Mängel sichtbar werden, aber die Frage, ob ein Werkstück den Anforderungen gerecht wird, welche man bei seiner Verwendung stellt, läßt sich nur durch eingehendere Untersuchungen beantworten, deren Zuverlässigkeit leider zur Zeit noch zu wünschen übrig läßt.

Die Untersuchungen erstrecken sich zur Hauptsache auf:

1. Ermittlung der Niederschlagsstärke.
2. Ermittlung der Gleichmäßigkeit der Verteilung des Niederschlages über die zu deckenden Flächen.
3. Prüfung, ob die Niederschläge lochfrei sind.
4. Prüfung der Haftintensität.
5. Messung der Härte des Niederschlages und seiner Widerstandskraft gegen Abschürfung.
6. Untersuchung der Duktilität des Überzuges.
7. Schätzung des Korrosionsschutzes, den der Niederschlag bietet.
8. Prüfung auf Beständigkeit gegen Erhitzung.

Die Herstellung von Schliffbildern und ihre Prüfung unter dem Mikroskop, die Untersuchung mit X-Strahlen bilden eine, oft wichtige, immer nützliche Ergänzung.

1. Die Niederschlagsstärke wird in der überwiegenden Mehrzahl der Fälle nur nach der Anzahl der pro Flächeneinheit aufgewendeten Amperestunden berechnet bzw. geschätzt (s. Tab. S. 5). Für Prozesse, die bei halbwegs gleichmäßiger Stromverteilung über die Fläche mit bekannter konstanter Stromausbeute vor sich gehen, ist dies in erster Annäherung zulässig.

Bei der Herstellung von Überzügen aus wertvollen Metallen wie Silber, Gold, Platin, Palladium ermittelt man wohl die Gewichtszunahme nach der Galvanisierung. Um die letztere auch während der Elektrolyse fortlaufend kontrollieren zu können und in der Lage zu sein, die Elektrolyse im Moment abzubrechen, in welchem die gewünschte Niederschlagsmenge erreicht wird, hat man voltametrische Waagen[1] konstruiert. Die Werkstücke hängt man in diesen an einen Waagbalken, sie ziehen denselben mit fortschreitender Gewichtszunahme herab. Das Einspielen der Waage auf Null zeigt die Erreichung des angestrebten Gewichtes an.

Zur Kontrolle ist es aber empfehlenswert, stets von Zeit zu Zeit an Stichproben das Gewicht der auf die Flächeneinheit niedergeschlagenen Metallmenge durch chemische Auflösung derselben und durch Ermittlung der Gewichtsabnahme zu ermitteln. Welche Chemikalien dabei zu verwenden sind, richtet sich nach der Natur des Überzugs- und des Grundmetalls; ersteres muß vollständig gelöst werden, letzteres soll unangegriffen bleiben.

Clarke[2] hat eine Methode ausgearbeitet, nach welcher man die Niederschlagsstärke ohne Wägung bestimmen kann. Man läßt dazu die Lösung, welche den Niederschlag aufzehrt, aus einer Bürette in Tropfen auf die Probe fallen, bis das Grundmetall sichtbar wird. Die Zahl der Tropfen, welche dazu erforderlich ist, gibt ein Maß für die Stärke des Niederschlages. Die Genauigkeit dieser Methode ist meistens hinreichend, die Fehlergrenze beträgt 15%. Sie wurde von Clarke dazu benützt, die Niederschlagsstärke von Cadmium auf Stahl zu bestimmen. Als Lösungsmittel diente eine Auflösung von 100 g Jod und 200 g Jodkalium im Liter.

Die Beobachtung der Zeit, in welcher ein galvanischer Überzug durch Lösungsmittel, deren Angriffsgeschwindigkeit ermittelt worden ist, aufgezehrt wird, gibt in der Tat ein bequemes und ziemlich scharfes Maß, die Schichtstärke zu bestimmen.[3]

Noch schärfer läßt sie sich durch anodische Auflösung ermitteln, wenn man diese in geeigneten Elektrolyten, unter definierten Bedingungen, bei konstanter Stromstärke durchführt. Beobachtet man bei derselben auch die Änderung des Anodenpotentials, so gewinnt man Anhaltspunkte

---

[1] cf. z. B. Pfanhauser, Galvanotechnik, 7. Aufl., S. 499ff. (1928).
[2] Electroplater and Depos. Tecn. Soc. 1933, 11. März 1933.
[3] cf. M. Ballay, Aciers spéciaux VIII, 240 (1933).

darüber, ob an der Oberfläche des Grundmetalls Legierungsbildung eingetreten ist und wie stark die Legierungsschichte ist. Das Ende der Auflösung wird durch Potentialänderung angezeigt.[1]

Löst man den Überzug vom Grundmetall ab, dann kann man auch die Abnahme der Stärke messen, welche das Werkstück durch Entfernung des Überzuges erlitten hat. Man wird sie freilich meist nur mit Zuhilfenahme eines Mikroskops mit hinreichender Genauigkeit ermitteln können.

Die zeitweise Herstellung von Schliffbildern und ihre Untersuchung unter dem Mikroskop bildet eine wichtige Kontrolle der Produktion, bei welcher man auch stets die Stärke der erzeugten Niederschläge mit einiger Zuverlässigkeit messen kann.

2. Nimmt man die Bestimmung der Niederschlagsstärke an verschiedenen Stellen der Proben vor, so gibt sie auch Anhaltspunkte, welche zur Beurteilung der Frage dienen können, ob der Niederschlag in gleichmäßiger Schicht über die ganze Fläche verteilt ist oder nicht.

Eine Kontrolle gewinnt man bei der Auflösung des Überzuges in Lösungsmitteln, in welchen die Metallauflösung mit der Zeit proportional fortschreitet. Ungleichmäßigkeiten des Überzuges geben sich dann aus den Zeitunterschieden zu erkennen, an welchen das Grundmetall an den verschiedenen Stellen der Probe zum Vorscheine kommt.

Die Stärke von Niederschlägen, die sich als Ganzes vom Grundmetall abziehen läßt, kann man (z. B. mit Hilfe eines Zeiß-Optimeters) auch unmittelbar messen. Aber nur nach entsprechender Vorbehandlung der Kathoden (s. z. B. S. 282 u. 299) lassen sich gute Niederschläge leicht genug abziehen, man muß sie also dazu nur auf eigens hergerichteten Probestücken herstellen und kann es nicht immer so einrichten, daß die Niederschläge dann genau in derselben Verteilung ausfallen wie auf den normalen Werkstücken.

Diese Probe, welche besonders bei Galvanisierung profilierter Gegenstände und beim Arbeiten mit Bädern von geringer Streukraft von Wichtigkeit ist, liefert also meist nur angenäherte, nicht immer sichere Resultate.

3. Die Untersuchung, ob die Niederschläge lochfrei sind, ist verhältnismäßig leicht durchzuführen, wenn man über Reagentien verfügt, welche mit dem Grundmetall, nicht aber mit dem Überzugsmetall eine deutliche Farbreaktion geben.

So verwendete Walker[2] wohl als erster heiße Lösungen von 1 g Ferrizyankalium, 10 g Kochsalz und 1 bis 10 g Agar-Agar (oder Gelatine), um die Stellen sichtbar zu machen, an welchen Eisen oder Stahl von

---

[1] cf. A. Glazunov, Chimie & Industrie S. 688, Juni 1933.

[2] J. Iron & Steel Inst. LXXIX, 69 (1909).

Überzügen aus Nickel, Kupfer, Zinn, Zink, Cadmium nicht bedeckt sind. Er goß das Reagens, noch heiß, auf die gereinigte Probe und ließ es dort erstarren. Verwendet man Lösungen mit 10 g Agar-Agar, so taucht man die Probe besser bloß kurz in die heiße Lösung ein und hängt sie an geschütztem Ort auf. Nach einiger Zeit erscheinen alle Stellen, an denen das Reagens mit Eisen in Berührung getreten ist, in dunkelblauer Farbe infolge Bildung von Turnbullsblau.

Statt Gelatinelösungen zu verwenden, kann man auch Papiere benützen, welche mit dem Reagens überzogen oder getränkt sind und sie angefeuchtet auf die Probe drücken. Oder man taucht auch die Probe in gelatinefreie Lösung roten Blutlaugensalzes mit Kochsalz und läßt sie zirka 30 Minuten darin.

Diese Prüfungsmethode, welche man nach amerikanischem Beispiel als „Ferroxyl"-Probe bezeichnet, wird in weitestem Umfange verwendet. Man bezeichnet gewöhnlich ein verzinktes Eisenblech als gut, wenn es auf den Quadratzentimeter 1 bis 4 kleine Poren hat, noch als normal, wenn es 3 bis 12 kleine Poren aufweist, als schlecht, wenn die Porenzahl größer ist als 12 oder wenn die Poren nicht alle klein sind. In ähnlicher Weise schätzt man die Güte einer Vernicklung ein; für Überzüge auf Kupfer gelten aber schärfere Prüfungsvorschriften.[1]

Die Zahl der Poren wird freilich von verschiedenen Beobachtern etwas verschieden gezählt, ihre Erkennung hängt in hohem Grade von der Güte des Auges ab. Mit einem Vergrößerungsglas und gar unter dem Mikroskop sieht man, daß die wirkliche Zahl der vorhandenen Poren eine ganz bedeutend größere ist als die, welche man mit freiem Auge noch erkennen kann, die Zahlen, welche verschiedene Beobachter ermitteln, stimmen dann auch ungleich besser überein. Um Normen aufstellen zu können, wäre es daher sehr empfehlenswert, wenn man sich auf Ermittlung der Porenzahl bei bestimmter Vergrößerung (etwa $\times$ 10) einigen wollte.

Das Resultat der Prüfung unter dem Mikroskop ist meist sehr enttäuschend, es führt uns vor Augen, daß es von vielen Metallen, insbesondere Nickel, Kobalt, Eisen, aber auch Zink in saurer Lösung kaum möglich ist, lochfreie Niederschläge herzustellen, wenn man die Niederschlagsstärke nicht über das gewohnte Maß steigert. Selbst wenn die Prüfung mit freiem Auge weniger als eine Pore pro Quadratzentimeter finden läßt, zeigt das Mikroskop auf, daß die Porenzahl in Wirklichkeit stets recht groß bleibt.

Für die Prüfung der Porosität von Überzügen auf anderen Grundmetallen muß man fast immer andere Reagentien wählen.

Verzinntes Kupfer behandelt man z. B. nach einer von Schürmann und Blumenthal ausgearbeiteten Methode[1] mit einer ammoniakalischen

[1] E. T. Z. XLVIII, 1295 (1927).

Lösung von Ammoniumpersulfat, welche Kupfer mit blauer Farbe auflöst, ohne Zinn, noch auch Zinn-Kupferlegierung anzugreifen.

Diese sehr empfindliche Prüfungsmethode wird praktisch am besten derart ausgeführt, daß man die Proben in Lösungen von normierter Konzentration taucht und die Zeit bestimmt, nach welcher eine deutliche Bläuung eintritt, oder die Probe bestimmte Zeit in der Persulfatlösung beläßt und den Grad der eingetretenen Bläuung durch kolorimetrischen Vergleich mit Lösungen ermittelt, in denen bestimmte Kupfermengen in derselben Persulfatlösung aufgelöst worden sind.

Man führt die Proben mit Lösungen, die etwa 0,1% Ammoniumpersulfat neben 0,5% Ammoniak enthalten, aus, kann aber die Konzentrationen auf 2% Ammoniak und 1% Ammoniumpersulfat steigern, wenn man rasch ein Resultat haben will. Unter dem Mikroskop erscheinen die angegriffenen Kupferstellen blank und kraterförmig vertieft, während das Zinn blank und unverändert bleibt. Auch Schwefelkupfer wird, wenngleich langsamer, vom Reagens aufgelöst.

Niederschläge auf Kupfer lassen Risse und Poren bei ihrer Behandlung mit einer Lösung, welche 2 g Ferrozyankalium im Liter 10%iger Salpetersäure enthält, durch Rötungen erkennen, welche nach 15 Sekunden an den undichten Stellen sichtbar werden.[1]

Um Risse in Verchromungen auf Kupfer zu entdecken, behandelt man die Probe mit Ammoniakdämpfen, welche eine Bläuung an schadhaften Stellen der Verchromung erscheinen läßt.

Chromniederschläge lassen sich, ohne Rücksicht auf die Natur des Grundmetalls, auch durch elektrolytisches Verkupfern prüfen. Ganz schwache Verkupferung, die man etwa durch eine, nur zwei Minuten währende, Elektrolyse in Kupfersulfatlösung mit einer unter 0,2 Volt liegenden Spannung[1] herstellt, zeichnet die Haarrisse ab, stärkere Verkupferung haftet nur in den Rissen und zeichnet sie ab, wenn man die Oberfläche abwischt.

Niederschläge auf Nickel kann man auch mit einer Lösung von 2 g Dimethylglyoxim in Ammoniak untersuchen. Nach 12 bis 24 Sekunden erscheinen die Spalten und Poren in rosa Farbe.[1]

Poren in Cadmiumüberzügen auf Stahl kann man, wie S. G. Clarke gezeigt hat,[2] leicht dadurch erkennbar machen, daß man die sorgfältig entfettete Probe in eine 1%ige Salzsäurelösung taucht. Sind viele Poren vorhanden, so bedeckt sich die Probe schon wenige Sekunden nach dem Eintauchen mit einer großen Zahl kleiner Wasserstoffblasen, die schnell wachsen. Nach einigen Minuten lösen sie sich ab, steigen auf und neue

[1] Blum, Barrows, Breimer, Bureau of Standards, J. of Res. 1931, S. 697.

[2] Blum u. Mitarbeiter, l. c.

Bläschen entstehen an ihrer Stelle. Bei einigermaßen schnellerer Gasbildung zieht man die Probe gleich aus der Säurelösung.

Gasblasen, welche sich innerhalb weniger Minuten ablösen, zeigen immer das Vorhandensein größerer Poren an. Die Bildung ganz kleiner Bläschen in feinen Poren braucht längere Zeit; doch genügt eine Zeitperiode von 10 Minuten dazu, sie sichtbar werden zu lassen. Länger als 10 Minuten soll man die Probe nicht in die Säure tauchen lassen. In 10 Minuten beträgt die Dickeabnahme der Cadmiumschicht nur $1{,}75 \times 10^{-5}$ mm (in sauerstofffreier, wasserstoffgesättigter 1%iger Salzsäure ist sie noch um 75% kleiner).

Die Probe läßt sich also, wie die vorher unter 3. beschriebene, am fertigen Werkstück vornehmen, ohne es zu zerstören oder zu beschädigen. Ob sie freilich auf andere als Cadmiumüberzüge auf Eisen anwendbar ist, bleibt zweifelhaft.

In den Lokalelementen Cadmium/Stahl war das Cd nach Clarke (l. c.) um zirka 0,28 bis 0,3 Volt negativer als Stahl.

Macnaughtan hat in ähnlicher Weise Niederschläge auf Zink, Aluminium und ihren Legierungen durch Beobachtung des Auftretens von Wasserstoffblasen beim Eintauchen in heiße Natronlauge auf Poren untersucht.[1]

Chromüberzüge kann man durch Eintauchen in konzentrierte Salpetersäure prüfen und die Zeiten messen, welche verstreichen, bis die ersten Sickoxydblasen sichtbar werden bzw. aufsteigen, wenn die Verchromung auf eine Metallunterlage aufgebraucht ist, die Salpetersäure derart reduziert u. dgl. m.

4. Die Bestimmung der Haftintensität, welche so sehr entscheidend ist für die Güte, die Haltbarkeit und die Schutzkraft eines Überzuges, läßt sich leider nur auf sehr umständliche Art und nur an Stichproben ausführen, weil das Probestück dabei zerstört wird.

Burgeß[2] dürfte als erster eine Methode angegeben haben, die Haftintensität eines Metallüberzuges durch Ermittlung der Kraft zu bestimmen, die dazu notwendig ist, ihn von seiner Unterlage abzureißen. Er verband dazu den Überzug mittels einer Lötstelle mit Metallkörpern, an denen ein Zug ausgeübt werden konnte, der allmählich gesteigert wird, bis der Überzug sich loslöst. Der Quotient der Zugkraft durch das Ausmaß der Fläche, an welcher eine Ablösung erfolgt ist, gibt die Größe der Adhäsion pro Quadratzentimeter an.

Gegen die Genauigkeit dieser Methode ist eingewendet worden, daß sich die Adhäsion durch die Erhitzung bei dem unvermeidlichen

[1] Trans. Faraday Soc. XXVI, 465 (1930).

[2] Electrochem. Metallurgical Ind. III, 17 (1905); Stahl u. Eisen XXXIX, 243 (1919).

Lötprozeß oft und in unkontrollierbarer Weise ändert. Sie wird meist größer, zuweilen geringer und der Grad ihrer Änderung läßt sich auf keinem Wege mit Sicherheit ermitteln.

Schwerer als dies wiegt aber der Umstand, daß diese Prüfungsmethode sich nur auf Metallüberzüge von geringerer Haftintensität anwenden läßt. Metalle, die sehr fest aneinanderhaften, lassen sich auf diesem Wege nicht voneinander trennen, weil das Lot vorher abreißt.

Anwendung fand die Methode für die Bestimmung der Haftintensität von Blei, Zinn, Zink.

Um die sehr große Haftintensität von Elektrolytnickel an Stahl bestimmen zu können, hat Ollard eine Methode durchgebildet,[1] welche zur Zeit bei weitem die exakteste und zuverlässigste ist. Sie läßt sich auf alle Metalle von großer Festigkeit anwenden, erfordert aber die recht zeitraubende Herstellung eigener Prüfstücke von nicht zu kleiner Dimension.

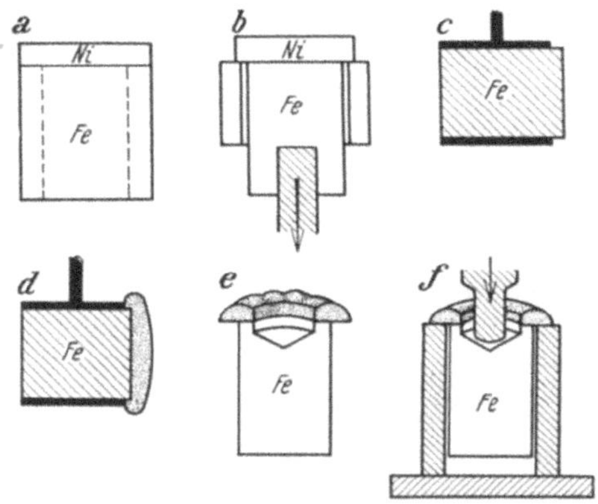

Abb. 85.

Der elektrolytische Niederschlag Ni, Abb. 85 muß in solcher Stärke hergestellt oder nachträglich derart verstärkt werden, daß sein vorspringender Rand (Abb. 85) dem Zuge standhält, der erforderlich ist, das Grundmetall Fe vom Überzug abzureißen.

Um ein geeignetes Probestück herzustellen, schlägt man das Überzugsmetall in dicker Schicht auf die entsprechend sorgfältig gereinigte Endfläche eines kurzen Stabes (dessen Zylinderfläche durch Wachs o. dgl. isoliert ist), dreht denselben ab und bestimmt die Zugkraft, welche erforderlich ist, um den Stahl durch Zug nach unten in der Form 85b vom Ni abzureißen. Oder man isoliert die Zylinderfläche des Probestabes nach einer von Hothersall angegebenen Variante[2] Abb. 85c nicht auf ihrer ganzen Länge, sodaß der Nickelüberzug schon mit einem vorspringenden Rande niedergeschlagen wird (85c), dreht ihn derart ab, daß das Probestück die (schon von Ollard angegebene) Form (85e) erlangt und reißt den Stahlkern vom Nickelring mittels eines von oben her drückenden Dornes ab (85f).

[1] Trans. Faraday Soc. XXI, 81 (1926).
[2] Trans. Amer. electrochem. Soc. LXIV, Preprint 8, S. 83 (1933).

Diese Methode liefert verläßliche Relativwerte. Gegen die Genauigkeit der Absolutwerte sind gewisse Einwände erhoben worden, z. B. daß am Rande der Verbindung Ni/Fe tordierende Kräfte mitwirken können; Ollard hat gefunden, daß die Resultate vom Verhältnis des Innen- zum Außendurchmesser des Nickelringes abhängig sind; sie werden höhere, wenn dieses Verhältnis zugunsten des inneren Durchmessers steigt.

Die Haftintensitäten für Nickel, welche man nach dieser Methode ermittelt hat, sind enorme. Hothersall teilt (l. c.) folgende an Probestücken von 1,5 Zoll Länge und 1 Zoll Durchmesser ermittelten Werte mit:

Haftintensität von Elektrolyt-Nickel.

Auf Grundmetall	Haftintensität in kg/qcm	Riß
Weicher Stahl	3394	Im Stahl
Nickelstahl	4494	Im Stahl nahe der Verbindung
Ni-Cr-Mo-Stahl	2982	Nahe Verbindungsstelle Fehler
Messing 60 : 40	2688	Im Messing
„ 70 : 30	3318	Im Messing
Kupfer	2590	Im Kupfer
Elektrolytnickel mit mechanisch frisch bloßgelegter Oberfläche	3192	In der Überzugsschicht
Aluminium	490	Im Aluminium nahe der Verbindung

Die Verbindung des Elektrolytnickels ist demgemäß an der Grenzfläche eine derart innige, daß sie höherem Zuge standhält als das kompakte Metall.

Die Umständlichkeit der Methode führt leider dazu, daß sie nur selten und niemals auf die eigentlichen Produkte des Betriebes, deren Form von jener welche die Probestücke besitzen müssen, zu sehr abweicht, angewendet wird. Ihr besonderer Vorzug ist darin zu erblicken, daß hier senkrecht zur Verbindungsfläche wirkende Kräfte zur Anwendung gelangen. Ein in tangentieller oder geneigter Richtung wirkender Zug würde ungenaue Resultate geben, weil dann auch Reibungswiderstände zu überwinden wären.[1]

Viel schneller und leichter läßt sich die Haftfestigkeit nach einer Methode prüfen, die von C. Marie und P. Jacquet ausgearbeitet worden ist. Diese Methode zieht von der Erscheinung Nutzen, daß Metallnieder-

[1] Ollard weist schon l. c. darauf hin, daß sich ein auf einen Stab heiß aufgezogenes Rohr nur mit großem Kraftaufwand von diesem in tangentieller Richtung abziehen läßt, obgleich gar keine Adhäsion vorhanden ist.

schläge aus Lösungen, die Gelatine, Proteine oder andere entsprechende Kolloide in geringer Menge enthalten, in schlechthaftender Form ausfallen, daß dementsprechend auch Metallniederschläge auf Metallen schlecht haften, welche man mit einer Spur derartiger Kolloide (z. B. durch kurzes Eintauchen in eine verdünnte Lösung derselben) überzieht[1] (s. S. 109f.). Um die Haftfestigkeit eines Metallniederschlages zu prüfen, wird ein Teil der Kathodenoberfläche zunächst durch Kolloid o. dgl. derart vorbereitet, daß das später zu fällende Metall darauf nicht festhaftet, dann wird die ganze Kathodenoberfläche mit dem zu prüfenden elektrolytischen Niederschlag bedeckt. Nunmehr wird dieser Niederschlag vom Teile der Kathode, auf dem er nicht fest haftet, abgehoben, scharf abgebogen und es wird die Kraft ermittelt, mit welcher man ihn senkrecht zur Kathodenoberfläche ziehen muß, um den festhaftenden Teil des Niederschlages abzureißen.

Um die Produkte des Betriebes zu untersuchen, muß man sich zur Zeit noch mit groben, qualitativen Prüfungen begnügen, die man, da das Probestück zerstört wird, auch nur stichprobenweise ausführen kann.

Man kann z. B. ein Probestück an seinem Ende abschleifen und mittels eines scharfen Meißels versuchen, den Überzug soweit abzuheben, daß man ihn mit der Zange erfassen und dann die Kraft schätzen kann, welche erforderlich ist, um ihn vom Grundmetall abzureißen.

Eine schnell durchzuführende rohe Werkstattprüfung besteht darin, das Probestück mittels einer harten Spitze bis auf das Grundmetall zu ritzen. Zweckmäßig ist es dabei, die Ritze kreuzweise zu führen und besonders an den Kreuzungsstellen zu untersuchen, ob der Ritz rein ist oder ob Erweiterungen bzw. Ablösungen infolge unzureichenden Anhaftens des Überzuges an diesen Stellen sichtbar geworden sind.

Besser und schärfer sind Biege- und Bruchproben (bend test), bei welchen man das Probestück solange hin- und herbiegt, bis es bricht und dann (vorteilhafterweise unter Zuhilfenahme einer Lupe) untersucht, ob an irgendeiner Stelle der Bruchfläche eine Loslösung des Überzuges von dem Grundmetall erfolgt ist. Diese Prüfung liefert bei der Untersuchung stets gleichartiger Stücke auch ziffernmäßige Resultate von Vergleichswert, wenn man das prozentuelle Längenverhältnis der Stellen, an welchen der innige Kontakt beim Bruch gelöst wurde, zur Gesamtlänge der Verbindung ermittelt. Man bezeichnet im allgemeinen

---

[1] Da Metallniederschläge bekanntlich auf elektrolytischen Überzügen aus Chrom nicht fest haften, sollte es möglich sein, die Kathode auch durch Verchromung eines Teiles ihrer Oberfläche vorzubereiten.

die Probe als gut, wenn die Verbindung auf 95% der Länge völlig unversehrt geblieben ist, als mittelgut, wenn dies nur auf 90% der Länge der Fall ist.

5. Soweit die Bestimmung der Härte des elektrolytischen Niederschlages zur Beurteilung der Feinkörnigkeit und der physikalischen Eigenschaften herangezogen wird, bildet sie eine wertvolle Ergänzung der Untersuchung. Schlüsse, welche man aber aus der Härtebestimmung auf die Widerstandsfähigkeit und die Lebensdauer des Überzuges im Gebrauch zieht, sind meist sehr unsicher, weil es bei der praktischen Verwendung nicht allein auf die Beanspruchung durch drückende Kräfte ankommt.

Man hat deshalb, die Härtebestimmung zu ergänzen, Durchschleifproben angestellt z. B. nach Karsten,[1] indem man das Probestück an einer reibenden Fläche hin- und herbewegt und die Zahl der Reibungen zählt, bis das Grundmetall bloßgelegt wird, nach Piersol,[2] indem man die Probe gegen eine rotierende Schmirgelscheibe mit bestimmter Belastung andrückt (s. S. 241). Man kann auch das Probestück in einer mit Quarzsand beschickten Trommel längerer Rotation aussetzen, bis der Quarzsand den Überzug abgeschürft hat usf.; aber auch diese Proben liefern Daten, welche für die Beurteilung der Abnützung im praktischen Gebrauch nur ganz ungefähre Anhaltspunkte geben.

Diese Probe, welche nur bei harten, festhaftenden Metallüberzügen angewendet werden kann, ist neuerdings für weichere Metalle (Ag, Cu u. dgl.) derart von Winkler abgeändert worden,[3] daß man Sand unter einem bestimmten Winkel aus einem Trichterrohr von bestimmter Länge auf den Metallüberzug prellen läßt. Die verwendeten Sandkörner müssen definierte Größe haben; man verwendet z. B. Sand, welcher durch ein Sieb mit 12 Maschen/qcm durchgesiebt worden, aber von einem Sieb mit 24 Maschen zurückgehalten wird. Aus dem Gewicht des Sandes, welcher aufzuwenden ist, bis die Probe durchgeschürft erscheint, gewinnt man ein ungefähres Maß für seine Widerstandskraft.

Die Härtebestimmung läßt sich aber für Niederschläge von nicht zu geringer Dicke ganz exakt nach der Brinell-Härteprobe durchführen, bei welcher eine Kugel aus Stahl, Achat o. dgl. unter bestimmter Belastung auf die Probe gepreßt wird. Der Durchmesser des Eindruckes wird im Mikroskop ausgemessen und gibt ein Maß der Härte.

Das Resultat der Messung ist nur dann einwandfrei und unabhängig von der Härte des Unterlagsmetalls, wenn der Überzug, dessen Härte

[1] Das Metall 1914, S. 155.
[2] Trans. Amer. electrochem. Soc. LVI, 371 (1929).
[3] Mitt. Forschungs-Inst. f. Edelmetalle VII, 37 (1933).

man ermittelt, eine Mindeststärke besitzt, die nach folgender Tabelle[1] um so größer sein muß, je weicher das Überzugsmetall ist.

Minimalstärke der Niederschläge für die Ermittlung der Brinell-Härte mit 1 mm ⌀ Ball und 10 kg Belastung.

Brinell-Härte Grade	Durchmesser des Eindrucks in mm	Tiefe des Eindrucks in mm	Minimalstärke des Überzugsmetalls in mm
100	0,351	0,0319	0,223
125	0,315	0,0255	0,178
150	0,288	0,0212	0,150
175	0,267	0,0182	0,127
200	0,250	0,0159	0,111
250	0,224	0,0127	0,089
300	0,205	0,0106	0,074
400	0,178	0,0080	0,056
500	0,159	0,0063	0,044
600	0,145	0,0053	0,037

Die Prüfung der Brinell-Härte von Niederschlägen mittleren Härtegrades erfordert also Niederschlagsstärken, welche größer sind als jene, die man gewöhnlich beim Galvanisieren herstellt.

Zur Messung der Härte dünnerer Überzüge verwendet man deshalb die Ritzhärteprüfung,[2] welche aber Resultate liefert, die keine Absolut-, sondern nur Relativwerte vorstellen und die auch etwas von der Oberflächengestaltung der Probe beeinflußt werden.

Bei dieser Prüfung wird die Probe unter einem Diamanten, der auf ihrer Oberfläche mit konstanter Belastung aufliegt, fortgezogen. Die Breite des entstehenden Risses wird im Okularmikrometer ausgemessen und liefert ein Maß für die Härte der Probe.

Die Spitze des Diamanten ist in Form einer dreiseitigen Pyramide oder eines Kegels geschliffen, nach einem neueren Vorschlage kann sie auch rund gehalten werden.

Unter sonst gleichbleibenden Umständen ist die Härte eines und desselben Metalls um so größer, je feinkristalliner es — bei sonst gleichmäßiger Struktur — ist. Nach Macnaughtan und Hothersall[3] schwankt die Härte elektrolytisch abgeschiedener Metalle innerhalb der Grenzen:

---

[1] Macnaughtan, J. Iron and Steel Inst. CIX, 409 (1924); H. Moore, Proc. International Assoc. f. Testing Materials 1909.

[2] Bierbaum, Trans. Amer. electrochem. Soc. LVIII, 383 (1930); Franke, Kruppsche Monatshefte VIII, 179 (1927).

[3] J. Electroplaters and Depos. Lond. V, 63 (1930).

Elektrolyt-Metall	Brinell-Grade	
Blei	3— 5	
Kupfer	8	(geglättet bis 12°)
Kadmium	12— 53	
Zink	40— 50	
Silber	61—130	
Messing	58—150	
Eisen	167—350	(nach dem Glühen 14—17°)
Nickel	155—420	(nach langem Glühen bis 35°)
Kobalt	270—311	
Chrom	500—900	

6. Die Duktilität der Überzüge kann durch Biegeversuche auf qualitative Art geprüft werden, indem man die Probe über einen Dorn biegt, dessen Durchmesser in bestimmtem Verhältnis zur Stärke des zu untersuchenden Bleches oder Drahtes steht.

Diese Prüfungsmethode ist zwar roh und auch nicht scharf definiert, weil das Resultat von der Art und Weise ihrer Durchführung abhängig ist. So fällt der Versuch anders aus, wenn man ihn bei verschiedenen Temperaturen an entgasten oder nicht entgasten Proben durchführt, wenn man die Probe schnell oder langsam um den Dorn biegt usf. Für die Beurteilung des Resultates sind auch keine Normen aufgestellt worden. Es ist ein anderes, wenn man die Probe nach der Biegung mit unbewaffnetem Auge betrachtet, ein anderes, wenn man sie mit einem Vergrößerungsglas nach feinsten Haarrissen absucht, die bei der Biegung entstanden sind, wenn man diese Prüfung ohne oder mit Zuhilfenahme von Farbreaktionen vornimmt, wie sie bei der Untersuchung auf Porosität üblich sind u. dgl. m.

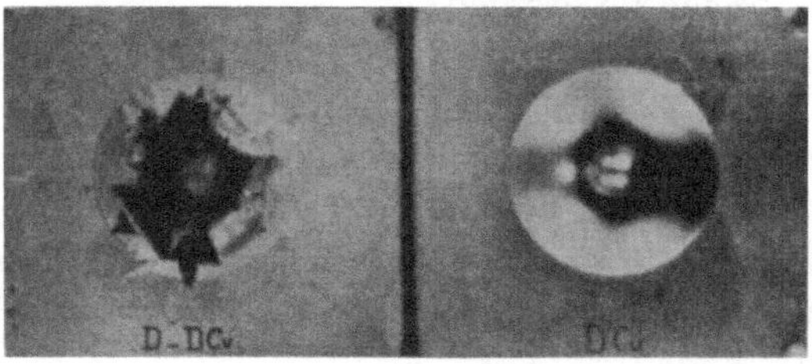

Abb. 86.[1]

So viel Willkür diese Methode aber auch zuläßt, gibt sie immerhin Daten an die Hand, die über eine größere Anzahl gleichmäßig behandelter Parallelproben gezogen, untereinander vergleichbar sind.

Die strengste Prüfung besteht darin, Bleche scharf abzubiegen, Drähte über einen Dorn vom Durchmesser des zu prüfenden Drahtes spiralförmig zu wickeln und etwa entstandene Risse mit Hilfe eines starken Vergrößerungsglases aufzusuchen. Korrosionsversuche, die man

[1] Nach Portevin u. Cymboliste (l. c.).

an den gebogenen Proben noch vornimmt, bilden eine wichtige Ergänzung ihrer Prüfung.

Eine andere, etwas besser definierte Prüfung besteht darin, die Probe zu stauchen, etwa eine Kugel o. dgl. unter bestimmtem Druck in ihre Oberfläche einzutreiben.

Abb. 86 führt das Resultat einer solchen Erprobung vernickelten Blechs vor Augen, links eines schlechten Niederschlags, der spröd war und nicht fest genug am Grundmetall haftete, rechts einer guten, duktilen Vernicklung.

Risse, Sprünge, Ablösungen, welche schon mit freiem Auge sichtbar sind, beweisen, daß die Duktilität unzureichend ist.

7. Alle Methoden, die Schutzkraft eines Überzuges gegen Korrosion auf verkürztem Wege zu bestimmen, haben nur relativen Wert. Sie sind insofern nützlich, als sie leicht und in kurzer Zeit (wenige Tage, selbst Stunden) auszuführen sind, gewisse Fehler der Überzüge kenntlich machen und Vergleichswerte an die Hand geben. Bindende Schlüsse auf den praktischen Schutzwert des Überzuges kann man aus derartigen Versuchsresultaten aber nicht ziehen, weil es sich ergeben hat, daß die Widerstandsfähigkeit im Gebrauch in ganz anderem, oft sogar im umgekehrten Verhältnisse steht wie beim Laboratoriumsversuch.

Die verbreitetste Erprobung ist die im Salzsprühregen, bei der die Einwirkung eines Nebels aus feinzerstäubter Salzlösungen beobachtet wird.[1]

Die Proben werden in einem Kasten derart angeordnet, daß sie nicht direkt angesprüht werden, jeden Tag wird ihre Stellung geändert und ihr Aussehen nach sorgfältigem Abspülen untersucht. Die Zerstäubung der angewendeten Salzlösung wird meist mittels eines Zerstäubers bewirkt, der durch eingeblasene Luft betätigt wird. Man stellt den Probekasten zweckmäßigerweise in geneigter Lage auf und ordnet den Zerstäuber am tiefsten Punkt an. Die Lösung, die sich ständig kondensiert, rinnt dann fortlaufend auf dem Boden des Kastens zum Zerstäuber wieder herab.

Zweckmäßig ist es, die Lösung täglich zu erneuern, um die Anhäufung von Metallchloriden zu begrenzen.

Als korrodierende Flüssigkeit verwendete man zuerst durchwegs 20%ige Kochsalzlösung. Man machte dann aber die Erfahrung, daß man in verdünnterer Lösung Resultate erhält, welche besser mit denen der Praxis übereinstimmen und daß es zweckmäßiger ist, Chlorkalzium oder Chlorammonium (2%ig) oder auch gemischte Salzlösungen zu

[1] cf. Capp, Proc. Amer. Soc. Testing Materials XIV, 474 (1914); Finn, ib. XVIII, 237, U. S. Bureau Standards Circ. 80, 2. Ausg. (1922); Rawdon, Protective Metallic Coatings, New York 1928; Mougley, Trans. Amer. electrochem. Soc. LVIII, 93 (1930); Evans, ib. LVII, 407 (1930).

benützen, weil die Rostbildung in dieser Lösung viel schneller sichtbar wird.

Nach dem Bureau of Standards (cf. Finn, l. c.) soll das Auftreten von Rost nach 24stündiger Behandlung im Salzsprühkasten mit 20%iger Kochsalzlösung beweisen, daß das Material für eine Verwendung im Freien ungeeignet ist. Tritt Rost nach 36 bis 72 Stunden auf, so widersteht es milder Beanspruchung, um aber strengeren Ansprüchen entsprechen zu können, darf die Probe nach 96- bis 144stündiger Behandlung noch keine Spur von Rost aufweisen. Gut verzinktes Blech hält z. B. weit längere Zeit aus, ohne anzurosten.

Baker hat die Salzsprühmethode zur Prüfung des Korrosionsschutzes von Vernickelungen angewendet[1] und beobachtet, daß es nicht genügt, den Zeitpunkt des ersten Auftretens von Rostspuren festzustellen, weil die Geschwindigkeit, mit welcher das Rosten fortschreitet, von Probe zu Probe sehr verschieden ist.

Eine analoge Prüfmethode besteht darin, die Proben abwechselnd in Salzlösung zu tauchen, dann an die Luft zu heben usf. Gewöhnlich verwendet man dazu einen Motorantrieb und läßt die Proben von einem rotierenden Reifen derart herabhängen, daß sie in die Salzlösung tauchen, wenn ihr Aufhängepunkt tiefer zu liegen kommt als die Achse der Welle, um welche der Reifen rotiert. Je nach Bemessung der Intervalle zwischen zwei aufeinanderfolgende Benetzungen kann man es so einrichten, daß die Proben stets befeuchtet bleiben oder auch, daß ihre Oberfläche vor dem nächsten Eintauchen an der Luft trocknet.

In der Regel führt man die Versuche derart durch, daß die Proben alle 10 bis 15 Minuten eingetaucht werden.

Thomas und Blum[2] haben dieses Prüfverfahren angewendet, um den Porositätsgrad verschiedener Vernicklungen zu ermitteln, Farnsworth und Hocker zur Untersuchung von Zinküberzügen.[3] Letztere ließen die Proben alle 15 Minuten in eine 2%ige Chlorammoniumlösung tauchen und sie fanden, daß diese Untersuchungsmethode viel bessere Parallelität mit dem Verhalten der Materiale gegen die korrodierende Wirkung der Atmosphärilien ergibt als eine Prüfung im Salzsprühregen mit Kochsalzlösung.

Bleche mit 0,0075 mm starker Verzinkung rosteten bei diesen Versuchen gewöhnlich nach etwa 120 Stunden.

Überzüge von edleren auf unedleren Metallen, z. B. von Nickel, Zinn oder Kupfer auf Eisen kann man auch durch einfaches Einhängen

---

[1] cf. Rawdon, l. c. S. 229.

[2] Trans. Amer. electrochem. Soc. XLVIII, 69 (1925).

[3] Trans. Amer. electrochem. Soc. XLV, 281 (1924); cf. auch Proc. Amer. Soc. Testing Materials, Report of Committee A-5, Subcom. VII; XXVI, 144 (1926).

in Salzlösungen oder in Wasser bzw. Wasser, dem Wasserstoffsuperoxyd zugesetzt wird oder das ständig an Sauerstoff gesättigt erhalten wird, prüfen, während eine derartige Erprobung für Überzüge von Zink auf Eisen zu lange Zeiträume in Anspruch nimmt (12 Monate).

8. Die Prüfung auf Beständigkeit gegen Erhitzung wird nur selten ausgeführt, obwohl sie eine wertvolle Ergänzung der Untersuchung bilden würde.

Die Art der Erhitzung, insbesonders die Schnelligkeit und Dauer der Temperatursteigerung, ist dem betreffenden Metall anzupassen, dem Umstand, ob Unterlags- und Überzugsmetall annähernd gleichen oder stärker verschiedenen Wärmeausdehnungskoeffizienten aufweisen. Im letzteren Falle kann zu schnelle Erhitzung Ablösungen hervorrufen, aber auch die Beobachtung der Art und Weise, in der sich der Überzug ablöst, ist geeignet, Anhaltspunkte für die Beurteilung zu geben.

In vielen Fällen empfiehlt es sich, Parallelproben mit vorher entgasten und mit nicht entgasten Werkstücken vorzunehmen, was leicht derart auszuführen ist, daß man die einen erst längere Zeit ganz mäßiger Erhitzung (gegebenenfalls im Vakuum) aussetzt und die Temperatur dann langsam steigert, die anderen aber ohne derartige Vorsichtsmaßnahmen behandelt.

Nach der Erhitzung ist die Volumzunahme bzw. die Abnahme der Dichte zu prüfen, auch im Schliffbilde zu untersuchen, ob Rekristallisation stattgefunden hat, ob sich Hohlräume gebildet haben (falls dies nicht durch das Auftreiben von Blasen schon von außen gut sichtbar geworden ist), ob insbesondere der Kontakt zwischen Überzugs- und Unterlagsmetall nicht stellenweise gelockert worden ist usf. Ohne Schliffbilder herzustellen, läßt sich letzteres meist schnell und sicher auch durch die Biege- und Bruchprobe ermitteln, die zugleich ein Maß für die Zu-Abnahme der Sprödigkeit gibt.

Niederschläge, die unter Zusatz organischer Kolloide hergestellt worden sind, von denen Anteile in das Elektrolytmetall gelangen, werden stets bei nachträglicher höherer Erhitzung blasig. Hingegen wird der Korrosionsschutz sehr dünner Niederschläge (z. B. Cr) durch Erhitzung (vielleicht infolge Austreibung von H_2) vergrößert.

Nachträge während der Korrektur.

Zinn.

Nach Abschluß dieses Werkes gelangte eine Untersuchung von Hothersall, Clarke und Macnaugthan (Electropl. and Depos. Techn. Soc. London 1934, S. 101) zu meiner Kenntnis, in welcher die elektrolytische Zinnabscheidung aus alkalischer Lösung in vorbildlicher Weise beschrieben wird.

Die bestens bekannten Autoren bestätigen das Ergebnis, daß man glatte, dichte, matte Zinniederschläge aus Stannatlösungen in stets reproduzierbarer Weise bis zu mehreren Millimetern Stärke herstellen kann, wenn man den Stannitgehalt der Lösung nicht über zirka 0,2 g $Sn^{\cdot\cdot}$ im Liter steigen läßt. Bei höherem Stannitgehalt fällt das Zinn in schwammiger Form aus.

Der $Sn^{\cdot\cdot\cdot\cdot}$-Gehalt der Lösung übt auf das Aussehen des Niederschlags (innerhalb der Grenzen 17—85 g/l) keinen merklichen Einfluß aus, aber die kathodische Stromausbeute sinkt mit sinkendem $Sn^{\cdot\cdot\cdot\cdot}$-Gehalt, sie kann in günstigen Fällen auf rund 90% gehalten werden und ist, cet. par. bei höheren Temperaturen höher. Da auch das Aussehen der bei höheren Temperaturen erhaltenen Niederschläge ein besseres ist, empfiehlt es sich, die Elektrolyse bei Temperaturen von 70—75° auszuführen.

Mit Stromdichten von 0,5 bis 2 Amp/qdm erhält man dann helle, glatte, dichte Niederschläge, mit Stromdichten von zirka 2 bis 10 Amp. wird der Niederschlag, besonders in wenig benützten Bädern, dunkler, bei noch höheren Stromdichten aber wieder hell und feinkörniger.

Seine Härte beträgt 8 bis 9° Brinell.

Bei mittleren und niedrigen Stromdichten entspricht ein Gehalt der Lösung an freiem NaOH von 20 g/l, bei höheren Stromdichten erschwert die Steigerung des Ätzalkaligehalts (auf etwa 50 g/l) das Ausfallen dunkleren Metalls. Mit steigendem Ätzalkaligehalt der Lösung sinkt aber die kathodische Stromausbeute.

Ein Karbonatgehalt der Lösung erniedrigt gleichfalls die kathodische Stromausbeute, ohne das Aussehen des Niederschlages zu beeinflussen.

Die Streukraft der Bäder ist so bedeutend, daß es z. B. gelingt, kürzere (10 cm lange) Rohre gleichzeitig innen und außen zu verzinnen.

Die Untersuchung der Niederschläge nach der von Macnaugthan, Clarke und Prytherch (J. Iron & Steel, 1932, I. 159) angegebenen Methode zeigte, daß erst Niederschlagsstärken von mehr als 0,0125 mm das Rosten des darunter liegenden Eisens, bei 6stündiger Behandlung in destilliertem Wasser von 90 bis 95°, verhindern. Für praktische Zwecke wird aber die Anwendung von mindestens dreimal so großen Niederschlagsstärken empfohlen.

Anodisch geht Zinn zweiwertig in Lösung. Bei Verwendung löslicher Anoden ändert sich deshalb die Badzusammensetzung in unerwünschter Weise, ihr steigender Gehalt an Stannosalz führt schließlich zur Abscheidung schwammigen Produktes, wenn keine Gegenmaßnahmen getroffen werden. Eine solche besteht etwa darin, unlösliche Anoden (Fe, besser Ni) zu verwenden.

Während der Elektrolyse mit unlöslichen Anoden wird das Bad zinnärmer und es steigt sein Gehalt an freiem Ätzalkali. Das Aussehen des Niederschlags wird dadurch nicht beeinträchtigt, aber die Stromausbeute sinkt.

Durch anodische Zinnauflösung und durch Aufoxydieren der Lösung mittels kohlensäurefreier Luft, reinem Wasserstoffsuperoxyd, oder durch anodische Oxydation kann die Lösung kontinuierlich, oder periodisch im selben oder in eigenen Badgefäßen regeneriert werden. Während der anodischen Oxydation schließt man die Kathoden zweckmäßigerweise in poröse Tonzellen ein.

Zur Bestimmung des Gehaltes an freiem Ätzalkali wird empfohlen, das Stannat und Karbonat durch Chlorbarium auszufällen und dann zu titrieren.

Das Stanno-Zinn kann auf jodometrischem Wege nachgewiesen und bestimmt werden. 5 ccm Lösung werden dazu in 25 ccm HCl (1 :5) aufgenommen und mit etwas Stärkelösung versetzt. Wird die Probe erst durch mehr als 1 Tropfen zufließender 0,1-n-Jodlösung gebläut, so deutet dies auf Anwesenheit von Stannosalz. 1 ccm 0,1-n-Jodlösung entsprechen dann 0,00594 g $Sn^{\cdot\cdot}$.

Stanni-Zinn kann auf exakte Art nach vorheriger Reduktion zu Stanno-Zinn bestimmt werden. Es wird eine rasche, hinreichend genaue, kolorimetrische Bestimmungsmethode angegeben, welche auf der Bildung einer gelben Stannijodidtrübung gegründet ist.

Aluminium.

Nach einer kürzlich erschienenen Mitteilung von Blue u. Mathers (Amer. Electrochem. Soc. LXV, preprint 2 (1934)) soll sich Aluminium mit gutem Erfolge aus einem Bad niederschlagen lassen, welches durch

Auflösung von 30 g Al in 1 ccm Brom, 450 ccm Äthylbromid und 250 ccm Benzol (benzene) hergestellt wird.

Aus diesem Bade erhält man gute Aluminiumüberzüge, welche auf den meisten Metallen, nicht aber auf Aluminium selbst, oder Magnesium haften.

Empfohlen wird die Anwendung von 0,9 Amp/qdm Stromdichte, zu deren Herstellung, bei 2,5 cm Elektrodenabstand, rund 3 Volt Spannung aufzuwenden sind. Die anodische Stromausbeute beträgt 80%, die kathodische 60 bis 70%.

Das Bad veränderte sich nicht, während es durch einen Monat in laufender Verwendung stand. Es ist, besonders auch während der Betriebspausen vor Feuchtigkeitsaufnahme aus der Luft zu schützen.

Namenverzeichnis.

Sachverzeichnis.

Metallniederschläge und Metallfärbungen. Praktische Anleitung für Galvaniseure und Metallfärber der Schmuckwaren- und sonstiger Metall verarbeitenden Industrien. Von Dipl.-Ing. **F. Michel,** Direktor der Staatl. Probieranstalt, Pforzheim. Mit 13 Abbildungen. VIII, 179 Seiten. 1927. RM 6.90*

. . Der Verfasser gibt hier aus genauester Kenntnis der Anforderungen, die der praktische Betrieb stellt, eine Darstellung aller wesentlichen Arbeitsgebiete der Galvanostegie und Galvanoplastik, die sich durch wohltuende Kürze und Klarheit auszeichnet und das Buch in der Hand des Fachmannes zu einem wertvollen Rüstzeug werden läßt. Dem Anfänger vermittelt es alle notwendigen Kenntnisse der chemischen und elektrolytischen Vorgänge, der Einrichtung und der Vorbehandlung der zu bearbeitenden Waren. Der Abschnitt „Metallfärbungen" erstrekt sich nicht allein auf die galvanischen Verfahren, sondern auch auf mechanische und chemische Prozesse. Das Buch wird allgemein befriedigen. *„Deutsche Goldschmiede-Zeitung"*

Hilfsbuch für Metalltechniker. Einführung in die neuzeitliche Metall- und Legierungskunde, erprobte Arbeitsverfahren und Vorschriften für die Werkstätten der Metalltechniker, Oberflächenveredelungsarbeiten u. a. nebst wissenschaftlichen Erläuterungen. Von Chemiker **G. Buchner,** München. Dritte, neubearbeitete und erweiterte Auflage. Mit 14 Textabbildungen. XIII, 397 Seiten. 1923. Gebunden RM 12.—*

Metallographie der technischen Kupferlegierungen. Von Dipl.-Ing. **A. Schimmel.** Mit 199 Abbildungen im Text, 1 mehrfarbigen Tafel und 5 Diagrammtafeln. VI, 134 Seiten und 4 Seiten Anhang. 1930. RM 19.—; gebunden RM 20.50*

Grundlagen des Verzinkens. Feuerverzinken, galvanisches Verzinken, Sherardisieren, Spritzverzinken. Von Dr.-Ing. **H. Bablik.** Mit 226 Textabbildungen. VII, 255 Seiten. 1930. RM 28.—; gebunden RM 29.50*

Die Arbeit bringt in übersichtlicher und anschaulicher Form eine gründliche Zusammenstellung der auf dem Gebiet der Verzinkung allgemein, auf dem der Feuerverzinkung, der galvanischen Verzinkung, Sherardisierung und Spritzverzinkung im besonderen geleisteten theoretischen Arbeiten. Begrüßenswert ist die Berücksichtigung der amerikanischen Literatur, die sich seit Jahren mit besonderem Eifer des Korrosionsproblemes und der Mittel zu seiner Lösung annimmt. Möge das vom Verlag in bekannter vorbildlicher Ausführung ausgestattete Buch zu weiteren Untersuchungen auf dem von der Wissenschaft stiefmütterlich behandelten Gebiet anspornen. *Zeitschrift des Vereines deutscher Ingenieure*

C. J. Smithells, Beimengungen und Verunreinigungen in Metallen. Ihr Einfluß auf Gefüge und Eigenschaften. Erweiterte deutsche Bearbeitung von Dr.-Ing. **W. Hessenbruch,** Heraeus Vakuumschmelze A.-G., Hanau. Mit 248 Textabbildungen. VII, 246 Seiten. 1931. Gebunden RM 29.—

Allgemeine und technische Elektrometallurgie. Von Professor Dr. **R. Müller,** Leoben. Mit 90 Abbildungen im Text. XII, 580 Seiten. 1932. (Verlag von Julius Springer in Wien). Gebunden RM 32.50

**Auf die Preise der vor dem 1. Juli 1931 erschienenen Bücher wird ein Notnachlaß von 10% gewährt*

GPSR Compliance

The European Union's (EU) General Product Safety Regulation (GPSR) is a set of rules that requires consumer products to be safe and our obligations to ensure this.

If you have any concerns about our products, you can contact us on ProductSafety@springernature.com

In case Publisher is established outside the EU, the EU authorized representative is:

Springer Nature Customer Service Center GmbH
Europaplatz 3
69115 Heidelberg, Germany

Batch number: 10577896

Printed by Printforce, the Netherlands